Lebensmittelsicherheit und Lebensmittelüberwachung

*Herausgegeben von
Hartmut Dunkelberg,
Thomas Gebel und
Andrea Hartwig*

*Beachten Sie bitte auch
weitere interessante Titel
zu diesem Thema*

Schwedt, G.

Analytische Chemie
Grundlagen, Methoden und Praxis

2008
ISBN: 978-3-527-31206-1

Vreden, N., Schenker, D., Sturm, W., Josst, G., Blachnik, C.

Lebensmittelführer
Ein Inhalte, Zusätze, Rückstände

2008
ISBN: 978-3-527-31797-4

Heller, K. J. (Hrsg.)

Genetically Engineered Food
Methods and Detection

2., aktualis. u. erw. Auflage
2006
ISBN: 978-3-527-31393-8

Schuchmann, H. P., Schuchmann, H.

Lebensmittelverfahrenstechnik
Rohstoffe, Prozesse, Produkte

2005
ISBN: 978-3-527-31230-6

Schmidt, R. H. / Rodrick, G. E.

Food Safety Handbook

2003
ISBN: 978-0-471-21064-1

Lebensmittelsicherheit und Lebensmittelüberwachung

*Herausgegeben von
Hartmut Dunkelberg, Thomas Gebel und
Andrea Hartwig*

WILEY-VCH Verlag GmbH & Co. KGaA

Herausgeber

Prof. Dr. Hartmut Dunkelberg
Universitätsmedizin Göttingen
Laborgebäude 11A
Lenglerner Straße 75
37079 Göttingen

Prof. Dr. Thomas Gebel
Bundesanstalt für Arbeitsschutz
und Arbeitsmedizin, FG4.3
Fachbereich 4
Friedrich-Henkel-Weg 1–25
44149 Dortmund

Prof. Dr. Andrea Hartwig
KIT/Angewandte Biowiss.
Abt. Lebensmittelchemie und Toxikologie
Kaiserstraße 12
76131 Karlsruhe

Alle Beiträge in diesem Band sind entnommen aus „Handbuch der Lebensmitteltoxikologie – Belastungen, Wirkungen, Lebensmittelsicherheit, Hygiene", ISBN 978-3-527-31166-8

1. Auflage 2012

■ Alle Bücher von Wiley-VCH werden sorgfältig erarbeitet. Dennoch übernehmen Autoren, Herausgeber und Verlag in keinem Fall, einschließlich des vorliegenden Werkes, für die Richtigkeit von Angaben, Hinweisen und Ratschlägen sowie für eventuelle Druckfehler irgendeine Haftung

Bibliografische Information der Deutschen Nationalbibliothek
Die Deutsche Nationalbibliothek verzeichnet diese Publikation in der Deutschen Nationalbibliografie; detaillierte bibliografische Daten sind im Internet über http://dnb.d-nb.de abrufbar.

© 2012 Wiley-VCH Verlag & Co. KGaA, Boschstr. 12, 69469 Weinheim, Germany

Alle Rechte, insbesondere die der Übersetzung in andere Sprachen, vorbehalten. Kein Teil dieses Buches darf ohne schriftliche Genehmigung des Verlages in irgendeiner Form – durch Photokopie, Mikroverfilmung oder irgendein anderes Verfahren – reproduziert oder in eine von Maschinen, insbesondere von Datenverarbeitungsmaschinen, verwendbare Sprache übertragen oder übersetzt werden. Die Wiedergabe von Warenbezeichnungen, Handelsnamen oder sonstigen Kennzeichen in diesem Buch berechtigt nicht zu der Annahme, dass diese von jedermann frei benutzt werden dürfen. Vielmehr kann es sich auch dann um eingetragene Warenzeichen oder sonstige gesetzlich geschützte Kennzeichen handeln, wenn sie nicht eigens als solche markiert sind.

Print ISBN 978-3-527-33288-5
ePDF ISBN 978-3-527-65304-1
ePub ISBN 978-3-527-65303-4
mobi ISBN 978-3-527-65302-7
oBook ISBN 978-3-527-65301-0

Umschlaggestaltung Adam-Design, Weinheim
Satz K+V Fotosatz GmbH, Beerfelden
Druck und Bindung Markono Print Media Pte Ltd, Singapore

Inhalt

Autorenverzeichnis *XIII*

**1   Allgemeine Grundsätze der toxikologischen Risikoabschätzung
       und der präventiven Gefährdungsminimierung bei Lebensmitteln** *1*
       Diether Neubert
1.1   Einleitung *1*
1.1.1   Aufgaben der Toxikologie *3*
1.1.2   Strategien in der Toxikologie *3*
1.1.2.1   Dosis-Wirkungsbeziehungen *5*
1.1.2.1.1   Übliche Form von Dosis-Wirkungskurven *6*
1.1.2.1.2   U-förmige oder J-förmige Dosis-Wirkungskurven *7*
1.1.2.2   Toxikologische Wirkungen verglichen mit allergischen Effekten *9*
1.2   Gefährdung und Risiko *10*
1.2.1   Toxikologische Risikoabschätzung *11*
1.2.1.1   Vergleich mit einer Referenzgruppe *14*
1.2.1.2   Interpretation von klinischen bzw. epidemiologischen Daten *17*
1.2.1.2.1   Aussagekraft verschiedener Typen von Untersuchungen
            am Menschen *18*
1.2.1.2.2   Unterschied zwischen Exposition und Körperbelastung *20*
1.2.1.2.3   Unbefriedigende Abschätzung der individuellen Exposition *23*
1.2.1.2.4   Probleme bei der Auswahl der Referenzgruppe *24*
1.2.1.2.5   Relevanz von Veränderungen, die im Referenzbereich bleiben *25*
1.2.1.2.6   Problem der Berücksichtigung von „confounding factors" *27*
1.2.1.2.7   Medizinische Relevanz von statistisch signifikanten
            Unterschieden *28*
1.2.1.2.8   Definierte Exposition und Risikopopulationen *31*
1.2.1.2.9   Risiko für eine Population und individuelles Risiko *32*
1.2.1.2.10 Problem der Beurteilung von Substanzkombinationen *33*
1.2.1.2.11 Problem von „Äquivalenz-Faktoren" für Substanzkombinationen *34*
1.2.1.2.12 Problem einer Polyexposition auf verschiedenen Gebieten der Toxiko-
            logie *38*
1.2.2   Präventive Gefährdungsminimierung *39*

1.2.2.1 Voraussetzungen der präventiven Gefährdungsminimierung 44
1.2.2.2 Wann ist eine präventive Gefährdungsminimierung notwendig? 45
1.2.2.3 Das Problem der Extrapolation in der Toxikologie 46
1.2.2.3.1 Extrapolation innerhalb der gleichen Spezies 46
1.2.2.3.2 Gibt es einen „Schwellenbereich"? 48
1.2.2.3.3 Extrapolation von einer Spezies zu einer anderen 49
1.2.2.3.4 Art und Anzahl von Versuchstierspezies 50
1.2.2.3.5 Bedeutung der Pharmakokinetik bei der Extrapolation 51
1.2.3 Spezielle Probleme bei bestimmten Typen der Toxizität 52
1.2.3.1 Gefährdung durch Reproduktionstoxizität 52
1.2.3.1.1 Substanzen mit hormonartiger Wirkung 53
1.2.3.1.2 Ist die Erkennung von Störungen der Ausbildung des Immunsystems nötig? 55
1.2.3.2 Gefährdung durch Karzinogenität 56
1.2.3.2.1 Stochastische Effekte 59
1.2.3.2.2 Kann bereits ein Molekül Krebs auslösen? 60
1.2.3.3 Beeinflussungen des Immunsystems 60
1.2.3.3.1 Verschiedene Typen allergischer Wirkungen 61
1.2.4 Verschiedene Typen von „Grenzwerten" und ihre Ableitung 62
1.3 Literatur 65

2 Ableitung von Grenzwerten in der Lebensmitteltoxikologie 75
Werner Grunow
2.1 Einleitung 75
2.2 Lebensmittelzusatzstoffe 76
2.2.1 ADI-Wert 76
2.2.2 Dosis ohne beobachtete Wirkung 78
2.2.3 Sicherheitsfaktor 78
2.2.4 Prüfanforderungen 79
2.2.5 Höchstmengen 80
2.3 Natürliche Lebensmittelbestandteile 81
2.4 Vitamine und Mineralstoffe 82
2.5 Aromastoffe 84
2.6 Lebensmittelkontaminanten 85
2.7 Materialien im Kontakt mit Lebensmitteln 87
2.7.1 Prüfanforderungen 88
2.7.2 Grenzwerte 88
2.7.3 Threshold of Regulation 89
2.8 Rückstände in Lebensmitteln 89
2.9 Literatur 90

3 Hygienische und mikrobielle Standards und Grenzwerte und deren Ableitung 93
Johannes Krämer
3.1 Einleitung 93

3.2	Untersuchungsziele 93	
3.2.1	Untersuchung auf pathogene Mikroorganismen 93	
3.2.2	Fäkalindikatoren 94	
3.2.3	Verderbniserreger bzw. Hygieneindikatoren 95	
3.2.4	Untersuchungen auf Toxine 95	
3.3	Beurteilung mikrobiologischer Befunde 96	
3.4	Stichprobenpläne 96	
3.5	Mikrobiologische Kriterien 97	
3.5.1	Risikobewertung 97	
3.5.2	Definitionen 100	
3.5.3	Gesetzliche Kriterien und Empfehlungen 100	
3.6	Literatur 106	

4 Sicherheitsbewertung von neuartigen Lebensmitteln und Lebensmitteln aus genetisch veränderten Organismen 109
Annette Pöting

4.1	Einleitung 109
4.2	Definitionen und rechtliche Aspekte 109
4.2.1	Novel Foods-Verordnung 109
4.2.2	Verordnung über genetisch veränderte Lebens- und Futtermittel 112
4.3	Sicherheitsbewertung neuartiger Lebensmittel und Lebensmittelzutaten 113
4.3.1	Anforderungen 113
4.3.2	Spezifikation 114
4.3.3	Herstellungsverfahren und Auswirkungen auf das Produkt 115
4.3.4	Frühere Verwendung und dabei gewonnene Erfahrungen 115
4.3.5	Voraussichtlicher Konsum/Ausmaß der Nutzung 115
4.3.6	Ernährungswissenschaftliche Aspekte 116
4.3.7	Mikrobiologische Aspekte 117
4.3.8	Toxikologische Aspekte 118
4.3.8.1	Neuartige Lebensmittelzutaten 118
4.3.8.2	Komplexe neuartige Lebensmittel 119
4.3.8.3	Sonderfall: Neuartige Verfahren 121
4.3.9	Post Launch Monitoring 123
4.4	Sicherheitsbewertung von Lebensmitteln aus GVO 123
4.4.1	Anforderungen 123
4.4.2	Strategie der Sicherheitsbewertung 124
4.4.3	Empfänger- und Spenderorganismus 125
4.4.4	Genetische Veränderung 125
4.4.4.1	Vektor und Verfahren 125
4.4.4.2	Antibiotikaresistenz-Markergene 126
4.4.5	Charakterisierung der genetisch veränderten Pflanze 127
4.4.6	Vergleichende Analysen 128

4.4.7	Auswirkungen des Herstellungsverfahrens	129
4.4.8	Toxikologische Bewertung	130
4.4.8.1	Neue Proteine	130
4.4.8.2	Natürliche Lebensmittelinhaltsstoffe	132
4.4.8.3	Andere neue Inhaltsstoffe	132
4.4.8.4	Prüfung des ganzen Lebensmittels	133
4.4.9	Allergenität	133
4.4.9.1	Allergenität neuer Proteine	134
4.4.9.2	Endogene Pflanzenallergene	135
4.4.10	Zulassungen	137
4.5	Literatur	137

5 Lebensmittelüberwachung und Datenquellen *143*
Maria Roth *143*

5.1	Einleitung	143
5.1.1	Wichtige Rechtsvorschriften für die deutsche Lebensmittelüberwachung	143
5.2	Welche Produkte werden im Rahmen der Lebensmittelüberwachung untersucht?	145
5.2.1	Lebensmittel	145
5.2.2	Bedarfsgegenstände	146
5.2.3	Kosmetika	147
5.3	Datengewinnung im Rahmen der amtlichen Lebensmittelüberwachungr amtlichen Lebensmittelüberwachung	148
5.3.1	Zielorientierte Probenahme	149
5.3.1.1	Art des Lebensmittels	150
5.3.1.2	Gesundheitliches Gefährdungspotenzial	151
5.3.1.3	Aktuelle Erkenntnisse	152
5.3.1.4	Verfälschungen	153
5.3.1.5	Hersteller im eigenen Überwachungsgebiet	153
5.3.1.6	Ware aus Ländern mit veralteten oder problematischen Herstellungsmethoden	154
5.3.1.7	Jahreszeitliche Einflüsse	156
5.3.1.8	Einflüsse der Globalisierung, Welthandel	157
5.3.1.9	Transport- und Lagerungseinflüsse	158
5.3.2	Untersuchungsprogramme	158
5.3.2.1	Lebensmittel-Monitoring	158
5.3.2.2	Nationaler Rückstandskontrollplan (NRKP)	160
5.3.2.3	Koordinierte Überwachungsprogramme der EU (KÜP)	161
5.3.2.4	Bundesweite Überwachungsprogramme (BÜP)	162
5.4	Datenbewertung	163
5.5	Berichtspflichten	164
5.5.1	EU-Berichtspflichten	164
5.5.2	Nationale Berichterstattung „Pflanzenschutzmittel-Rückstände"	164

5.6	Datenveröffentlichung	167
5.6.1	Das europäische Schnellwarnsystem	167
5.7	Zulassungsstellen und Datensammlungen	168
5.8	Zusammenfassung	169
5.9	Literatur	169

6 Verfahren zur Bestimmung der Aufnahme und Belastung mit toxikologisch relevanten Stoffen aus Lebensmitteln 171
Kurt Hoffmann

6.1	Einleitung	171
6.2	Bestimmung des Lebensmittelverzehrs	173
6.2.1	Methoden der Verzehrserhebung	173
6.2.2	Methodische Probleme bei der Verzehrsmengenbestimmung	179
6.2.3	Schätzung von Verzehrsmengenverteilungen	184
6.3	Kopplung von Verzehrs- und Konzentrationsdaten	187
6.3.1	Deterministisches Verfahren	188
6.3.2	Semiprobabilistisches Verfahren	190
6.3.3	Probabilistisches Verfahren	191
6.3.4	Gegenüberstellung der Kopplungsverfahren	198
6.4	Bestimmung der Belastung mit toxikologisch relevanten Stoffen	199
6.4.1	Wahl des Körpermediums	200
6.4.2	Mehrere Expositionsquellen	201
6.4.3	Intraindividuelle Variation	201
6.4.4	Modellierung der Schadstoffbelastung	202
6.5	Zusammenfassung	203
6.6	Literatur	203

7 Analytik von toxikologisch relevanten Stoffen 207
Thomas Heberer und Horst Klaffke

7.1	Einleitung	207
7.2	Qualitätssicherung und Qualitätsmanagement (QS/QM)	210
7.2.1	Nachweis-, Erfassungs- und Bestimmungsgrenzen	210
7.2.2	Prozesskontrolle/Verwendung interner Standards	212
7.3	Nachweis anorganischer Kontaminanten	213
7.3.1	Schwermetalle	213
7.4	Nachweis organischer Rückstände und Kontaminanten	221
7.4.1	Anwendung und Bedeutung der Massenspektrometrie in der Rückstandsanalytik	221
7.4.1.1	Funktionsweise des massenspektrometrischen Nachweises	221
7.4.1.2	Kapillargaschromatographie-Massenspekrometrie (GC-MS)	223
7.4.1.3	Elektronenstoßionisation (EI)	223
7.4.1.4	Isotopen-Peaks	224
7.4.1.5	Full Scan Modus	226
7.4.1.6	Selected Ion Monitoring	228

7.4.1.7	Grundlagen der LC-MS bzw. der LC-MS/MS	229
7.4.2	Nachweis von Pestizidrückständen in Lebensmittel- und Umweltproben	232
7.4.3	Nachweis von Arzneimittelrückständen in Lebensmittel- und Umweltproben	240
7.4.4	Nachweis endokriner Disruptoren	246
7.4.5	Mykotoxine	249
7.4.6	Phycotoxine	254
7.4.7	Herstellungsbedingte Toxine	258
7.5	Literatur	265

8 Mikrobielle Kontamination 273
Martin Wagner

8.1	Mikroben und Biosphäre	273
8.2	Die Kontamination von Lebensmitteln	273
8.3	Ökonomische Bedeutung der mikrobiellen Kontamination von Lebensmitteln	274
8.4	Kontaminationswege	275
8.5	Beherrschung der Kontaminationszusammenhänge durch menschliche Intervention	276
8.6	Der Nachweis von Kontaminanten: ein viel zu wenig beachtetes Problem	277
8.7	Literatur	279

9 Nachweismethoden für bestrahlte Lebensmittel 281
Henry Delincée und Irene Straub

9.1	Einleitung	281
9.2	Entwicklung von Nachweismethoden	283
9.3	Stand der Nachweisverfahren	286
9.3.1	Physikalische Nachweisverfahren>	286
9.3.2	Chemische Nachweisverfahren	286
9.3.3	Biologische Nachweisverfahren	286
9.4	Validierung und Normung von Nachweisverfahren	292
9.5	Prinzip und Grenzen der genormten Nachweisverfahren	292
9.5.1	Physikalische Methoden	292
9.5.1.1	Elektronen-Spin-Resonanz (ESR)-Spektroskopie	292
9.5.1.2	Thermolumineszenz	300
9.5.1.3	Photostimulierte Lumineszenz (PSL)	303
9.5.2	Chemische Methoden	305
9.5.2.1	Kohlenwasserstoffe>	305
9.5.2.2	2-Alkylcyclobutanone (2-ACBs)	307
9.5.2.3	DNA-Kometentest	309
9.5.3	Biologische Methoden	311
9.5.3.1	DEFT/APC-Verfahren	311
9.5.3.2	LAL/GNB-Verfahren	311

9.6	Neuere Entwicklungen *312*	
9.7	Überwachung *312*	
9.8	Schlussfolgerung und Ausblick *315*	
9.9	Literatur *316*	
10	**Basishygiene und Eigenkontrolle, Qualitätsmanagement** *323*	
	Roger Stephan und Claudio Zweifel	
10.1	Einleitung *323*	
10.2	Eingliederung eines Hygienekonzeptes in ein Qualitätsmanagement-System eines Lebensmittelbetriebes *324*	
10.3	Bedeutung der Basishygiene am Beispiel des Rinderschlachtprozesses *325*	
10.3.1	Gefahrenermittlung und -bewertung *325*	
10.3.2	Risikomanagement *326*	
10.4	Eigenkontrollen im Rahmen des neuen Europäischen Lebensmittelrechtes *327*	
10.5	Umsetzung der Eigenkontrollen zur Verifikation der Basishygiene am Beispiel Schlachtbetrieb *328*	
10.5.1	Mikrobiologische Kontrolle von Schlachttierkörpern *328*	
10.5.2	Mikrobiologische Kontrolle der Reinigung und Desinfektion *331*	
10.6	Fazit *332*	
10.7	Literatur *333*	

Sachregister *335*

Autorenverzeichnis

Dr. Henry Delincée
Bundesforschungsanstalt
für Ernährung und Lebensmittel
Institut für Ernährungsphysiologie
Haid-und-Neu-Str. 9
76131 Karlsruhe
Deutschland

Dr. Werner Grunow
Bundesinstitut für Risikobewertung
(BfR)
Thielallee 88–92
14195 Berlin
Deutschland

Dr. Thomas Heberer
Bundesinstitut für Risiko-
bewertung (BfR)
Thielallee 88–92
14195 Berlin
Deutschland

Dr. Kurt Hoffmann
Deutsches Institut
für Ernährungsforschung
Arthur-Scheunert-Allee 114–116
14558 Nuthetal
Deutschland

Dr. Horst Klaffke
Bundesinstitut für Risiko-
bewertung (BfR)
Thielallee 88–92
14195 Berlin
Deutschland

Prof. Dr. Johannes Krämer
Rheinische Friedrich-Wilhelms-
Universität Bonn
Institut für Ernährungs-
und Lebensmittelwissenschaften
Meckenheimer Allee 168
53115 Bonn
Deutschland

Prof. Dr. Diether Neubert
Charité Campus Benjamin Frankling
Berlin
Institut für Klinische Pharmakologie
und Toxikologie
Garystr. 5
14195 Berlin
Deutschland

Dr. Annette Pöting
BGVV
Toxikologie der Lebensmittel
und Bedarfsgegenstände
Postfach 330013
14191 Berlin
Deutschland

Dr. Maria Roth
Chemisches und Veterinäruntersuchungsamt Stuttgart
Schaflandstr. 3/2
70736 Fellbach
Deutschland

Irene Straub
Chemisches und Veterinäruntersuchungsamt Stuttgart
Weißenburgerstr. 3
76187 Karlsruhe
Deutschland

Prof. Dr. Roger Stephan
Institut für Lebensmittelsicherheit und -hygiene
Winterthurerstr. 272
8057 Zürich
Schweiz

Prof. Dr. Martin Wagner
Veterinärmedizinsche Universität Wien (VUW)
Abteilung für öffentliches Gesundheitswesen
Veterinärplatz 1
1210 Wien
Österreich

Dr. Claudio Zweifel
Institut für Lebensmittelsicherheit und -hygiene
Winterthurerstr. 272
8057 Zürich
Schweiz

1
Allgemeine Grundsätze der toxikologischen Risikoabschätzung und der präventiven Gefährdungsminimierung bei Lebensmitteln

Diether Neubert

1.1
Einleitung

Mit der *natürlichen Nahrung* nehmen wir jeden Tag Zehntausende von unbekannten Substanzen auf, wahrscheinlich sogar Hunderttausende. Von der überwiegenden Mehrzahl kennen wir die vorhandene Konzentration nicht, ja nicht einmal die chemische Struktur. Offenbar sind jedoch die *Dosis* und die *akute Toxizität* der meisten dieser nahezu unzählbaren Verbindungen so gering, dass fast nie eine unmittelbare Gesundheitsgefährdung resultiert. Die Jahrtausende alte Erfahrung hat nur für wenige definierte Nahrungsmittel (Pflanzen, Pilze, Fische, etc.) und bestimmte Inhaltsstoffe eine toxikologische Gefährdung überliefert. Hingegen können wir naturgemäß wegen der komplexen Situation nur wenige konkrete Aussagen über mögliche, negative oder positive, *chronische* Wirkungen der Komponenten in unserer Nahrung machen. Dafür sind die Konsumgewohnheiten der meisten menschlichen Gesellschaften zu komplex und zu variabel.

Neben den natürlichen Nahrungsbestandteilen können toxikologisch auch *vom Menschen manipulierte Faktoren* in Lebensmitteln eine zunehmende Rolle spielen. Vielen dieser Komponenten wird primär eine „günstige" Wirkung zugeschrieben, und deshalb werden sie Lebensmitteln zugesetzt und vom Verbraucher konsumiert. Ob die *stetige* Konfrontation gegenüber zunächst unterschwelligen Stoffmengen, z. B. von karzinogenen Stoffen (insbesondere aus der Nahrungs*zubereitung* wie Kochen, Braten, Grillen, Frittieren, etc.), in praxi einen deutlichen schädlichen Einfluss auf die menschliche Gesundheit ausübt, muss heute noch weitgehend offen bleiben. Jedenfalls hat die Tatsache, dass hier mutagene und karzinogene Substanzen vorliegen, die durchaus zu den potenten gehören, bisher in unserer Gesellschaft zu keiner drastischen Konsequenz geführt: Wir kochen, braten und grillen unsere Nahrung weiterhin. Man kann davon ausgehen, dass nach jeder Mahlzeit in den Leberzellen Tausende von DNA-Addukten aufgetreten sind und noch sehr viel mehr Addukte an Proteinen. Wir vertrauen weitgehend auf die bekannten und offensichtlich sehr effektiven *Reparatursysteme* in unserem Organismus, die solche Noxen fast immer wieder unschädlich machen.

Vom Standpunkt der Toxikologie aus (d. h. der Schädlichkeit), und vielleicht auch der Pharmakologie (d. h. der Nützlichkeit), kann man zusammenfassend mehrere Gruppen von *Komponenten* in der Nahrung unterscheiden:

- *natürliche*, in bestimmten Nahrungsmitteln bevorzugt vorkommende, chemische Substanzen. Dies stellt bei weitem die größte Gruppe dar. Die Toxizität einiger konkreter Substanzen ist uns heute geläufig. Mögliche Wirkungen der weitaus meisten Bestandteile der Nahrung bleiben unbekannt;
- *angereicherte natürliche* Komponenten, in Konzentrationen, die in der natürlichen Nahrung so nicht vorkommen (z. B. Vitamine, Aminosäuren, Spurenelemente, Flavonoide, aber auch Salz, Zucker, Gewürze, etc.);
- bei der *Zubereitung* der Speisen entstehende Stoffe (beim Kochen, Braten, Grillen, z. B. polycyclische aromatische Kohlenwasserstoffe bzw. aromatische Amine, heterocyclische Amine, Nitrosamine, Acrylamid, etc.);
- zur *Konservierung* usw. zugesetzte oder bei diesem Vorgang entstehende Stoffe (z. B. Nitrite und andere Salze, durch Räuchern entstehende Stoffe, Ameisensäure und andere Säuren, Antioxidantien).
- *Rückstände* in pflanzlichen und tierischen Nahrungsmitteln (z. B. von Pflanzenschutzmitteln, aber auch von Substanzen aus der Tiermast oder von notwendiger (und unnötiger) veterinärmedizinischer Behandlung).
- Stoffe aus *Kontaminationen* (Methylquecksilber in manchen Fischen, „Dioxine" und PCB im tierischen Fett, Aflatoxine in Erdnüssen, im Trinkwasser Blei oder Arsen; letzteres auch als „natürliche" Verunreinigung).

Alle diese Gruppen von Substanzen mit toxikologischem Potenzial zeigen, mindestens bei exzessiver Exposition, eine spezielle Problematik, und sie bedürfen einer besonderen Beurteilung. *Die allgemeinen Prinzipien zur Beurteilung der toxikologischen Sicherheit* (engl.: safety evaluation) *sind für alle Agenzien gleich*. In der folgenden kurzen Darstellung kann nicht auf die speziellen Gegebenheiten der einzelnen Substanzen eingegangen werden, sondern es sollen vielmehr die *Voraussetzungen* und *Prinzipien* der Toxikologie, anhand von typischen Beispielen, diskutiert werden.

Nicht zu unterschätzen ist natürlich auch die Bedeutung der Ernährung als solche. Der direkte und indirekte Zusammenhang zwischen z. B. Übergewicht und Herz-/Kreislauf-Erkrankungen muss nach guten epidemiologischen Studien als wahrscheinlich gelten [15, 48, 56, 60].

1.1.1
Aufgaben der Toxikologie

Im hier zu diskutierenden Zusammenhang kann man die Toxikologie in drei Gebiete unterteilen:
- Die *humanmedizinische* Toxikologie hat die Aufgabe, Gesundheitsschädigungen des Menschen im Zusammenhang mit Lebensmitteln zu erkennen und zu verhindern. Sie stellt das bei weitem größte Gebiet dar.
- Die *Veterinär*toxikologie hat die Aufgabe, unerwünschte Agenzien in Lebensmitteln tierischen Ursprungs zu erkennen und den entsprechenden Konsum des Menschen zu minimieren.
- Die *Öko*toxikologie hat die Aufgabe, schädigende Einflüsse auf die Natur zu analysieren, und mögliche Wege zur Minimierung aufzuzeigen. Im Zusammenhang mit Lebensmitteln spielt dieser Aspekt der Toxikologie eine untergeordnete Rolle, aber die „ökologische" Kontamination von Lebensmitteln ist ein wichtiger Zweig der medizinischen Toxikologie.

Diese drei Gebiete der Toxikologie haben recht verschiedene Zielsetzungen, sie benutzen unterschiedliche Methoden zur Erkennung entsprechender Wirkungen, und die Aussagekraft spezifischer Daten ist ebenfalls nicht gleich. Hier sollen nur die Gebiete mit *medizinischer* Fragestellung diskutiert werden, denn in die komplexe Ökotoxikologie fließen noch viele zusätzliche, z. B. überwiegend politische, Aspekte ein.

Es ist die wissenschaftliche Aufgabe der *medizinischen Toxikologie*, für den Menschen, Gesundheitsgefährdungen, die von exogenen chemischen oder physikalischen Noxen ausgehen können, durch entsprechende Verfahren zu erkennen, wenn möglich zu quantifizieren und Wege aufzuzeigen, entsprechende Schädigungen zu verhindern sowie aufgetretene Intoxikationen zu behandeln.

Als Grundlage für das Verständnis der Toxikologie dient in erster Linie die *Pharmakologie*, weil viele entscheidende Prinzipien (Dosis-Wirkungsbeziehung, Pharmakodynamik, Pharmakokinetik, Metabolismus, Wirkungsmechanismen, etc.) primär in diesem Fach erforscht wurden und noch werden. Maßstäbe für eine sinnvolle Interpretation toxikologischer Daten stammen zudem meistens aus der *Arzneimittel*toxikologie.

1.1.2
Strategien in der Toxikologie

Die Veterinärtoxikologie hat gegenüber der Toxikologie mit humanmedizinischer Zielsetzung den Vorteil, dass Untersuchungen immer *direkt* am entsprechenden Objekt durchgeführt werden können. Dies ist bei der humanmedizinischen Toxikologie nur begrenzt der Fall, denn die Erkenntnisse stützen sich auf *zwei* Informationsquellen mit sehr unterschiedlicher Aussagekraft:
(1) In geringem Umfang werden *klinische* Studien und *epidemiologische* Erhebungen beim *Menschen* durchgeführt.

1 Allgemeine Grundsätze der toxikologischen Risikoabschätzung

(2) Weitere Abschätzungen basieren auf *Extrapolationen* von Daten aus *Tierexperimenten* oder zum Teil auch *in-vitro*-Versuchen, auf die möglicherweise beim Menschen vorliegenden bzw. vermuteten Verhältnisse.

Zur Erkennung, Beurteilung und Gefährdungsminimierung möglicher toxikologischer Wirkungen beim *Menschen* werden also zwei *völlig verschiedene* Strategien angewandt (Abb. 1.1):
(1) eine, die sich auf *direkte* Beobachtungen beim Menschen stützt (Risikoabschätzung), und
(2) eine *indirekte*, die versucht, für den Menschen relevante Schlüsse aus tierexperimentellen Daten zu ziehen (Extrapolation).

Die zuletzt genannte Strategie wird überwiegend zur *administrativen Prävention* eingesetzt („vorsorglicher Verbraucherschutz"). Entsprechende Schlussfolgerungen müssen jedoch so lange Spekulation bleiben, bis Daten vom Menschen verfügbar sind.

Wenn Daten für eine toxikologische Beurteilung erhoben werden sollen wird in der Regel versucht, das *Studiendesign* so übersichtlich wie möglich zu gestalten. *In praxi* wird jedoch die Wirkung zusätzlicher exogener Noxen durch eine größere Zahl allgemeiner Faktoren im Organismus beeinflusst, die bei einer pauschalen Beurteilung nicht berücksichtigt werden. Bereits die Zufuhr der Nahrung und ihre Verwertung verändert im Organismus eine Fülle von Vorgängen, von der Umverteilung der Blutzufuhr zu bestimmten Organen bis zu Ver-

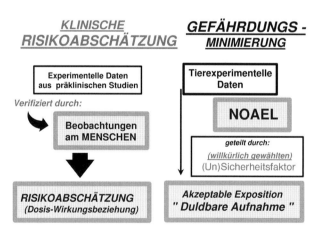

Abb. 1.1 Unterschied zwischen toxikologischer Risikoabschätzung und präventiver Gefährdungsminimierung. Die klinische *Risikoabschätzung* mit Relevanz für den Menschen basiert auf Beobachtungen beim Menschen. Es resultiert eine *Zahlenangabe* (Inzidenz bei definierter Exposition). Durch Extrapolation von tierexperimentellen Daten wird eine (präventive) *Gefährdungsminimierung* versucht; es wird ein *Bereich* abgeschätzt, in dem toxikologische Wirkungen nicht mehr sehr wahrscheinlich sind. Die wirkliche Inzidenz beim Menschen muss letztlich unbekannt bleiben (modifiziert aus: Neubert, in: Marquardt/Schäfer, 2004).

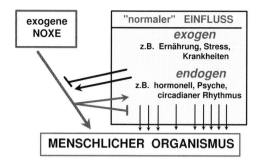

Abb. 1.2 Wechselwirkung zwischen exogenen und endogenen Faktoren. Faktoren wie Ernährung und Krankheiten können die Wirkung exogener Noxen ähnlich modifizieren wie endogene Variable, z. B. hormoneller Status und Psyche.

änderungen im allgemeinen Stoffwechsel und dem der Zellen. Besonders im Niedrigdosisbereich werden solche Vorgänge die Wirkung von exogen zugeführten Substanzen modifizieren (Abb. 1.2). Es kommt hinzu, dass bestimmte Nahrungsbestandteile die Wirkung und Metabolisierung von Medikamenten und anderen Fremdstoffen beeinflussen können. Der Einfluss von Grapefruitsaft auf Prozesse der Pharmakon-Metabolisierung, und der Einfluss Vitamin-K-reicher (oder auch -armer) Nahrung auf das Ausmaß der Hemmung der Blutgerinnung durch Phenprocoumon (Marcumar®) sind einige Beispiele.

1.1.2.1 Dosis-Wirkungsbeziehungen

Der Nachweis von Dosis-Wirkungsbeziehungen ist ein wesentliches Argument für das Vorhandensein einer spezifischen *toxikologischen* Wirkung. Beim Fehlen einer Dosis-Wirkungsbeziehung sollte man stutzig werden: Es mag sich um einen „Pseudoeffekt" handeln, der nicht entscheidend vom untersuchten Agens abhängt.

Es ist das heute *unumstrittene Dogma* der Pharmakologie und Toxikologie, dass *alle* Effekte *dosisabhängig* auftreten. Die *zweite* Erfahrung besteht darin, dass bei Erhöhung der Dosis fast immer *mehr* Effekte hinzutreten. Das erklärt auch, warum es für nahezu alle Substanzen Dosisbereiche gibt, in denen Wirkungen auftreten, die mit dem Leben nicht vereinbar sind: *Letaldosen*.

Es gibt noch eine weitere Erkenntnis in der Medizin, nämlich dass *geringgradige* Wirkungen („*borderline effects*") *nicht* mit hinreichender Sicherheit zu *verifizieren* sind. Berücksichtigung dieser Erkenntnis könnte uns viele unnötige und frustrierende Diskussionen ersparen, die überwiegend von medizinischen Laien angezettelt werden.

Wenn man eine resultierende Wirkung gegen die Dosis aufträgt, erhält man eine *Dosis-Wirkungs-(Dosis-Effekt-)Kurve*. Solche Kurven können recht unterschiedliche Formen aufweisen und eine unterschiedliche Steilheit besitzen. In der Regel sind Dosis-Wirkungskurven *nicht linear* oder nur in einem sehr kleinen (mittleren) Dosisbereich geradlinig. Meist verlaufen sie S-förmig (Abb. 1.3).

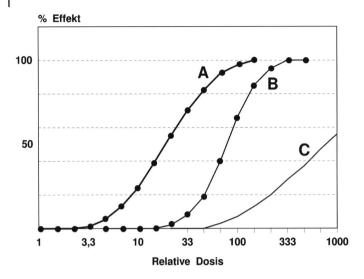

Abb. 1.3 Beispiele für Dosis-Wirkungskurven. Die meisten Dosis-Wirkungskurven haben einen S-förmigen Verlauf. Dargestellt sind die Kurven für drei Wirkungen der gleichen Substanz. Bei Dosiserhöhung muss mit *mehr* Wirkungen gerechnet werden (hier: B und C), deren Dosis-Wirkungskurven in der Regel andere Steilheiten aufweisen. Einige dieser Wirkungen sind mit dem Leben nicht vereinbar (Bereich von Letaldosen). (Modifiziert aus: Neubert, in: Marquardt/Schäfer, 2004).

Entsprechende Kurven beziehen sich auf *eine* Wirkung. Bei verschiedenen Wirkungen des gleichen Agens wird man Dosis-Wirkungsbeziehungen mit unterschiedlichem Kurvenverlauf und verschiedener Steilheit erwarten.

Auch bei der Analyse der *gleichen* Wirkung bei verschiedenen *Tierspezies* kann man *keine* identischen Dosis-Wirkungskurven erwarten.

1.1.2.1.1 Übliche Form von Dosis-Wirkungskurven

Der S-förmige Verlauf von Dosis-Wirkungskurven ergibt sich z. B. aus der Rezeptortheorie. Der nahezu geradlinige Abschnitt in der Nähe des 50%-Wertes erscheint verlängert und tritt häufig deutlicher hervor, wenn der *Logarithmus* der Dosis gegen den *Prozentsatz* (besser noch gegen den *Probit*) der Wirkung aufgetragen wird.

In einer „klassischen" Dosis-Wirkungskurve existiert also sowohl ein *Bereich* der „100%-Wirkung" als auch der „Null-Wirkung" (Abb. 1.3). Dies ist an Hunderten von Arzneimitteln, auch beim Menschen, verifiziert worden. Da sich die Kurve aber asymptotisch dem 0- bzw. 100%-Bereich nähert, sind diese beiden *Werte* in der Regel nicht genau zu definieren (besonders bei flachen Dosis-Wirkungskurven). Dies spielt in der Praxis für die pharmakologischen und für die meisten toxikologischen Wirkungen keine Rolle.

Für bestimmte *stochastische* Effekte wird häufig angenommen, zu Recht oder zu Unrecht, dass sich die Inzidenz einer Wirkung bei Reduktion der Exposition immer weiter vermindert. In praxi gibt es aber auch für diese Effekte (z. B. Karzinogenität) eine Exposition mit nicht mehr nachweisbarer oder nicht mehr relevanter Wirkung. Karzinogene Wirkungen zeigen besonders klare Dosis-Wirkungsbeziehungen.

1.1.2.1.2 U-förmige oder J-förmige Dosis-Wirkungskurven

Durch Fremdstoffe im Organismus induzierte *primäre* Veränderungen lösen sehr häufig Folgereaktionen aus oder sogar Gegenreaktionen. Wegen dieser Tatsache müssen komplexe Dosis-Wirkungsbeziehungen resultieren, d. h. die dann komplexe Dosis-Wirkungskurve repräsentiert die Resultante aus mehreren Effekten. Angesprochen ist hier das Problem komplexer Wirkungen (und damit auch komplexer Dosis-Wirkungsbeziehungen), die bei gleichzeitiger Wirkung auf das gleiche Organsystem aber über verschiedene Mechanismen auftreten.

Bei manchen pharmakologischen oder toxikologischen Effekten verläuft die Dosis-Wirkungskurve gegensinnig, d. h. „U- oder besser ausgedrückt J-förmig". Dies ist seit langem bekannt, auch bei bestimmten Wirkungen einiger Umweltsubstanzen, z. B. „Dioxinen" [69, 90]. In jüngster Zeit ist das Phänomen erneut aufgefallen, z. B. bei hormonellen Wirkungen von Fremdstoffen.

Ein biphasischer Verlauf einer Dosis-Wirkungskurve ist unter zwei Bedingungen bekannt:
- bei verschiedenen Dosierungen von *Partialantagonisten* (z. B. beim Nalorphin) oder wenn die Konzentration des gleichzeitig anwesenden Agonisten verändert wird;
- wenn eine Substanz den gleichen Endeffekt über zwei verschiedene Mechanismen auslöst (Abb. 1.4), z. B. an zwei Rezeptoren aber mit unterschiedlicher Affinität. Ein altbekanntes Beispiel ist das Verhalten des Blutdrucks nach Gabe von Adrenalin.

Im Gegensatz zur S-förmigen Kurve ergeben sich beim J-förmigen Verlauf natürlich zwei „no observed adverse effect level" (NOAEL), weil die Nulllinie zweimal erreicht wird.

Experimentell und klinisch sind seit langer Zeit Substanzen bekannt, die auf *hormonelle* Systeme gleichzeitig oder dosisabhängig über verschiedene Rezeptoren (besonders solche für Sexualhormone) unterschiedliche Wirkungen auslösen können. Das gilt bereits für die physiologischen Hormone (Estrogene, Progesteron, Testosteron), die periphere Rezeptoren *stimulieren*, aber über das Hypothalamus-/Hypophysensystem entsprechende hormonelle Wirkungen *hemmen*. Fast alle klinisch benutzten hormonellen halbsynthetischen oder synthetischen Substanzen besitzen mehr als eine hormonelle Wirkung, sehr häufig von entgegengesetztem Charakter: gestagen/androgen, antiestrogen/estrogen, usw. (s. z. B. [70]). Es ist für Experten daher nicht überraschend, dass auch *Fremdstoffe* mit gewissem hormonellen Potenzial bei entsprechenden Effekten keinen „klassischen" Dosis-Wirkungskurven gehorchen. Auch bestimmten *Nahrungsbestandteilen* wird heute eine gewisse *hormonelle* Wirkung zugeschrieben (z. B. Soja-Inhaltsstoffen), und es sind auch komplexe Dosis-Wirkungskurven zu erwarten.

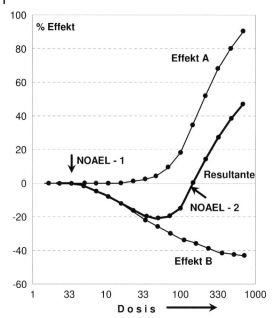

Abb. 1.4 Beispiel für den biphasischen Verlauf einer Dosis-Wirkungskurve. Die resultierende Wirkung (Resultante) kommt durch Überlagerung von zwei verschiedenen Wirkungen (A und B, hier additiv) zustande. Beim „J"-förmigen Verlauf existieren zwei NOAEL-Werte. Wirkung B tritt bereits bei einer geringeren Dosis auf als Wirkung A. (Modifiziert aus: Neubert, in: Marquardt/Schäfer, 2004).

Es ist auch denkbar, dass sich bei relativ hoher Dosierung zwei Wirkungen kompensieren, während bei niedriger Exposition eine Wirkung (z. B. eine unerwünschte) dominiert. Vom Mechanismus her wird man in der Regel eine Resultante von Wirkungen annehmen, die an mehr als einem Angriffspunkt ansetzen. Sinnvolle Aussagen sind nur möglich, wenn (1) genaue Daten zu Dosis-Wirkungsbeziehungen vorgelegt werden (einschließlich NOAEL, es existiert für solche Effekte immer auch ein *unterer* NOAEL (Abb. 1.4!), (2) ausreichend große Gruppen von Versuchstieren untersucht wurden, (3) der Effekt auch in anderen Laboratorien reproduziert werden kann, und (4) der Wirkungsmechanismus analysiert wurde. Wenn diese Kriterien nicht erfüllt werden, verbleiben für die toxikologische Bewertung weitgehend wertlose Spekulationen. Zur Beurteilung der möglichen Relevanz für den Menschen ist (5) auch der Nachweis wichtig, dass das postulierte Verhalten bei mehreren Versuchstierspezies und -stämmen reproduziert werden kann, und dass (6) beim Menschen eine ausreichende Exposition zu erwarten ist (vergleichende Untersuchungen zur Kinetik).

Die veränderte oder entgegengesetzte Wirkung im Niedrigdosisbereich *ist aber keine allgemeine Eigenschaft aller oder vieler Substanzen, wie in der Homöopathie angenommen wird.* Eine solche Behauptung ist inzwischen hinreichend widerlegt worden, und eine solche Anschauung wäre, wenn sie heute noch vertreten würde, sicher falsch.

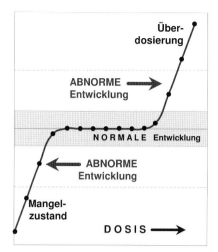

Abb. 1.5 Beispiel für den „biphasischen" Verlauf unerwünschter Wirkungen beim Mangel und im toxischen Bereich. Als Beispiel kann Vitamin A (Retinoide) dienen: Beim Vitaminmangel können experimentell *multiple* Fehlbildungen ausgelöst werden. Das Vitamin ist eine für die pränatale Entwicklung essenzielle Substanz (mittlerer Expositionsbereich). Die Applikation sehr hoher Dosen führt *ebenfalls* zu *multiplen* Fehlbildungen, weil wesentliche Entwicklungsvorgänge gestört werden. Der Typ von Fehlbildungen muss in beiden Bereichen nicht identisch sein.

Ein *scheinbar* biphasisches Resultat kommt auch bei *essenziellen Substanzen* vor, z.B. Vitaminen oder Spurenelementen, wenn diese in hoher Dosierung toxisch wirken. In Abbildung 1.5 ist als Beispiel die teratogene Wirkung von Vitamin A angegeben: Bei Vitamin A-Mangel während der Trächtigkeit (oder Schwangerschaft) kommt es zu Fehlbildungen des Keimes [121]. Innerhalb eines gewissen Dosisbereiches ist Vitamin A für die Entwicklung essenziell, und bei Überdosierung werden wiederum Fehlbildungen induziert, dann durch toxikologische Fehlsteuerung. Dieser teratogene Effekt tritt auch nach Gabe anderer Retinoide auf (z.B. [51, 52]). Im Mangelbereich und bei der toxischen Wirkung muss durchaus nicht der gleiche Typ von Fehlbildungen auftreten. Natürlich handelt es sich bei der Mangelsituation nicht um eine pharmakologische oder toxikologische Wirkung. Eine solche „biphasische" Wirkung ist bei *allen* essenziellen Substanzen zu erwarten, wenn ein toxischer Bereich erreicht werden kann. Im Gegensatz zu anderen beschriebenen biphasischen Effekten kann bei der Mangelsituation kein unterer NOAEL existieren. *Alle* Dosierungen unterhalb der minimal notwendigen Dosis sind schädlich.

1.1.2.2 Toxikologische Wirkungen verglichen mit allergischen Effekten

Die Gesundheit betreffende unerwünschte Wirkungen fallen oft nicht in den Bereich der Toxizität, sondern es handelt sich um *allergische* Wirkungen. Das gilt insbesondere auch für das Gebiet der unerwünschten Wirkungen von Lebensmitteln, weil *Nahrungsmittelallergien* recht häufig sind (z. B. [18, 41]), sicher *viel* häufiger als toxikologische Wirkungen von Lebensmitteln.

Allergische Wirkungen werden in der Medizin von toxischen Effekten klar *abgegrenzt*, weil sie anderen Gesetzmäßigkeiten gehorchen. Dies betrifft sowohl die Dosisabhängigkeit, den zeitlichen Ablauf, und den Wirkungsmechanismus. Das klinische Bild von allergischen und von toxikologischen Wirkungen mag jedoch in vielen Fällen als recht ähnlich imponieren (Blutbildveränderungen, Kreislaufzusammenbruch (bis zum letalen Ausgang), Lungenveränderungen, etc.). Dies ist verständlich, weil der Organismus nur mit einer limitierten Anzahl von Reaktionen antworten kann.

Es ist zu beachten, dass sich toxikologische Effekte selbstverständlich auch am Immunsystem manifestieren können, wie an jedem Organsystem. Darum können und müssen *immuno-toxische* (bzw. immuno-pharmakologische) Wirkungen klar gegenüber *allergischen* Effekten abgegrenzt werden.

1.2
Gefährdung und Risiko

Es ist viel über toxikologisches „*Risiko*" diskutiert und publiziert worden. Viele Missverständnisse im täglichen Leben, aber auch bei manchen toxikologischen Beurteilungen, insbesondere von Behörden, entstehen, weil zwei völlig verschiedene Begriffe, *Gefährdung* und *Risiko*, mit dem gleichen gemeinsamen Ausdruck, nämlich *Risiko*, belegt werden. Zu dieser Konfusion haben auch „Experten" auf dem Gebiet der Toxikologie maßgeblich beigetragen. Klarheit können wir uns nur verschaffen, wenn wir die beiden Begriffe klar auseinander halten. Auch im internationalen Sprachgebrauch ist die Definition nicht immer eindeutig. In diesem Kapitel werden die Definitionen der WHO benutzt, die heute weitgehend akzeptiert sind.

Eine toxikologische *Gefährdung* (*engl.*: hazard) bezeichnet die *Möglichkeit*, dass eine unerwünschte Wirkung eintreten *könnte* (eine ausreichende Dosis vorausgesetzt), aber unter den gegebenen Umständen durchaus *nicht* eintreten *muss* und wird. Unbeantwortet bleibt sowohl die Frage, ob beim Menschen *überhaupt* ein Effekt zu erwarten ist, und vor allem bei welcher Exposition (*Dosis*) und in welchem Ausmaß (*Inzidenz*). Es wird also ein *Verdacht* geäußert.

Angaben zur Gefährdung sind wichtig, aber letztlich interessiert uns, insbesondere auch als Mediziner, das toxikologische *Risiko*. Dies beinhaltet eine *quantitative* Aussage[1], d. h. eine *Zahlenangabe*. Das Risiko kann grundsätzlich nur auf der Basis von Daten von der Spezies abgeschätzt werden, für welche

---

1) Eine entsprechende Aussage zum Risiko wäre z. B.: Bei einer Dosis von *xx* mg des Agens tritt bei *yy*% der Exponierten der Effekt *zz* auf. Oder z. B.: Das Risiko ist 1:1000 bei der Dosis *xx*. Neuerdings wird auch die Angabe: „*number needed to harm*" (NNH) benutzt: Um bei *einem* Individuum einen Effekt zu beobachten müssen durchschnittlich *yy* Individuen exponiert werden (auch als 100/absolute Risikoveränderung [%] zu berechnen). Das entspricht der „*number needed to treat*" (NNT) der Klinischen Pharmakologie.

die Angabe gemacht werden soll. Dies bedeutet: *das toxikologische Risiko für den Menschen kann nur nach Daten vom Menschen abgeschätzt werden!*

Unter einem toxikologischen *Risiko* (engl.: risk) versteht man die Häufigkeit des Auftretens einer *spezifischen* unerwünschten Wirkung bei einer klar *definierten* Exposition oder Dosis bei einer definierten Spezies. Bei Exposition gegenüber dem gleichen Agens wird darum das Risiko für *verschiedene* unerwünschte *Effekte* durchaus unterschiedlich sein (wenn das Agens mehrere Effekte auslöst). Für verschiedene Subpopulationen der gleichen Spezies mag ebenfalls ein unterschiedliches Risiko bestehen. Natürlich ist meistens auch das Risiko gegenüber dem gleichen Agens bei verschiedenen Spezies nicht gleich!

Bei einer Fülle von Expositionsszenarien reicht die verfügbare Datenbasis *nicht* aus, um konkrete Angaben zum Risiko für den Menschen zu machen. Zur Minimierung der Gefährdung benutzt man dann pragmatisch Strategien, um Expositions*bereiche* abzuschätzen, bei denen eine *Gefährdung* entweder sehr *unwahrscheinlich* ist, oder aber als noch „akzeptabel" angesehen wird (*engl.*: hazard evaluation). Diese Strategien stützen sich immer auf *Annahmen* (häufig: *worst-case*-Annahmen) und *Extrapolationen*, mit allen damit verbundenen Unsicherheiten.

1.2.1
Toxikologische Risikoabschätzung

Das Ausmaß eines Effektes unter definierten Bedingungen (d. h. die *Inzidenz*) entspricht der *Potenz*[2] der toxischen Wirkung des Agens bei der betreffenden Spezies. Das *Risiko* ist die statistische *Häufigkeit* (*Inzidenz*) mit der das Ereignis bei einer definierten *Exposition* (Dosis) in einer definierten Population beobachtet wurde. Risiko ist also: ein *Zahlenwert*, d.h. eine Dosis-Wirkungsbeziehung, häufig nur bei einer Dosis[3]. Eine Risikoabschätzung setzt demnach zwei Informationen voraus, über die möglichst gute Daten vorgelegt werden müssen:
- ausreichende Angaben zur *Inzidenz* der *unerwünschten Wirkung* bei der betreffenden Spezies, und[3]
- ausreichende Angaben zur *individuellen Exposition* (Dosis und Expositionsdauer) bei der betreffenden Spezies.

Für viele Arzneimittel wird eine derartige Risikoabschätzung laufend auf der Basis klinischer und epidemiologischer Studien mit Erfolg durchgeführt. Es muss daran erinnert werden, dass immer bereits ein gewisser Schaden eingetreten sein muss, um eine unerwünschte Wirkung beim Menschen zu erkennen, bzw. zum Ausschluss eines Risikos muss immer eine massive Exposition vieler Menschen stattgefunden haben. Risikoabschätzung ist also *immer* mit einer ab-

---

[2] Potenz und Risiko bezeichnen einen *quantitativen* Umstand, Potential und Gefährdung sind *qualitative* Bezeichnungen.

[3] Da „Risiko" einen Zahlenwert darstellt, machen auch Ausdrücke wie: Risiko*minimie*rung, Risiko*management*, usw. keinen Sinn, weil man eine Zahl weder minimieren noch managen kann. Gemeint ist das Management der *Gefährdung*, nicht des Risikos, bzw. eine Verminderung oder Verhinderung der Exposition.

sichtlichen oder unabsichtlichen Exposition des Menschen gegenüber dem zu beurteilenden Agens verbunden!

Es ist klar, dass die Aussage zum Risiko um so zuverlässiger wird, je umfangreicher und qualitativ hochwertiger die Datenbasis der Beobachtungen beim Menschen ist. Da eine Risikoabschätzung grundsätzlich nur nach den Daten der entsprechenden Spezies durchgeführt werden kann, ist bei unzureichender Datenlage *keine* entsprechende verlässliche Abschätzung der Häufigkeit unerwünschter Wirkungen möglich. *Viele Missverständnisse und Fehlinterpretationen beruhen auf der Verkennung dieser Tatsache.*

Wenn man davon ausgeht, dass toxikologisches *Risiko*, per definitionem, einen *Zahlenwert* darstellt (nämlich: Inzidenz bei definierter Exposition), sind einige Schlussfolgerungen logisch:

- Wenn die *Inzidenz* unerwünschter Effekte, bei der zu beurteilenden Spezies, nicht bekannt ist, oder die individuelle *Exposition* nicht zufriedenstellend definiert und gemessen werden kann, muss das Ausmaß des Risikos (d.h. der verlässliche Zahlenwert) *unbekannt* bleiben.
- Die Annahme, man könnte *immer* ein Risiko für bestimmte Expositionen abschätzen, ist sicher falsch. Für die *meisten* Situationen gelingt dies wegen ungenügender Datenbasis *nicht* in zufriedenstellender Weise. Man begnügt sich mit dem Hinweis (z. B. aus Experimenten) auf eine mögliche *Gefährdung* und versucht, diese gering zu halten.
- In der Regel bezieht sich das beschriebene Risiko auf die untersuchte Gruppe von Menschen. Es ist durchaus möglich, dass für bestimmte Subpopulationen oder andere Bevölkerungsgruppen ein höheres (oder auch ein geringeres) Risiko besteht (beim Vorliegen genetischer Polymorphismen, bei verschiedenen Altersgruppen, beim Vorliegen von Vorerkrankungen, etc.).
- Wir gehen im täglichen Leben laufend Risiken ein, und wir sind auch *bereit* dies zu tun. Leben mit einem *Nullrisiko* gibt es nicht. Wir können nur versuchen, überschaubare Gefährdungen und unnötig hohe Gefährdungen wenn möglich zu vermeiden. Die Risikobereitschaft ist individuell verschieden und nicht klar definierbar [4]. Bei geringem Nutzen sollte auch das Risiko gering sein (bei fehlendem Nutzen vernachlässigbar klein) [5].
- Versuche, eine mögliche *Gefährdung* auf der Basis tierexperimenteller Daten zu *quantifizieren*, sind *keine* Risikoabschätzung. Entsprechende Zahlenangaben (z. B. die meisten wissenschaftlich fundierten „Grenzwerte") entsprechen *keinem Risiko* für den Menschen. Dies mindert nicht den Wert derartiger pragmatisch-administrativer Abschätzungen zu „akzeptablen" oder „wahr-

---

[4] In den meisten Industriestaaten scheint die jährliche Rate von etwa 5000 Verkehrstoten akzeptabel zu sein. Ein Zehntel dieser Häufigkeit durch ein wirksames Arzneimittel hervorgerufen würde wahrscheinlich als nationales Desaster angesehen werden.

[5] Auch das trifft für das tägliche Leben *nicht* zu. Der Nutzen von Kriegen ist für die meisten Menschen praktisch null, und das Risiko sehr hoch. Trotzdem werden Kriege nicht ausgeschlossen. Auch Hunger hat keinen Nutzen und gilt trotzdem nicht als vermeidbar. Die Aufzählung könnte beliebig verlängert werden.

scheinlich weitgehend ungefährlichen" Bereichen der Exposition (*präventive Gefährdungsminimierung* oder *„Vorsorglicher Verbraucherschutz"*).
- Begriffe wie „karzinogenes Risiko" sind meistens missverständlich, es sei denn die Inzidenz bei definierter Exposition kann für den Menschen angegeben werden (z. B. etwa für Arsen). Das ist selten der Fall. Meistens reicht eine semiquantitative Angabe zur Gefährdung (z. B. *„... kann beim Menschen Krebs auslösen ..."*) auch als Warnhinweis aus. In der Umwelttoxikologie wird, der oben gegebenen Definition entsprechend, meist „*karzinogene Gefährdung*" gemeint sein, da sich Angaben fast immer nur auf Resultate von Tierversuchen stützen. Dann ist nur eine *qualitative* Aussage auf der Basis einer *Extrapolation* möglich und keine verlässliche Angabe für den Menschen. Deshalb können trotzdem *präventive* Maßnahmen geboten erscheinen. Ob sie tatsächlich sinnvoll waren, wird man in der Regel nie erfahren.
- Das toxikologische Risiko bezieht sich in der Regel auf *einen* definierten *Effekt*. Es wird für andere medizinische Endpunkte einen anderen Zahlenwert besitzen, auch wenn die verschiedenen Effekte von der gleichen Substanz ausgelöst werden.
- Der Zahlenwert für das Risiko ist *unabhängig* von einem möglichen *Nutzen* der Exposition. Eine medizinische „*Nutzen-Risiko*"-*Abschätzung* gelingt bei klaren medizinischen Sachverhalten verhältnismäßig leicht. Aber der Nutzen kann auch weniger eindeutig oder z. B. ökonomisch sein. Da ein solcher Nutzen in der Regel nicht mit der gleichen Genauigkeit abgeschätzt und eindeutig definiert werden kann, muss eine derartige Nutzen-Risiko-Abschätzung immer ein erhebliches Maß an *Willkür* beinhalten. Verschiedene Menschen und Institutionen werden, ohne Absprache, zu voneinander abweichenden Einschätzungen gelangen.
- Wenn man gegenüber einem bekannten toxikologischen Risiko die *Exposition* deutlich *vermindert*, kann man (bei unbekannter Dosis-Wirkungsbeziehung) den *Wert* für das neue *Risiko* nicht abschätzen. Aber man reduziert in der Regel das Risiko.
- Die Anzahl von Individuen mit unerwünschten Wirkungen ist klein oder zu vernachlässigen (Tab. 1.1), wenn entweder das toxikologische Risiko sehr gering oder die Anzahl der Exponierten verhältnismäßig klein ist (es sei denn das Risiko ist sehr hoch).

Die Häufigkeit, mit der eine bestimmte unerwünschte Wirkung in einer exponierten Gruppe auftritt, hängt also sowohl vom entsprechenden *toxikologischen Risiko* (d. h. der Inzidenz bei der betreffenden Exposition) als auch von der *Größe der exponierten Gruppe* ab (Tab. 1.1). Selbst bei einem relativ hohen Risiko (z. B. Situation I (Risiko 1 : 100)) wird bei sehr wenigen Exponierten (hier: $n=80$ im Beispiel I a) kaum ein zusätzlicher Fall einer unerwünschten Wirkung zu registrieren sein. Wird eine große Zahl von Menschen exponiert und eine entsprechend sehr große Gruppe untersucht (Beispiel I c), so ist das Risiko verifizierbar. Das gilt auch dann, wenn das Risiko sehr klein ist, aber eine sehr große Zahl von Menschen exponiert wurde und untersucht wird (Beispiele II b und III c).

Tab. 1.1 Beispiele für die Aussagekraft einer Studie bei verschiedenem toxikologischem Risiko und unterschiedlicher Größe der exponierten bzw. der untersuchten Populationen. Die Beurteilung hängt auch wesentlich von der *Art* der unerwünschten Wirkung ab sowie von der „Spontanrate" in der nicht exponierten Population. Zehn zusätzliche Fälle eines seltenen Krebstyps im Beispiel II könnten inakzeptabel sein, zehn zusätzliche Fälle von Kopfschmerz wären meistens weitgehend unbedenklich. Bei Arzneimitteln wird eine unerwünschte Wirkung von ≥1% bereits als „häufig" bezeichnet. In der Umwelttoxikologie kann Beispiel Ia (kleine Gruppe Exponierter) durchaus eine realistische Konstellation darstellen.

	Absolutes Risiko [a]	Anzahl Exponierter	Anzahl Exponierter in der Studie	Beurteilung
Ia	1 : 100	80	≈ 80	*keine* Chance unerwünschte Wirkung zu erkennen
Ib	1 : 100	10 000	≈ 80	*keine* Chance unerwünschte Wirkung zu erkennen
Ic	1 : 100	1 000	≈ 800	*deutliche* Chance unerwünschte Wirkung zu erkennen [b]
IIa	1 : 1000	1 000	≈ 800	*keine* Chance unerwünschte Wirkung zu beobachten
IIb	1 : 1000	10 000	≈ 8 000	*deutliche* Chance unerwünschte Wirkung zu erkennen [b]
IIIa	1 : 10 000	8 000	≈ 8 000	*keine* Chance unerwünschte Wirkung zu erkennen
IIIb	1 : 10 000	100 000	≈ 8 000	*keine* Chance unerwünschte Wirkung zu erkennen
IIIc	1 : 10 000	80 000	≈ 80 000	*deutliche* Chance unerwünschte Wirkung zu erkennen [b]

[a] Zusätzliches Risiko (zusätzlich zur „Spontanrate").
[b] Wenn die „Spontanrate" (Referenzpopulation) niedrig und der Effekt sehr ausgeprägt (z. B. Tod) ist.

Es ist zu bedenken, dass die Risikoabschätzung für den Menschen in der Regel *keine* ganz *genaue* Zahl ergibt, und verschiedene Studien können und werden zu voneinander abweichenden Angaben führen. Je geringer das Risiko, umso ungenauer die Zahlenangabe.

1.2.1.1 Vergleich mit einer Referenzgruppe

Das Risiko wird häufig nicht als *absolutes*, sondern als *relatives Risiko*, d.h. im *Vergleich* der Inzidenz mit einer nicht exponierten Population, angegeben. In einem derartigen klassischen Studiendesign werden zwei Gruppen, eine exponierte und eine Referenzgruppe (oder Kontrollgruppe), z. B. im randomisierten, doppelten Blindversuch miteinander verglichen. Der Vergleich mit einer Referenzpopulation und die doppeltblinde Anordnung sowie die Definition strikter Ein- und Ausschlusskriterien sind notwendig, weil (a) „Spontanraten" ohne zusätzliche Exposition meist bereits in der Referenzgruppe vorhanden sind, (b) eine Beeinflussung einerseits durch das bloße Bekanntwerden der Exposition als solche und andererseits durch den Untersucher möglich ist und (c) so viele Störfaktoren (*„confounding factors"*) wie möglich ausgeschlossen werden müssen.

In Tabelle 1.2 sind einige Beispiele für Risikoabschätzungen nach klinischen oder epidemiologischen Daten aufgeführt. Neben dem *absoluten Risiko* (der Inzidenz pathologischer Fälle in einer Gruppe Exponierter) kann das *relative Risiko* (rR) berechnet werden (der Quotient aus der Inzidenz in der Gruppe Exponierter und der Häufigkeit in der Referenzgruppe). Die Inzidenz der pathologischen Fälle ist allerdings beim rR *nicht* mehr erkennbar. Aus der Veränderung (z. B. als Prozent) der absoluten Risiken (Zunahme oder Reduktion) zwischen Exponierten und Referenzen kann die *Veränderung des absoluten Risikos* (aR-V) berechnet werden, und diese Aussage wird heute in der Pharmakologie häufig zu

Tab. 1.2 Beispiele für Risikoabschätzungen nach Daten vom Menschen. Die Inzidenz in der Referenzgruppe könnte z. B. etwa der spontanen Häufigkeit der Summe aller Fehlbildungen in einer Population entsprechen. Diese Angaben sagen zunächst nichts über die statistische Signifikanz zwischen den Gruppen aus. Nur bei den Differenzen der beiden Beispiele 5. und 6. ist $p < 0{,}05$ (χ^2-Test).

	Beobachte Effekte (absolutes Risiko)		rR b/a	VaR b–a	NNH 100/VaR
	Referenzgruppe betroffen/gesamt (%) *a*	Exponierte Gruppe betroffen/gesamt (%) *b*			
1.	8/200 (4,0)	9/200 (4,5)	1,13	+0,50%	200 n.s.
2.	8/200 (4,0)	10/200 (5,0)	1,25	+1,00%	100 n.s.
3.	8/200 (4,0)	12/200 (6,0)	1,50	+2,00%	50 n.s.
4.	8/200 (4,0)	16/200 (8,0)	2,00	+4,00%	25 [a] n.s.
5.	8/200 (4,0)	**10/100** (10,0)	2,50	+6,00%	17 s.
6.	8/200 (4,0)	**16/100** (16,0)	4,00	+12,00%	8 s.
7.	8/200 (4,0)	4/200 (2,0)	0,50	–2,00%	50 n.s.

rR: Relatives Risiko (*b*%/*a*%), VaR: *Veränderung* des *absoluten* Risikos (*b*% minus *a*%). NNH: *„number needed to harm"* (Anzahl zu Exponierender, um *einen* zusätzlichen pathologischen Fall zu beobachten), NNH = 100/VaR. n.s.: nicht statistisch signifikant, s.: statistisch signifikant.

[a] Trotz eines relativen Risikos von 2,0 wird noch keine statistische Signifikanz erreicht ($p = 0{,}09$), obgleich es sich bereits um eine ziemlich große Studie handelt!

der „*number needed to treat*" (NNT) umformuliert (100/aR-V). Dieser Begriff gibt in der „evidence-based medicine" an, wie viele Patienten behandelt werden müssen, um *einen Krankheitsfall zu vermeiden*. Ein analoger Begriff kann auch in der *Toxikologie* benutzt werden: Wie viele Menschen müssen exponiert werden, um *einen* zusätzlichen pathologischen Fall zu *beobachten* („*number needed to harm*", NNH)?

Ob die mit einem *relativen Risiko* ausgedrückte Differenz zwischen zwei Gruppen statistisch *signifikant* und medizinisch *relevant* ist, hängt nicht nur von der Höhe des Wertes ab, sondern auch entscheidend von der Anzahl untersuchter Personen. Abhängig von der Güte des Studiendesigns darf man häufig erst bei Werten für das relative Risiko (rR) von deutlich über 2 mit einem medizinisch relevanten Effekt rechnen. Das liegt daran, dass bei dem meist komplizierten Studiendesign *confounding factors* nie völlig auszuschließen sind. Aus diesem Grund sind Resultate von Studien mit geringgradigen Effekten häufig nicht reproduzierbar.

Es liegt im Wesen klinischer Studien bzw. epidemiologischer Erhebungen, dass die *Wahrscheinlichkeit* des Auftretens einer bestimmten Wirkung innerhalb der untersuchten *Population* erkannt wird, zunächst aber *nicht* das Risiko für ein bestimmtes *Individuum* abgeschätzt werden kann. Das gilt insbesondere dann, wenn das Risiko innerhalb der untersuchten Population nicht gleichmäßig verteilt ist. Das ist leider sehr häufig, und bei sehr seltenen Ereignissen praktisch immer der Fall. Es handelt sich um, mehr oder minder große, *Subpopulationen* innerhalb der Bevölkerung, die eine spezielle *erhöhte Empfindlichkeit* zeigen. Dies kann, meist genetisch bedingte, *pharmakodynamische* oder *pharmakokinetische* Gründe haben (z. B. *Polymorphismen*, etc.).

Das Ziel in der Zukunft muss sein, Subpopulationen mit einer *Gefährdung* für bestimmte Erkrankungen oder gegenüber der Wirkung definierter Agenzien zu definieren. Für eine solche Population kann dann die Inzidenz, d. h. das genaue erhöhte Risiko, abgeschätzt werden oder es können gezielte präventive Maßnahmen zur Verhinderung unerwünschter Wirkungen eingeleitet werden. Untersuchungen einer großen Population besitzen zwar erhebliche statistische Vorteile, die Inzidenz bei Subpopulationen mit erhöhtem Gefährdungspotenzial kann aber stark „verdünnt" werden, insbesondere wenn es sich um sehr kleine empfindliche Subgruppen handelt.

Aus den genannten Gründen ist es schwierig, und oft unmöglich, im *Einzelfall* retrospektiv zu entscheiden, ob ein unerwünschtes Ereignis „*spontan*" aufgetreten ist oder durch die Exposition gegenüber einem spezifischen Agens ausgelöst wurde. Das gilt sinngemäß natürlich in der Medizin auch für „positive" Entwicklungen, d. h. zur Entscheidung der Frage ob eine bestimmte Medikation geholfen hat oder ob eine Spontanheilung verantwortlich war. Bei einem *relativen Risiko* unter 2,0 ist, per definitionem, die Wahrscheinlichkeit für einen *spontanen* Effekt >50% (Tab. 1.3).

Tab. 1.3 Beispiele für die Wahrscheinlichkeit, dass ein Effekt substanzinduziert oder spontan aufgetreten ist. Ein unerwünschter Effekt (z. B. Krebs oder Fehlbildungen) kann bei einem Individuum entweder durch ein Agens oder als „spontanes" Ereignis ausgelöst sein.

Beobachtungen beim Menschen				Auslösung der Wahrscheinlichkeit im Einzelfall		
pathologische Fälle Exponiert-Referenz		Relatives Risiko	95% KI	Effektes durch das Agens ist:	induziert durch die Substanz	„spontan" induziert
5%	4%	1,25	0,8[a]–2,3	statistisch *nicht* signifikant	*nicht* nachzuweisen	
5%	4%	1,25	1,1–2,6	trotzdem unwahrscheinlich	20%	80%
6%	4%	1,50	0,8[a]–2,4	statistisch *nicht* signifikant	*nicht* nachzuweisen	
6%	4%	1,50	1,2–2,7	trotzdem unwahrscheinlich	33%	67%
8%	4%	2,00	0,9[a]–2,7	statistisch *nicht* signifikant	*nicht* nachzuweisen	
8%	4%	2,00	1,3–3,0	Wahrscheinlichkeit: 50%	50%	50%
16%	4%	**4,00**	2,1–6,3	sehr wahrscheinlich	75%	25%

KI: Konfidenzintervall.
a) Wenn bei Zunahme des rR der untere Wert des KI <1,0 ist, kann man ein zufallsbedingtes Resultat nicht ausschließen.

1.2.1.2 Interpretation von klinischen bzw. epidemiologischen Daten

Zweifellos stellen vom Menschen stammende Daten die beste Informationsquelle zur Beurteilung von möglichen Gesundheitsgefährdungen dar. Die Interpretation toxikologischer Daten ist aber durchaus nicht immer einfach, und es ist eine erhebliche medizinische Expertise notwendig, um verlässliche Schlussfolgerungen zu ziehen. Bei einer Risikoabschätzung müssen im Wesentlichen fünf Aspekte beurteilt werden:

- Das Studiendesign bzw. die Aussagekraft der benutzten Methodik:
  Hier kann man bereits häufig erkennen, dass die Aussagekraft nicht dazu ausreicht, weitgehende Schlüsse zu ziehen oder dass man nur massive Effekte erkennen kann.
- Die Dokumentation der Daten:
  Eine befriedigende toxikologische Beurteilung durch Dritte (z. B. den Leser einer Publikation) ist nur möglich, wenn die erhobenen Originaldaten vorgelegt werden. Leider hat es sich vielfach eingebürgert, nur noch stark manipulierte Daten bzw. Mittelwerte und Standardabweichungen zu publizieren. Der Wert solcher Arbeiten ist auf dem Gebiet der Toxikologie sehr stark eingeschränkt, da Schlussfolgerungen der Autoren nur schwer oder gar nicht nachvollzogen werden können.
- Die quantitative Abschätzung der individuellen Exposition:
  Da alle toxikologischen Effekte dosisabhängig auftreten, sind nur Aussagen sinnvoll, die sich auf einen definierten Dosisbereich beziehen. Langzeitexpositionen gegenüber variablen Dosen lassen sich nicht mit ausreichender Ge-

nauigkeit beurteilen (bzw. nur bei sehr persistenten Substanzen). Man kann nur (z. B. in der Arbeitsmedizin) bestimmte Expositionsszenarien definieren. Dies wird arbeitsmedizinisch hilfreich sein, ist aber keine zufriedenstellende toxikologische Risikoabschätzung.
- Die Abschätzung der Inzidenz definierter medizinischer Endpunkte:
Da toxikologisches Risiko = Inzidenz bei definierter Dosis ist, muss die Inzidenz des definierten toxikologischen Effektes genau bestimmt werden. Die Aussagekraft ist dann besonders hoch, wenn *ein* Endpunkt, oder wenige Variable, direkt für die Studie erhoben werden.
- Die Beurteilung der medizinischen Plausibilität des Ergebnisses:
Eine wesentliche Frage ist, ob bekannte Störfaktoren („confounding factors") weitgehend ausgeschlossen oder kontrolliert werden konnten. Häufig sind bereits Zweifel an der Validität eines Resultates berechtigt, wenn eine „Wirkung" medizinisch nicht plausibel ist.

Bei der Beurteilung auftretende Probleme können hier nur an wenigen Beispielen illustriert werden. Erwähnt werden sollen:
- Aussagekraft verschiedener Studien bzw. epidemiologischer Erhebungen,
- Unterschied zwischen Exposition und Körperbelastung,
- unbefriedigende Abschätzung der individuellen Exposition,
- Probleme bei der Auswahl der Referenzgruppe,
- Veränderungen innerhalb des Referenzbereiches,
- Berücksichtigung von „confounding factors",
- Bedeutung statistisch signifikanter Unterschiede,
- Risikopopulationen gegenüber definierten Expositionen,
- Risiko für eine Population und individuelles Risiko,
- Problem der Beurteilung von Substanzkombinationen,
- Problem einer Polyexposition.

1.2.1.2.1 Aussagekraft verschiedener Typen von Untersuchungen am Menschen

Mit Bezug auf die toxikologische Aussagekraft ergibt sich für die verschiedenen Typen von Untersuchungen am Menschen eine Rangfolge, wie in Tabelle 1.4 veranschaulicht. Dies muss bei einer Beurteilung der Daten berücksichtigt werden. Die Aussagen vieler „Studien" oder Erhebungen sind nicht überzeugend. Deshalb müssen sich die Ergebnisse verschiedener Studien zum gleichen Thema auch häufig widersprechen, insbesondere wenn geringgradige Effekte beurteilt werden. Aber auch viele Studien, die zum gleichen Ergebnis kommen, sind nicht sehr aussagekräftig, wenn alle die gemeinsamen erheblichen Schwächen im Studiendesign aufweisen.

1.2 Gefährdung und Risiko

Tab. 1.4 Beispiele für die Aussagekraft von Studien über toxikologische Wirkungen beim Menschen. (Die Aussagekraft der Untersuchung nimmt in der angegebenen Reihenfolge ab. Der Nachweis einer Dosis-Wirkungsbeziehung vergrößert die Aussagekraft von Untersuchungen.)

Typ der Untersuchung	Aussagekraft für Risikoabschätzung
1. kontrollierte klinische Studie [a]	kann recht hoch sein
2. größere klinische Anwendungsbeobachtung [b]	gut zur Formulierung eines Verdachtes
3. größere ambulante Multizenterbeobachtung [c]	gut bei ausgeprägtem Effekt
4. größere Querschnittsstudie [d], mit Referenzgruppe	kann recht hoch sein
5. größere Langzeitstudie [e], mit Referenzgruppe	kann recht hoch sein
6. ausreichend große Kohortenstudie [f]	gut bei ausgeprägtem Effekt
7. ausreichend große Fall-Kontrollstudie [g]	nur ausreichend bei ausgeprägtem Effekt
8. ausreichend große Interventionsstudie [h]	gut bei ausgeprägtem Effekt
9. größere Querschnittserhebung [i], *ohne* individuelle Expositionsmessung	nicht sehr hoch
10. größere Langzeiterhebung [j], *ohne* individuelle Expositionsmessung	recht mäßig
11. gehäufte Kasuistiken [k]	ausreichend nur bei sehr ausgeprägtem Effekt
12. einzelne Kasuistik [l]	gewisser Verdacht, immer weitere Daten erforderlich

Wesentliche Kriterien für die betreffende Untersuchung:
a) Doppelt-blind, placebokontrolliert, Quantifizierung der individuellen Exposition, Einschluss- und Ausschlusskriterien, wenige relevante Endpunkte, deutliche Wirkung.
b) Quantifizierung der individuellen Exposition, ein definierter medizinischer Endpunkt.
c) Doppelt-blind, Compliance gesichert, definierte Exposition, objektive medizinische Endpunkte.
d) Quantifizierung der individuellen *akuten* Exposition, ein definierter medizinischer Endpunkt, *wenige* confounding factors, deutliche Wirkung.
e) Prospektiv, Quantifizierung der individuellen *konstanten* Langzeitexposition, *wenige* definierte medizinische Endpunkte, *wenige* (gut kontrollierbare) confounding factors.
f) Quantifizierung der individuellen Exposition, ein definierter medizinischer Endpunkt, ausgeprägter Effekt.
g) Häufig keine Quantifizierung der individuellen Exposition, ein definierter medizinischer Endpunkt.
h) Compliance gesichert, wenige definierte medizinische Endpunkte.
i) *Keine* Quantifizierung der individuellen Exposition, *mehrere* definierte medizinische Endpunkte, *mehrere* confounding factors.
j) *Schwierige* Quantifizierung der individuellen und *variablen* Exposition, *mehrere* definierte medizinische Endpunkte, *mehrere* confounding factors.
k) Quantifizierung der individuellen Exposition (praktisch *keine* Aussagekraft bei mangelhafter Angabe zur Exposition), *ein* definierter medizinischer Endpunkt, in der Regel *mehrere* confounding factors, (ausreichende Aussage nur bei massivem Effekt, z. B. Fehlbildungen nach Thalidomid).
l) Quantifizierung der individuellen Exposition, *ein* definierter medizinischer Endpunkt, in der Regel *mehrere* auch unbekannte confounding factors (allein sehr geringe Aussagekraft).

Die höchste Aussagekraft besitzen: ausreichend große klinische placebokontrollierte, doppelblinde Studien, mit wenigen medizinisch wichtigen Endpunkten, klaren Einschluss- und Ausschlusskriterien und quantifizierter bzw. definierter individueller Exposition. Jede Abweichung von diesen Kriterien vermindert die Aussagekraft, es sei denn es handelt sich um *massive Effekte*[6].

1.2.1.2.2 Unterschied zwischen Exposition und Körperbelastung

Per definitionem bezieht sich der Begriff „Exposition" auf eine Konzentration oder „Dosis" bis zur äußeren oder inneren Körper*oberfläche* (Haut, Lunge, Darmlumen). Es ist zunächst *nicht* definiert, wie viel von dem Agens in den Organismus aufgenommen, d. h. *resorbiert*, wird.

Ob überhaupt eine Wirkung eintritt und mit welcher Intensität hängt zunächst vom *Ausmaß* der Aufnahme des Agens in den Organismus ab (Abb. 1.6). Als Maß für die aufgenommene Menge dient die *„Körperbelastung"* („innere Dosis"). Letztlich entscheidend für eine erwünschte oder unerwünschte Wirkung ist die Konzentration des betreffenden Agens am *Wirkort* (z. B. am Rezeptor), in der Regel innerhalb des Organismus.

Die Beziehung zwischen Exposition und resultierender Körperbelastung ist z. B. bei der Mehrzahl akut *parenteral* verabreichter Arzneimittel eindeutig. Bei oraler Aufnahme sind die Verhältnisse bereits deutlich komplizierter, da die Re-

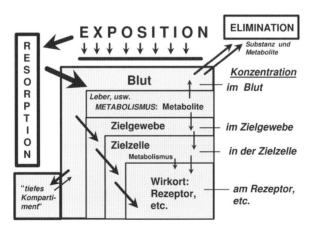

Abb. 1.6 Wichtige Faktoren der Pharmakokinetik: Exposition, Resorption, Verteilung, Metabolismus, Elimination. Resorption und Verteilung bestimmen das Ausmaß der Wirkung und zum Teil auch die Organotropie. Entscheidend sind die Konzentration des Agens am Wirkort und die Dauer der Anwesenheit, die von der Elimination bestimmt wird. Als Maß für die Körperbelastung („innere Dosis") dient meistens die Konzentration im Blut (beachte: Einfluss eines „tiefen" Kompartiments). (Modifiziert aus: Neubert, in: Marquardt/Schäfer, 2004).

6) Die teratogene Wirkung von Thalidomid (Contergan®) wurde erkannt, obgleich nur gehäufte Kasuistiken vorlagen. Allerdings waren, als der Kausalzusammenhang erkannt wurden bereits viele tausend fehlgebildete Kinder geboren worden (s. z. B. [81]).

sorptionsrate bei verschiedenen Substanzen irgendwo zwischen 0 (z. B. viele großmolekulare und hydrophile Substanzen) und 100% (z. B. bei vielen lipophilen Verbindungen) liegen kann, und sich auch „first pass"-Effekte auswirken werden. Bei inhalativer Exposition ist die Menge des resorbierten Gases neben der Konzentration in der Atemluft vom Ausmaß der Lungenventilation abhängig (d.h. bei schwerer körperlicher Arbeit wird viel, in Ruhe wenig aufgenommen). Die Beurteilung der Beziehung zwischen Exposition und resultierender Körperbelastung ist bei einmaliger Exposition relativ einfach. Bei Langzeitexposition werden die Verhältnisse meistens sehr unübersichtlich, insbesondere wenn Enzyminduktionen auftreten oder wenn bei Substanzen mit relativ kurzer Eliminations-Halbwertszeit das Ausmaß der Exposition stark variiert.

Die Konzentration am eigentlichen Ort der Wirkung (z. B. am Rezeptor) kann im Experiment nur selten, beim Menschen eigentlich nie bestimmt werden. Man begnügt sich darum bei der Abschätzung der Körperbelastung mit Messungen in leicht zugänglichen Geweben. Dies ist in erster Linie das *Blut* (Abb. 1.6). Es wird vorausgesetzt, dass ein Gleichgewicht (nicht unbedingt eine identische Konzentration) zwischen der Konzentration im Blutplasma oder Serum und der Konzentration am Wirkort besteht. Diese Annahme wird in der Regel berechtigt sein, es gibt aber auch *Ausnahmen*. Die bekannteste Abweichung von dieser Regel ist das Vorliegen eines „tiefen Kompartimentes" (*engl.*: deep compartment): bei Mehrfachgabe, und nur dann reichert sich die Substanz in diesem Gewebe an und die Konzentration im *deep compartment* kann wesentlich höher sein als die im Blut. Das Fettgewebe kann häufig als typisches tiefes Kompartiment dienen. Auch die feste *Bindung* eines Agens an bestimmte Strukturen, z. B. Strontium an Knochengewebe, führt zur Diskrepanz zwischen der angereicherten Menge in bestimmten Bereichen und der Konzentration im Blut. Auch die intrauterine Exposition ist im Experiment nur schwer, beim Menschen eigentlich nie, zu quantifizieren.

Interessanterweise wurde festgestellt, dass nahezu identische Konzentrationen sehr lipophiler Verbindungen wie im Fettgewebe auch im *Milchfett* gefunden werden. Neben den analytischen Möglichkeiten spielt dies auch bei der Risikoabschätzung des gestillten *Säuglings* eine Rolle.

Ein Beispiel zu diesem Problem: Für den Erwachsenen wurde eine akzeptable Dioxinaufnahme" von *1 pg I-TEq*/kg Körpergewicht pro Tag festgesetzt, und diese Menge wird von der Normalbevölkerung kaum überschritten. Für einen gestillten Säugling wurde um 1990 eine tägliche Aufnahme bis zu *350 pg I-TEq*/kg Körpergewicht über die Frauenmilch berechnet. Das wäre eine Exposition bis zum >300fachen eines Erwachsenen. Diese Menge veranlasste einige Mitbürger voreilig und unberechtigt vor dem Stillen zu warnen. Allerdings hatten sie die Pharmakokinetik nicht berücksichtigt. Während beim Erwachsenen bei einer Eliminations-Halbwertszeit von etwa sieben Jahren die tägliche Dosis bis zum 3000fachen kumuliert, wird ein Säugling höchstens 1/2 Jahr gestillt (meistens leider sogar kürzer). Entsprechende Kalkulationen von Experten schätzten die Körperbelastung des Säuglings damals auf höchstens das 3–4fache der mütterlichen Werte. Dies wurde durch entsprechende Messungen der erreichten Konzentrationen im Blutfett bestätigt [1]. Durch Körperwachstum und verminderte Aufnahme reduziert sich diese Körperbelastung in den nächsten Monaten und Jahren weiter.

Um nicht missverstanden zu werden: Wir wollen natürlich möglichst keine Fremdstoffe in der Frauenmilch haben. Hier geht es aber um die *medizinische Beurteilung*, und alle nationalen und internationalen Gremien haben betont, dass die Vorteile des Stillens deutlich überwiegen gegenüber möglichen Nachteilen. Erfreulicherweise beträgt die heutige I-TEq-Konzentration an polyhalogenierten *Dibenzo-p-dioxinen* und *Dibenzofuranen* (PCDD/PCDF), nach deutlicher Reduktion der Emissionen, nur noch etwa die Hälfte der früheren Werte.

Tab. 1.5 Beispiele für die Kumulation einiger „Dioxin"-Kongenere bei gestillten Säuglingen. Zwei Säuglinge wurden vier Monate gestillt und die Konzentration der PCDD/PCDF im Blut im Alter von elf Monaten gemessen. Vergleich mit zwei Säuglingen nur mit Flaschennahrung. A) Daten nach Abraham et al. [1], B): Daten nach Kreuzer et al [53].

A) Kongener	(ppt [pg/g] im Blutfett)							
	gestillt (1)		gestillt (2)		Flasche (1)		Flasche (2)	
	Mutter	Kind	Mutter	Kind	Mutter	Kind	Mutter	Kind
2,3,7,8-**TCDD**	1,9	3,7	1,8	4,3	2,0	<1	1,8	–
Verhältnis: Kind/Mutter		2,0		2,4		>0,5		
2,3,4,7,8-**PeCDF**	8,6	23,1	7,1	31,5	11,7	1,5	9,7	3,5
Verhältnis: Kind/Mutter		2,7		4,4		0,1		0,4
I-TEq	12,3	29,2	10,5	37,5	16,9	2,4	13,8	2,6
Verhältnis: Kind/Mutter		2,4		3,6		0,1		0,2
Verhältnis: Brust/Flasche			ca. 20					
B) Lebensalter	n =		ppt TCDD (im Fett)					
Neugeborene	3		1,3–2,1					
gestillte Säuglinge	13		0,2–4,1 [a]					
Adoleszenten	4		2,0–3,4					
Erwachsene	26		1,1–6,2 [b]					

TCDD = Tetrachlordibenzo-*p*-dioxin, PeCDF = Pentachlordibenzofuran.
I-TEq = Summe PCDD/PCDF als Internationale Toxizitätsäquivalente.
a) Dauer des Stillens im Gegensatz zu (A) nicht angegeben.
b) Werte von der allgemeinen Population, nicht die zu den Kindern gehörenden Mütter.

Es ist bemerkenswert, dass die I-TEq-Werte von Säuglingen nach Flaschennahrung deutlich *unter* den mütterlichen Werten liegen (Tab. 1.5) und nur etwa 5–10% der Werte gestillter Kinder erreichen. Dies beruht einmal darauf, dass die Kuhmilch nur etwa 1/10 der „Dioxine" enthält, verglichen mit der Frauenmilch. Allein könnte dies allerdings die sehr geringe Belastung des Säuglings nur erklären, wenn die Körperbelastung bei der Geburt sehr viel geringer ist als bei der Mutter. Das ist wahrscheinlich der Fall, aber es wurde auch in Bilanzuntersuchungen nachgewiesen, dass bei geringer Exposition besonders höher chlorierte Kongenere unverändert in den Darm *sezerniert* und damit zusätzlich eliminiert werden können [42]. Dieses Phänomen ist auch aus tierexperimentellen Untersuchungen mit PCDD/PCDF bekannt [2].

Die Beispiele zeigen, dass Beurteilungen, die sich allein auf Messungen der Exposition stützen ohne die Pharmakokinetik zu berücksichtigen, leicht zu Fehlschlüssen führen können.

1.2.1.2.3 Unbefriedigende Abschätzung der individuellen Exposition

Eine medizinisch-toxikologische Beurteilung setzt qualitativ und quantitativ ausreichende Daten zu den zu beurteilenden medizinischen Endpunkten und insbesondere zur *individuellen Exposition* (bzw. Dosis) voraus. Ohne diese Information müssen alle Versuche zur Risikoabschätzung Spekulation bleiben.

Gerade auf dem Gebiet der „Umwelttoxikologie" ist, im Gegensatz zur Arzneimitteltoxikologie, die quantitative Abschätzung der Exposition häufig schwierig, wenn nicht sogar unmöglich. Einige Probleme sind in Tabelle 1.6 wiedergegeben. Entscheidend für den Erfolg der Quantifizierung ist insbesondere die *Eliminations-Halbwertszeit* des zu untersuchenden Agens. Probleme treten vor allem bei Agenzien mit kurzer Halbwertszeit auf. Die *Körperbelastung* ist dann bei akuter Einwirkung nur schwer abzuschätzen (insbesondere retrospektiv), weil sie sich zeitabhängig dauernd ändert. Bei variabler chronischer Exposition gegenüber solchen Agenzien ist die tatsächliche Körperbelastung gar nicht verlässlich zu ermitteln. Besonders Spitzenkonzentrationen (bzw. Dosierungen), die toxikologisch von erheblicher Bedeutung sein können, sind retrospektiv nicht zu rekonstruieren. In solchen Fällen werden oft mehr oder minder komplizierte mathematische Kalkulationen zur Abschätzung der Exposition vorgelegt. Man kann vereinfacht feststellen, dass alle solche Bestrebungen weitgehend unbrauchbar sind. Sie gaukeln Information vor, die nicht erfassbar ist. Es ist allerdings möglich, ein bestimmtes *Expositionsszenarium* zu definieren, wie das in der Arbeitsmedizin geschieht und eine Aussage zu einem typischen Arbeitsplatz oder einem Konsumverhalten zu machen. Solche Aussagen sind zwar immer „semiquantitativ" sowie ohne verlässliche Zahlenangabe, und viele *confounding factors* sind in der Regel nicht berücksichtigt, aber sie sind pragmatisch.

Bei Substanzen, besonders den ausgeprägt lipophilen, mit extrem *langer* Eliminations-Halbwertszeit gelingt die Abschätzung der Körperbelastung dagegen relativ leicht. Einige solcher sehr persistenten Verbindungen können jahrelang im Fettgewebe verbleiben und sehr langsam freigesetzt werden. Hierzu gehören eini-

Tab. 1.6 Zuverlässigkeit, mit der bestimmte individuelle Expositionen quantifiziert werden können.

Eliminations-Halbwertszeit	Quantifizierung der Exposition	Zuverlässigkeit der Abschätzung
Akute Exposition:		
a) kurz	Messung der Exposition	*gering*, Körperbelastung ändert sich schnell
b) kurz	nach Körperbelastung	*gering*, nur Momentaufnahme bei einer Messung
c) lang	nach Körperbelastung	*befriedigend*, Quantifizierung ist möglich
d) sehr lang	nach Körperbelastung	*sehr hoch*, Quantifizierung gelingt optimal
Chronische Exposition:		
e) kurz	Messung der Exposition	*extrem gering*, da Exposition sehr variabel
f) lang	Messung der Exposition	*ausreichend*, nur bei konstanten Gewohnheiten
g) lang	nach Körperbelastung	*ausreichend*, Quantifizierung ist möglich
h) sehr lang	nach Körperbelastung	*sehr hoch*, Quantifizierung gelingt optimal

Da die Quantifizierung der Körperbelastung meist im Blut oder Urin erfolgt, sind eine Reihe von Voraussetzungen zu beachten:
- Die Substanz darf nicht in bestimmten Organen *abgelagert* werden („deep compartments").
- Kinetik und Metabolismus sollten bekannt sein.
- Quantifizierung einer Exposition über *sehr lange* Zeiträume ist nur bei sehr konstanten Gewohnheiten möglich (sie gelingt leichter bei d) und h)).
- Wird lediglich die äußerliche Konzentration gemessen, muss die *Resorptionsrate* bekannt sein, oder sie muss als konstant vorausgesetzt werden können.
- Die toxikologisch relevanten Komponenten (auch Metabolite) müssen messbar sein.

ge ältere Pestizide wie DDT und seine Metabolite sowie andere polychlorierte Substanzen wie PCB und „Dioxine". Diese Fremdstoffe können auch in einigen Lebensmitteln (Milch, Eier, Fleisch, etc.) toxikologisch bedeutsam sein [11, 89].

1.2.1.2.4 Probleme bei der Auswahl der Referenzgruppe

Bei relativ geringgradigen Effekten kann die Auswahl einer akzeptablen und repräsentativen Vergleichsgruppe (Referenz- oder Kontrollgruppe[7]) eine entscheidende Rolle spielen, weil die Aussage letztlich auf dem Vergleich mit dieser Referenzgruppe beruht. Deshalb ist es zweckmäßig, sich einige Gedanken zu Kontrollgruppen zu machen. Dies betrifft nicht nur die notwendige *Gruppengröße*, sondern auch die Auswahl einer *repräsentativen* Stichprobe und die Erkenntnis, dass auch Referenzgruppen (in Abhängigkeit von der Größe) im Hinblick auf

---

[7] In klinischen, epidemiologischen oder auch experimentellen Untersuchungen spricht man meist von Kontrollgruppen. Werte z. B. in der klinischen Chemie werden im Bezug auf Referenzwerte des betreffenden Labors angegeben. Der Referenzbereich kann von einem Labor zum anderen deutlich verschieden sein. Häufig wählt man den Referenzbereich zwischen 5% und 95% der Werte „Gesunder".

bestimmte medizinische Endpunkte eine, teilweise ganz erhebliche, Streuung aufweisen. Dies wird häufig verkannt.

Wenn eine vergleichsweise *kleine* Kontrollgruppe gewählt wird, muss man damit rechnen, dass sie in mancher Hinsicht nicht repräsentativ ist, d.h. mit einer anderen Kontrollgruppe hätte man eventuell ein anderes Resultat erhalten. Verschiedene Kontrollgruppen streuen also untereinander und die Variation ist umso größer, je kleiner die Gruppe ist. Dies ist der Grund, warum geringgradige Effekte in der Medizin kaum zu verifizieren sind, und warum unter solchen Bedingungen mit voneinander abweichenden Endresultaten in verschiedenen Studien gerechnet werden muss.

Nun könnte man, was häufig in der Epidemiologie geschieht, die exponierte (vergleichsweise kleine) Gruppe mit der *Gesamtpopulation* vergleichen. Damit ist die Kontrollgruppe relativ stabil, aber sie passt nicht zu der kleinen Verum-Gruppe, die natürlich (insbesondere bei geringgradigen Unterschieden) bereits in der „Spontanrate" eine entsprechende Streuung aufweisen muss. Eine scheinbar pragmatische Lösung des Problems wird häufig darin gesehen, nur *eine* Studie durchzuführen und gleich Schlussfolgerungen zu ziehen. Dann braucht man keine Streuung zu berücksichtigen (es darf allerdings auch niemand auf die Idee kommen, die Studie zu wiederholen).

Als Fazit bleibt, dass in der Medizin nur relativ ausgeprägte Effekte eindeutig zu verifizieren sind. Bei der Demonstration geringgradiger Wirkungen und bei fehlenden Dosis-Wirkungsbeziehungen ist immer eine gesunde Skepsis angebracht, auch weil „confounding factors" und „Spontanraten" schwer zu kontrollieren sind (sie mögen sogar unbekannt bleiben). Diese Feststellung gilt natürlich nicht nur für Studien am Menschen, sondern sie ist uns aus Tierversuchen seit langem hinreichend bekannt.

1.2.1.2.5 Relevanz von Veränderungen, die im Referenzbereich bleiben

Wichtig für eine Risikoabschätzung ist die Beantwortung der Fragen:
(1) Wie viele Werte von Probanden oder Patienten aus der exponierten Gruppe bleiben innerhalb des Referenzbereiches (Abb. 1.7) bzw. wie viele liegen außerhalb dieses Bereiches?
(2) Welche Besonderheiten weisen die Probanden/Patienten auf, deren Werte *außerhalb* des Referenzbereiches liegen, und kann man eine besonders empfindliche *Subpopulation* erkennen?

Antworten auf beide Fragen gelingen nur selten. Das liegt zum Teil daran, dass fast nie *individuelle* Daten in Publikationen dokumentiert und ausgewertet werden (z.B. als „scatter-plots"). Die Werte des in der Abbildung 1.7 gezeigten Beispiels überlappen stark mit den Kontrollwerten, d.h. die meisten Exponierten (9 von 12) weisen *keine* pathologischen Werte auf. Entscheidend ist die Beantwortung der Frage: Welche Individuen sind betroffen, und warum? Man sieht, dass die Angabe von Mittelwerten und SD (oder sogar Medianwerten und Range) medizinisch oft nicht sehr hilfreich ist. Es soll das individuelle Verhal-

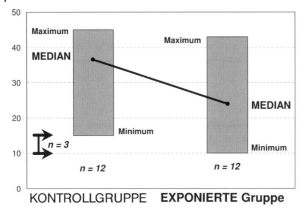

Abb. 1.7 Beispiel für das Resultat einer klinischen Studie. Es ergibt sich ein statistisch gerade signifikanter Unterschied, aber die Werte der beiden Gruppen zeigen eine ausgeprägte Überlappung. Nur drei der zwölf Werte Exponierter (zwischen den Pfeilen) liegen außerhalb des Bereiches der Kontrollgruppe.

ten analysiert werden, und deshalb müssen die Werte für alle *Individuen* dokumentiert sein. In der Abbildung 1.8a und b sind als Beispiel zwei Interpretationen der in Abbildung 1.7 dargestellten Daten angegeben. Wenn Vordaten bekannt sind oder ein „cross-over"-Design gewählt wurde, könnte zwischen diesen beiden prinzipiellen Möglichkeiten entschieden werden, denn jedes Individuum wird zur eigenen Kontrolle: Bei der ersten Möglichkeit (Abb. 1.8a) reagieren alle Probanden/Patienten in ähnlicher Weise. Trotz pauschal erniedrigter Werte verbleiben bei dieser Exposition die meisten Wertepaare im Referenzbereich. Es liegt in diesem Fall ein *gleichmäßiger*, aber sehr geringer Effekt bei allen Individuen vor. Die medizinische Relevanz ist bei dieser Exposition gering. Bei der zweiten Möglichkeit (Abb. 1.8b) reagieren viele der Individuen *nicht* auf diese Exposition, aber eine *Subgruppe* zeigt eine, recht ausgeprägte, Veränderung. Bei Probanden mit initial hohen Werten spielt sich die Veränderung zwar noch im Referenzbereich ab, aber man kann damit rechnen, dass die Werte dieser Individuen bei erhöhter Exposition ebenfalls in den pathologischen Bereich gelangen. Es muss das Ziel sein, diese Subgruppe mit höherem Risiko als die Gesamtgruppe zu definieren. Bei den meisten Studien ohne Vordaten kann zwischen beiden Möglichkeiten nicht unterschieden werden, und eine besonders empfindliche Subpopulation wird nicht erkannt.

Bei der Darstellung klinischer oder experimenteller Daten als *„scatter-plot"* oder *„dot-plot"* können auch bei einer sehr großen Zahl von Probanden/Patienten diejenigen erkannt und näher definiert werden, die aus dem Rahmen der festgelegten Referenzwerte fallen. Deshalb muss man eine solche oder eine ähnliche Dokumentation der individuellen Daten fordern.

Im Beispiel der Abbildung 1.7 könnten nur dann eindeutige Schlussfolgerungen über einen entsprechenden substanzbezogenen Effekt gemacht werden,

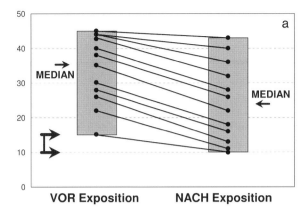

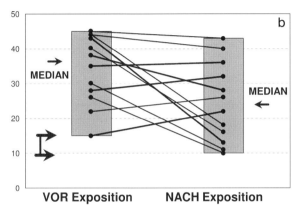

Abb. 1.8 Zwei mögliche Interpretationen der Daten aus der klinischen Studie (Abb. 1.7). Zwei Situationen könnten vorliegen, die aus den ursprünglichen Daten nicht erkannt werden: Möglichkeit (a): Nahezu alle Individuen zeigen einen geringen Effekt. Möglichkeit (b): *Einige* Mitglieder der Gruppe reagieren empfindlicher, d. h. sie haben ein deutlich *höheres* Risiko ($p = 0{,}008$) als die gesamte Gruppe ($p = 0{,}04$). Nur Daten bei einer höheren Exposition oder Untersuchungen einer größeren Population könnten endgültige Klarheit verschaffen.

wenn zusätzliche Daten bei einer *höheren* Exposition oder von einem größeren Kollektiv vorgelegt werden. Ohne Kenntnis der individuellen Daten vor der Exposition könnte der „Effekt" (bei $n = 12$), trotz statistischer Signifikanz, immer noch zufallsbedingt sein (z. B. durch unbekannte „confounding factors" verursacht).

1.2.1.2.6 Problem der Berücksichtigung von „confounding factors"

Es ist selten, dass in der Medizin eine Erkrankung oder ein Effekt von nur *einem* Faktor abhängt. Die meisten Erkrankungen sind multifaktoriell. So wurden über hundert kardiovaskuläre Risikofaktoren angegeben [87]. Im Falle der Toxikologie sind wir zudem häufig gegenüber mehr als einer Noxe exponiert. In klinischen Studien oder epidemiologischen Erhebungen ist es darum essenziell, genau wie bei experimentellen Untersuchungen, alle möglichen „confounding factors" zu erkennen, sie möglichst von vornherein zu vermeiden (Einschluss- und Ausschlusskriterien, Standardisierung, etc.), oder *wenige* Confounder ausreichend zu kontrollieren. Das gelingt im Experiment, einschließlich dem Versuch am Menschen, relativ leicht. Insbesondere in der Epidemiologie ist der Ausschluss von „confounding factors" aber häufig nicht möglich, und die Aussagekraft der Erhebung ist *a priori* erheblich eingeschränkt. Oft wird dann versucht, mit mathematischen Manipulationen den Sachverhalt der unzureichenden Aussagekraft zu verdecken, und dem Leser müssen die erheblichen Mängel der Erhebung unbekannt bleiben. Dies wird besonders kritisch bei geringgradigen „Effekten". Ehrliche und kritische Untersucher werden darum bei ihren Schlussfolgerungen mögliche nicht kontrollierbare Confounder erwähnen und die erhebliche Unsicherheit der Aussage betonen.

1.2.1.2.7 Medizinische Relevanz von statistisch signifikanten Unterschieden

Die medizinische Statistik spielt bei der Planung, Begleitung und Auswertung von Studien eine wesentliche Rolle. Darum wird die Mitarbeit eines Biostatistikers auf einer frühen Stufe der Planung einer Studie oder eines Versuches empfohlen oder sogar gefordert.

Bei der Beurteilung pharmakologischer und toxikologischer Daten, klinischer wie experimenteller, hat sich allerdings eine *„Statistikgläubigkeit"* entwickelt. Eine pharmakologische oder toxikologische Beurteilung ist aber mehr als nur Statistik! Entgegen einer weitverbreiteten Meinung können schlechte oder fehlende Daten nicht durch statistische Manipulationen ersetzt werden. Das gilt insbesondere auch für die Abschätzung der individuellen Exposition.

Statistisch signifikante Unterschiede können durchaus *medizinisch irrelevant* sein. Ein fiktives Beispiel ist in Tabelle 1.7 angegeben. Ein identisches Studiendesign ist vorausgesetzt. Zwischen der exponierten *Gruppe I* und der entsprechenden Referenzgruppe I wird ein statistisch signifikanter Unterschied berechnet, aber man wird aus den Daten medizinisch *keine* Wirkung der Exposition ableiten können, denn alle Werte bleiben innerhalb des Referenzbereiches I. Wird die exponierte *Gruppe II* mit der entsprechenden Referenzgruppe II verglichen, erscheint der statistisch signifikante Unterschied auch medizinisch plausibel: Ein wesentlicher Teil der Werte liegt außerhalb des Referenzbereiches. Zwischen den beiden Referenzgruppen besteht statistisch kein signifikanter Unterschied, aber wenn die exponierte Gruppe II mit dem Referenzbereich I verglichen wird, verschwindet die Signifikanz (obgleich man nach wie vor eine mögliche medizinische Relevanz vermutet (die Daten könnten auf eine Risikogruppe innerhalb der Gruppe hindeuten)). Die Daten der exponierten Gruppe II unterscheiden sich von denen der exponierten Gruppe I.

Obgleich sich statistische Unterschiede ergeben, sind die Gruppen bei dem zu erwartenden geringen Effekt für eine vernünftige medizinische Beurteilung zu klein. Das Beispiel entspricht durchaus Daten aus üblichen Publikationen.

Tab. 1.7 Beispiel für einen statistisch signifikanten Unterschied, der medizinisch irrelevant ist, und einen möglicherweise relevanten Effekt, der statistisch nicht signifikant ist. Es sollen die Werte für den Blutzucker einer exponierten Gruppe mit Werten einer Referenzgruppe verglichen werden (*definierter Referenzbereich*: 85–115 mg/dL).

Gruppe	Einzelwerte (Blutzucker, mg/dL)	Median	M ± SD	Q1/Q3
Exponierte Gruppe I:	101, 98, 98, 97, 97, 96, 96, 96, 96, 95, 95, 95	96,0	96,7 ± 1,7	95,3/97,8
Exponierte Gruppe II:	**135, 129, 126, 121**, 101, 100, 99, 98, 98, 98, 98, 97	99,5	108,3 ± 14,6	98/124,8
Referenzgruppe I:	101, 100, 100, 99, 99, 98, 98, 98, 97, 97, 96, 95	98,0	98,2 ± 1,8	97,0/99,8
Referenzgruppe II:	100, 100, 100, 99, 98, 97, 95, **94, 93, 92, 92, 91**	96,0	95,9 ± 3,5	92,3/99,8
exp. I/Referenz-I, $p = $**0,040** (Mann-Whitney Test)		Statistisch signifikant ↓		Medizinisch irrelevant
exp. II/Referenz-II, $p = $**0,013**		signifikant ↑		*relevant*
exp. II/exp. I, $p = $**0,001**		signifikant ↑		*evtl. relevant*
exp. I/Referenz-II, $p = 0,644$		*nicht* signifikant		*nicht relevant*
exp. II/Referenz-I, $p = 0,079$		*nicht* signifikant		*evtl. relevant*
Referenz-I/Referenz-II, $p = 0,154$		*nicht* signifikant		*wohl nicht verschieden*[a]

M: Mittelwert, *SD*: Standardabweichung, *Q1/Q3*: 1. und 3. Quartile.
a) Da alle Werte innerhalb des Referenzbereiches liegen.

Es muss zunächst offen bleiben, ob sich bei einem größeren Kollektiv der Trend zur Erhöhung insbesondere bei der exponierten Gruppe II bei einigen Probanden verstärken könnte, d. h. eine Risikopopulation erkennbar wird. Aber auch der Referenzbereich wird sich bei Erhöhung der *n*-Zahl vergrößern oder verändern. Bereits sehr geringe Veränderungen im Kollektiv (z. B. ein weiterer Proband mit dem Wert 100 in der exponierten Gruppe I statt des Wertes 95 oder ein weiterer Wert von 95 in der Referenzgruppe I anstatt eines Wertes 100) verkehren den „Unterschied" zwischen den Gruppen von statistisch „signifikant" in „nicht signifikant" oder umgekehrt.

Eine ähnliche Problematik existiert natürlich auch bei *tierexperimentellen* Studien. Hier versucht man allerdings, durch die Benutzung von Inzucht- oder Auszuchtstämmen die genetische Variabilität im Rahmen zu halten, und man standardisiert auch möglichst viele andere Versuchsbedingungen. Das bringt jedoch den erheblichen Nachteil mit sich, dass bei Wiederholung eines Versuches mit einem anderen Stamm der gleichen Spezies oft andere Resultate zu erwarten sind (z. B. wegen anderer Pharmakokinetik). Entsprechende Konsequenzen für eine Extrapolation zu einer anderen Spezies (z. B. dem Menschen) liegen auf der Hand.

Der Beurteilung der medizinischen *Plausibilität* kommt bei toxikologischen Beurteilungen eine erhebliche Rolle zu. In diesem Zusammenhang ist auch die Beantwortung der Frage essenziell, ob der mögliche Einfluss von Confoundern in zufriedenstellender Weise ausgeschlossen wurde. Nicht alle beobachteten Assoziationen machen einen Sinn. Einige ganz offensichtliche „Nonsens-Assoziationen" aus einer sehr sorgfältigen großen Studie sind in der Tabelle 1.8 wiedergegeben. Die Assoziationen im oberen Teil der Tabelle sind nicht plausibel, sondern eher absurd, denn man wird durch Änderung der Konfession kein toxikologisches Risiko vermindern oder das toxikologische Risiko durch Nichtrauchen erhöhen. Andererseits wird niemand die Einnahme der beiden Substanzen im unteren Teil der Tabelle empfehlen, um das teratogene Risiko zu vermindern. Hier hat vermutlich der Zufall eine Rolle gespielt bzw. unbekannte Confounder. Es ist bei keinem Studiendesign möglich, solche falschen Beziehungen ganz zu vermeiden. Die hier wiedergegebenen scheinbaren Korrelationen (d. h. Assoziationen) sind leicht als unberechtigt zu erkennen, auch wenn sie statistisch „signifikant" wären. Das mag bei vielen anderen Confoundern nicht so klar ersichtlich sein. Je mehr medizinische Endpunkte in eine Studie eingeschlossen werden, umso größer wird die Chance, dass einzelne der gefundenen Beziehungen nicht kausal sind. Darum begründen in der Epidemiologie einzelne Assoziatio-

Tab. 1.8 Beispiele von Assoziationen, die wahrscheinlich durch Zufall zustande gekommen sind oder als „Nonsens-Assoziationen" gelten können. Daten aus einer Studie zur Arzneimittelgabe in der Schwangerschaft zusammengestellt (Daten modifiziert nach Heinonen et al. [30]).

Substanzklasse oder Faktor	**Inzidenz, relatives Risiko (SRR) und Konfidenzintervall (K.I.)**			
	beurteilter Defekt	beobachtet/ (erwartet)	SRR[a]	95% K.I.
Rauchte niemals[b]	Down Syndrom	31	1,6	n.a.
Plazentagewicht unbekannt[c]	Down Syndrom	10	2,1	n.a.
Gewichtszunahme unbekannt[d]	Down Syndrom	5	2,5	n.a.
Andere als Protestantische Religion[e]	Down Syndrom	28	1,6	n.a.
Katholisch (unter Afroamerikanern)[e]	Fehlbildungen		1,4	n.a.
Nitrofurazon	grobe Fehlbildungen	1/(6,7)	0,2	(0,00–0,82)
Phenazopyridin	grobe Fehlbildungen	1/(6,2)	0,2	(0,00–0,89)

a) Standardisiertes relatives Risiko, *n.a.*: nicht angegeben (aber auch nicht relevant).
b) Referenz: jetzige Raucherinnen: SRR 1,0.
c) Referenz: ≥400 g.
d) Referenz: 5–12,4 kg.
e) Nach einer multiplen logistischen Risikoanalyse.

nen zunächst auch noch keinen kausalen Zusammenhang. Befunde einzelner Erhebungen müssen immer durch weitere unabhängige Untersuchungen bestätigt werden.

Auch die Variabilität zwischen *Kontrollgruppen* kann für einen statistisch signifikanten „Effekt" verantwortlich sein, der wissenschaftlich *irrelevant* ist. Wenn *mehrere* Kontrollgruppen nebeneinander (was selten geschieht) oder hintereinander untersucht werden, ergeben sich fast immer Abweichungen. Diese Situation ist in der Tabelle 1.7 mit den zwei Kontrollgruppen angenommen. Bezieht man die Berechnung der Differenzen nicht auf die Referenzgruppe I sondern auf die Referenzgruppe II, so kehrt sich das Ergebnis um, obgleich zwischen den beiden Referenzgruppen kein signifikanter Unterschied besteht. Die Kenntnis von „historischen Kontrollen" und damit eine Abschätzung der Streubreite von Kontrollen ist in vielen Fällen der experimentellen Forschung für eine zuverlässige Aussage unerlässlich. Falls keine Dosisabhängigkeit in einer Studie gefunden wird, sollte man immer daran denken, dass der Unterschied durch einen atypischen Kontrollwert zustande gekommen sein kann.

Weit verbreitet ist auch die Aussage eines „*statistisch nicht signifikanten Unterschiedes*". Eine solche Bezeichnung ist meistens unberechtigt, häufig sogar irreführend. Bei einem *statistisch nicht signifikanten* Unterschied ist per definitionem ein zufallsbedingtes Ereignis nicht mit hinreichender Sicherheit auszuschließen. Dies bedeutet nicht, dass eine solche Veränderung nicht bestehen mag, und mit *geeignetem* Studiendesign nachweisbar ist. Die Gründe für die *fehlende* statistische Signifikanz in der vorgelegten Studie können mannigfaltig sein: Das Studiendesign war ungeeignet, die Anzahl untersuchter Individuen zu klein, die Kontrollen nicht repräsentativ oder der Effekt ist außerordentlich gering, etc. Die vorgelegten Daten reichen für eine eindeutige Aussage jedenfalls nicht aus, es könnte statt einer Erniedrigung sogar eine „Erhöhung" vorliegen oder gar kein Effekt bei dieser Exposition. Zur Klärung würde man bei experimentellen Studien immer Daten bei höherer Dosierung fordern. Eine *Metaanalyse* könnte hilfreich sein, wenn mehrere Studien mit zweifelhaftem Resultat vorliegen. Aber das Studiendesign muss dazu weitgehend vergleichbar sein, was oft nicht der Fall ist. Dann führen auch die Ergebnisse von Metaanalysen zu einem falschen Schluss.

1.2.1.2.8 Definierte Exposition und Risikopopulationen

Angaben zum toxikologischen Risiko beziehen sich zunächst auf die untersuchte Population. Häufig wird vorausgesetzt, dass die untersuchte Auswahl von Patienten oder Probanden charakteristisch für eine *größere* Population ist. Bei ausgeprägten Effekten ist diese Annahme auch oft gerechtfertigt.

Besonders bei seltenen Wirkungen kann sich die beobachtete Wirkung nur auf einen *kleinen Teil* der untersuchten Menschen beziehen. Der Bezug auf die gesamte Population mag dann problematisch sein, denn es kann sich bei den Betroffenen um eine *Risikopopulation* mit spezieller Empfindlichkeit handeln (und entsprechend hoher Inzidenz). Andererseits kann bei „fehlender" Wirkung ein unerwünschter Effekt bei einer anderen Populationsgruppe (Kinder, Senioren, speziell Erkrankte, etc.) nicht ausgeschlossen werden (was häufig automatisch geschieht). Es ist medizinisch von erheblicher Bedeutung, besonders gefährdete Individuen in der Gesamtpopulation zu erkennen und dann entsprechend zu schützen.

Bereits das *Alter*, im Extrem Säuglinge verglichen mit Greisen (s. z. B. [54]), kann einen solchen Unterschied begründen. So ist z. B. die glomeruläre Filtrationsrate, und damit die renale Elimination entsprechender Substanzen, im Alter vermindert (z. B. [23, 57]). Andererseits ist die Metabolisierung vieler Substanzen, z. B. Coffein, von der Aktivität der P450-abhängigen mischfunktionellen Oxygenasen (CYP) abhängig. Diese metabolisierenden Systeme sind bei Säuglingen, ähnlich wie bei vielen neugeborenen Versuchstieren, noch nicht oder unvollkommen ausgebildet [27, 31, 40, 92]. Allerdings bestehen auch erhebliche Speziesunterschiede, einerseits in der Fähigkeit zur Metabolisierung unterschiedlicher Xenobiotica, andererseits verläuft die peri-postnatale Ausbildung entsprechender enzymatischer Systeme bei verschiedenen Spezies nicht synchron (z. B. [67, 105]).

Spezielle Empfindlichkeiten können auch auf einer spezifischen *genetischen* Konstellation beruhen, die man in diesem Zusammenhang als *Polymorphismus* bezeichnet. Dies kann auf toxico*dynamischen* (z. B. speziellen Stoffwechselveränderungen oder modifizierten Rezeptoren) oder pharmako*kinetischen* Aspekten (unterschiedliche Fähigkeit zum Metabolismus von Xenobiotika) beruhen. Im Hinblick auf Unterschiede in der Pharmakokinetik wird Cytochrom-P450-abhängigen hepatischen Monooxygenasen (CYP2C9, CYP2C19, CYP2D6, etc.) eine wichtige Rolle zugewiesen (s. z. B. [68, 106]).

Gegen Ende des 20. Jahrhunderts wurde insbesondere in den USA der Begriff der *„multiplen Chemikaliensensitivität"* (MCS, engl.: multiple chemical sensitivity) geprägt, der sich auf Patienten bezieht, die gegenüber einer Vielzahl von Chemikalien (insbesondere auch Nahrungsmitteln) bei Expositionen, die in der Allgemeinbevölkerung ohne Symptome vertragen werden, mit einer Vielzahl von Befindlichkeitsstörungen und Erkrankungen reagieren. Da in der etablierten Medizin ein solches Krankheitsbild nicht bekannt ist, sind weitere eingehende Studien erforderlich, um eine Abgrenzung gegenüber psychischen Erkrankungen und Placeboeffekten (oder besser Noceboeffekten) zu ermöglichen, und gegebenenfalls das Krankheitsbild (falls es existiert) zu definieren (s. z. B. [16, 99]). Zweifellos leiden die Patienten, und sie bedürfen einer sinnvollen Behandlung.

1.2.1.2.9 Risiko für eine Population und individuelles Risiko

In mancher Beziehung ähnelt das toxikologische Risiko einer Lotterie, nur mit umgekehrtem Vorzeichen. Bei der Lotterie hoffen sehr viele, dass sie zu den sehr wenigen Gewinnern gehören. Beim toxikologischen Risiko ist die Situation oft so, dass viele hoffen, nicht zu den wenigen Verlierern zu gehören.

Bei den meisten klinischen Untersuchungen und epidemiologischen Erhebungen resultiert heute noch eine *statistische* Aussage, d. h. es wird die *Wahr-*

scheinlichkeit ermittelt, mit der ein bestimmter unerwünschter Effekt in einer Population auftritt. Da wir aber kaum z. B. zwischen einem Risiko von 1:1000 und 1:100 000 unterscheiden können (beides ist „selten"), hat dieser 100fache Unterschied für das Individuum keine wesentliche Konsequenz.

Nehmen wir das Beispiel III in Tabelle 1.1 mit einem Risiko von 1:10 000 an. Für den einzelnen Menschen wäre dieses Risiko, auch wenn es sehr schwerwiegend wäre, vernachlässigbar klein, und er wäre geneigt, es einzugehen (wir tun dies fast jeden Tag in ähnlicher Größenordnung im Straßenverkehr und bei vielen anderen Gelegenheiten).

Angenommen, es handele sich um ein Agens, dem gegenüber sehr viele Menschen, z. B. 10 Millionen, ausgesetzt sind. Dann wären bei dem genannten Risiko in einer solchen Population 1000 pathologische Fälle zu erwarten. Die Frage ist, wie eine Gesundheitsbehörde reagieren würde oder müsste. Zusätzliche 1000 Todesfälle pro Jahr sind für viele Arzneimittel sicher völlig inakzeptabel, und das Mittel würde schnell aus dem Handel genommen werden (Chloramphenicol wird wegen Schädigungen in der Größenordnung 1:10 000 nicht mehr therapeutisch benutzt). Die politische Entscheidung hängt aber zweifellos auch wesentlich vom *Nutzen* ab (Nutzen-/Risikoabschätzung). Die Todesrate durch anaphylaktischen Schock nach Penicillin wird auf 1:0,5–1 Million geschätzt. Die Zahl Exponierter summiert sich inzwischen sicher auf viele hundert Millionen, was Hunderte bis Tausende von Toten bedeuten würde. Trotzdem käme keine Behörde auf die Idee, Penicillin zu verbieten.

Es besteht die Hoffnung, dass man in absehbarer Zeit entsprechende genetisch bedingte Besonderheiten erkennen wird, und dann in der Lage ist, *individuelle* toxikologische Risiken vorherzusagen. Das wäre eine Revolution in der Medizin, mit deutlichen Vorteilen für einige Personen, aber auch mit erheblichen Problemen (z. B. mit der Krankenversicherung von Problempatienten).

1.2.1.2.10 Problem der Beurteilung von Substanzkombinationen

Wenn eine mögliche Wirkung nach Exposition gegenüber mehr als einem Agens abgeschätzt werden soll, treten meist Probleme auf. Grundsätzlich können vier Situationen vorliegen:
(1) Die gleichzeitige Anwesenheit eines zweiten Agens verändert die *Wirkung* des ersten Agens *nicht*.
(2) Es resultiert eine *Addition* der Einzelwirkungen.
(3) Es resultiert eine *überadditive* Wirkung („Potenzierung").
(4) Es resultiert ein *antagonistischer* Effekt.

Diese Resultate sind keine absolute Eigenheit der betreffenden Kombination von Agenzien, sondern der Effekt hängt entscheidend von den *Dosierungen* ab. Bei sehr niedriger Dosierung wird immer der Effekt (1) möglich sein, manchmal wird bei Erhöhung der Dosis eine Veränderung der Wirkung auftreten ((2), (3) oder (4)), und bei bestimmter Kombination sind sogar, *dosisabhängig*, alle drei verschiedenen Effekte möglich (z. B. (1), (2) und (4)).

Das bei weitem *häufigste* Resultat stellt die Möglichkeit (1) dar: D. h. eine Kombination von Substanzen, auch von sehr vielen, verursacht *keinen* Effekt bzw. verändert keine bestehende Wirkung einer anderen Komponente. Täglich nehmen wir *Tausende* von Substanzen mit unserer *Nahrung* auf, bei den meisten wissen wir nicht einmal welche es sind und welche Effekte sie (bei ausreichender Dosierung) auslösen könnten. Aber wir erwarten keine ausgeprägte unerwünschte Wirkung. Der Grund ist, dass die Mengen der meisten dieser Substanzen unterschwellig sind. Das bedeutet natürlich nicht, dass entsprechende unerwünschte Wirkungen unter bestimmten Bedingungen, z. B. bei stark wirkenden Komponenten oder sehr einseitigem Konsum, nicht auftreten *können*. Aber das steht auf einem anderen Blatt.

Bei ausreichender Dosierung sind uns *additive* Effekte aus Pharmakologie und Toxikologie durchaus geläufig, *überadditive* Wirkungen sind hingegen *selten*.

Überadditive Effekte treten nicht auf, wenn beide Komponenten auf den gleichen Rezeptor wirken. Sie sind aber *möglich*, wenn das gleiche Endresultat über zwei verschiedene Mechanismen gleichzeitig ausgelöst werden kann. Diese Situation liegt z. B. bei vielen Wirkungen auf das ZNS vor. Ein anderer Typ einer *überadditiven* Wirkung kann resultieren, wenn eine Substanz den *Metabolismus* einer anderen beeinflusst, d. h. die Inaktivierung hemmt. Die verstärkte Wirkung beruht auf der erhöhten Konzentration der „wirkenden" Substanz, und die „beeinflussende" Substanz ist nicht *direkt* am pharmakodynamischen Effekt beteiligt ($x + 0 \neq > x$). So existiert z. B. inzwischen eine umfangreiche Literatur über die Beeinflussung der Wirkung einer Reihe von Medikamenten durch *Grapefruitsaft*, ausgelöst durch die Hemmung des intestinalen CYP3A4 [58, 88], und wohl auch noch anderer Effekte, Wechselwirkungen mit „Umweltsubstanzen" sind offenbar nicht untersucht.

Nach den allgemeinen Erfahrungen der Pharmakologie und Toxikologie treten gegenseitige *Beeinflussungen* von Wirkungen nur dann auf, wenn die Komponenten in *wirksamer* Dosierung vorliegen, oder wenn die Exposition *wenig darunter* liegt. Eine Verstärkung ist *nicht* zu erwarten, wenn alle Dosen *weit unterhalb* des Wirkungsbereiches der jeweiligen Agenzien liegen. Genaue Analysen können nur gelingen, wenn die Dosis-Wirkungskurven für alle Einzelkomponenten bekannt sind. Alle additiven oder überadditiven wie auch antagonistischen Effekte müssen *dosisabhängig abnehmen*, und es muss immer ein Dosisbereich erreicht werden, in dem keine Beeinflussung mehr stattfindet. Das gilt auch für die oben erwähnte Beeinflussung des Pharmakon-Metabolismus (Hemmung oder auch Enzyminduktion), weil auch diese Effekte streng dosisabhängig sind.

1.2.1.2.11 Problem von „Äquivalenz-Faktoren" für Substanzkombinationen

Bei einigen Gruppen von Substanzen wurde die, überwiegend administrative, Notwendigkeit gesehen, die Exposition gegenüber *variablen* Mischungen einer größeren Zahl von biologisch *ähnlich* oder qualitativ sogar identisch wirkenden Verbindungen zu beurteilen und ihre Emission zu reglementieren. Es handelt sich um polyhalogenierte *Dibenzo-p-dioxine* und *Dibenzofurane* (PHDD/PHDF), die sich heute insbesondere im Fett tierischer Lebensmittel finden. Zu der Gruppe gehören Hunderte von Kongeneren.

Nach *tierexperimentellen* Befunden wurde die *relative* biologische Wirkung abgeschätzt und in Relation zu einer Vergleichssubstanz festgelegt. Als Vergleich für die Wirkung diente der wirksamste Vertreter dieser Gruppe, das 2,3,7,8-Tetrachlordibenzo-p-dioxin (*TCDD*), und seine Wirkung wurde als *1,0* definiert. Man einigte sich für *alle* 2,3,7,8-chlorsubstituierten Kongenere (Tab. 1.9) auf „Internationale TCDD Toxizitäts-Äquivalenz-Faktoren" (I-TE-Faktoren). Die nach der biologischen Wirkung gewichtete *Menge* (I-TEq) ergibt sich aus der *Summe* aller mit dem jeweiligen I-TE-Faktor multiplizierten Einzelkomponenten. Diese Art der Berechnung der Exposition ist inzwischen in die Gesetzgebung vieler Staaten eingegangen. Ein Beispiel für die so summierte Hintergrundbelastung der Bevölkerung an PCDD/PCDF in der Bundesrepublik Deutschland 1995 ist in Tabelle 1.9 wiedergegeben.

Tab. 1.9 Beispiel der Beurteilung einer Mischung verschiedener PCDD/PCDF mithilfe der Internationalen TCDD Toxizitäts-Äquivalente (I-TEq) (Medianwerte, 134 Blutproben als Hintergrundbelastung in der Bundesrepublik Deutschland, Daten aus Päpke et al. [89]).

Gemessene Kongenere	Gemessene Konzentration (in ppt)	I-TE Faktor	I-TEq (in ppt)	% (von Σ I-TEq)
2,3,7,8-TCDD	2,8	1,0	2,8	17
1,2,3,7,8-P5CDD	6,0	0,5	3,0	18
1,2,3,4,7,8-H6CDD	6,2	0,1	0,6	4
1,2,3, 6,7,8-H6CDD	23,2	0,1	2,3	14
1,2,3, 7,8,9-H6CDD	4,5	0,1	0,5	3
1,2,3,4,6,7,8-H7CDD	40,8	0,01	0,4	2
1,2,3,4,6,7,8,9-OCDD	336	0,001	0,3	<1
2,3, 7,8-TCDF	1,9	0,1	0,2	1
1,2,3,7,8-P5CDF	0,5	0,05	0,03	<1
2,3,4,7,8-P5CDF	10,8	0,5	5,4	32
1,2,3,4,7,8-H6CDF	7,3	0,1	0,7	4
1,2,3, 6,7,8-H6CDF	5,2	0,1	0,5	3
2,3,4,6,7,8-H6CDF	2,3	0,1	0,2	1
1,2,3,4,6,7,8-H7CDF	10,0	0,01	0,1	<1
1,2,3,4,6,7,8,9-OCDF	2,5	0,001	0,003	$\ll 1$
Summe:			17,0 ppt I-TEq	100%

I-TEq = Internationale TCDD Toxizitäts-Äquivalente (NATO/CCMS 1988), d.h. die biologische Wirkung der verschiedenen Kongenere wird verglichen mit der von TCDD (d.h. TCDD = 1). ppt = ng/kg (oder pg/g), ppt sind bezogen auf das Blutfett, Alter: 22–69 Jahre.

Es ist wichtig zu betonen, dass es sich um eine *administrative* Methode zur Beurteilung der *Menge* einer Mischung von 2,3,7,8-substituierten poly*chlorierten* Dibenzo-*p*-dioxinen und Dibenzofuranen (PCDD/PCDF) handelt, und um *keine* Grundlage zur Abschätzung einer medizinisch relevanten *Risikoabschätzung* für den *Menschen* [69]. Hierzu wären sowohl pharmakodynamische und insbesondere auch pharmakokinetische Daten vom Menschen notwendig, die *überhaupt* nicht in die Überlegungen eingegangen sind. Einige grundsätzliche Schwachpunkte des Verfahrens sind in Tabelle 1.10 zusammengestellt. Man muss anerkennen, dass es sich um den ersten Versuch handelt, *überhaupt* die Exposition

Tab. 1.10 Einige Voraussetzungen für die wissenschaftliche Akzeptanz von „TCDD-Toxizitäts-Äquivalenz"-Faktoren (modifiziert nach Neubert [69]).

(1) Alle Kongenere sollten ein *identisches* toxikologisches Potenzial und Wirkungsmuster (d. h. die gleiche Organotropie) aufweisen, einzelne Kongenere sollten keine zusätzlichen Wirkungen zeigen.
(2) Die Effekte der Kongeneren sollten nur *additiv* sein (nicht z. B. antagonistisch).
(3) Die empfindlichste Wirkung sollte bei allen Spezies die gleiche sein.
(4) Es sollte nur ein Typ von Rezeptor bzw. nur eine begrenzende Reaktion in verschiedenen Organen und bei den unterschiedlichen Spezies für die Wirkung verantwortlich sein.
(5) Dosis-Wirkungskurven für verschiedene Endpunkte sollten bei der gleichen Spezies parallel verlaufen, sonst hängt der Faktor vom Endpunkt und der Dosierung ab.
(6) Das Muster der Effekte sollte im Hoch- und im Niedrigdosisbereich identisch sein.
(7) Dosis-Wirkungskurven für den gleichen Endpunkt sollten bei verschiedenen Spezies parallel verlaufen, sonst ist ein Vergleich der Spezies nicht möglich.
(8) Die *Pharmakokinetik* sollte bei verschiedenen Spezies identisch, oder wenigstens vergleichbar, sein.
(9) Die *Pharmakokinetik* sollte bei allen Spezies bei erwachsenen Tieren, jungen Individuen und während der Schwangerschaft identisch, oder wenigstens vergleichbar, sein.
(10) Tierexperimentell beobachtete Wirkungen sollten auch für den *Menschen* relevant sein.
(11) Eine *quantitative* Übertragbarkeit der tierexperimentellen Befunde auf den *Menschen* sollte möglich sein.

zu (1): Diese Voraussetzung ist für PCDD/PCDF weitgehend erfüllt, für PCB nicht unbedingt.
zu (2): Die additive Wirkung wird bei niedrigen PCDD/PCDF Dosen eher überschätzt, hohe Dosen müssen zu antagonistischen Wirkungen führen (Rezeptortheorie), bei PCB sind sie beschrieben.
zu (3), (5), (6), (7), (9), (11): Dies ist nicht der Fall.
zu (4): Das ist schwer zu beurteilen. Es könnte aber mehr als ein Rezeptor verantwortlich sein.
zu (8): Dies ist nicht der Fall, mag aber bei ausreichender Information berücksichtigt werden.
zu (10): Dies ist nur sehr bedingt der Fall, der Mensch scheint unempfindlicher zu sein.

gegenüber sehr variablen Mischungen zu beurteilen, und das Resultat hat sich für gesetzgeberische Absichten zweifellos bewährt.

Inzwischen ist versucht worden, die zunächst für die polychlorierten Verbindungen (PCDD/PCDF) entwickelte Strategie auf andere 2,3,7,8-substituierte *polyhalogenierte* Substanzen, z. B. poly*bromierte*, auszudehnen. Wegen der offenbar kurzen Verweildauer im Säugetierorganismus [35, 104] ist das Verfahren für poly*fluorierte* Verbindungen ungeeignet bzw. unnötig. Aus den pharmakokinetischen Gründen ist bei diesen polyfluorierten Substanzen eine viel geringere Toxizität zu erwarten als man aus der Affinität zum Rezeptor (nicht wesentlich von der poly*chlorierter* Verbindungen verschieden) erwarten würde. 2,3,7,8-substituierte poly*bromierte* und *gemischt*halogenierte (chlor- plus bromsubstituierte) Substanzen sind im Hinblick auf I-TE-Faktoren den entsprechenden chlorierten Verbindungen weitgehend angeglichen worden. Allerdings tritt hier das Problem auf, dass I-TE-Faktoren auf Gewicht bezogen sind, Wechselwirkungen mit dem verantwortlichen Rezeptor aber auf molarer Basis stattfinden. Die Molekulargewichte vergleichbarer chlorierter und bromierter Verbindungen, und damit auch die Wirkungen, können bis zum Faktor 2 differieren. Auch das zeigt, dass die Äquivalenzfaktoren nur recht grobe Näherungswerte darstellen können.

Auf harsche Kritik ist der Versuch von einigen Behörden gestoßen [4], auch eine Gruppe von polychlorierten Biphenylen (*PCB*), nämlich die „dioxin-ähnlichen" co-planaren Kongenere, ebenfalls mit TCDD-Äquivalenz-Faktoren zu versehen, und diese Gruppe von Verbindungen in die Summe der „Dioxine" einzubeziehen [12]. Die wissenschaftliche Grundlage für ein solches Vorgehen ist kaum vorhanden, und entsprechende Bemühungen degradieren das für PCDD/PCDF gerade noch akzeptable Verfahren zum weitgehend politischen Unternehmen. Die meisten der I-TE-Faktoren für PCB sind ziemlich willkürlich festgesetzt worden, die (z. B. pränatale) Kinetik der PCB ist anders als die von PCDD/PCDF, und es ist fraglich, ob die wesentlichen Wirkungen der co-planaren PCB *nur* über *Rh*-Rezeptoren ausgelöst werden. Über Wirkungen auf den Menschen sagen derartige summierte Werte sicher *gar nichts* aus, sie verwirren eher. Das Verfahren ist ad absurdum geführt worden, als I-TE-Faktoren für einige PCB unter 0,001 festgelegt wurden. Erstens sind solche Faktoren auch experimentell nicht zu verifizieren, da wesentliche Verunreinigungen messtechnisch nicht mehr ausgeschlossen werden können, und zweitens würden möglicherweise auch einige *nicht*-2,3,7,8-substituierte poly*chlorierte* Kongenere in diesen Bereich fallen. Es muss bei den PCB auch bevorzugt mit antagonistischen Effekten gerechnet werden.

Das beschriebene Verfahren der I-TE-Faktoren eignet sich aus vielen Gründen *nicht* generell für die toxikologische Beurteilung von Mischungen oder von Substanzkombinationen. Der Hauptgrund ist, dass die Substanzen nur auf einen, und nur auf den gleichen Rezeptor (oder Mechanismus) wirken dürfen und keine gegenseitige Beeinflussung stattfinden darf. Diese Voraussetzung trifft auf kaum eine andere Substanzklasse zu.

Die resultierende Wirkung von *Zweifach*kombinationen kann in der Pharmakologie und Toxikologie durchaus analysiert werden, wenn für beide *Einzel*komponenten verwertbare Dosis-Wirkungskurven für die entsprechende Spezies vorliegen. Beim Menschen sind erwünschte und unerwünschte Wirkungen von Zweifachkombinationen zu beurteilen, wenn für *definierte Dosen* ausreichende klinische Erfahrungen vorliegen. Bei der Kombination von mehr als zwei Komponenten gelingt es kaum, mögliche Wechselwirkungen und damit Risiken für einen größeren Dosisbereich vorauszusagen.

1.2.1.2.12 Problem einer Polyexposition auf verschiedenen Gebieten der Toxikologie

Neben der Beurteilung *bekannter* Kombinationen von Fremdstoffen[8] kann sich die Notwendigkeit ergeben, eine toxikologische Gefährdung durch ein Expositionsszenarium zu beurteilen, bei dem wesentliche Komponenten unbekannt bleiben und die Dosis der Einzelkomponenten oft nicht bestimmt wurde. Insbesondere wären auch Wechselwirkungen dann nicht abzuschätzen. Derartige Situationen ergeben sich z. B. (Abb. 1.9) bei der Ernährung und dem Konsum von Genussmitteln, in der Arbeitsmedizin sowie in der „Umweltmedizin"[9]. Die Problematik ist auf den genannten Gebieten ähnlich, aber nicht identisch. In der *Arbeitsmedizin* (Abb. 1.9, II) kann eine pauschale Gefährdung an einem Arbeitsplatz verifiziert werden, auch wenn keine exakten individuellen Messungen der Exposition vorliegen (Abb. 1.9a). Dies war eine früher häufig geübte Praxis, und viele toxikologische Wirkungen und Situationen sind so erkannt worden. Die *gezielte* Verminderung einer *spezifischen* Komponente erfordert jedoch die Analyse der betreffenden Konzentration am Arbeitsplatz (Abb. 1.9b), wie es heute in industrialisierten Ländern überwiegend gehandhabt wird. Maximale Arbeitsplatz-Konzentrationen (MAK-Werte) helfen, eine solche Sicherheit zu gewährleisten.

Auch auf dem Gebiet der Toxikologie von *Lebensmitteln* und *Genussmitteln* reicht die Kenntnis einer pauschalen Gefährdung *manchmal* zur Gefährdungsminimierung aus. Ein typisches Beispiel ist das *Rauchen*. Es können konkrete Angaben zur Gesundheitsgefährdung des Zigarettenrauchens gemacht werden, auch wenn die spezielle Toxikologie der meisten der weit über Tausend im Tabakrauch vorhandenen Komponenten unbekannt bleibt. Als grobe Dosisangabe dient hier die Anzahl der gerauchten Zigaretten. Die Abschätzung gelingt nur, weil das gesundheitliche Risiko relativ groß ist, und selbst in diesem Fall widersprechen sich viele Studien im Hinblick auf die Inzidenz.

---

[8] Fremdstoff (oder Xenobiotikum oder auch Pharmakon) bezeichnet in der Toxikologie jede körperfremde Substanz oder körpereigene Substanzen in unphysiologisch hoher Dosierung. Die Bezeichnung „Schadstoff" wird in der Medizin, und speziell der Toxikologie, nicht benutzt (da nicht definierbar). Schaden kann nicht mit einer Substanz, sondern höchstens mit einer Dosis, assoziiert werden (jede Substanz kann „schädlich" sein).

[9] In diesem Zusammenhang ist „Umwelt" sehr atypisch definiert, denn medizinisch besonders wichtige Aspekte der Umwelt sind ausgeschlossen: Mikroorganismen, Arzneimittel, Ernährung, Genußmittel, Arbeitsplatz, etc. Da es nur gute und schlechte Medizin gibt, wird Umweltmedizin von vielen für entbehrlich gehalten.

Abb. 1.9 Probleme der Polyexposition auf verschiedenen Gebieten der klinischen Toxikologie. Häufig sind Individuen einer weitgehend undefinierten Vielzahl von Stoffen ausgesetzt (Polyexposition), auf verschiedenen Gebieten durchaus unterschiedlich. Im einfachsten Fall kann man sich mit einer qualitativen oder semiquantitativen Beschreibung des Expositionsszenarios begnügen (A). Für eine gezielte Minimierung der Gefährdung (B) ist jedoch die Analyse der Einzelkomponenten der Exposition unerlässlich.

Bei vermuteten geringgradigen Effekten resultiert beim Versuch der Quantifizierung der Gesundheitsgefährdung durch komplexe Faktoren eine erhebliche Unsicherheit, weil die vielen „confounding factors" nicht kontrolliert werden können. Eine große Variabilität in der Zusammensetzung der vielen zu beurteilenden Komponenten und erhebliche Unterschiede in der Empfindlichkeit der Exponierten kommen hinzu. Dies hat bisher z. B. die genauere Analyse der Gefährlichkeit von Zubereitungen der Speisen (Kochen, Braten, Grillen, Frittieren, etc.) verhindert. Wir können das genaue Risiko bis heute nicht abschätzen. Zur Beurteilung der Wirkung von Rückständen von Pestiziden und von toxikologisch relevanten Fremdstoffen in Nahrungsmitteln ist die Kenntnis entsprechender Konzentrationen bzw. der individuell aufgenommenen Dosen essenziell.

1.2.2
Präventive Gefährdungsminimierung

Für viele Substanzen, eigentlich sogar für die meisten, und auch für viele physikalische Faktoren (z. B. bestimmte Strahlungen oder elektromagnetische Wellen) existieren nur unvollkommene toxikologische Daten für den Menschen, oder sie fehlen sogar vollständig. Dies gilt in ganz besonderem Maße für die Vielzahl von „Umweltsubstanzen", zu denen wir hier einmal auch bestimmte *Lebensmit-*

tel rechnen wollen. Der Mangel betrifft sowohl ausreichende Angaben zur individuellen Exposition als auch verlässliche Daten zu medizinischen Symptomen.

Als *Notbehelf* wird darum in der medizinischen Toxikologie beim Fehlen entsprechender Daten vom Menschen ein *völlig anderer Weg* beschritten: *Man appliziert das betreffende Agens Versuchstieren, und es wird anschließend versucht, aus den tierexperimentellen Daten gewisse Rückschlüsse auf den Menschen zu ziehen.*

Dies ist ein völlig anderes Procedere als die geschilderte Risikoabschätzung, und wir haben für diese Strategie (Abb. 1.1) den Begriff *präventive Gefährdungsminimierung* vorgeschlagen [72, 73]. Meistens ist mit diesem Vorgehen eine *primäre* Prävention beabsichtigt. Bereits *vor* der Exposition von Menschen soll eine postulierte Gefährdung weitgehend verhindert werden. Dabei muss man, in Ermangelung weitgehender und *direkter* toxikologischer Erkenntnisse, viele *Unsicherheiten* in Kauf nehmen. Von einigen Behörden wird für ein ähnliches Vorgehen der Begriff „*Vorbeugender Verbraucherschutz*" benutzt.

Der wesentlichste Aspekt der Toxikologie ist die Verminderung der *Unsicherheit*. Diese Unsicherheit der toxikologischen Beurteilung ist beim *Fehlen* von Daten maximal (in diese Gruppe gehört die Mehrzahl aller heute bekannten und unbekannten Agenzien), und mit verbesserter Datenlage kann die Unsicherheit der Aussagen zur Gefährdung oder zum Risiko verringert werden. Unsicherheit bezieht sich auch auf die Aussagekraft der benutzten Methodik bzw. die Verlässlichkeit der verfügbaren Information.

Die Absicht einer präventiven Gefährdungsminimierung ist sicher *nicht*, die Inzidenz unerwünschter Wirkungen beim Menschen bei definierter Exposition zu erkennen (Risikoabschätzung), denn das ist mit dieser Strategie gar nicht möglich. Es geht vielmehr darum, entweder das *Potenzial* entsprechender unerwünschter Effekte des Agens *qualitativ* zu erkennen (z.B. Karzinogenität, Teratogenität, Mutagenität, Hepatotoxizität, etc.) oder einen Expositions*bereich* abzuschätzen, bei dem eine entsprechende toxikologische Wirkung *unwahrscheinlich* zu sein scheint, weil die Exposition weit unterhalb einer im Experiment gefundenen wirksamen Exposition liegt. In der Mehrzahl der Fälle kann die Richtigkeit dieser Annahme für den Menschen *nicht* überprüft werden, insbesondere im Extremfall nicht, wenn aufgrund der Befunde präventive Maßnahmen eingeleitet werden, die eine Exposition von Menschen weitgehend vermeiden.

Bei tierexperimentellen toxikologischen Untersuchungen werden meist definierte Dosen des Agens über definierte, kurze oder längere, Zeiträume definierten Tierspezies appliziert, und man registriert alle Veränderungen. Der Vorteil des Verfahrens ist, dass man die Versuchsbedingungen weitgehend standardisieren kann. Der Nachteil ist, dass streng genommen die gewonnenen Erkenntnisse über Substanzwirkungen zunächst nur für den benutzten *Tierstamm* gelten, häufig nicht einmal für einen anderen Stamm der gleichen Spezies!

Wird im Tierexperiment ein spezieller Typ einer pathologischen Veränderung nachgewiesen, so *könnte* von dem betreffenden Agens auch für den Menschen eine bestimmte *Gefährdung* (engl.: hazard) ausgehen. Es mag sich z.B. um die Fähigkeit für eine „karzinogene" oder eine „teratogene" Wirkung handeln, oder die Substanz besitzt ein „hepatotoxisches" oder „nephrotoxisches" *Potenzial*[10], bezogen auf die betreffende Tierspezies. Von medizinischen Laien wird in dieser Situation unterstellt, dass ein solches Potenzial eine integrale Eigenschaft der Substanz wäre, und auch für alle anderen Spezies gelten würde. Eine solche Annahme wäre in dieser pauschalen und absoluten Form sicher falsch.

Mit dem Ausgang des Tierexperimentes ist noch nichts darüber ausgesagt, ob die entsprechende unerwünschte Wirkung im konkreten Fall der definierten Bedingungen einer bestimmten Exposition beim Menschen *überhaupt* eintritt, und wenn sie auftritt, in welchem *Ausmaß*. Unter den Bedingungen einer „normalen" Exposition mag, selbst bei Langzeitexposition, beim Menschen überhaupt kein Effekt nachweisbar sein.

Das Vorgehen der Gefährdungsminimierung schließt in der Regel folgende Schritte ein:

- Eine (oder mehrere) *Versuchstierspezies* (bzw. ein Tierstamm) werden ausgewählt.
- Ein Versuchs*protokoll* wird erstellt (Auswahl von: Tierzahl, Applikationsart, Dosis, Behandlungsdauer, Festlegung der zu beurteilenden Endpunkte, etc.).
- Ein „no observed adverse effect level" (*NOAEL*), bzw. Dosen, die definierte unerwünschte Effekte auslösen, und Dosis-Wirkungsbeziehungen werden erkannt.
- Durch *Extrapolation* der im Tierexperiment gewonnenen Daten wird versucht, Schlüsse auf niedrigere Expositions*bereiche* beim Menschen zu ziehen, bei denen entsprechende Wirkungen *vermutlich unwahrscheinlich* sind. Der Datenpool erlaubt es *nicht*, die Wahrscheinlichkeit oder sogar die *Inzidenz* unerwünschter Wirkungen für den Menschen *abzuschätzen*.

Der letzte dieser vier Aspekte ist besonders wichtig, und Nichtbeachtung dieser Grundlagen hat zu zahlreichen Fehlinterpretationen und auch Irreführungen der Bevölkerung geführt.

Der unbesonnene Gebrauch von Begriffen wie „krebserregend" (gemeint ist: *„kann bei bestimmten ausgewählten Tieren, unter gewissen experimentellen Bedingungen, d. h. meist sehr hohen Dosierungen, die Häufigkeit von Tumoren erhöhen"*), „teratogen" (gemeint ist: *„kann bei bestimmten Tieren, unter gewissen experimentellen Bedingungen, die Häufigkeit von Fehlbildungen erhöhen"*) und von vielen anderen Schlagworten, ohne Hinweise auf fehlende Daten vom Menschen, unterstützt unkritisches Denken und induziert falsche Schlussfolgerungen. Es bleibt jeweils *unmöglich,* den Schluss zu ziehen, dass es beim Menschen *tatsächlich* zu derartigen Veränderungen kommt, und falls dies der Fall sein sollte, in welcher Häufigkeit.

Dies schließt nicht aus, dass unter bestimmten Bedingungen ein „*vorsorglicher* Verbraucherschutz" praktiziert werden soll und muss. Der *politische Charakter* eines solchen Vorgehens (unabhängig von der unzureichenden wissenschaftlichen Grundlage) sollte aber immer betont werden, z. B. durch Benutzung des Zusatzes *vorsorglich*.

---

[10] Potential und Gefährdung bezeichnen einen *qualitativen* Umstand.

Einige der fundamentalen Vorteile, Unterschiede und Nachteile zwischen einer präventiven *Gefährdungsminimierung*, d. h. *Extrapolation*, im Gegensatz zu einer Risikoabschätzung mit Relevanz für den Menschen, sind Folgende:

- *Vorteil 1*: Im Gegensatz zur Risikoabschätzung, bei der *immer* bereits eine Exposition von Menschen stattgefunden haben muss, ist bei der Gefährdungsminimierung eine *primäre Prävention* möglich, d. h. es soll verhindert werden, dass Menschen *überhaupt* gegenüber einer wirksamen Dosis eines potenziell gefährlichen Agens exponiert werden.
- *Vorteil 2*: Eine Gefährdungsminimierung kann auch für *Endpunkte* durchgeführt werden, die beim Menschen erst nach jahrelangen Beobachtungen beurteilt werden können (Karzinogenität, pränatale Toxizität, etc.).
- *Vorteil 3*: Es kann untersucht werden, ob der bei einer Spezies gefundene pathologische Effekt auch bei *anderen* Spezies in einem ähnlichen Dosisbereich verifiziert werden kann. Ein bei mehreren Spezies reproduzierbares Potenzial bestärkt den Verdacht, dass das Potenzial auch für den Menschen relevant sein könnte.
- *Vorteil 4*: Versuchsbedingungen, z. B. Applikationsart und Applikationsdauer, können gezielt variiert werden, um mehr Information über den pathologischen Effekt zu erhalten. Dosis-Wirkungsbeziehungen können analysiert werden. Diese experimentellen Möglichkeiten werden nicht immer ausgeschöpft.
- *Vorteil 5*: Experimentelle Untersuchungen zum *Wirkungsmechanismus* spielen eine ganz große Rolle beim Verständnis von unerwünschten Wirkungen. Solche Experimente sind in der Regel nur mit tierexperimentellen Methoden oder geeigneten *in-vitro*-Systemen möglich. Hier liegt die wesentliche Existenzberechtigung der Tierversuche!
- *Nachteil 1*: Meist werden im Tierexperiment überhöhte Dosierungen benutzt, die für den Menschen nicht relevant sind. Dies erfordert eine, meist schwierige, *Extrapolation* zu niedrigeren Dosierungen bei der gleichen Versuchstierspezies.
- *Nachteil 2*: Wenn Schlüsse auf den Menschen gezogen werden sollen, ist immer eine *Extrapolation* von einer Spezies auf die andere notwendig. Solche Abschätzungen sind für qualitative Aussagen schwierig, für quantitative Schlüsse im Hinblick auf die Inzidenz beim Menschen *gar nicht* möglich.
- *Nachteil 3*: Wenn mehr als eine Spezies experimentell untersucht wird, treten häufig divergente Resultate auf. Dann wird in der Regel eine „worst case"-Annahme bevorzugt. Das ist pragmatisch, aber nicht wissenschaftlich fundiert. Es muss zunächst unbekannt bleiben, ob die Verhältnisse beim Menschen der empfindlichen oder der unempfindlichen Spezies ähneln.
- *Nachteil 4*: Es wird meist ein weitgehend definierter Tierstamm benutzt. In der Regel bleibt unbekannt, ob sich der toxikologische Effekt selbst bei der *gleichen* Spezies bei einem *anderen* Stamm reproduzieren lässt, weil dies nicht untersucht wird. Manchmal werden für entsprechende Versuche (z. B. zur Karzinogenität) besonders empfindliche (z. B. gentechnologisch veränderte) Tiere benutzt. Damit wird die Extrapolation auf den Menschen sicher nicht vereinfacht.

- *Unterschied 1*: Während bei einer Risikoabschätzung eine *Zahlenangabe* resultiert (Inzidenz bei definierter Exposition), wird bei der Gefährdungsminimierung durch Extrapolation ein *Bereich abgeschätzt* (z. B. durch Benutzung von Unsicherheitsfaktoren), unterhalb dessen das Auftreten einer bestimmten unerwünschten Wirkung *wenig wahrscheinlich* ist (Abb. 1.10). Die Wahl des Unsicherheitsfaktors ist weitgehend willkürlich.
- *Unterschied 2*: Trotz weitgehend identischer *grundlegender* physiologischer und biochemischer Abläufe im Organismus aller höheren Tiere, den Menschen eingeschlossen, existieren auch *erhebliche Unterschiede* in der Reaktionsweise, die bei einer toxikologischen Extrapolation *entscheidende* Bedeutung bekommen können. Die meisten dieser Unterschiede sind nicht von vornherein überschaubar.
- *Unterschied 3*: In der Regel ist die *Pharmakokinetik* beim Versuchstier und beim Menschen verschieden. Dies führt dazu, dass bei gleicher Dosierung bei verschiedenen Spezies (und sogar verschiedenen Tierstämmen) unterschiedlich hohe Plasmaspiegel auftreten und unterschiedlich lange aufrecht erhalten werden. An sich sollte die Kinetik im Tierexperiment den Verhältnissen beim Menschen angepasst werden. Dies ist meistens nicht der Fall.
- *Unterschied 4*: Der *Metabolismus* des Xenobiotikums ist häufig beim Tier und dem Menschen nicht identisch. Es können verschiedene Hauptmetabolite auf-

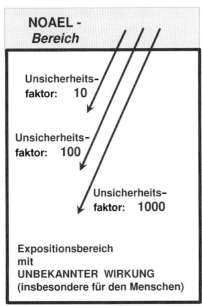

Abb. 1.10 Prinzip der „Gefährdungsminimierung". Von einem im Tierexperiment gefundenen NOAEL (oder evtl. auch LOAEL) wird unter Benutzung eines willkürlich gewählten „Unsicherheitsfaktors" (z. B. zwischen 10 und 1000) pragmatisch ein Bereich abgeschätzt, unterhalb dessen auch für den Menschen eine entsprechende Wirkung kaum noch als wahrscheinlich angesehen wird. Das wahre *Risiko* für den Menschen kann so nicht abgeschätzt werden.

treten. Die Aufklärung von entsprechenden *Speziesunterschieden* ist darum bei der präventiven Gefährdungsminimierung von großer Bedeutung.
- *Unterschied 5*: Als Vorteil von Tierexperimenten wird angesehen, dass streng kontrollierte Versuchsbedingungen eingehalten werden (z. B. gesunde Tiere, definierter Tierstamm, standardisierte Ernährung und Haltungsbedingungen). Die menschliche Population ist genetisch *heterogen*, Lebensbedingungen sind recht verschieden, es existieren viele Krankheiten. Insofern mögen beim Menschen Bedingungen vorkommen, die der Tierversuch nicht berücksichtigen kann.
- *Unterschied 6*: Ein „negatives" Resultat im konkreten Tierexperiment schließt nicht aus, dass entsprechende unerwünschte Wirkungen bei einem anderen Versuchstierstamm oder einer anderen Spezies (z. B. auch dem Menschen) doch auftreten.

1.2.2.1 Voraussetzungen der präventiven Gefährdungsminimierung

Die präventive *Gefährdungsminimierung* basiert also auf zwei Prinzipien, die nur bedingt kontrolliert und verifiziert werden können:
(1) dem *Dosis-Wirkungsprinzip*: Es wird unterstellt, meist berechtigt, dass die Inzidenz einer bestimmten *Wirkung* bei *Reduktion* der Dosis *abnimmt*,
(2) der Annahme, dass unerwünschte Wirkungen, die im *Tierversuch* als bedeutsam angesehen werden, auch für den *Menschen* relevant sind bzw. auch beim Menschen in dieser oder ähnlicher Form auftreten.

Punkt (1) ist die Basis für die Benutzung von „Unsicherheitsfaktoren": Wenn man die Exposition *drastisch* reduziert (z. B. um Zehnerpotenzen unter den im Experiment messbaren Bereich), wird ein möglicher Effekt irgendwann vernachlässigbar gering werden (Abb. 1.10). Da die Dosis-Wirkungsbeziehung meistens bereits für die Versuchstierspezies unklar ist, muss sie völlig unklar im Bezug auf den Menschen bleiben (identische Dosis-Wirkungskurven für Tier und Mensch sind nicht zu erwarten).

Die als Punkt (2) erwähnte Voraussetzung ist besonders problematisch. Im konkreten Einzelfall (d. h. Daten von *einer* Spezies) ist die Vermutung spekulativ, d. h. es mag eine Speziesübereinstimmung geben oder auch nicht. Wirksame Dosis und Inzidenz für eine andere Spezies müssen unbekannt bleiben, ebenso wie die Antwort auf die Frage, ob beim Menschen (aus welchen Gründen auch immer) *überhaupt* ein Effekt auftritt. Die Aussagekraft dieser Extrapolation zwischen mehreren Spezies wird noch geringer, wenn der Effekt bei einer Versuchstierspezies beobachtet wird, aber *nicht* bei einer anderen (Tab. 1.11). Auf der anderen Seite muss man auch berücksichtigen, dass im Experiment sicher *nicht alle* für den Menschen relevanten unerwünschten Wirkungen erkannt werden können. Seltene unerwünschte Wirkungen z. B. von Arzneimitteln, auch sehr schwerwiegende, werden regelmäßig erst erkannt, wenn viele Tausend Menschen exponiert wurden. Im Rahmen einer „worst-case"-Extrapolation wird beim vorsorglichen Verbraucherschutz angenommen, die im

Tab. 1.11 Beispiele für kontroverse Resultate von Studien zur Karzinogenität an verschiedenen Spezies und Geschlechtern. (Die Liste enthält einige Substanzen, die als Rückstände eventuell auch in Lebensmitteln vorkommen könnten, Daten aus *Environ. Health Perspect.* **101**, Suppl 1, 1993).

Substanz	Ratte		Maus	
	Männlich	Weiblich	Männlich	Weiblich
Chlordan	negativ	negativ	**positiv**	**positiv**
p,p'-DDE	negativ	negativ	**positiv**	**positiv**
N,N'-Diethylthioharnstoff	**positiv**	**positiv**	negativ	negativ
2,4-Dinitrotoluol	**positiv**	**positiv**	negativ	negativ
p-Nitrosodiphenylamin	**positiv**	negativ	**positiv**	negativ
Trimethylphosphat	**positiv**	negativ	negativ	**positiv**
Dicofol	negativ	negativ	**positiv**	negativ
2-Nitro-p-phenylendiamin	negativ	negativ	negativ	**positiv**

„Positiv": Tumorinzidenz in der Studie erhöht,
„Negativ": Tumorinzidenz nicht erhöht.

Tierexperiment gefundene unerwünschte Wirkung würde auch beim Menschen auftreten *können*. Dann bleibt der wahre Sachverhalt verborgen, oder es müssen doch Menschen exponiert werden (entweder akzidentell oder absichtlich).

1.2.2.2 Wann ist eine präventive Gefährdungsminimierung notwendig?

Die Notwendigkeit für eine präventive Gefährdungsminimierung kann sich einmal für bestimmte *Substanzklassen*, und zum anderen für bestimmte *Endpunkte* ergeben. Dabei kann es sich um *vorläufige* Ergebnisse handeln (Beobachtungen am Menschen sind geplant), oder um weitgehend *endgültige* Schlussfolgerungen.

In dieser Hinsicht nehmen die heute gesetzlich vorgeschriebenen *vorklinischen* Untersuchungen bei Arzneimitteln, insbesondere die zur *Organtoxizität*, eine Sonderstellung ein. Die aus tierexperimentellen Langzeitstudien abgeleiteten Resultate sollen *vorläufige* Hinweise ergeben, auf welche möglicherweise kritischen unerwünschten Wirkungen in den anschließenden Phase-I- bis -III-Studien beim Menschen besonders geachtet werden muss. Die entsprechenden tierexperimentellen Daten *verlieren* ihre Bedeutung, wenn ausreichende Daten beim Menschen vorliegen.

Im Gegensatz zu Arzneimitteln stehen für viele Klassen von „*Umweltsubstanzen*" keine am Menschen erhobenen Daten zur Verfügung, und es sind in absehbarer Zeit auch keine zu erwarten. In diesen Fällen versucht die präventive Gefährdungsminimierung *alle* toxikologischen Aspekte dieses Agens zu berücksichtigen. Da bei diesen Agenzien überwiegend auch keine pharmakokinetischen Daten verfügbar sind, bleibt nur die unbefriedigende Extrapolation auf der Basis von Dosierungen übrig. Dieser ungünstigen Konstellation wird meist durch Benutzung von großen Unsicherheitsfaktoren (mehr als 100) Rechnung getragen. Häufig sind entsprechende Gefährdungsminimierungen langfristig gültig, da ausreichende Daten für den Menschen niemals verfügbar werden.

Aber auch bei an sich gut untersuchten *Arzneimitteln* ergeben sich zunächst Probleme bei der Risikoabschätzung für *einige Endpunkte*. Aus verschiedenen Gründen ist eine ausreichend große Datenbasis vom Menschen für einige Endpunkte *nicht* zu erhalten, oder die Zusammenstellung der entsprechenden Information erfordert viele Jahre oder sogar Jahrzehnte. In diesem Zusammenhang handelt es sich z. B. um Aussagen zu *teratogenen* oder anderen embryotoxischen Effekten oder Wirkungen auf die Reproduktion, zu *karzinogenen* Wirkungen oder zu Wirkungen auf das Immunsystem. Spärliche Daten zur Toxikologie beim Menschen finden sich insbesondere bei seltenen Indikationen. Die Gefährdungsminimierung mag sich in solchen Fällen bei einem definierten Agens nur auf bestimmte medizinische Endpunkte beziehen, während bei anderen Endpunkten des gleichen Agens durchaus eine regelrechte Risikoabschätzung möglich ist.

1.2.2.3 Das Problem der Extrapolation in der Toxikologie

Beim Versuch, für den Menschen eine präventive Gefährdungsminimierung auf der Basis von Daten aus Tierversuchen durchzuführen, sind immer *Extrapolationen* (meistens mehrere) notwendig. In den letzten Jahrzehnten ist viel Mühe darauf verwandt worden, die notwendigen Extrapolationen mit Hilfe mathematischer Verfahren zu verfeinern. Häufig resultieren jedoch „Pseudogenauigkeiten", denn schlechte oder fehlende wissenschaftliche Daten können nicht durch Mathematik kompensiert werden. Allerdings erhält man bei derartigen Berechnungen immer *Zahlenwerte*, denen der Laie und meist auch der Fachmann dann nicht mehr ansehen kann, wie zweifelhaft oder sogar unbrauchbar sie sind.

Grundsätzlich muss man in der Toxikologie zwei ganz verschiedene Typen von Extrapolationen unterscheiden: (a) solche innerhalb der gleichen Spezies, und (b) solche von einer Spezies zu einer anderen.

1.2.2.3.1 Extrapolation innerhalb der gleichen Spezies

Bei der präventiven Gefährdungsminimierung wird häufig bereits eine Extrapolation der erhaltenen Daten innerhalb der *gleichen* Spezies notwendig, meist von *hohen* Dosierungen auf *niedrigere* Expositionen, die mehr denen des Menschen entsprechen.

Den Nachteil der Verwendung einer *kleinen* Tierzahl versucht man durch Anwendung *hoher* Dosierungen wenigstens partiell zu kompensieren. Dieses Vorgehen ist wissenschaftlich problematisch, aber pragmatisch. Obgleich derartige Dosierungen häufig *unrealistisch* im Vergleich mit Expositionen des Menschen sind, verspricht man sich davon die Erkennung eines *toxikologischen Potenzials* des Agens, d. h. die Aufdeckung aller möglichen toxikologischen Wirkungen. Diese Hoffnung ist natürlich nur teilweise berechtigt, weil bekannt ist, dass bestimmte unerwünschte Wirkungen nur bei bestimmten Spezies beobachtet werden können und bei anderen auch bei hoher Dosierung nicht zu erkennen sind. Das hängt auch davon ab, bei welcher Dosis bei der betreffenden Spezies bestimmte Effekte auftreten, die nicht mehr mit dem Leben vereinbar sind. Solche Letaleffekte und spezifische Organmanifestationen brauchen bei verschiedenen Spezies nicht die gleichen zu sein, d. h. es sind uns erhebliche Speziesunterschiede in der Organotropie[11] geläufig.

Eine Extrapolation in einen niedrigen Dosisbereich, der experimentell oder klinisch nicht mehr zu verifizieren ist, spielt sich immer in einer „black box" ab (Abb. 1.11). Die Form der *Dosis-Wirkungskurve* muss im nicht verifizierbaren Bereich *unbekannt* bleiben, und sie ist innerhalb der black box auch aus dem bekannten Teil der Dosis-Wirkungskurve nicht zu erahnen.

Da in den meisten Fällen von Routineuntersuchungen ohnehin nicht genügend Dosierungen untersucht wurden (selten mehr als drei oder vier), um eine einigermaßen verlässliche Dosis-Wirkungskurve zu konstruieren, geht man bei der Extrapolation meist von einem NOAEL aus. Es wurde auch vorgeschlagen, statt des NOAEL eine messbare „Benchmark" zu wählen, z. B. eine Dosis bei 10% Effekt (ED_{10}).

Im Wesentlichen gibt es drei Strategien der Extrapolation:
(1) Die Benutzung eines *Sicherheits-Faktors*[12], eigentlich ein Maß für die *Unsicherheit*, in Verbindung mit einem NOAEL oder einem „Benchmark"-Wert.
(2) Die Extrapolation gegen „null" oder gegen eine sehr niedrige Inzidenz (z. B. 1:1 Million) in Verbindung mit einem NOAEL oder einem „Benchmark"-Wert.
(3) Die Benutzung mathematischer Transformationen in Verbindung mit Informationen zu Dosis-Wirkungsbeziehungen aus dem messbaren Bereich.

Alle Strategien beruhen auf der Voraussetzung, dass die *Inzidenz* unerwünschter Wirkungen bei *Reduktion* der Exposition *abnimmt*. Das Ausmaß der Abnahme hängt natürlich von der Steilheit der Dosis-Wirkungskurve ab. Diese Steilheit muss jedoch im *nicht messbaren* Bereich der Dosis-Wirkungsbeziehung („black box") unbekannt bleiben.

---

[11] Unter Organotropie versteht man die Manifestation der Wirkung an einem definierten Organ, innerhalb eines bestimmten Dosisbereiches. Pharmakologische Wirkungen beruhen auf der Organotropie, und auch toxikologische Wirkungen zeigen, in Abhängigkeit von der Dosis, eine Bevorzugung bestimmter Organsysteme.

[12] Der Unsicherheitsfaktor ist eigentlich ein Divisor, weil der NOAEL dadurch geteilt wird. Die Größe des Unsicherheitsfaktors wird *willkürlich* festgelegt. In der Regel wird der Faktor umso kleiner gewählt, je besser die Datenbasis ist. Von der US-EPA wird eine Strategie mit dem Vielfachen von 10 benutzt: 1) UF_A für „Tier zum Menschen", 2) UF_H für „Variabilität beim Menschen", 3) UF_S für „Dauer der Exposition", 4) UF_L für „LOAEL zum NOAEL". Je nach Datenbasis werden einige oder alle dieser Faktoren zum „Unsicherheitsfaktor" multipliziert, z. B.: $UF_A \times UF_H \times UF_S = 10 \times 10 \times 10 = 1000$.

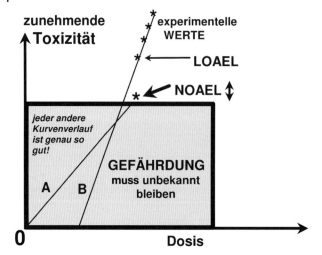

Abb. 1.11 Beispiele für mögliche Extrapolationen in einem Bereich („black-box"), für den keine Messwerte existieren oder erstellt werden können. Jeder Kurvenverlauf ist möglich. Der wahre Verlauf der Dosis-Wirkungskurve innerhalb der „black-box" muss unbekannt bleiben. (Modifiziert aus: Neubert, in: Marquardt/Schäfer, 2004).

1.2.2.3.2 Gibt es einen „Schwellenbereich"?

Im Zusammenhang mit Extrapolationen wird oft die Frage aufgeworfen, ob es bei toxikologischen Effekten einen Dosisbereich gibt, unterhalb dessen die unerwünschte Wirkung nicht weiter abnehmen kann, weil sie praktisch „null" ist. Dies hätte eine praktische Bedeutung, weil eine weitere Reduktion der Exposition keinen Vorteil bringen würde, es könnte aber der Aufwand größer und damit evtl. unvertretbar werden. Wenn es keinen „Schwellenbereich" gäbe, müsste die verbleibende Inzidenz unerwünschter Wirkungen mit zunehmender Größe des Unsicherheitsfaktors immer weiter abnehmen.

Wenn man einmal von dem Problem von *Risikogruppen* (z. B. Polymorphismen) absieht, ist die Frage eigentlich *akademisch* und von geringem praktischen Interesse. Natürlich gibt es theoretisch keinen „Schwellenwert", weil sich die meisten Dosis-Wirkungskurven asymptotisch dem Nullwert nähern.

Aber es gibt Schwellen*bereiche*. Es wird so gut wie immer einen Bereich geben, in dem die Inzidenz, falls überhaupt noch eine Wirkung vorhanden ist, so klein ist, dass der Effekt *praktisch* keine Rolle mehr spielt. Die Erfahrung mit Tausenden von Substanzen in unserer Nahrung sowie die Erkenntnisse mit Hunderten von gut untersuchten Arzneimitteln unterstreichen diese Aussage.

Es soll betont werden, dass hier toxikologische Effekte diskutiert werden, und keine allergischen Wirkungen. Aber selbst bei allergischen Wirkungen gibt es unwirksame Dosisbereiche, die im Einzelnen aber nicht genau bekannt und definierbar sind.

1.2.2.3.3 Extrapolation von einer Spezies zu einer anderen
Dies ist das größere Problem und eigentlich gar nicht zu lösen. Letztlich sollten vier verschiedene Fragen beantwortet werden:
(1) *Qualitativer Aspekt:* Tritt der bei einer Spezies beobachtete Effekt *überhaupt* auch bei anderen Spezies auf (insbesondere natürlich beim Menschen)?
(2) *Quantitativer Aspekt:* In welchem Dosisbereich tritt der beobachtete Effekt bei anderen Spezies auf (insbesondere natürlich beim Menschen), wenn er eintritt?
(3) *Diskordanz der Resultate:* Bei unterschiedlichen Resultaten bei verschiedenen Versuchstierspezies: Gibt es Hinweise dafür, dass das Resultat bei einer Spezies den Verhältnissen beim Menschen eher entspricht als das andere Ergebnis? Soll das *ungünstigere* Resultat berücksichtigt werden („worst case"-Extrapolation)?
(4) *Aspekt der vollständigen Erkennung:* Falls beim Versuchstier *kein* Effekt nachgewiesen wurde, kann mit hinreichender Zuverlässigkeit geschlossen werden, dass auch beim *Menschen kein* entsprechender unerwünschter Effekt auftritt?

Es liegt in der Natur der Sache, dass die *ersten drei* Fragen in der Regel *nicht* beantwortet werden können. Meistens wird Zuflucht zu „worst case"-Annahmen genommen, und häufig werden sogar mehrere solcher extremen Annahmen gemacht. So geht man fast immer davon aus, dass entsprechende Effekte auch für den Menschen *relevant* sind, auch wenn Versuchstierspezies unterschiedlich reagieren. Immer wird der Mensch als *empfindlicher* als das Versuchstier angesehen („Unsicherheitsfaktoren" <1 gibt es nicht).

Problematisch ist auch die Beantwortung der Frage (4). „Negative" Resultate von Tierversuchen lösen immer große Befriedigung aus, und *in praxi* hüten sich viele Institutionen, Versuche mit solchen Resultaten zu wiederholen, denn man fürchtet *doch* unerwünschte Ergebnisse zu erhalten, wenn etwas *andere* experimentelle Bedingungen gewählt werden. Das kann z. B. bei der Testung auf Karzinogenität oder Pränataltoxikologie eine Rolle spielen. Von manchen Untersuchern wird darum vorgeschlagen, *überempfindliche* Systeme, z. B. bestimmte Mutanten, zur Testung einzusetzen. Eine solche Strategie ist kaum empfehlenswert, weil sie zu vielen „falsch positiven" Ergebnissen führen muss (geringe Spezifität).

Obgleich es eigentlich *unzulässig* ist, werden häufig die beiden verschiedenen Extrapolationen *zusammen* durchgeführt. Man geht wohl davon aus, dass bei genügend großem „Unsicherheitsfaktor" beiden Typen von Extrapolationen Genüge getan ist, und der Effekt (falls er überhaupt vorhanden ist) sehr unwahrscheinlich wird (Abb. 1.10). Diese Annahme ist zwar nicht unbedingt falsch, sie kann aber auch kaum als wissenschaftlich begründet gelten. Eine beliebte Strategie ist z. B. für beide Typen von Extrapolationen je den Faktor *10* anzusetzen, und deshalb einen „Sicherheitsfaktor" von *100* zu benutzen. Überzeugende Argumente für den Faktor 10 gibt es nicht (8 oder 12 wären genau so akzeptabel), die Wahl ist pragmatisch.

1.2.2.3.4 Art und Anzahl von Versuchstierspezies

Eigentlich sollte für spezielle Zwecke der medizinischen Toxikologie die Versuchstierspezies ausgewählt werden können, deren Reaktionsweise der des Menschen am nächsten kommt. Es wird auch häufig betont, dass dieses Ziel angestrebt würde.

De facto spielen *Pragmatik* und eingefahrene Gleise die größere Rolle. Man würde nicht den Elefanten oder den Wal als Versuchstier auswählen, wenn diese in bestimmten Funktionen dem Menschen am ähnlichsten wären, und auch Affen werden routinemäßig vergleichsweise selten benutzt, obgleich die Ähnlichkeit der Reaktionsweise unter Primaten zweifellos am größten ist. Auch Hund und Katze sind relativ wenig benutzte Versuchstiere, da viele Menschen zu ihnen ein besonderes Verhältnis entwickelt haben.

Bei einem zunächst toxikologisch weitgehend unbekannten Agens kann man auch gar nicht wissen, welche Tierspezies eine dem Menschen besonders ähnliche Reaktionsweise zeigen würde, sowohl im Hinblick auf die Pharmakokinetik als auch im Bezug auf Wechselwirkung mit definierten Rezeptoren und Körperzellen. So sind heute bestimmte *Nagetiere*, d.h. Ratte und Maus, die bevorzugten Versuchstiere. Sie sind leicht zu züchten, haben kurze Generationszeiten, sind klein, d.h. sie benötigen wenig Versuchssubstanz (besonders bei Bioprodukten ein wichtiger Aspekt), ihr Stoffwechsel und die Pathologie sind besonders gut untersucht und bekannt, und nur wenige Menschen haben eine enge Bindung an diese Spezies (häufig werden sie sogar als „unangenehm" empfunden).

Bedeutungsvoll ist die Entscheidung, *wie viele* Spezies für eine Untersuchung benutzt werden sollen. Würde die Vorstellung von einer vergleichbaren Reaktion zwischen Tier und Mensch stimmen, müsste *eine* Spezies zur Voraussage für den Menschen ausreichen. Offenbar traut man dieser Vorstellung aber gar nicht, denn für nahezu alle toxikologischen Untersuchungen wird mehr als eine Spezies benutzt. Die Chance, eine unerwünschte Wirkung zu entdecken, wird anscheinend größer, wenn man zwei Spezies in die Untersuchungen einsetzt. Dann müssten drei noch besser als zwei sein, usw. Allerdings vergrößert man die Chance für divergente Resultate, und man wird bei der Extrapolation automatisch die Notwendigkeit der „worst-case"-Annahmen in Kauf nehmen. Das ist der derzeitige Stand der heutigen Strategie.

Besonders problematisch ist weiterhin die *Zahl* der eingesetzten Versuchstiere (für die meisten Routineversuche < 30/Gruppe). Auch hier regiert mehr die Pragmatik als wissenschaftliche oder statistische Überlegungen. Warum gibt man sich im Versuch zur Aufdeckung einer Reproduktionstoxizität mit 15 Kaninchen zufrieden, aber es werden 20 Ratten/Gruppe gefordert (obgleich die Würfe der Ratten größer sind)? Die Anzahl eingesetzter Affen ist regelmäßig noch kleiner (bei häufig nur einem Nachkommen).

Mit dem üblichen toxikologischen Versuchsdesign kann man generell eine *geringe* toxikologische Potenz nicht *ausschließen* (ganz abgesehen davon, dass ein „negativer Beweis" ohnehin nicht gelingt). Es wurde berechnet, dass zur Erkennung einer Erhöhung der Tumorinzidenz auf 20% (Annahme: Irrtumswahrscheinlichkeit 90%, Spontanrate 10%, $p=0,05$) etwa 250 Tiere pro Dosisgruppe notwendig wären [102], für eine Erhöhung auf 15% wären es über 800 Tiere. Eine irrationale Vorstellung, denn tatsächlich werden im Versuch zur Erkennung von Karzinogenität nur etwa 50 Tiere pro Gruppe benutzt. Es können also nur *deutliche* Wirkungen erkannt werden (bei 50 Tieren eine Erhöhung von 10% auf 40%).

1.2.2.3.5 Bedeutung der Pharmakokinetik bei der Extrapolation

Der *zeitliche Verlauf* der Konzentration einer in den Organismus aufgenommenen Substanz hängt von der Geschwindigkeit der Resorption, insbesondere aber von der Schnelligkeit der *Elimination* ab. Die Substanz verbleibt noch im Organismus, in Abhängigkeit von der Eliminations-Halbwertszeit ($t_{1/2}$), auch wenn keine Exposition mehr stattfindet. Dann wird die Körperbelastung, mindestens zeitlich, meist *nicht* identisch mit der aktuellen Exposition sein, es sei denn die Eliminations-Halbwertszeit ($t_{1/2}$) ist extrem kurz.

Viele Substanzen werden im Organismus metabolisch *umgewandelt*. Die Elimination hängt dann, neben anderen Faktoren, vom Ausmaß der Metabolisierung ab, z.B. der Umwandlung lipophiler Verbindungen in hydrophile und damit nierengängige Substanzen. Außerdem muss die zur Wirkung kommende Komponente nicht unbedingt mit dem resorbierten Agens identisch sein (Abb. 1.6). Dann unterscheiden sich die wirksame Körperbelastung und die aktuelle Exposition ohnehin.

Da die Eliminations-Halbwertszeiten bei verschiedenen Tierspezies recht unterschiedlich sind, darf die *Pharmakokinetik* bei einer Extrapolation zur *Gefährdungsminimierung* nicht vernachlässigt werden. Es wird darum heute gefordert, dass Vergleiche zwischen Spezies auf der Basis von kinetischen Daten (z.B. Konzentrationen im *Blutplasma*) bei der Versuchstierspezies und dem Menschen durchgeführt werden. Extrapolationen auf der Basis von *Dosierungen*, wie sie früher üblich waren (z.B. ADI-Werte), entsprechen *nicht* mehr dem Stand der Wissenschaft.

Als besonders deutliches Beispiel für erhebliche Speziesunterschiede in der Pharmakokinetik soll das 2,3,7,8-Tetrachlordibenzo-*p*-dioxin (TCDD) dienen. Werden bei der Ratte oder beim Menschen gleiche tägliche Dosen von TCDD verabreicht, so resultieren recht verschiedene Körperbelastungen, weil die Eliminations-Halbwertszeiten sehr verschieden sind: etwa drei Wochen bei der Ratte, und etwa sieben Jahre beim Menschen. Deshalb kumuliert TCDD, und das gilt auch für viele andere Kongenere der „Dioxine", beim Menschen viel stärker als bei der Ratte, und im chronischen Versuch erreicht die Körperbelastung beim Menschen etwa das 100fache der Konzentrationen bei der Ratte. Das Kumulationsgleichgewicht (es muss sich bei einer logarithmischen Elimination immer ein Gleichgewicht einstellen) wird aber beim Menschen viel später erreicht als bei der Ratte. Im vorliegenden Fall würde also theoretisch bereits ein Unsicherheitsfaktor von 100 verbraucht werden, nur um den Unterschied in der Pharmakokinetik zu kompensieren. Beim TCDD funktioniert die quantitative Extrapolation tierexperimenteller Daten auf die Verhältnisse beim Menschen für viele Endpunkte ohnehin schlecht oder gar nicht (z. B. [71]).

1.2.3
Spezielle Probleme bei bestimmten Typen der Toxizität

Bei der Beurteilung bestimmter Typen toxikologischer Effekte treten *spezielle* Probleme auf, die eine besondere Expertise erfordern, und teilweise bisher kaum lösbar sind. Viele dieser Probleme betreffen pharmakokinetische Aspekte und Fragen der individuellen, und häufig variablen, Exposition. Andere Probleme betreffen pharmakodynamische Speziesunterschiede und Unterschiede in der Fähigkeit zum „repair".

Es sind im Wesentlichen drei toxikologische Problemgebiete, die heute im Mittelpunkt der Diskussion stehen:
- toxische Effekte auf die Reproduktion und die prä- und früh-postnatale Entwicklung,
- karzinogene (und in geringerem Maße mutagene) Wirkungen sowie
- immunotoxische und, ganz besonders, allergische Wirkungen (Letztere betrifft keine Toxizität).

1.2.3.1 Gefährdung durch Reproduktionstoxizität
Die Reproduktionstoxikologie stellt das umfangreichste und in vieler Hinsicht auch komplizierteste Gebiet der Toxikologie dar. Im anglo-amerikanischen Schrifttum wird zwischen „reproduction" und „development" unterschieden. Bei uns schließt gewöhnlich der Begriff Reproduktionstoxikologie sowohl Effekte auf die Reproduktion als auch solche auf die prä- und früh-postnatale Entwicklung ein.

Die Vielfalt der möglichen Angriffspunkte, von der befruchteten Eizelle bis zum Säugling und sogar der Reproduktion der nächsten Generation sowie bekannte Speziesunterschiede in der Reproduktion und der Entwicklung erschweren die Gewinnung relevanter experimenteller Ergebnisse und ihre Interpretation. Selbst bei der für den Menschen eindeutig teratogen wirkenden Substanz Thalidomid (z. B. Contergan®) hat es, trotz intensivster Bemühungen, über 30 Jahre gedauert, bis nach dem massiven Unglück 1961/62 einigermaßen verlässliche Anhaltspunkte zum *Wirkungsmechanismus* vorgelegt wurden [76, 80]. Mehrere Jahrzehnte lang haben die zur Analyse notwendigen Techniken und Erkenntnisse gefehlt. Die Beurteilung erschwert weiterhin, dass in der Mehrzahl der Fälle entsprechende exogen ausgelöste Einzelfehlbildungen bei allen Spezies, auch beim Menschen, in relativ geringer Inzidenz auftreten (Thalidomid und nur wenige weitere Agenzien sind die Ausnahme). Zudem existieren „Spontanraten" (z. B. [39, 61]), so dass zur Erkennung relativ große Studien für aussagekräftige Beurteilungen notwendig sind.

Zur Teratogenität sollen hier nur vier Beispiele erwähnt werden, die etwas mit Ernährung zu tun haben: Vitamin A und *Retinoide,* die Alkoholembryopathie, pränatale Toxizität von Quecksilber sowie die Interventionsstudien mit *Folsäure*.

Vitamin A kann als ein Beispiel für die dosisabhängige Dualität unerwünschter Wirkungen dienen (s. Beispiel in Abb. 1.5): Obgleich durch einen *Mangel* an Vitamin A Fehlbildungen ausgelöst werden können [121], ist es bedeutsamer, dass im Experiment (auch bei nicht-menschlichen Primaten) auch durch *Überdosen* von diesem Vitamin multiple teratogene Effekte reproduzierbar induziert werden (z. B. [33, 50, 52, 66]). Offenbar spielt Vitamin A bei der morphogenetischen Differenzierung eine wichtige Rolle (z. B. [22, 29, 107, 123]). Nach therapeutischer Anwendung bestimmter Retinoide, d. h. von Vitamin-A-Derivaten, sind leider auch beim Menschen Fehlbildungen aufgetreten [55], obgleich das teratogene Potenzial aus Tierexperimenten hinreichend bekannt war.

Ein anderes Vitamin, die *Folsäure*, hat beim Menschen zu erfreulichen Resultaten geführt, weil Neuralrohrdefekte, die offenbar genetisch determiniert waren, in Interventionsstudien verhindert werden konnten (z. B. [24, 117]).

Als Beispiel für pränatale Schädigung nach chronischem Konsum großer Mengen eines Genussmittels kann die *Alkoholembryopathie* dienen. Die lange nicht erkannten Symptome und die Langzeitkonsequenzen sind inzwischen gut untersucht (z. B. [44, 45, 95, 96, 110, 111]). Das Reproduzieren entsprechender Veränderungen im Tierexperiment war und ist noch problematisch.

Kontaminationen von verzehrten Fischen oder von Brotgetreide mit *Methylquecksilber* sind Beispiele für Unglücksfälle erheblichen Ausmaßes. Besonders die pränatale Exposition hat zu schwerwiegenden Störungen der perinatalen Ausbildung bestimmter Gehirnareale bei den betroffenen Kindern geführt [19, 64, 65, 93].

Die ausführliche Darlegung von Problemen der Reproduktionstoxikologie ist in diesem engen Rahmen nicht möglich, und es wird auf entsprechende Übersichten oder Kapitel in Lehrbüchern der Toxikologie verwiesen (z. B. [43, 46, 74, 75]).

1.2.3.1.1 Substanzen mit hormonartiger Wirkung

Da auch eine Reihe von Inhaltsstoffen von *Lebensmitteln* (Genistein, Daidzain, etc.) und auch einige Kontaminationen (Zearalon, etc.) in ausreichend hoher Dosierung hormonartige Wirkungen entfalten können, soll dieses Problem kurz erwähnt werden. Es könnte auch eine Beziehung zur Reproduktionstoxikologie haben.

Endokrinologische Wirkungen von Sexualhormonen sind sowohl experimentell als auch klinisch sehr gut untersucht. Eindeutig *unerwünschte* Effekte sind nach Gabe des hochpotenten Estrogens Diethylstilbestrol (DES) während der Schwangerschaft bei weiblichen (Scheidenkarzinome) und bei männlichen Nachkommen gut dokumentiert [14, 34]. Man muss bedenken, dass DES appliziert wurde, *um* bestimmte hormonelle Wirkungen auszulösen, natürlich nicht die bei den Nachkommen. Es ist ein sehr wirksames Estrogen.

Es gibt gute Hinweise darauf, dass bestimmte Substanzen, die aus einer massenhaften Verunreinigung durch Industrieabwässer stammen, hormonartige Wirkungen (z. B. spezifische Fehlbildungen an den Genitalien) bei wild lebenden Tieren entfalten können. Im Ökosystem sind an verschiedenen Spezies größere Zahlen von geschlechtshormon-spezifischen Veränderungen registriert worden. Auch einige Pestizide (z. B. DDT oder seine Metabolite) können offenbar in *experimentellen* Systemen sexualhormonartige Effekte auslösen (z. B. [25]).

Bei sehr einseitiger Ernährung könnten bestimmte unerwünschte Effekte auch beim Menschen möglich sein. Bekannt ist das Beispiel von Kindern, die über längere Zeit das Fleisch des gleichen Kalbes, das mit Estrogenen behandelt war, verzehrten. In solchen Fällen wurde Gynäkomastie bei Jungen beschrieben. Es ist interessant, dass einige pflanzliche Präparate zur Behandlung klimakterischer Beschwerden angepriesen werden. Es sind also nicht alle Effekte „unerwünscht". Da bei hormonellen Systemen erhebliche Speziesunterschiede bekannt sind, ist es empfehlenswert, insbesondere Untersuchungen am Menschen durchzuführen. Dies ist bei vielen Problemen durchaus möglich.

Es stellt sich die Frage, ob *übliche* Konzentrationen derartiger Substanzen in unserer Umwelt oder Nahrung ausreichen, um beim Menschen entsprechende Störungen hervorzurufen. Neben dem natürlichen Vorkommen in bestimmten pflanzlichen Lebensmitteln (z. B. Soja) kommen Spuren von kontaminierenden Verbindungen auch im Fleisch und besonders in der Milch vor, meistens Rückstände von Pestiziden. Bisher wurde kein ernst zu nehmender Hinweis für interferierende Wirkungen beim Menschen vorgelegt.

Es wäre jedoch zu diskutieren, ob *Vergiftungen* mit bestimmten „Umweltsubstanzen" oder eine sehr einseitige Ernährung solche unerwünschten Wirkungen auslösen könnten. Einen sehr vagen Hinweis könnte die Beobachtung liefern, dass nach dem Unglück in *Seveso* (Italien) bei Eltern mit besonders hoher TCDD-Belastung nur Mädchen geboren wurden [62]. Bei gesunden Nachkommen kann das Resultat kaum als „toxisch" bezeichnet werden. Ein Bezug zur Lebensmitteltoxikologie ergibt sich, weil die erhöhte Körperbelastung der Bewohner dieser Gegend wohl auch durch den Genuss TCDD-kontaminierter Lebensmittel hervorgerufen wurde.

Im experimentellen Bereich interessieren besonders solche Effekte, die als hormon-induziertes *„Imprinting"* bezeichnet werden. Dies betrifft spät-prä- oder früh-postnatale Reifungsvorgänge, die in einer bestimmten Zeitspanne der Entwicklung erfolgen müssen. Eine versäumte Differenzierung kann nicht nachgeholt werden. So ist auch beim Menschen die hormonabhängige perinatale „Reifung" der hypothalamo-hypophysären Feedback-Steuerung der Bildung von Sexualhormonen in den Gonaden durch entsprechende Ausfallserkrankungen gut belegt. Obgleich experimentell das androgenabhängige perinatale Imprinting des Sexual*verhaltens* (z. B. Änderung des männlichen Sexualverhaltens nach Gabe von Antiandrogenen) seit langem unstritig ist (z. B. [86]), erfolgt die Assoziation entsprechender Verhaltensweisen beim Menschen mit Störungen des perinatalen Imprintings nur zögernd. Solche funktionellen defizitären Manifestationen werden als perinatal induzierte Dysfunktionen bezeichnet (der auch benutzte Ausdruck „behavioral teratology" ist weniger zweckmäßig).

Nach einigen experimentellen Berichten wurde spekuliert (z. B. [115]), dass bestimmte pränatal induzierte unerwünschte Wirkungen auf hormonell-gesteuerte

Vorgänge (z. B. Vergrößerung der Prostata) nur bei *kleinen* Dosierungen auftreten sollen und *nicht* bei höherer Exposition. Außerdem wurde behauptet, dass bestimmte Wirkungen keinen NOAEL besitzen würden. Beide Aussagen sind nicht überzeugend belegt und die bisher vorliegenden Daten sind für die beiden weitgehenden Schlussfolgerungen, insbesondere auch zur Gefährdungsminimierung mit Relevanz für den Menschen, ungeeignet. Von der Gruppe um Vom Saal wurden z. B. keine ausreichend niedrigen Dosierungen systematisch untersucht, keine anderen Mäusestämme in die Tests einbezogen, andere Spezies nicht getestet, das Futter nicht umfangreich genug modifiziert, andere wichtige hormonell-gesteuerte Variable nicht parallel untersucht, usw., um die gewagten Behauptungen zu stützen. Offenbar sind die Verhältnisse komplizierter (z. B. [20, 21, 103, 113]), und selbst die Reproduzierbarkeit der Daten ist problematisch [6, 7].

Anderseits sind, wie bereits erwähnt (s. auch Abb. 1.4), *biphasische* Effekte in der Pharmakologie/Toxikologie durchaus möglich. Bei den Wirkungen von *Sexualhormonen*, oder Substanzen mit entsprechendem Potenzial, sind uns solche nur scheinbar widersprüchlichen Wirkungen deshalb geläufig, weil viele dieser Substanzen auf mehr als einen Rezeptor wirken können, häufig in Abhängigkeit von der Dosis und dem Zielorgan (Übersicht z. B. bei Neubert [70]).

1.2.3.1.2 Ist die Erkennung von Störungen der Ausbildung des Immunsystems nötig?

Es wurde kürzlich die Frage diskutiert [122], ob *routinemäßig* (entweder kombiniert mit üblichen reproduktions-toxikologischen Untersuchungen oder separat) die mögliche Wirkung von Agenzien auf die *Entwicklung* des Immunsystems experimentell untersucht werden sollte. Es wäre theoretisch denkbar, dass drei Situationen auftreten könnten:

(1) Ein Agens, das auch beim Erwachsenen eine unerwünschte Wirkung auf das Immunsystem ausübt, induziert einen vergleichbaren Effekt prä- oder perinatal in sehr viel geringerer Dosis.
(2) Ein Agens entfaltet prä- oder perinatal (auch reversibel) eine unerwünschte Wirkung auf das Immunsystem, die beim Erwachsenen nicht beobachtet wird.
(3) Ein Agens interferiert mit der *Entwicklung* bestimmter Komponenten oder Funktionen des Immunsystems, so dass ein irreparabler Defekt entsteht (z. B. Interferenz mit einem „Imprinting"-Prozess).

Ad (1): Es handelt sich hier nicht um einen qualitativen, sondern lediglich um einen *quantitativen* Unterschied. Da die quantitative Übertragung auf die Verhältnisse beim Menschen ohnehin praktisch nie gelingt, ist ein entsprechender zusätzlicher Aufwand vermutlich nicht gerechtfertigt. Die Situation ist analog zur transplazentaren Karzinogenese, für die (obgleich das Phänomen gut bekannt ist) *keine* separate Routinetestung für notwendig gehalten wird.

Ad (2): Es ist bisher keine Substanz bekannt, für die ein solches Postulat zutrifft. Bisher untersuchte Agenzien wirken auch auf das Immunsystem erwachsener Tiere [36, 108]. Beim erwachsenen Tier reversible Effekte könnten unter Umständen während der Entwicklung *irreversibel* sein (s. Punkt (3)). Trotzdem erscheint es zur Zeit wenig überzeugend, auf bloßen Verdacht hin routinemäßige Untersuchungen durchzuführen.

Ad (3): Dies wäre eine wesentliche Annahme. Die Voraussetzung wäre allerdings, dass entsprechende „Imprinting"-Prozesse bei der Entwicklung des Immunsystems bekannt sind (d.h. bei allen Spezies später nicht kompensierbare Differenzierungen), um sie dann gezielt zu untersuchen. Weiterhin muss gezeigt werden, dass solche Prozesse, falls sie beim Nagetier gefunden werden, auch für den Menschen relevant sind. Keine dieser Voraussetzungen ist bis heute erfüllt.

Für die Testung kommt ganz praktisch hinzu, dass uns bereits bei Versuchen der klassischen Reproduktionstoxikologie viele Speziesunterschiede, und damit divergierende Resultate, geläufig sind. Diese ungünstige Situation wird noch weiter erschwert, wenn immunologische Variable, bei denen Speziesunterschiede ebenfalls eher die Regel sind, mit in die Versuchsanordnung eingehen. Außerdem werden in der Reproduktionstoxikologie routinemäßig Ratte und Kaninchen benutzt. Viele immunologische Experimente wurden hingegen an der Maus durchgeführt, die zur Reproduktionstoxikologie nur bedingt geeignet ist. Immunologische Erfahrungen beim Kaninchen fehlen praktisch vollständig. Da außerdem die Relevanz der erhobenen experimentellen Daten für den Menschen kaum zu beurteilen sein wird, muss vor einer übereilten Einführung solcher Routineuntersuchungen gewarnt werden. Falls in speziellen Situationen die Notwendigkeit für entsprechende Daten bestehen sollte, könnten solche Untersuchungen heute eher gezielt und direkt beim Menschen durchgeführt werden [84, 85].

1.2.3.2 Gefährdung durch Karzinogenität

In der öffentlichen Diskussion besitzt ein mögliches karzinogenes Potenzial von Substanzen einen hohen Stellenwert. Gerade auf diesem Gebiet ist die Extrapolation tierexperimenteller Daten auf die möglicherweise beim Menschen vorliegenden Verhältnisse jedoch besonders unsicher. Im Gegensatz zu vielen Agenzien, die im Tierexperiment Tumoren erzeugen können, ist die Zahl der beim Menschen als sichere Karzinogene erkannten Agenzien klein. Das hat natürlich überwiegend methodische Gründe.

Die Aussagekraft tierexperimenteller Daten im Hinblick auf die Übertragbarkeit eines im Tierexperiment erkannten karzinogenen Potenzials auf die Verhältnisse beim Menschen wird immer mehr in Frage gestellt (z.B. [5, 47, 98]). Aber es gibt zur Zeit keine bessere Strategie. Entsprechende Untersuchungen beim Menschen sind kostspielig und langwierig, es muss bereits eine entsprechende Exposition vieler Menschen stattgefunden haben und der Aussagewert der erhaltenen Resultate ist häufig gering (es sei denn, es handelt sich um eine sehr ausgeprägte karzinogene Wirkung).

Während für einige Stoffe ausreichende quantitative Daten vom Menschen für eine Risikoabschätzung vorliegen (z.B. Arsen), existieren für viele andere nur *qualitative* Angaben. Selbst wenn ein karzinogenes Potenzial für den Menschen erkannt wurde, meist bei überhöhter Exposition (z. B. nach Unfällen oder unzureichendem Schutz am Arbeitsplatz), lässt sich die genaue Inzidenz bei definierter Exposition nur selten abschätzen. Es kommt hinzu, dass das Risiko sicher nicht gleichmäßig über die menschliche Population verteilt ist. Die genetische Disposition („Risikopopulation") und andere Faktoren spielen eine erhebliche Rolle.

Im Hinblick auf Lebensmittel könnte der Zubereitung von Speisen (Kochen, Braten, Grillen, Pökeln, Räuchern, etc.) eine besondere Bedeutung zukommen. Es gibt viele Hinweise darauf, dass bei solchen Prozessen Substanzen mit erheblichem karzinogenen Potenzial gebildet werden, aber das Risiko (und insbesondere das *individuelle* Risiko) ist bis heute nicht abzuschätzen. Genetische Variationen, im Hinblick auf die Bildung reaktiver Metabolite, eine erleichterte Tumorauslösung, aber auch die Fähigkeit zur „Reparatur" und die Funktion von Tumor-Suppressorgenen (z. B. [37]), stellen wahrscheinlich auch in diesen Fällen die wesentlichen Faktoren dar. Durch die von Behörden geforderten überhöhten Dosierungen im Experiment wird die Beurteilung der Relevanz für den Menschen ebenfalls nicht erleichtert, insbesondere dann nicht, wenn Tumore nur in Organen beobachtet wurden, in denen auch ausgeprägte chronische Veränderungen, z. B. auch Nekrosen und ihre Folgen, aufgetreten sind.

Die experimentelle Testung auf Karzinogenität wird in der Regel an zwei Nagetierspezies (meist Ratte und Maus) durchgeführt, d. h. das sonst verfochtene Prinzip der Verwendung von Nagetier- plus Nicht-Nagetierspezies gilt (aus welchen Gründen auch immer) hier nicht. Eine Extrapolation von experimentellen Daten auf die möglicherweise beim Menschen vorliegenden Verhältnisse wird auf diesem Gebiet besonders durch häufig vorkommende kontroverse Resultate bei verschiedenen Spezies erschwert (Tab. 1.11). Der Begriff eines „allgemeinen karzinogenen Potenzials" von entsprechenden Substanzen wird damit problematisch (Begriff des „Nagetier-Karzinogens" [5]).

Der Begriff Karzinogenität ist auch deshalb schwer zu definieren, weil recht verschiedene Ursachen über sehr verschiedene Mechanismen zur malignen Entartung führen können. Neben den bekannten Vorstellungen wie „Initiation" und „Promotion" spielen zweifellos auch Vorgänge wie chronische Entzündungen bzw. das Proliferationsverhalten von Zellen eine erhebliche Rolle, bei entsprechender genetischer Disposition. Immer mehr treten auch Faktoren der allgemeinen „Lebensführung" (einschließlich einer „gesunden" Ernährung) in den Vordergrund der Betrachtung (z. B. [120]).

Es wurde versucht, verschiedene Substanzen nach ihrem karzinogenen Potenzial vergleichend zu katalogisieren (z. B. „Unit-risk"-Vergleiche), um zu einer gewissen Klassifizierung der Wirkstärke zu kommen. Dies kann nur gelingen, wenn Resultate von Versuchen unter identischen Bedingungen (z. B. mit dem gleichen Rattenstamm) miteinander verglichen werden, und der Vergleich gilt natürlich *nur* für die Versuchstierspezies (bzw. den benutzten Tierstamm). Weil die Bedingungen der Testung, insbesondere auch die fehlende Berücksichtigung *pharmakokinetischer* Aspekte, gar nicht auf die Verhältnisse beim Menschen extrapoliert werden können, ist eine *quantitative* Auswertung mit Relevanz für den Menschen unmöglich. Etwa angegebene Zahlenwerte sind auf den Menschen bezogen eher irreführend. Wegen dieser Unsicherheiten gehört die Beurteilung der Karzinogenität durch exogene Faktoren heute noch zu den größten ungelösten Problemen in der Toxikologie. Meistens begnügt man sich mit *qualitativen* Aussagen, die natürlich auf dem Gebiet der Toxikologie besonders unbefriedigend sind [13]. Man muss akzeptieren, dass zur Entstehung von Tumoren beim Menschen viele andere Faktoren als exogene chemische Substanzen beitragen, z.B. chronische Entzündungen, Viren, und vor allem Ernährungsgewohnheiten, die je nach Art des Neoplasmas unterschiedlich dominieren. Wahrscheinlich ist die dominierende Bedeutung der chemischen Karzinogenese, vielleicht abgesehen vom Rauchen und einigen früheren Expositionen am Arbeitsplatz (z.B. Asbest), viele Jahrzehnte lang überschätzt worden. Aber natürlich wollen wir auf unnötige Agenzien mit karzinogenem Potenzial in unserer Umwelt falls möglich verzichten.

Die Meinung, dass im Bezug auf eine Extrapolation die chemische oder physikalische Karzinogenese anders zu behandeln wäre als die sonstigen Effekte in der Toxikologie ist fragwürdig. Wahrscheinlich sind die Möglichkeiten der Extrapolation zum Menschen eher dadurch eingeschränkt, dass bei der Spezies Mensch besondere *individuelle* Empfindlichkeiten zu erwarten sind, die zur Zeit noch sehr unvollkommen berücksichtigt werden können. Genetische Faktoren, die in hohem Maße zur Karzinogenese disponieren, sind inzwischen für viele Lokalisationen von Tumoren beschrieben worden.

Es gibt verschiedene *qualitative* Klassifikationen von karzinogenen Agenzien, die von nationalen bzw. internationalen Institutionen benutzt werden [14]. Die Schemata sind pragmatisch, besitzen aber den gemeinsamen Nachteil, zu versuchen, komplexe und individuell sehr unterschiedliche Sachverhalte in simple Kategorien zu drängen, anstatt die jeweiligen Tatsachen eindeutig zu beschreiben. Die Klassifizierung einiger Substanzen ist bei IARC durch Abstimmung zustande gekommen.

---

[13] In der Presse regelmäßig benutzte Ausdrücke wie „krebserregend" oder „krebserzeugend" induzieren beim Laien die Vorstellung, dass diese Substanzen auch in geringsten Dosen bei ihm Krebs auslösen können. Diese Angst ist natürlich für die überwiegende Zahl von entsprechenden Substanzen unberechtigt oder mindestens unbewiesen. Würde man allerdings richtig formulieren: „… hat bei der Ratte in hoher Dosierung die Häufigkeit von Tumoren erhöht …", würde dies sehr viel weniger publikumswirksam sein. Eigenartigerweise haben Menschen vor einer ungesunden Lebensweise, einschließlich ungesunder Ernährung, weniger Angst als vor „karzinogenen Substanzen".

[14] Am einfachsten ist die Klassifizierung der Deutschen *MAK*-Kommission: A1) karzinogen für Menschen, A2) karzinogen im Tierversuch, B) Verdacht auf Karzinogenität, aber weitere Information notwendig. Komplizierter ist die Klassifizierung der *IARC* (Lyon): 1) karzinogen für Menschen, 2a) wahrscheinlich karzinogen für Menschen, 2b) möglicherweise karzinogen für Menschen, 3) als Karzinogen für den Menschen nicht klassifizierbar, 4) wahrscheinlich nicht karzinogen.

1.2.3.2.1 Stochastische Effekte

Man hört häufig den Ausspruch: „*… für die Karzinogenese gibt es keine unwirksame Dosis …*", oder: „*… Dosis-Wirkungsbeziehungen gelten nicht für die chemische Karzinogenese …*" Die erste Aussage ist *missverständlich*, die zweite ist *völlig falsch*.

Im Hinblick auf die erste Aussage geht es wie auch in anderen Bereichen der Toxikologie *nicht* darum, ob es eine „unwirksame" Exposition gibt, sondern allein darum, ob ein Expositions*bereich* existiert, bei dem das Risiko vernachlässigbar *gering* ist. Selbstverständlich existiert ein solcher Bereich.

Die zweite Aussage hängt lose mit der ersten zusammen, und sie ist eindeutig *falsch*. Die Karzinogenese stellt ein klassisches Beispiel für dosisabhängige Wirkungen dar, wie seit den fundamentalen Arbeiten von Druckrey und seiner Arbeitsgruppe bekannt ist (z. B. [28, 91]). Die Inzidenz des Auftretens von Tumoren nimmt *natürlich* ab, wenn die Dosis des auslösenden chemischen oder physikalischen Agens wesentlich reduziert wird. *Die chemische und die physikalische Karzinogenese sind streng dosisabhängig*. Dies ist in hunderten von Versuchen immer wieder bestätigt worden.

Unter einer „*stochastischen*" Wirkung versteht man einen durch den *Zufall* bedingten Effekt. Es geht dabei um die *Wahrscheinlichkeit*, mit der ein Effekt auftritt. Auch stochastische Effekte sind natürlich dosisabhängig.

Das stochastische Prinzip kann man sich an einem simplen Beispiel, der Analogie mit einer *Schrotflinte*, klar machen: Wenn man dicht vor einer Zielscheibe steht und eine bestimmte Anzahl von Schrotkugeln abfeuert, wird man viele Treffer erzielen, aber die Lokalisation der einzelnen Einschläge ist nicht vorhersehbar („stochastisch"). Bei mehrfacher Wiederholung mag man eine sehr ähnliche Anzahl von Treffern erzielen, aber mit durchaus unterschiedlicher Lokalisation. Diese zufälligen Ereignisse sagen jedoch noch nichts zur Dosisabhängigkeit aus. Wenn man immer weiter zurücktritt („die Dosis reduziert"), werden mit zunehmender Entfernung immer weniger Treffer auftreten. Wo genau getroffen wird, bleibt weiterhin nicht voraussagbar, aber es ergibt sich eine für jede Entfernung („Dosis") typische mittlere Anzahl von Treffern. Bei einer bestimmten Entfernung wird die Chance auch nur *einen* Treffer zu erzielen sehr gering, und wenn man sich noch weiter entfernt kommt *kein* Treffer mehr zustande.

Zu berücksichtigen ist insbesondere die gut bekannte Tatsache, dass mutagene Läsionen (und auch Addukte und damit die „Initiation") *repariert* werden können. Hierzu hat der höhere Organismus eine ganze Reihe von mehr oder weniger spezifischen Mechanismen entwickelt. Die Mehrzahl der mutagenen Läsionen führt darum *nicht* zur Karzinogenese. Auch die Tumor*promotion* ist natürlich ein dosisabhängiger Vorgang, hier sogar sicher mit „Schwellenbereich".

1.2.3.2.2 Kann bereits ein Molekül Krebs auslösen?

Manchmal wird die laienhafte Meinung vertreten, es gäbe für eine karzinogene Wirkung *keine unwirksame* Dosis, und selbst *ein einziges Molekül* eines „Karzinogens" oder nur ein Strahlenteilchen könnte beim Menschen *Krebs* auslösen. Ein solches Postulat würde bedeuten, dass für den Menschen ein deutliches und erkennbares zusätzliches Risiko durch diese minimalste Dosis bestände. Inzwischen sind jedoch auch für mehrere karzinogene Substanzen im Experiment „nicht-lineare" Dosis-Wirkungsbeziehungen nachgewiesen worden sowie Hinweise für Schwellenbereiche [118, 119]. Die Unhaltbarkeit der Behauptung des völligen Fehlens eines „Schwellenwertes" verdeutlicht zudem ein einfaches Gedankenexperiment:

Unterstellt man, es gäbe eine genotoxische Substanz (MG: 300 D), die in einer einmaligen Dosis von 300 pg (10^{-12} Mole) beim Menschen in 100% Tumore auslösen könnte (eine so wirksame Substanz ist selbstverständlich nicht bekannt), so würde diese Dosis eine Menge von 6×10^{11} Molekülen enthalten (entsprechend der Avogadro'schen Zahl, 6×10^{23}). Bei einem Molekül/Mensch müsste sich die Dosis von 300 pg auf 6×10^{11} Menschen verteilen (so viele gibt es gar nicht).

Nimmt man weiterhin die Richtigkeit einer extremen Beziehung zwischen der Dosis und der Karzinogenese an, nämlich ein *lineares* Verhalten bis gegen null (was heute kein Experte mehr tut), so kann man für die Dosis von *einem* Molekül eine Wahrscheinlichkeit für ein einzelnes DNA-Addukt im Organismus berechnen: Diese läge bei höchstens einem von 6×10^{11} Menschen, das wäre ein einziger Tumor beim 100fachen der jetzigen Erdbevölkerung. Bei diesem Gedankenexperiment mit vielen „worst-case"-Annahmen ist weder berücksichtigt, dass die meisten elektrophilen Substanzen ausgeprägter mit Proteinen als mit DNA reagieren, noch dass eine Reparatur stattfindet, noch ist die Tatsache in Rechnung gestellt, dass aus den meisten mutierten Zellen *keine* Krebszelle entsteht. Außerdem besitzen nicht alle Zellen die notwendige enzymatische Ausstattung zur Aktivierung aller Vorstufen von „Pro-Karzinogenen".

Selbst bei der Annahme von 10^6 Molekülen pro Organismus wäre die theoretische Wahrscheinlichkeit nach dem Gedankenexperiment immer noch fast: 1 zu 10^6. Da in den industrialisierten Ländern 25% der Bevölkerung an Krebs sterben, wäre auch dieser „Zuwachs" nicht verifizierbar, und er ist bei den vielen „worst-case"-Annahmen der Abschätzung medizinisch unerheblich. Wir haben wichtigere Probleme als dieses!

1.2.3.3 Beeinflussungen des Immunsystems

Reaktionen des Immunsystems, die durch Komponenten der Nahrung ausgelöst werden, sind häufig [124]. Entsprechende Noxen können aus dem Pflanzenreich stammen (s. z. B. [17]) oder auch in bestimmten Lebewesen, z. B. Meerestieren, enthalten sein (z. B. [101]). Auch die Induktion durch Lebensmittelzusätze oder Verunreinigungen der Nahrung ist möglich. Bei den Reaktionen handelt es sich häufig um *Allergien* (s. z. B. [18, 63]), seltener um andere Wechselwirkungen mit dem Immunsystem (s. z. B. [41]), oder um toxische Effekte mit anderer Organotropie (Tetrodotoxin oder Saxitoxin [94, 114]).

Es ist zweckmäßig, zwei ganz verschiedene Beeinflussungen des Immunsystems zu unterscheiden:
- Wie jedes andere Organsystem kann auch das Immunsystem durch *toxische* Noxen beeinflusst werden, „Immunotoxizität" [82, 83]. In der Regel resultiert eine *Immunsuppression*, die bei der Organtransplantation therapeutisch ausgenutzt wird. Cyclosporin A, Tacrolimus und ähnlich wirkende Substanzen sind gute Beispiele. Die meisten dieser therapeutisch genutzten Substanzen stammen aus der Natur (z. B. aus Mikroorganismen). Auch höhere Dosen des körpereigenen Glucocorticoids oder seiner Derivate wirken immunsuppressiv (z. B. [8]).
- Zwei andere pathologische Reaktionen sind *allergische* Manifestationen und *Autoimmun*erkrankungen. Hierbei handelt es sich um eine Überreaktion oder eine falsche Reaktion des Immunsystems. Allergische Reaktionen werden immer durch exogene Noxen ausgelöst, und auch Autoimmunerkrankungen können durch Fremdstoffe verursacht werden. Allergische Manifestationen gehorchen anderen Gesetzmäßigkeiten als toxische Reaktionen.

Da auch im Hinblick auf die Ansprechbarkeit des Immunsystems Speziesunterschiede bekannt sind, empfiehlt es sich (falls tierexperimentelle Untersuchungen für notwendig gehalten werden), bevorzugt Versuche zur Immuntoxikologie an nicht menschlichen Primaten durchzuführen. Die Voraussetzungen hierfür sind im letzten Jahrzehnt sowohl für Altweltaffen [32] als auch für Neuweltaffen geschaffen worden. Allerdings sind auch Unterschiede in der Ansprechbarkeit des Immunsystems von nicht menschlichen Primaten und dem Menschen bekannt [77]. Aus der Literatur gibt es zudem Hinweise, dass auch das Immunsystem von Ratten und Mäusen gegenüber bestimmten Agenzien unterschiedlich reagieren kann [109]. Das kompliziert Extrapolationen experimenteller Daten auf den Menschen. Viele entsprechende Untersuchungen am Immunsystem können heute direkt am Menschen durchgeführt werden und auch für solche Studien sind viele Voraussetzungen geschaffen worden.

Die ausführliche Diskussion von Beeinflussungen des Immunsystems würde den Rahmen dieser Zusammenstellung überschreiten. Es wird wieder auf die ausführlichen Darstellungen in einschlägigen Lehrbüchern der Toxikologie verwiesen (z. B. [82, 83]).

1.2.3.3.1 Verschiedene Typen allergischer Wirkungen

Allergische Reaktionen auf Lebensmittel und entsprechende Zusätze sind insgesamt häufiger als toxische Effekte durch Lebensmittel [18, 41, 63]. Nach neueren Schätzungen sind Lebensmittelallergien in den USA jährlich für etwa 30 000 anaphylaktische Reaktionen und mehrere Hundert Todesfälle verantwortlich. Allergien gegen Nüsse und Erdnüsse sind für einen großen Teil der Reaktionen und der Todesfälle auslösende Ursache (z. B. [59]). Etwa 1% aller Amerikaner soll gegen Nüsse allergisch sein, betroffen sind auch Kinder unter vier Jahren [100].

Es ist nicht bekannt, warum manche Menschen allergisch reagieren, und die meisten anderen nicht. Wahrscheinlich spielt eine genetische Disposition eine gewisse Rolle, aber die weltweite Zunahme der Häufigkeit allergischer Reaktionen, insbesondere in den industrialisierten Ländern, wird auch mit einer verminderten Häufigkeit von Infekten (gegenüber Parasiten und wohl auch anderen Mikroorganismen) in Verbindung gebracht (z. B. [116]). In Entwicklungsländern mit vielen parasitären Erkrankungen sind allergische Reaktionen selten. Vielleicht gibt es dort aber auch weniger Allergene, die in den industrialisierten Ländern verbreitet sind (z. B. Kosmetika, Waschmittel, Haarfärbemittel, aber auch Nahrungsmittelzusätze).

Viele Allergien gegenüber Lebensmitteln sind *Typ I*-Reaktionen, d. h. sie werden dem IgE-abhängigen „Soforttyp" zugerechnet, so wie atopische Erkrankungen (Neurodermitis, Heuschnupfen, bestimmte Formen des *Asthma bronchiale*). In den letzten Jahrzehnten haben atopische Erkrankungen anscheinend zugenommen [13]. Offenbar neigen Patienten mit Atopien eher zu Allergien gegenüber Lebensmitteln und Naturstoffen. Weit verbreitet sind auch Allergien gegen *Latex*-Proteine [97] und gegen bestimmte Pollen, oft verbunden mit Reaktionen gegen Nüsse und bestimmte Steinobstsorten. In Lebensmitteln kommen aber noch viele andere Allergene mit Kreuzreaktionen vor. Eine weitere Rolle spielen allergische Reaktionen vom Typ IV (Kontaktdermatitis) vom „Spättyp" [49].

Die Ursache vieler immunologischer Erkrankungen ist multifaktoriell. Bei *Asthma* ist selbstverständlich eine Exazerbation durch Entzündungen wesentlich. Zunehmend wird auch über eine Beziehung zwischen dem ZNS und dem Immunsystem berichtet [3, 9, 112], aber bereits „physiologischer Stress" wie normale Geburt [26] oder Belastungssport und UV-Strahlen verändern Komponenten des Immunsystems.

Per definitionem kann ein allergischer Effekt erst nach einer Zweitexposition auftreten. Es ist aber beobachtet worden, dass manche Kinder bereits bei der ersten offensichtlichen Exposition mit einer Allergie reagieren. Man muss in solchen Fällen annehmen, dass der erste Kontakt bereits *in utero* oder durch die Milch erfolgt ist.

Es gibt verschiedene Techniken, ein starkes allergisches Potenzial im Tierversuch zu erkennen (z. B. [10, 38]). Für medizinisch relevante Aussagen ist aber die Testung am Menschen am aussagekräftigsten.

1.2.4
Verschiedene Typen von „Grenzwerten" und ihre Ableitung

Es ist die Aufgabe von Experten, entsprechende Informationen aus klinischen oder experimentellen Daten zu analysieren, die Resultate zu interpretieren und ihre Verlässlichkeit zu beurteilen. Eine wesentliche Größe ist in diesem Zusammenhang der „no observed adverse effect level" (NOAEL), der sich aus der entsprechenden experimentellen Testung ergibt. Bei der Beurteilung von Tierversuchen ist zu beachten, dass entsprechende Werte zunächst nur für die benutzten experimentellen Bedingungen, insbesondere für die verwendete Versuchstierspezies und den speziellen Versuchstierstamm, sowie für die anderen ausgewählten Versuchsbedingungen, gelten. In quantitativer Hinsicht sind die Resultate selbst bei einem anderen Stamm der gleichen Spezies häufig nicht reproduzierbar. Eine ähnliche Zurückhaltung bei der Interpretation sollte sich eigentlich auch beim *Fehlen* unerwünschter Wirkungen bei einem bestimmten experimentellen Studiendesign empfehlen.

Man muss berücksichtigen, dass ein NOAEL nur einen Näherungswert darstellt. Er liegt in jedem Versuch irgendwo zwischen dem LOAEL und dem gemessenen NOAEL. Die Genauigkeit der Bestimmung hängt, unter anderem, vom Intervall der gewählten Dosierungen ab (häufig eine Zehnerpotenz). Bei zwei nacheinander durchgeführten Versuchen ist zudem nicht unbedingt mit völlig identischen Werten für den NOAEL zu rechnen.

Die wissenschaftliche Basis zu weitergehenden toxikologischen Schlussfolgerungen hängt vom Ausmaß der verfügbaren Daten vom Menschen ab. Jedes „Management" und alle sich nur auf tierexperimentelle Daten stützenden generalisierenden regulativen Bemühungen beinhalten eine deutliche politische Komponente, abhängig von der Güte der Datenbasis und dem Ausmaß der Extrapolation, d. h. die Benutzung von, immer willkürlich festgelegten, „Unsicherheitsfaktoren" und den Bezug auf Dosen. Die Pharmakokinetik unterscheidet sich sehr häufig beim Nagetier und dem Menschen, und auch die Annahme der gleichen Steilheit von Dosis-Wirkungskurven bei verschiedenen Spezies ist zunächst Spekulation.

Es ist von erheblicher *praktischer* Bedeutung, verschiedene Typen von festgelegten „Grenzwerten" zu unterscheiden und zu definieren, was man unter einem Grenzwert verstehen möchte.

Nehmen wir an, dass für ein bestimmtes Agens ausreichende Information für eine *Risikoabschätzung* beim *Menschen* existiert, einige Erkenntnisse zur Dosis-Wirkungsbeziehung eingeschlossen. Auf dieser Basis könnte eine Exposition festgelegt werden, bei der unerwünschte Wirkungen, medizinisch einigermaßen sicher, weitgehend vermieden werden (*medizinisch begründbare „akzeptable" Dosis oder Exposition*). Ein „Nullrisiko" ist nur bei Vermeidung der Exposition sicher möglich, weil einige wenige genetisch besonders empfindliche Individuen existieren können. Dieses Vorgehen und die entsprechende Problematik sind aus der Anwendung stark wirkender Arzneimittel in der Humanmedizin hinreichend bekannt. Man kann mit einiger Sicherheit voraussagen, dass bei deutlicher *Überschreitung* des kritischen Wertes unerwünschte Effekte vermehrt und verstärkt zu erwarten sind.

Nehmen wir an, für ein anderes Agens würden *keine* Daten beim Menschen existieren, aber ausreichende Befunde aus *Tierversuchen*:

Beispiel 1: Wegen einiger toxikologisch bedenklicher Befunde soll für den Menschen das Gefährdungspotenzial kenntlich gemacht werden. Die *qualitativen* Bezeichnungen als karzinogen, teratogen, mutagen sind Beispiele. Dies könnte zu einer präventiven Gefährdungsminimierung führen (z. B. Einschränkung oder Verbot der Anwendung), ohne dass für den Menschen eine entsprechende Wirkung nachgewiesen oder sogar wahrscheinlich gemacht worden ist (weitgehend *politische* Gefährdungsminimierung).

Beispiel 2: Für einen toxikologisch bedenklichen tierexperimentellen Befund soll ein „Grenzwert" (eigentlich ein akzeptabler *Bereich*) festgelegt werden. Hierfür wird die NOAEL/Sicherheitsfaktor-Methode benutzt (z. B. für einen „ADI-Wert (*acceptable daily intake*)). Wie erwähnt, kann aus einer Extrapolation auf der Basis von Dosierungen *keine* quantitative Risikoabschätzung für den Menschen erwartet werden. Bei ausreichend großem, immer ziemlich willkürlich gewähltem, Unsicherheitsfaktor könnte die Gefährdung auch für den Menschen sehr klein gehalten werden. Aussagen zur Inzidenz sind nicht möglich. Man kann mit einiger Sicherheit voraussagen, dass bei gewisser und mäßiger *Überschreitung* des Grenzwertes *keine* vermehrten unerwünschten Effekte auftreten werden. Der (Un)Sicherheitsfaktor sollte ausreichend groß gewählt sein.

Beispiel 3: Es soll angenommen werden, dass *weder* aussagekräftige Daten für den Menschen existieren *noch* ausreichende Resultate entsprechender Tierversuche vorliegen. Da sich ein Verdacht für eine möglicherweise schwerwiegende toxikologisch relevante Assoziation ergeben hat (z. B. aus mehreren unklaren Kasuistiken beim Menschen), soll die Anwendung des Agens begrenzt werden (vorsorglicher Verbraucherschutz). Dies ist eine, in vielen Fällen sicher notwendige, weitgehend *politische* Entscheidung. Sie mag auch zum Verbot oder zur Festlegung eines „*politischen Grenzwertes*" führen.

Häufig ist auch bei einem vierten Szenarium die Abschätzung der *Exposition* von Konsumenten kritisch. Große Mengen mit Nitrofen oder Sexualhormonen verunreinigtes Tierfutter, wie dieses im Jahre 2002 in der Bundesrepublik verfüttert wurde, werfen erhebliche politische und kriminologische Probleme auf, da solche absichtlichen oder fahrlässigen Kontaminationen nicht in die zum Menschen führende Nahrungskette gehören. Weil die Frage, wie viele Menschen durch diese verunreinigten Nahrungsmittel wie hoch exponiert wurden, nicht zufriedenstellend beantwortet werden kann, ist eine überzeugende toxikologische Beurteilung (Risikoabschätzung) nicht möglich. In vielen derartigen Fällen drängt sich eine scheinbar widersprüchliche Doppelantwort auf: (a) allgemein politisch: „... *die Verunreinigung ist unentschuldbar, es mag sogar eine kriminelle Handlung vorliegen* ...", aber (b) vom medizinischen Standpunkt aus: „... *wahrscheinlich (genau ist es nicht abzuschätzen) ist die Exposition so gering, dass keine erkennbaren Schäden befürchtet werden müssen* ..." Man wird trotzdem versuchen, die kontaminierte Nahrung aus dem Verkehr zu ziehen. Auch liefert das glücklicherweise geringe Potenzial der Schädigung natürlich keinen Freibrief für ähnliche Kontaminationen. Das wäre ein typisches Beispiel für erforderlichen „*vorsorglichen Verbraucherschutz*", der zu großzügig angewandt allerdings auch erhebliche Nachteile mit sich bringen kann.

In der Regel wird eine Beurteilung und Entscheidung zur möglichen Gefährdung „case-by-case" erfolgen. Eine pharmazeutische Firma wird kaum die Entwicklung eines Mittels gegen Kopfschmerzen weiter verfolgen, bei dem sich in niedriger Dosierung bei der Ratte massive Leberschädigungen gezeigt haben oder Ratten die Haare verlieren. Es gibt genügend Medikamente, bei denen das nicht auftritt. Andererseits hat man bei vielen Cytostatika lange Zeit selbst schwerwiegende unerwünschte Wirkungen in Kauf genommen (einschließlich der Alopezie), weil bessere Mittel nicht verfügbar waren. Bei Lebensmitteln wird man ein gewisses und vertretbares Maß an Rückständen von Pestiziden oder Konservierungsmitteln akzeptieren, ohne die eine großflächige Versorgung der Bevölkerung mit vielen hochwertigen Nahrungsmitteln kaum möglich ist. Mit den heute verfügbaren außerordentlich empfindlichen Messmethoden kann man von bestimmten Substanzen selbst Spuren nachweisen, denen sicher keine biologische Wirkung zukommt. Nicht alles was irgendwo vorkommt ist „giftig".

Die Pflicht zur Kennzeichnung von Nahrungsmitteln als „gentechnisch verändert", auch wenn z. B. im Öl oder anderen Bestandteilen gar keine gentechnisch veränderte Komponente (wie z. B. Protein) enthalten sein *kann*, ist ein Beispiel der heute leider auch stattfindenden Verunsicherung und Verwirrung der Bevölkerung durch Parlamente und Behörden.

1.3
Literatur

1 Abraham K, Knoll A, Ende M, Päpke O, Helge H (1996) Intake, fecal excretion, and body burden of polychlorinated dibenzo-*p*-dioxins and dibenzofurans in breast-fed and formula-fed infants, *Pediatr Res* **40**:671–679.

2 Abraham K, Wiesmüller T, Brunner H, Krowke R, Hagenmaier H, Neubert D (1989) Elimination of various polychlorinated dibenzo-p-dioxins and dibenzofurans (PCDDs and PCDFs) in rat faeces, *Arch Toxicol* **63**:75–78.

3 Ader R, Felten D, Cohen N (1990) Interactions between the brain and the immune system, *Ann Rev Pharmacol Toxicol* **30**:561–602.

4 Ahlborg UG, Becking GC, Birnbaum LS, Brouwer A, Derks HJGM, Feeley M, Golor G, Hanberg A, Larsen JC, Liem AKD, Safe SH, Schlatter C, Wærn F, Younes M, Yrjänheikki E (1994) Toxic equivalency factors for dioxin-like PCBs, *Chemosphere* **28**:1049–1067.

5 Ames BN, Gold LS (1990) Too many rodent carcinogens: mitogenesis increases mutagenesis, *Science* **249**:970–971.

6 Ashby J, Elliott BM (1997) Reproducibility of endocrine disruption data, *Regul Toxicol Pharmacol* **26**:94–95.

7 Ashby J, Tinwell H, Haseman J (1999) Lack of effects for low dose levels of bisphenol A and diethylstilbestrol on the prostate gland of CF1 mice exposed in utero, *Regul Toxicol Pharmacol* **30**:156–166.

8 Auphan N, DiDonato JA, Rosette C, Helmberg A, Karin M (1995) Immunosuppression by glucocorticoids: inhibition of NF-κB activity through induction of IκB synthesis, *Science* **270**:286–290.

9 Basedovsky HO, del Rey AE, Sorkin E (1983) What do the immune system and the brain know about each other? *Immunol Today* **4**:342–346.

10 Basketter DA, Bremmer JN, Kammüller ME, Kawabata T, Kimber I, Loveless SE, Magda S, Pal THM, Stringer DA, Vohr HW (1994) The identification of chemicals with sensitizing and immunosuppressive properties in routine toxicology, *Food Chem Toxicol* **32**:289–296.

11 Beck H, Droß A, Ende M, Fürst C, Fürst P, Hille A, Mathar W, Wilmers K (1991) Polychlorierte Dibenzofurane und -dioxine in Frauenmilch, *Bundesgesundheitsblatt* **34**:564–568.

12 Beck H, Heinrich-Hirsch B, Koss G, Neubert D, Roßkamp E, Schrenk D, Schuster J, Wölfle D, Wuthe J (1996) An-

wendbarkeit von 2,3,7,8-TCDD-TEF für PCB für Risikobewertungen, *Bundesgesundheitsblatt* **39**:141–147.

13 Bergmann KE, Bergmann RL, Bauer CP, Dorsch W, Forster J, Schmidt E, Schulz J, Wahn U (1993) Atopie in Deutschland, *Dtsch Ärzteblatt* **90**:B956–960.

14 Bibbo M, Gill WB, Azizi F, Blough R, Fang VS, Rosenfield RL, Schumacher GFB, Sleeper K, Sonek MG, Wied GL (1977) Follow-up study of male and female offspring of DES-exposed mothers, *Obstetr Gynecol* **49**:1–8.

15 Blair SN, Brodney S (1999) Effects of physical inactivity and obesity on morbidity and mortality: current evidence and research issues, *Med Sci Sports Exerc* **31**:646–662.

16 Bock KW, Birbaumer N (1998) Multiple chemical sensitivity, Schädigung durch Chemikalien oder Nozeboeffekt, *Dtsch Ärzteblatt* **95**:B-75–78.

17 Breiteneder H, Schreiner O (2000) Molecular and biochemical classification of plant-derived food allergens, *J Allergy Clin Immunol* **106**:27–36.

18 Bruckbauer HR, Karl S, Ring J (1999) Nahrungsmittelallergien, in Bisalski HK et al. (Hrsg) Ernährungsmedizin, Georg Thieme, Stuttgart, 468–479.

19 Budtz-Jorgensen E, Grandjean P, Keiding N, White RF, Wheihe P (2000) Benchmark dose calculations of methylmercury-associated neurobehavioral deficits, *Toxicol Lett* **112**:113, 193–199.

20 Chahoud I, Fialkowski O, Talsness CE (2001) The effects of low and high dose in utero exposure to bisphenol A on the reproductive system of male rat offspring, *Reprod Toxicol* **15**:589.

21 Chahoud I, Gies A, Paul M, Schönfelder G, Talsness C (2001) Bisphenol A: low dose – high dose effects (proceedings), *Reprod Toxicol* **15**:587–599.

22 Chambon P (1994) The retinoid signaling pathway: molecular and genetic analyses, *Semin Cell Biol* **5**:115–125.

23 Cockcroft DW, Gault MH (1976) Prediction of creatinine clearance from serum creatinine, *Nephron* **16**:31–41.

24 Czeizel AE (1993) Prevention of congenital abnormalities by periconceptional multivitamin supplementation, *Brit Med J* **306**:1645–1648.

25 Daston GP, Gooch JW, Breslin WJ, Shuey DL, Nikiforov AI, Fico TA, Gorsuch FW (1997) Environmental estrogens and reproductive health: a discussion of the human and environmental data, *Reproduct Toxicol* **11**:465–481.

26 Delgado I, Neubert R, Dudenhausen JW (1994) Changes in white blood cells during parturition in mothers and newborn, *Gynecol Obstet Invest* **38**:227–235.

27 Dohmeier H-R, Schmidt H, Hauser R, Neubert D (1978) Measurement of expiration of ^{14}C-CO$_2$ originating from ^{14}CH$_3$-labelled xenobiotics in animals during early postnatal development – a tool for estimating drug demethylation in vivo, in Neubert D, Merker H-J, Nau H, Langman J (Hrsg) Role of Pharmacokinetics in Prenatal and Perinatal Toxicology, Georg Thieme, Stuttgart, 193–209.

28 Druckrey H, Preussmann R, Ivankovic S, Schmähl D (1967) Organotrope carcinogene Wirkungen bei 65 verschiedenen N-Nitroso-Verbindungen an BD-Ratten, *Z Krebsforsch* **69**:103–201.

29 Forrester L, Nagy A, Sam M, Watt A, Stevenson L, Bernstein A, Joyner AL, Wurst W (1996) An induction gene trap screen in ES cells: identification of genes that respond to retinoic acid in vitro, *Proceedings Natl Acad Sci USA* **93**:1677–1682.

30 Heinonen OP, Slone D, Shapiro S (1977) Birth Defects and Drugs in Pregnancy, Publ Science Group Inc, Littleton, Mass, 1–516.

31 Helge H, Jäger E (1978) Pharmacokinetics in the human neonate, in Neubert D, Merker H-J, Nau H, Langman J (Hrsg) Role of Pharmacokinetics in Prenatal and Perinatal Toxicology, Georg Thieme, Stuttgart, 167–182.

32 Hendrickx AG, Makori N, Peterson P (2002) The nonhuman primate as a model of developmental immunotoxicity, *Hum Exper Toxicol* **21**:537–542.

33 Hendrickx AG, Peterson P, Hartmann D, Hummler H (2000) Vitamin A teratogenicity and risk assessment in the ma-

caque retinoid model, *Reprod Toxicol* 14:311–323.

34 Herbst AL, Cole P, Colton T, Robboy SJ, Scully RE (1977) Age-incidence and risk of diethylstilbestrol-related clear cell adenocarcinoma of the vagina and cervix, *Am J Obstet Gynecol* 128:43–48.

35 Herzke D, Thiel R, Rotard WD, Neubert D (2002) Kinetics and organotropy of some polyfluorinated dibenzo-p-dioxins (PFDD/PFDF) in rats, *Life Sciences* 71:1475–1486.

36 Holladay SD, Smialowicz RJ (2000) Development of the murine and the human immune system: different effects of immunotoxicants depend upon time of exposure, *Environ Health Perspect* 106 (suppl. 3):463–473.

37 Hollstein M, Sidransky D, Vogelstein B, Harris CC (1991) p53 mutations in human cancers, *Science* 253:49–53.

38 Ikarashi Y, Tsuchiya T, Nakamura A (1993) A sensitive mouse lymph node assay with two application phases for detection of contact allergens, *Arch Toxicol* 67:629–636.

39 International Clearinghouse (1991) Congenital Malformations Worldwide. A Report from the International Clearinghouse for Birth Defects Monitoring Systems. Elsevier Science Publ., Amsterdam, NY, Oxford, 1–220.

40 Jäger E, Gregg B, Knies S, Helge H, Bochert G (1978) Postnatal development of human liver N-demethylation activity measured with the $^{13}CO_2$ breath test after application of ^{13}C-dimethylaminopyrine. In: Role of Pharmacokinetics, in Neubert D, Merker H-J, Nau H, Langman J (Hrsg) Prenatal and Perinatal Toxicology, Georg Thieme, Stuttgart, 211–214.

41 Jäger L, Wüthrich B (2002) Nahrungsmittelallergien und -intoleranzen, Immunologie, Diagnostik, Therapie, Prophylaxe. Urban & Fischer, München, Jena.

42 Jödicke B, Ende M, Helge H, Neubert D 1992 Fecal excretion of PCDDs/PCDFs in a 3-month-old breast-fed infant, *Chemosphere* 25:1061–1065.

43 Jödicke B, Neubert D (2004) Reproduktion und Entwicklung, in Marquardt H, Schäfer S (Hrsg) Lehrbuch der Toxikologie, 2. Auflage, Wissenschaftliche Verlagsgesellschaft mbH, Stuttgart, 491–544.

44 Jones KL, Smith DW (1975) The fetal alcohol syndrome, *Teratology* 12:1–10.

45 Jones KL, Smith DW, Ulleland CN, Streissguth AP (1973) Pattern of malformation in offspring of chronic alcoholic mothers, *Lancet* 1:1267–1271, and 2:999–1001.

46 Kavlock RJ, Daston GP (1997) Drug Toxicity in Embryonic Development. Handbook of Experimental Pharmacology 124/ I und 124/II, Springer, Berlin, Heidelberg, NY.

47 Kayajanian G (1997) Dioxin is a promotor blocker, a promotor, and a net anticarcinogen, *Regul Toxicol Pharmacol* 26:134–137.

48 Kenchaiah S, Evans JC, Levy D, Wilson PWF, Benjamin EJ, Larson MG, Kannel WB, Vasan RS (2002) Obesity and the risk of heart failure, *N Engl J Med* 347:305–313.

49 Klaschka F, Voßmann D (1994) Kontaktallergene, Chemische, Klinische und Experimentelle Daten (Allergenliste), Erich Schmidt, Berlin.

50 Klug S, Lewandowski C, Wildi L, Neubert D (1989) All-trans retinoic acid and 13-cis-retinoic acid in the rat whole-embryo culture: abnormal development due to the all-trans isomer, *Arch Toxicol* 63:440–444.

51 Kochhar DM (1997) Retinoids in Drug Toxicity *in* Kavlock RJ, Daston GP (Hrsg) Handbook Experim Pharmacol 124/II: Embryonic Development II, Springer, Berlin, Heidelberg, NY:3–39.

52 Kochhar DM, Satre MA (1993) Retinoids and fetal malformations *in* Sharma RP (Hrsg) Dietary Factors and Birth Defects, Pacific Division AAAS, San Francisco, 134–230.

53 Kreuzer PE, Kessler W, Päpke O, Baur C, Greim H, Filser JG (1993) A pharmacokinetic model describing the body burden of 2,3,7,8-tetrachlorodibenzo-p-dioxin (TCDD) in man over the entire lifetime validated by measured data, *Toxicologist* 13:196.

54 Lambert GH, Flores C, Schoeller DA, Kotake AN 1986 The effect of age, gender, and sexual maturation on the caf-

feine breath test, *Dev Pharmacol Ther* **9**:375–388.
55 Lammer EJ, Chen DT, Hoar RM, Agnish ND, Benke PJ, Brasun JT, Curry CJ, Fernhoff PM, Grix AW, Lott IT, Richard JM, Sun SC (1985) Retinoic acid embryopathy, *N Engl J Med* **313**:837–841.
56 Lauer MS, Anderson KM, Kannel WB, Levy D (1991) The impact of obesity on left ventricular mass and geometry: the Framingham Study, *JAMA* **266**:231–236.
57 Levey AS, Bosch JP, Lewis JB, Greene T, Rodgers N, Roth D (1999) A more accurate method to estimate glomerular filtration rate from serum creatinine: a new prediction equation, *Ann Intern Med* **130**:461–470.
58 Lilja JJ, Neuvonen M, Neuvonen PJ (2004) Effects of regular consumption of grapefruit juice on the pharmacokinetics of simvastatin, *Br J Clin Pharmacol* **58**:56–60.
59 Long A (2002) The nuts and bolts of peanut allergy, *N Engl J Med* **346**:1320–1322.
60 Massie BM (2002) Obesity and heart failure – Risk factor or mechanism? *N Engl J Med* **347**:358–359.
61 Miller JF, Williamson E, Glue J (1980) Fetal loss after implantation: a prospective study, *Lancet* **2**:554–556.
62 Mocarelli P, Brambilla P, Gerthoux PM, Patterson DG, Needham LL (1996) Change in sex ratio with exposure to dioxin. Talking points (dioxin changes sex ratio?), *Lancet* **348**:409.
63 Mühlemann RJ, Wüthrich B (1991) Nahrungsmittelallergien 1983–1987, *Schweiz Med Wschr* **121**:1696–1700.
64 Murakami U (1972) The effect of organic mercury on intrauterine life, *Adv Exp Med Biol* **27**:301–336.
65 National Academy of Sciences (2000) Toxicologic Effects of Methylmercury, National Research Council, Washington, DC, USA.
66 Nau H, Chahoud I, Dencker L, Lammer EJ, Scott WJ (1994) Teratogenicity of vitamin A and retinoids, in Blomhoff R (Hrsg) Vitamin A in Health and Disease, Marcel Dekker, NY, 615–663.
67 Nau H, Scott WJ (Hrsg) (1986) Pharmacokinetics in Teratogenesis, I and II. CRC Press, Boca Raton, Florida, USA.
68 Nelson DR, Kamataki T, Waxman DJ, Guengerich FP, Estabrook RW, Fegerelsen R, Gonzalez FJ, Coon MJ, Gunsalus IC, Gotoh O, Okuda K, Nebert D (1993) The P450 superfamily: update on new sequences, gene mapping, accession number, early trivial names of enzymes, and nomenclature, *DNA Cell Biol* **12**:1–51.
69 Neubert D (1992) TCDD toxicity-equivalencies for PCDD/PCDF congeners: Prerequisites and limitations, *Chemosphere* **25**:65–70.
70 Neubert D (1997) Vulnerability of the endocrine system to xenobiotic influence, *Regul Toxicol Pharmacol* **26**:9–29.
71 Neubert D (1998) Reflections on the assessment of the toxicity of "dioxins" for humans, using data from experimental and epidemiological studies, *Teratog Carcinog Mutagen* **17**:157–215.
72 Neubert D (1999) Risk assessment and preventive hazard minimization, in Marquardt H, Schäfer SG, McClellan RO, Welsch F (Hrsg) Toxicology. Academic Press, San Diego, London, Boston, NY, Sydney, Tokyo, Toronto, 1153–1190.
73 Neubert D (2004) Möglichkeiten der Risikoabschätzung und der präventiven Gefährdungsminimierung, in Marquardt H, Schäfer S (Hrsg) Lehrbuch der Toxikologie, 2. Auflage, Wissenschaftliche Verlagsgesellschaft, Stuttgart, 1209–1261.
74 Neubert D, Barrach H-J, Merker H-J (1980) Drug-induced damage to the embryo or fetus (Molecular and multilateral approach to prenatal toxicology), in Grundmann E (Hrsg) Current Topics Pathology 69, Springer, Berlin, Heidelberg, New York, 241–331.
75 Neubert D, Jödicke B, Welsch F (1999) Reproduction and development, in Marquardt H, Schäfer SG, McClellan RO, Welsch F (Hrsg) Toxicology. Academic Press, San Diego, London, Boston, NY, Sydney, Tokyo, Toronto, 491–558.
76 Neubert D, Neubert R (1997) The various facets of thalidomide, *DGPT-Forum* **21**:37–45.
77 Neubert R, Brambilla P, Gerthoux PM, Mocarelli P, Neubert D (1999) Relevant data as well as limitations for assessing possible effects of polyhalogenated dibenzo-*p*-dioxins and dibenzofurans on

the human immune system, in Ballarin-Denti A, Bertazzi PA, Facchetti R, Fanelli R, Mocarelli P (Hrsg) Chemistry, Man and Environment. The Seveso accident 20 years on: monitoring, epidemiology and remediation, Elsevier Science Ltd., Amsterdam, Lausanne, NY, Oxford, Shannon, Singapore, Tokyo, 99–123.
78 Neubert R, Golor G, Stahlmann R, Helge H, Neubert D (1992) Polyhalogenated dibenzo-*p*-dioxins and dibenzofurans and the immune system. 4. Effects of multiple-dose treatment with 2,3,7,8-tetrachlorodibenzo-*p*-dioxin (TCDD) on peripheral lymphocyte subpopulations of a non-human primate (Callithrix jacchus), *Arch Toxicol* **66**:250–259.
79 Neubert R, Helge H, Neubert D (1995/96) Down-regulation of adhesion receptors on cells of primate embryos as a probable mechanism of the teratogenic action of thalidomide, *Life Sciences* **58**:295–316.
80 Neubert R, Helge H, Neubert D (1996) Nonhuman primates as models for evaluating substance-induced changes in the immune system with relevance for man, in Smialowicz RJ, Holsapple MP (Hrsg) Experimental Immunotoxicology, CRC Press, Boca Raton, NY, London, Tokyo, 63–98.
81 Neubert R, Neubert D (1997) Peculiarities and possible mode of actions of thalidomide, in Kavlock RJ, Daston GP (Hrsg) Handbook Experim Pharmacol 124/II: Embryonic Development II, Springer, Berlin, Heidelberg, NY:41–119.
82 Neubert R, Neubert D (1999) Immune system development, in Marquardt H, Schäfer SG, McClellan RO, Welsch F (Hrsg) Toxicology. Academic Press, San Diego, London, Boston, NY, Sydney, Tokyo, Toronto, 371–437.
83 Neubert R, Neubert D (2004) Immunsystem, in Marquardt H, Schäfer S (Hrsg) Lehrbuch der Toxikologie, 2. Auflage, Wissenschaftliche Verlagsgesellschaft, Stuttgart, 405–439.
84 Neubert RT, Delgado I, Webb JR, Brauer M, Dudenhausen JW, Helge H, Neubert D (2000) Assessing lymphocyte functions in neonates for revealing abnormal prenatal development of the immune system, *Teratogenesis Carcinog Mutagen* **20**:171–193.
85 Neubert RT, Webb JR, Neubert D (2002) Feasibility of human trials to assess developmental immunotoxicity, and some comparison with data on New World monkeys, *Human Exp Toxicol* **21**:543–567.
86 Neumann F, Steinbeck H (1974) Antiandrogens, *Handbook Exp Pharmacol* **35**:235–484.
87 Omura Y, Lee AY, Beckman SL, Simon R, Lorberboym M, Duvvi H, Heller SI, Urich C (1996) 177 cardiovascular risk factors, classified in 10 categories, to be considered in the prevention of cardiovascular diseases: an update of the original 1982 article containing 96 risk factors, *Acupunct Electrother Res* **21**:21–76.
88 Paine MF, Criss AB, Watkins PB (2004) Two major grapefruit juice components differ in intestinal CYP3A4 inhibition kinetic and binding properties, *Drug Metab Disposit* **32**:1146–1153.
89 Päpke O, Ball M, Lis A (1995) PCDD/PCDF und coplanare PCB in Humanproben. Aktualisierung der Hintergrundbelastung, Deutschland 1994, *Organohalogen Compounds* **22**:275–280.
90 Pitot HC, Goldsworth TL, Moran S, Kennan W, Glauert HP, Maronpot RR, Campbell HA (1987) A method to quantitate the relative initiating and promoting potencies of hepatocarcinogenic agents in their dose-response relationships to altered hepatic foci, *Carcinogenesis* **8**:1491–1499.
91 Preussmann R, Schmähl D, Eisenbrand G (1977) Carcinogenicity of *N*-Nitrosopyrrolidine: dose-response study in rats, *Z Krebsforsch* **90**:161–166.
92 Rane A, Sundwall A, Tomson G (1978) Oxidative and synthetic drug-metabolic pathways in the newborn infant. Studies on the neonatal kinetics of oxazepam, in Neubert D, Merker H-J, Nau H, Langman J (Hrsg) Role of Pharmacokinetics in Prenatal and Perinatal Toxicology, Georg Thieme, Stuttgart, 183–191.
93 Report (2001) Blood and hair mercury levels in young children and women in childbearing age – United States, 1999, *MMWR* **50**:140–143.

94 Ritchie JM (1980) Tetrodotoxin and saxitoxin and the sodium channels of excitable tissues, *Trends Pharmacol Sci* 1:275–279.
95 Rogers JM, Daston GP (1997) Alcohols: Ethanol and Methanol, in Kavlock RJ, Daston GP (Hrsg) Handbook Experim Pharmacol 124/II: Embryonic Development II, Springer, Berlin, Heidelberg, NY, 333–405.
96 Roman E, Beral V, Zuckerman B (1988) The relation between alcohol consumption and pregnancy outcome in humans. A critique, in Kalter H (Hrsg) Issues and Reviews in Teratology, vol 4, Plenum Press, NY, London, 205–235.
97 Ruëff F, Schöpf P, Huber R, Lang S, Kapfhammer W, Przybilla B (2001) Naturlatexallergie, eine verdrängte Berufskrankheit, *Dtsch Ärzteblatt* 96:B 934–937.
98 Salsburg D (1989) Does everything cause cancer; an alternative interpretation of the "carcinogenesis bioassay", *Fund Appl Toxicol* 13:351–358.
99 Salvaggio JE, Terr AI (1996) Multiple chemical sensitivity, multiorgan dysesthesia, multiple symptom complex, and multiple confusion: problems in diagnosing the patient presenting with unexplained multisystemic symptoms, *Crit Rev Toxicol* 26:617–631.
100 Sampson HA (2002) Peanut allergy, *N Engl J Med* 346:1294–11299.
101 Schaper A, Ebbecke M, Rosenbusch J Desel H (2002) Fischvergiftung, *Dtsch Ärzteblatt* 99:B 958–962.
102 Schmähl D (1988) Combination Effects in Chemical Carcinogenesis. VCH Verlagsgesellschaft, Weinheim, 1–279.
103 Schönfelder G, Flick B, Mayr E, Talsness C, Paul M, Chahoud I (2002) In utero exposure to low doses of bisphenol A lead to long-term deleterious effects in the vagina, *Neoplasia* 4:98–102.
104 Schrenk D, Weber R, Schmitz HJ, Hagenmaier A, Poellinger L, Hagenmaier H (1994) Toxicological characterization of 2,3,7,8-tetrafluorodibenzo-p-dioxin (TFDD), *Organohalogen Compounds* 21:217–222.
105 Schulz T, Neubert D (1993) Peculiarities of biotransformation in the pre- and postnatal period, in Ruckpaul K, Rein H (Hrsg) Frontiers in Biotransformation 9, Regulation and Control of Complex Biological Processes by Biotransformation, Akademie Verlag, Berlin, 162–214.
106 Schwab M, Marx C, Zanger UM, Eichelbaum M (2002) Pharmakogenetik der Zytochrom-P-450-Enzyme, *Dtsch Ärzteblatt* 99:C 377–387.
107 Simeone A, Acampora D, Nigoro V, Faiella A, D'Esposito M, Stornaiuolo A, Mavilio F, Boncinelli E (1993) Differential regulation by retinoic acid of the homeobox genes of the four HOX loci in human carcinoma cells, *Mech Dev* 33:215–228.
108 Smialowicz RJ (2002) The rat as a model in developmental immunotoxicology, *Hum Exper Toxicol* 21:513–519.
109 Smialowicz RJ, Riddle MM, Williams WC, Diliberto JJ (1994) Effects of 2,3,7,8-tetrachlorodibenzo-p-dioxin (TCDD) on humoral immunity and lymphocyte subpopulations: differences between mice and rats, *Toxicol Appl Pharmacol* 124:248–256.
110 Spohr H-L, Steinhausen HC (1987) Follow-up studies of children with fetal alcohol syndrome, *Neuropediatr* 18:13–17.
111 Spohr H-L, Willms J, Steinhausen H-C (1993) Prenatal alcohol exposure and long-term developmental consequences, *Lancet* 341:907–910.
112 Straub RH, Westermann J, Schölmerich J, Falk W (1998) Dialogue between the CNS and the immune system in lymphoid organs, *Immunology Today* 19:409–413.
113 Talsness C, Fialkowski O, Gericke C, Merker H-J, Chahoud I (2000) The effects of low and high doses of Bisphenol A on the reproductive system of female and male rat offspring, *Congen Anomal* 40:94–107.
114 Terlau H, Heinemann SH, Stühmer W, Pusch M, Conti F, Imoto K, Numa S (1991) Mapping in site of block by tetrodotoxin and saxitoxin of sodium channel II, *FEBS Lett* 293:93–96.

115 vom Saal FS, Timms BG, Montano MM, Palanza P, Thayer KA, Nagel SC, Dhar MD, Ganjam VK, Parmigiani S, Welshons WV (1997) Prostate enlargement in mice due to fetal exposure to low doses of estradiol or diethylstilbestrol and opposite effects at high doses, *National Acad Sci USA* **94**:2056–2061.

116 von Mutius E, Fritzsch C, Weiland SK, Roll G, Magnussen H (1992) Prevalence of asthma and allergic disorders among children in united Germany, *Br Med J* **305**:1395–1399.

117 Wald N (1993) Folic acid and the prevention of neural tube defects, *Ann NY Acad Sci* **678**:112–129.

118 Williams GM, Iatropoulos MJ, Jeffrey AM (2000) Mechanistic basis for nonlinearity and thresholds in rat liver Carcinogenesis by DNA-reactive carcinogens 2-acetylaminofluorene and diethylnitrosamine, *Toxicol Pathol* **28**:388–395.

119 Williams GM, Iatropoulos MJ, Jeffrey AM, Luo FQ, Wang CX, Pittman B (1999) Diethylnitrosamine exposure-responses for DNA ethylation, hepatocellular proliferation, and initiation of carcinogenesis in rat liver display non-linearities and thresholds, *Arch Toxicol* **73**:394–402.

120 Williams GM, Williams CL, Weisburger JH (1999) Diet and cancer prevention: the fiber first diet, *Toxicol Sci* **52**:72–86.

121 Wilson JG, Roth CB, Warkany J (1953) An analysis of the syndrome of malformations induced by maternal vitamin A deficiency. Effects of restoration of vitamin A at various times during gestation, *Am J Anat* **92**:189–217.

122 Workshop on Developmental Immunotoxicology (2002 *Human Exp Toxicol* **21**:469–572.

123 Wurst W, Karasawa M, Forrester LM (1997) Induction gene trapping in embryonic stem cells, in Klug S, Thiel R (Hrsg) Methods in Developmental Toxicology and Biology, Blackwell Science, Berlin, Wien, 151–159.

124 Young E, Stoneham MD, Petruckevitch A, Barton J, Rona R (1994) A population study of food intolerance, *Lancet* **343**:1127–1130.

Zusätzliche weiterführende Literatur

Adami H-O, Lipworth L, Titus-Ernstoff L, Hsieh C-C, Hanberg A, Ahlborg U, Baron J, Trichopoulos D (1995) Organochlorine compounds and estrogen-related cancers in women. *Cancer Causes Control* **6**:551–566.

Albert RE (1994) Carcinogen risk assessment in the US environmental agency. *Crit Rev Toxicol* **24**:75–85.

Barlow SM, Sullivan FM (1982) Reproductive Hazards of Industrial Chemicals. Academic Press, London, 1–610.

Bass R, Henschler D, König J, Lorke D, Neubert D, Schütz E, Schuppan D, Zbinden G (1982) LD_{50} versus acute toxicity. Critical assessment of the methodology currently in use. *Arch Toxicol* **51**:183–186.

Bass R, Neubert D, Stötzer H, Bochert G (1985) Quantitative dose-response models in prenatal toxicology. In: Methods for Estimating Risk of Chemical Injury: Human and Non-human Biota and Ecosystems (Vouk VB, Butler GC, Hoel DG, Peakall DB (Hrsg) SCOPE, 437–453.

Bouié J, Philippe E, Giroud A, Bouié A (1976) Phenotypic expression of lethal chromosomal anomalies in human abortuses. *Teratology* **14**:3–20.

Bradford Hill A (1965) The environment and disease: association or causation? *Proc Royal Soc Med* **58**:295–300.

Brown NA, Fabro S (1983) The value of animal teratogenicity testing for predicting human risk. *Clin Obstetr Gyn* **26**:467–477.

Burleson GR, Lebrec H, Yang YG, Ibanes JD, Pennington KN, Birnbaum LS (1996) Effect of 2,3,7,8-tetrachlorodibenzo-p-dioxin (TCDD) on influenza viral host resistance in mice. *Fundam Appl Toxicol* **29**:40–47.

Burney P, Nield JE, Twort CHC, et al. (1989) The effect of changing dietary sodium on the response to histamine. *Thorax* **44**:36–41.

Chahoud I, Krowke R, Schimmel A, Merker H-J, Neubert D (1989) Reproductive toxicity and toxicokinetics of 2,3,7,8-terachlorodibenzo-*p*-dioxin. 1. Effects of high doses on the fertility of male rats. *Arch Toxicol* **66**:567–572.

Cohrssen JJ, Covello VT (1989) Risk Analysis: a Guide to Principles and Methods for Analyzing Health and Environmental Risks. Natl Techn Inform Serv, US Dep of Commerce, 1–407.

Concato J, Feinstein AR, Holford TR (1993) The risk of determining risk with multivariable models. *Ann Internal Med* **118**:201–210.

Crouch E, Wilson R (1979) Interspecies comparison of carcinogenic potency. *J Toxicol Environ Health* **5**:1095–1118.

Daston GP, Rogers JM, Versteeg DJ, Sabourin TD, Baines D, Marsh SS (1991) Interspecies comparison of A/D ratios: A/D ratios are not constant across species. *Fund Appl Toxicol* **17**:696–722.

Day NE (1988) Epidemiological methods for the assessment of human cancer risk. In: Toxicological Risk Assessment, Vol. II (Clayson DB, Krewski D, Munro I (Hrsg), CRC Press, Boca Raton, Florida, 3–15.

Diwan BA, Rice JM, Ohshima M, Ward JM (1986) Interstrain differences in susceptibility to liver carcinogenesis initiated by N-nitrosodiethylamine and its promotion by phenobarbital in C57BL/6NCr, C3H/HeNCr[MTVV–] and DBA/2NCr mice. *Carcinogenesis* **7**:215–220.

ECOTOC (1992) "Toxic to reproduction" guidance on classification (EC 7th amendment). ECOTOC Techn Rep #47:1–45.

Emanuel EJ, Miller FG (2001) The ethics of placebo-controlled trials – a middle ground. *N Engl J Med* **345**:915–919.

Foerster M, Delgado I, Abraham K, Gerstmayer S, Neubert R (1997) Comparative study on age-dependent development of surface receptors on peripheral blood lymphocytes in children and young non-human primates (marmosets). *Life Sciences* **60**:773–785.

Foerster M, Kastner U, Neubert R (1992) Effect of six virustatic nucleoside analogues on the development of fetal rat thymus in organ culture. *Arch Toxicol* **66**:688–699.

Freireich EJ, Gehan EA, Rall DP, Schmidt LH, Skipper HE (1966) Quantitative comparison of toxicity of anticancer agents in mouse, rat, hamster, dog, monkey, and man. *Cancer Chemother Reports* **50**:219–244.

Greenland S (1994) A critical look at some popular meta-analytic methods. *Am J Epidemiol* **140**:290–296.

Habermann E (1995) Vergiftet ohne Gift. Glauben und Ängste in der Toxikologie. *Skeptiker* **3**:92–100.

Hayes WA (Hrsg) (1989) Principles and Methods in Toxicology. Raven Press, NY.

Hendrickx AG, Sawyer RH (1978) Developmental staging and thalidomide teratogenicity in the green monkey (*Cercopithecus aethiops*). *Teratology* **18**:393–404.

Hróbjartsson A, Gøtzsche PC (2001) Is the placebo powerless? An analysis of clinical trials comparing placebo with no treatment. *N Engl J Med* **344**:1594–1602.

Kirkland DJ, Müller L (2000) Interpretation of the biological relevance of genotoxicity test results: the importance of thresholds. *Mutation Res* **464**:137–147.

Klaassen CD, Amdur MO, Doull J (Hrsg) (1991) Casarett and Doull's Toxicology. The Basic Science of Poisons, Pergamon Press, NY, 1–1111.

Klug S, Thiel R (Hrsg) (1997) Methods in Developmental Toxicology and Biology. Blackwell Science, Berlin, Vienna, 1–275.

Kroes R, Galli C, Munro I, Schilter B, Tran I, Walker R, Wurtzen G (2000) Threshold of toxicological concern for chemical substances present in the diet: a practical tool for assessing the need for toxicity testing. *Food Chem Toxicol* **38**:255–312.

Lamb DJ (1997) Hormonal disruptors and male infertility: are men at serious risk? *Regul Pharmacol Toxicol* **26**:30–33.

Lasagna L, Mosteller F, von Felsinger JM, Beecher HK (1954) A study of the placebo response. *Am J Med* **16**:770–779.

Lipshultz LI, Ross CE, Ehorton D, Milby T, Smith R, Joyner RE (1980) Dibromomonochloropropane and its effect on testicular function in man. *J Urology* **124**:464–468.

Löscher W, Marquardt H (1993) Sind Ergebnisse aus Tierversuchen auf den Menschen übertragbar? *Dtsch Med Wschr* **118**:1254–1263.

Luster MI, Portier C, Pait DG, White KL, Gennings C, Munson AE, Rosenthal GJ (1992) Risk assessment in immunotoxicology. 1. Sensitivity and predictability of immune tests. *Fundam Appl Toxicol* **18**:200–210.

Lynch JW, Kaplan GA, Cohen RD, Tuomilehto J, Salonen JT (1996) Do cardiovascular risk factors explain the relation between socioeconomic status, risk of all-cause mortality, cardiovascular mortality, and acute myocardial infarction? *Am J Epidemiol* **144**:934–942.

Mallidis C, Howard EJ, Baker HWG (1991) Variation of semen quality in normal men. *Int J Androl* **14**:99–107.

Mantel N (1980) Limited usefulness of mathematical models for assessing the carcinogenic risk of minute doses. *Arch Toxicol Suppl* **3**:305.

Marquardt H, Schäfer S (Hrsg) (2004) Lehrbuch der Toxikologie, 2. Auflage. Wissenschaftliche Verlagsgesellschaft mbH, Stuttgart, 1–1348.

Marquardt H, Schäfer SG, McClellan RO, Welsch F (Hrsg) (1999) Toxicology. Academic Press, San Diego, London, Boston, NY, Sydney, Tokyo, Toronto, 1–1330.

Mastroiacovo P, Spagnolo A, Marni E, Meazza L, Bertoleini R, Segni G (1988) Birth defects in the Seveso area after TCDD contamination. *JAMA* **259**:1668–1672.

Meyer ME, Pernon A, Jingwei J, Bocquel MT, Chambon P, Gronemeyer H (1990) Agonistic and antagonistic activities of RU486 on the functions of the human progesterone receptor. *EMBO J* **12**:3923–3932.

Müller L, Kasper P (2000) Human biological relevance and the use of threshold-arguments in regulatory genotoxicity assessment: experience with pharmaceuticals. *Mutation Res* **464**: 19–34.

Naghma-E-Rehan, Sobrero AJ, Fertig JW (1975) The semen of fertile men: statistical analysis of 1300 men. *Fertil Steril* **26**:492–502.

Neubert D (1993) Current efforts to use mechanistic information for risk assessment in carcinogenesis and its relevance to man. In: Somogyi A, Appel KE, Katenkamp A (Hrsg) Chemical Carcinogenesis. The Relevance of Mechanistic Understanding in Toxicological Evaluation, MMV Medizin Verlag (bga-Schriften), München, 169–194.

Neubert D (2001) Problems associated with epidemiological studies to evaluate possible health risks of particulate air pollution (especially $PM_{10}/PM_{2.5}$). *VGB PowerTech* **81**:69–74.

Neubert D, Bochert G, Platzek T, Chahoud I, Fischer B, Meister R (1987) Dose-response relationships in prenatal toxicology. *Congen Anom* **27**:275–302.

Neubert D, Chahoud I (1985) Significance of species and strain differences in pre- and perinatal toxicology. *Acta Histochem* **31**:23–35.

Neubert D, Kavlock RJ, Merker H-J, Klein J (Hrsg) (1992) Risk Assessment of Prenatally-induced Adverse Health Effects. Springer-Verlag, Berlin, Heidelberg, NY, London, Paris, Tokyo, Hong Kong, Barcelona, Budapest, 1–565.

Neubert D, Merker H-J, (Hrsg) (1981) Culture Techniques. Applicability for Studies on Prenatal Differentiation and Toxicity. Walter de Gruyter, Berlin, 7–621.

Neubert D, Merker H-J, Hendrickx AG (Hrsg) (1988) Non-Human Primates, Developmental Biology and Toxicology. Ueberreuter Wissenschaft, Wien, Berlin, 3–606.

Neubert D, Merker H-J, Kwasigroch TE, Kreft R, Bedürftig A, (Hrsg) (1977) Methods in Prenatal Toxicology. Georg Thieme, Stuttgart, 1–474.

Neubert R, Nogueira AC, Neubert D (1992) Thalidomide and the immune system. 2. Changes in receptors on blood cells of a healthy volunteer. *Life Sciences* **51**:2107–2117.

Nishimura H, Takano K, Tanimura T, Yasuda M (1968) Normal and abnormal development of human embryos: first report of the analysis of 1213 intact embryos. *Teratology* **1**:281–290.

O'Rahilly R, Müller F (1992) Human Embryology and Teratology. Wiley-Liss Inc, NY, Chichester, Brisbane, Toronto, Singapore.

Orth JM, Gunsalus G, Lamperti AA (1988) Evidence from Sertoli cell-depleted rats indicates that spermatid number in adults depends on number of Sertoli cells produced during perinatal development. *Endocrinol* **122**:787–794.

Platzek T, Meister R, Chahoud I, Bochert G, Krowke R, Neubert D (1986) Studies on mechanisms and dose-response relationships of prenatal toxicity. In: Welsch F (Hrsg) Approaches to Elucidate Mechanisms in Teratogenesis. Hemisphere Publ Co, Washington, New York, London, 59–81.

Sackett DL, Haynes RB, Guyatt GH, Tugwell P (1991) Clinical Epidemiology, A Basic Science for Clinical Medicine, 2nd ed. Little, Brown and Co, Boston, Toronto, London, 3–444.

Shepard TH (1992) Catalog of Teratogenic Agents. 7th edn., Johns Hopkins Univ Press, Baltimore, London, 1–529.

Sikorski EE, Kipen HM, Selner JC, Miller CM, Rodgers KE (1995) Roundtable summary: the question of multiple chemical sensitivity. *Fund Appl Toxicol* **24**:22–28.

Skrabanek P, McCormick J (1993) Torheiten und Trugschlüsse in der Medizin, 3. Auflage. Kirchheim, Mainz.

Smialowicz RJ, Holsapple MP (Hrsg) (1996) Experimental Immunotoxicology. CRC Press, Boca Raton, NY, London, Tokyo, 1–487.

Smialowicz RJ, Riddle MM, Rogers RR, Leubke RW, Copeland CB, Ernest GG (1990) Immune alterations in rats following subacute exposure to tributyltin oxide. *Toxicology* **64**:169–178.

Smith GD, Neaton JD, Wentworth D, Stamler R, Stamler J (1996) Socioeconomic differentials in mortality risk among men screened for the multiple risk factor intervention trial: I white men. *Am J Public Health* **86**:486–496.

Somogyi A, Appel KG, Katenkamp A (1992) (Hrsg) Chemical Carcinogenesis. The Relevance of Mechanistic Understanding in Toxicological Evaluation. *BGA Schriften 3*, MMV Medizin, München.

Springer TA 1990 Adhesion receptors of the immune system. *Nature* **346**:425–434.

Stavric B, Gilbert SG (1990) Caffeine metabolism: a problem in extrapolating results from animal studies to humans. *Acta Pharm Jugosl* **40**:475–489.

Thun MJ, Peto R, Lopez AD, Monaco JH, Henley SJ, Heath CW, Doll R (1997) Alcohol consumption and mortality among middle-aged and elderly US adults. *N Engl J Med* **337**:1705–1714.

Trichopoulos D, Li FP, Hunter DJ (1996) What causes cancer? The top two causes – tobacco and diet – account for almost two thirds of all cancer deaths and are among the most correctable. *Scientific American (September)*:50–57.

Van Loveren H, Schuurman H-J, Kampinga J, Vos JG (1991) Reversibility of thymic atrophy induced by 2,3,7,8-tetrachlorodibenzo-p-dioxin (TCDD) and bis(tri-n-butyltin)oxide (TBTO). *Int J Immunopharmacol* **13**:369–377.

Vang O, Jensen MB, Autrup H (1990) Induction of cytochrome P450IA1 in rat colon and liver by indole-3-carbinol and 5,6-benzoflavone. *Carcinogenesis* **11**:1259–1263.

Vos J, van Loveren H, Wester P, Vethaak D (1989) Toxic effects of environmental chemicals on the immune system. *TIPS* **10**:289–292.

Welling PG (1977) Influence of food and diet on gastrointestinal drug absorption: a review. *J Pharmacokin Biopharmaceut* **5**:291–334.

WHO (1984) Principles for Evaluating Health Risks to Progeny with Exposure to Chemicals During Pregnancy. (IPCS) Geneva, *Environ Health Criteria* **30**:1–177.

WHO (1996) Principles and Methods for Assessing Direct Immunotoxicity Associated with Exposure to Chemicals. (IPCS) Geneva, *Environ Health Criteria* **180**:1–390.

WHO (1999) Principles and Methods for Assessing Allergic Hypersensitization Associated with Exposure to Chemicals. (IPCS) Geneva, *Environ Health Criteria* **212**:1–399.

WHO (2000) Human Exposure Assessment. (IPCS) Geneva, *Environ Health Criteria* **214**:1–375.

WHO (2000) Safety Evaluation of Certain Food Additives and Contaminants. (IPCS) Geneva, *WHO Food Additives Series* **44**:1–537.

Winneke G (1992) Cross-species extrapolation in neurotoxicology: neurophysiological and neurobehavioral aspects. *NeuroToxicol* **13**:15–26.

2
Ableitung von Grenzwerten in der Lebensmitteltoxikologie

Werner Grunow

2.1
Einleitung

Von besonderer Bedeutung für die Lebensmitteltoxikologie ist die Frage, welche Mengen von in Lebensmitteln enthaltenen Stoffen gesundheitlich unbedenklich sind. Für ihre Beantwortung müssen die Obergrenzen des duldbaren Aufnahmebereiches der betreffenden Stoffe auf der Basis toxikologischer Daten abgeschätzt werden. Dies erfolgt vor allem durch internationale wissenschaftliche Gremien wie das Joint FAO/WHO Expert Committee on Food Additives (JECFA), den Wissenschaftlichen Lebensmittelausschuss der EU (Scientific Committee on Food, SCF) und seine Nachfolgegremien, die Scientific Panels der European Food Safety Authority (EFSA). Die von diesen Gremien aufgestellten Grenzwerte für die duldbare Aufnahme haben keinen rechtlich verbindlichen Charakter, dienen aber als weithin anerkannte wissenschaftliche Grundlage für rechtlich verbindliche Höchstmengen in Lebensmitteln, die im Rahmen von Rechtsvorschriften festgelegt werden. Sie werden auch bei der Aufstellung von internationalen Standards durch den Codex Alimentarius berücksichtigt und bilden gelegentlich die Basis für weniger rechtswirksame Richtwerte und an den Verbraucher gerichtete Verzehrsempfehlungen.

In manchen Fällen, wie bei Stoffen, die karzinogen und genotoxisch wirken, kann kein unbedenklicher Aufnahmebereich definiert werden. Dies bedeutet, dass toxikologisch begründete Grenzwerte nicht angegeben werden können und stattdessen eine Minimierung der Aufnahme empfohlen werden muss.

Die Ableitung von toxikologischen Grenzwerten für die unbedenkliche Aufnahme erfolgt im Rahmen einer Risikobewertung auf der Grundlage der Dosis-Wirkungsbeziehungen der betreffenden Stoffe. Im Einzelnen wird jedoch bei Lebensmittelzusatzstoffen, in Lebensmitteln natürlich vorkommenden Stoffen, Aromastoffen, Kontaminanten und Rückständen in Lebensmitteln unterschiedlich vorgegangen. Auch werden nicht überall dieselben Begriffe verwendet.

Lebensmittelsicherheit und Lebensmittelüberwachung. Erste Auflage.
Herausgegeben von H. Dunkelberg, T. Gebel und A. Hartwig
© 2012 Wiley-VCH Verlag GmbH & Co. KGaA. Published 2012 by Wiley-VCH Verlag GmbH & Co. KGaA.

2.2
Lebensmittelzusatzstoffe

Der Zulassung von Lebensmittelzusatzstoffen, zu denen unter anderem Konservierungsstoffe, Antioxidantien und Farbstoffe, aber auch Süßstoffe und Zuckeraustauschstoffe gehören, geht eine gründliche Risikobewertung voraus. Diese führt, wenn ausreichende toxikologische Untersuchungen vorliegen, zur Ableitung einer duldbaren täglichen Aufnahmemenge, dem ADI-Wert (acceptable daily intake), der beim Verzehr von Lebensmitteln, die den betreffenden Zusatzstoff enthalten, längerfristig nicht überschritten werden sollte. Liegen keine ausreichenden Daten für die Risikobewertung vor oder ist die mögliche Aufnahme auf Grund vorliegender Daten bedenklich, kommt eine Zulassung nicht infrage oder wird gegebenenfalls zurückgenommen.

2.2.1
ADI-Wert

Nach der Definition von JECFA ist der ADI-Wert diejenige Menge eines Lebensmittelzusatzstoffes in mg/kg Körpergewicht, die täglich lebenslang aufgenommen werden kann, ohne dass damit ein merkliches Gesundheitsrisiko verbunden ist („amount of a food additive, expressed on a body weight basis, that can be ingested daily over a lifetime without appreciable health risk") [1, 23]. Er wird von JECFA nach der Gleichung

$$\text{ADI-Wert} = \frac{\text{Dosis ohne beobachtete Wirkung}}{\text{Sicherheitsfaktor}}$$

aus der höchsten Dosis in mg/kg Körpergewicht, bei der in Tierversuchen keine Wirkung des Zusatzstoffes beobachtet wurde (no observed effect level, NOEL), und einem Sicherheitsfaktor abgeleitet und wird immer als von 0 beginnender akzeptabler Aufnahmebereich angegeben (Tab. 2.1).

Nach dieser Definition sind ADI-Werte das Ergebnis einer Risikobewertung mit der Angabe der höchsten Aufnahmemenge, für die sich noch kein merkliches Risiko erkennen lässt. Dabei werden wie bei jeder anderen Risikobewertung die Schritte der Gefahrenidentifizierung und -charakterisierung unter besonderer Beachtung der Dosis-Wirkungsbeziehung durchlaufen, dann aber nicht nach Expositionsabschätzung die jeweiligen Risiken beschrieben, sondern gleichsam umgekehrt für das Nichtvorhandensein eines merklichen Risikos die Expositionsbedingungen angegeben. Dieser Definition und Art der Ableitung der ADI-Werte haben sich andere nationale und internationale Gremien, insbesondere auch der SCF angeschlossen.

Grundsätzlich soll der ADI-Wert durch den Sicherheitsfaktor alle Gruppen der Bevölkerung einschließlich unterschiedlicher Altersgruppen abdecken. Liegen allerdings spezielle Hinweise auf besondere Empfindlichkeit von Bevölkerungsgruppen vor, können diese ausgenommen und gesondert behandelt wer-

Tab. 2.1 ADI-Werte wichtiger Lebensmittelzusatzstoffe (SCF/EFSA).

Substanz	ADI-Wert [mg/kg Körpergewicht/Tag]	
Konservierungsstoffe:		
Benzoesäure	0–5	Gruppen-ADI (Benzoesäure, Salze, Benzylalkohol und verwandte Benzylderivate)
para-Hydroxyben-zoesäureester	0–10	Gruppen-ADI (Methyl-, Ethylester)
Sorbinsäure	0–25	Gruppen-ADI (Sorbinsäure, Ca-, K-Salz)
Antioxidantien:		
BHA	0–0,5	
BHT	0–0,05	
Gallate	0–0,5	Gruppen-ADI (Propyl-, Octyl-, Dodecylester)
Schwefeldioxid	0–0,7	
Süßstoffe:		
Aspartam	0–40	
Cyclamat	0–7	Gruppen-ADI (Cyclohexansulfamidsäure, Ca-, Na-Salz als freie Säure)
Na-Saccharin	0–5	Gruppen-ADI (Saccharin, Ca-, Na-, K-Salz)

den. So gilt der ADI-Wert grundsätzlich nicht für Kleinkinder im Alter bis zu 12 Wochen [12].

Nicht immer wird der ADI-Wert numerisch angegeben. Manchmal trägt er nur die Bezeichnung „not specified", die den früheren Begriff „not limited" abgelöst hat. Ein ADI-Wert „not specified" wird aber nur Zusatzstoffen mit sehr geringer Toxizität erteilt, wenn die Gesamtaufnahme aus verschiedenen Quellen nicht zu einer Gesundheitsgefährdung führen kann und deshalb ausdrücklich ein numerischer Wert unnötig erscheint. Die Bezeichnung „not specified" bedeutet nicht, dass die Verwendung beliebig hoher Mengen solcher Stoffe akzeptiert wird. Um Missverständnissen vorzubeugen, hat JECFA darauf verwiesen, dass auch in diesem Fall die Verwendung in Lebensmitteln nach guter Herstellerpraxis erfolgen sollte, das heißt in den niedrigsten technologisch notwendigen Mengen. Sie sollte auch weder minderwertige Lebensmittelqualität verbergen noch ernährungsmäßige Imbalanzen verursachen [23].

In einigen Fällen gilt der ADI-Wert nicht nur für einen einzelnen Zusatzstoff, sondern für eine ganze Gruppe von Verbindungen, um die kumulative Aufnahme der zur Gruppe gehörenden Verbindungen zu begrenzen. Ein solcher Gruppen-ADI-Wert wird zum Beispiel abgeleitet, wenn es sich um Substanzen handelt, die ähnliche Wirkungen besitzen. Auch wenn Stoffe zu demselben toxischen Stoffwechselprodukt metabolisiert werden können, kann die Aufstellung eines Gruppen-ADI-Wertes angebracht sein (Tab. 2.1).

ADI-Werte sind natürlich vom aktuellen Kenntnisstand abhängig und können sich, wie in der Vergangenheit häufig geschehen, im Laufe der Zeit mit fortschreitender Erkenntnis ändern. Außerdem beruhen sie auf einer bei ihrer Aufstellung getroffenen Entscheidung, welche Dosis ohne Wirkung aus welchem Tierversuch zugrunde gelegt und welcher Sicherheitsfaktor verwendet wird. Damit unterliegen sie bis zu einem gewissen Grad subjektiven Einschätzungen. Dies erklärt, warum nur ADI-Werte, die von kompetenten wissenschaftlichen Gremien, wie JECFA, SCF und den Scientific Panels der EFSA aufgestellt wurden, als anerkannt gelten und warum sich selbst ADI-Werte solcher Gremien manchmal unterscheiden.

Die vom Verbraucher aufgenommenen Zusatzstoffmengen sollten längerfristig nicht zur Überschreitung von ADI-Werten führen. Da sich aber ADI-Werte auf lebenslange Exposition beziehen, sind einmalige oder kurzfristige Aufnahmen, die geringfügig darüber liegen, kein Anlass zur Besorgnis [23].

2.2.2
Dosis ohne beobachtete Wirkung

Zur Ableitung von ADI-Werten wird die höchste Dosis ohne beobachtete Wirkung, vorzugsweise aus Langzeitfütterungsversuchen an der empfindlichsten der untersuchten Tierarten, verwendet. Nur wenn Daten zum Stoffwechsel oder zur Kinetik zeigen, dass eine andere Tierart für die Risikoabschätzung beim Menschen geeigneter ist, geht man nicht von der empfindlichsten, sondern von der geeignetsten Tierart aus.

JECFA bezeichnet nach wie vor die für die Ableitung von ADI-Werten benutzte Dosis als „no observed effect level" (NOEL), berücksichtigt aber nicht jeden beobachteten Effekt, sondern nur toxische (adverse) Wirkungen. Zum Beispiel gelten Diarrhöen auf Grund osmotischer Effekte, geringere Körpergewichtszunahme oder Caecumerweiterung durch hohe Dosen nicht nutritiver Substanzen sowie geringere Wachstumsrate und verminderter Futterverbrauch bei Verfütterung geschmacklich unangenehmer Substanzen als normale physiologische Reaktionen, die nicht zur Ableitung von ADI-Werten herangezogen werden [23]. In anderen Gremien ist es deshalb üblich geworden, den Begriff „no observed adverse effect level" (NOAEL) zu verwenden.

2.2.3
Sicherheitsfaktor

Um eine ausreichende Sicherheit zu gewährleisten, wird bei der Ableitung der ADI-Werte der in Langzeitfütterungsversuchen ermittelte NOAEL durch einen Sicherheitsfaktor geteilt, der in der Regel 100 beträgt. Dieser Faktor soll berücksichtigen, dass der Mensch möglicherweise um den Faktor 10 empfindlicher reagiert als die untersuchte Tierart und auch die Empfindlichkeit innerhalb der menschlichen Population um den Faktor 10 variiert [23].

Die Unterschiede in der Toxizität eines Stoffes zwischen den Spezies und zwischen den einzelnen Individuen innerhalb einer Spezies beruhen auf unterschiedlicher Metabolisierung und Kinetik des Stoffes (Toxikokinetik) und seiner unterschiedlichen Wirkung am Zielorgan (Toxikodynamik). Daher lassen sich die Faktoren für die Interspezies-Differenzen und die interindividuellen Unterschiede in Einzelfaktoren unterteilen [15, 16], die beim Interspeziesfaktor 4 für den toxikokinetischen und 2,5 für den toxikodynamischen Anteil betragen und beim interindividuellen Faktor mit jeweils 3,2 gleiche Größe haben [24, 25].

Liegen nur unzureichende Daten aus Tierversuchen vor, kann ein höherer Sicherheitsfaktor als 100 verwendet werden. Dies geschieht zum Beispiel, wenn statt der normalerweise verlangten Langzeitfütterungsversuche über zwei Jahre an Ratten oder über 18 Monate an Mäusen nur Untersuchungen über 90 Tage Fütterungsdauer vorliegen oder wenn die niedrigste geprüfte Dosis nicht völlig wirkungslos war, sondern noch einen geringen toxischen Effekt zeigte und deshalb nicht als NOAEL, sondern höchstens als „lowest observed adverse effect level" (LOAEL) gelten kann.

Sind dagegen ausreichende Erfahrungen über Dosis und Wirkung am Menschen verfügbar, ist eine Extrapolation aus Tierversuchen nicht notwendig und ein Sicherheitsfaktor von 10, der die Variationsbreite beim Menschen berücksichtigt, kann ausreichen.

2.2.4
Prüfanforderungen

Wesentliche Voraussetzung für die Aufstellung von ADI-Werten ist die ausreichende toxikologische Untersuchung der betreffenden Stoffe. Anforderungen an die toxikologische Prüfung von Lebensmittelzusatzstoffen, die für die Risikoabschätzung und mögliche Ableitung eines ADI-Wertes erfüllt sein müssen, sind zum Beispiel vom SCF genannt worden [21].

Danach wird zwischen Studien, die als Kerndatensatz („core set") verlangt werden (Tab. 2.2), und zusätzlichen Untersuchungen unterschieden. Letztere können von Fall zu Fall notwendig werden, wenn Hinweise aus der chemischen Struktur oder aus den Ergebnissen der für den Kerndatensatz durchgeführten toxikologischen Studien vorliegen, die auf bestimmte Wirkungen hindeuten. Solche zusätzlichen Untersuchungen können zum Beispiel zur Immuntoxizität, Allergenität oder Neurotoxizität erforderlich sein. Auch spezielle Untersuchungen zum Mechanismus der Toxizität sowie über bestimmte in den Studien des Kerndatensatzes aufgefallenen und nicht geklärten Befunde können notwendig werden. Unter Umständen können bestimmte Fragestellungen auch durch Untersuchungen an freiwilligen Probanden abgeklärt werden. In jedem Fall sind alle Erkenntnisse am Menschen in die Risikobewertung einzubeziehen, die in anderem Zusammenhang, zum Beispiel am Arbeitsplatz, gewonnen wurden.

In manchen Fällen, zum Beispiel bei Stoffen, die zwar Zusatzstoffe, aber auch natürliche Lebensmittelbestandteile sind, bei sehr geringen Aufnahmemengen oder wenn geeignete toxikologische Daten chemisch sehr verwandter Verbindungen vorliegen, muss allerdings nicht immer das volle Programm der aufgezählten Studien durchgeführt werden. Ein Verzicht auf die Durchführung bestimmter Studien muss jedoch von den Antragstellern ausdrücklich und überzeugend begründet werden.

Tab. 2.2 Kerndatensatz der Prüfanforderungen an Lebensmittelzusatzstoffe (SCF/EFSA).

Metabolismus/Toxikokinetik

Subchronische Toxizität
  in einer Nager- und Nichtnagerspezies über mindestens 90 Tage

Genotoxizität
  Test auf Induktion von Genmutationen in Bakterien
  Test auf Induktion von Genmutationen in Säugerzellen *in vitro*
  Test auf Induktion von Chromosomenaberrationen in Säugerzellen *in vitro*
  (bei positivem Ausgang eines der Tests Prüfung auf Genotoxizität in vivo)

Chronische Toxizität und Karzinogenität
  in zwei Tierarten (Ratte 24 Monate, Maus 18 oder 24 Monate)

Reproduktionstoxizität
  Multigenerationsstudien
  Entwicklungstoxizität in einer Nager- und Nichtnagerspezies

2.2.5
Höchstmengen

Höchstmengen für Lebensmittelzusatzstoffe müssen die Bedingung erfüllen, dass die Gesamtaufnahme des betreffenden Stoffes aus Lebensmitteln nicht zur langfristigen Überschreitung des für ihn gültigen ADI-Wertes führt. Ihre Festlegung gehört nicht mehr zur lebensmitteltoxikologischen Risikobeurteilung, sondern ist unter Abwägung der lebensmitteltechnischen Notwendigkeit sowie verbraucherpolitischer und ökonomischer Aspekte Aufgabe des Risikomanagements.

Bei der Aufstellung von Höchstmengen muss von der möglichen Exposition der Verbraucher ausgegangen werden, die sich aus den notwendigen Einsatzmengen der Zusatzstoffe und den Verzehrsmengen der betreffenden Lebensmittel ergibt. Dabei sind auch extreme Verzehrsgewohnheiten zu berücksichtigen und nicht nur der statistische Durchschnitt des Lebensmittelverbrauchs. Außerdem ist zu vermeiden, dass die ADI-Werte ohne Grund ausgeschöpft werden. Deshalb sollten Höchstmengen nicht nur die Bedingung erfüllen, dass der ADI-Wert eingehalten wird, sondern auf die niedrigst möglichen Werte festgelegt werden. Dazu müssen sie sich an den für die erforderlichen Zwecke unbedingt notwendigen Mindestmengen der Zusatzstoffe orientieren, die meist nur zu Aufnahmemengen führen, die deutlich unter den ADI-Werten liegen.

Vor allem bei Lebensmittelzusatzstoffen, für die ein ADI-Wert „not specified" aufgestellt wurde, werden häufig keine zahlenmäßig limitierten Höchstmengen festgelegt. Stattdessen wird in rechtlichen Regelungen der Begriff „quantum satis" verwendet. Darunter wird verstanden, dass die betreffenden Zusatzstoffe zwar keiner bezifferten Mengenbeschränkung unterliegen, nach guter Herstellungspraxis aber nur in Mengen eingesetzt werden dürfen, die erforderlich sind, um die gewünschte Wirkung zu erzielen.

2.3 Natürliche Lebensmittelbestandteile

Lebensmittel sind in der Regel außerordentlich komplex zusammengesetzt. Sie enthalten Makronährstoffe, Mikronährstoffe, Ballaststoffe und viele andere im pflanzlichen und tierischen Stoffwechsel gebildete Substanzen, wie Alkaloide, biogene Amine, Enzyme, natürliche Farbstoffe und Geschmacksstoffe.

Die große Vielfalt der natürlichen Lebensmittelbestandteile erklärt, warum sie unterschiedlich zu beurteilen sind. Dass Makronährstoffe, wie lebensmitteltypische Proteine, Kohlenhydrate und Fette, abgesehen von der Allergenwirkung vieler Proteine, als toxikologisch unbedenklich gelten, versteht sich von selbst. Bei Vitaminen oder Mineralstoffen kann die Unbedenklichkeit schon nicht mehr ohne weiteres vorausgesetzt werden, wenn sie in größeren Mengen aufgenommen werden, als dem Bedarf entspricht. Erst recht sind bei anderen natürlichen Lebensmittelbestandteilen bedenkliche Wirkungen nicht von vornherein auszuschließen, besonders wenn sie in funktionellen Lebensmitteln angereichert oder in größeren Mengen in isolierter Form in Nahrungsergänzungsmitteln aufgenommen werden.

Zahlreiche Beispiele zeigen, dass pflanzliche und tierische Produkte toxische Stoffe enthalten können, die im Extremfall sogar so giftig wirken, dass sich die Verwendung solcher Produkte als Lebensmittel, wie im Fall von Giftpilzen, verbietet. In anderen Fällen wird die toxische Wirkung nicht ohne weiteres wahrgenommen, kann aber bei ständigem Verzehr größerer Mengen ernstzunehmende Krankheits- oder Vergiftungserscheinungen hervorrufen.

Außer bei Vitaminen und Mineralstoffen sowie Aromabestandteilen, die besondere Stoffgruppen darstellen, sind Grenzwerte oder Höchstmengen für natürlich vorkommende Lebensmittelbestandteile nur in Ausnahmefällen aufgestellt worden. Ein aktuelles Beispiel ist die in Süßholz und damit in Lakritzwaren vorkommende Glycyrrhizinsäure, für die der SCF eine duldbare tägliche Aufnahmemenge von 100 mg aufgestellt hat. Dieser Wert wurde aus einer Studie mit freiwilligen Versuchspersonen abgeleitet.

Bei der Aufstellung von Grenzwerten für solche Stoffe besteht meist die Schwierigkeit, dass im Unterschied zu Zusatzstoffen meist nur unvollständige toxikologische Daten vorliegen. Außerdem ist häufig der Abstand zwischen den als toxisch aufgefallenen Dosen und der durch das Vorkommen in Lebensmitteln bedingten Exposition sehr gering. Deshalb können oft die üblichen Sicherheitsfaktoren nicht eingehalten werden, wenn die betreffenden traditionellen Lebensmittel weiter verkehrsfähig bleiben sollen. In solchen Fällen kann oft nur empfohlen werden, die Gehalte der betreffenden Stoffe in Lebensmitteln, z. B. durch Züchtung, Sortenwahl oder Zubereitungsart, so weit wie möglich zu reduzieren.

2.4
Vitamine und Mineralstoffe

Für Vitamine und Mineralstoffe als besondere Gruppe der natürlich vorkommenden Lebensmittelbestandteile existieren seit langem wissenschaftliche Angaben über die tägliche Aufnahmemenge, die nicht unterschritten werden sollte, um Mangelerscheinungen zu vermeiden. Auch diese Angaben können als Grenzwerte angesehen werden, für die in vielen Ländern unterschiedliche Bezeichnungen gelten. In der EU hat der SCF zwischen dem durchschnittlichen Bedarf der Bevölkerung (average requirement), dem unteren Grenzwert des Bedarfs, der nur bei wenigen Individuen ausreicht (lowest threshold intake), und dem oberen Grenzwert des Bedarfs unterschieden, der für nahezu alle Individuen ausreichend ist (population reference intake) [18]. Die „population reference intake"-Werte entsprechen im Wesentlichen den in den USA üblichen „recommended daily allowances" (RDA-Werte) und den von den Fachgesellschaften in Deutschland, Österreich und der Schweiz im Rahmen von Referenzwerten für die Nährstoffaufnahme aufgestellten Empfehlungen bzw. Schätzwerten [4]. Alle diese Werte haben den Charakter von Empfehlungen und dienen zum Beispiel als Grundlage für die Aufstellung von Tagesdosen bei der Nährwertkennzeichnung und von Mindest- und Höchstmengen von Vitaminen und Mineralstoffen in diätetischen Lebensmitteln wie Säuglingsnahrung oder bilanzierten Diäten.

Erst in den letzten Jahren ist damit begonnen worden, Grenzwerte für Vitamine und Mineralstoffe aufzustellen, die nicht überschritten werden sollten und die Aufnahme angeben, die nicht mehr als tolerabel anzusehen ist (Tab. 2.3 und 2.4). Bei der Ableitung dieser Grenzwerte, die „tolerable upper intake level" (UL) genannt werden, spielen lebensmitteltoxikologische Gesichtspunkte eine wesentliche Rolle. Die Kriterien für die Aufstellung dieser Werte sind in Richtlinien des SCF festgelegt [20]. Danach folgt ihre Ableitung dem Prozess der Risikobewertung und geht nach Gefahrenidentifizierung und -charakterisierung von der aus den vorliegenden Daten erkennbaren Dosis-Wirkungsbeziehung bei Versuchstieren oder vorzugsweise beim Menschen aus, um möglichst aus den Dosen, die keine Wirkung gezeigt haben, unter Einbeziehung eines geeigneten Faktors, der hier Unsicherheitsfaktor genannt wird, einen Wert für den UL abzuschätzen.

Tab. 2.3 Tolerable upper intake levels (UL) von Vitaminen für Erwachsene (SCF/EFSA).

Substanz	UL [mg/Tag]	Substanz	UL [mg/Tag]
Vitamin A	3	Vitamin E	300
β-Carotin	kein UL	Vitamin K	kein UL
Vitamin B_1	kein UL	Biotin	kein UL
Vitamin B_2	kein UL	Folsäure	1
Vitamin B_6	25	Nicotinsäure	10
Vitamin B_{12}	kein UL	Nicotinamid	900
Vitamin C	kein UL		
Vitamin D	0,05	Pantothensäure	kein UL

Tab. 2.4 Tolerable upper intake levels (UL) einiger Mineralstoffe für Erwachsene (SCF/EFSA).

Substanz	UL [mg/Tag]	Substanz	UL [mg/Tag]
Bor	9,6	Magnesium	250
Calcium	2500	Mangan	kein UL
Chrom(III)	kein UL	Molybdän	0,6
Eisen	kein UL	Selen	0,3
Fluorid	8	Zink	25
Jod	0,6	Vanadium	kein UL
Kupfer	5		

Die Größe des Unsicherheitsfaktors hängt davon ab, ob ausreichende Daten vom Menschen vorliegen oder Tierversuche herangezogen werden müssen und ob eine Dosis ohne schädliche Wirkung gefunden wurde oder auf die niedrigste Dosis zurückgegriffen werden muss, bei der noch schädliche Wirkungen beobachtet wurden. Die hier verwendeten Unsicherheitsfaktoren sind nicht mit den bei Lebensmittelzusatzstoffen und anderen Substanzen üblichen Sicherheitsfaktoren gleichzusetzen. Bei essenziellen Vitaminen und Mineralstoffen dürfen die zur Bedarfsdeckung nötigen Aufnahmemengen nicht unterschritten werden. Deshalb lassen sich, wenn der Sicherheitsabstand zwischen den Dosen ohne schädliche Wirkung und dem notwendigen Bedarf sehr gering ist, nur relativ kleine Unsicherheitsfaktoren verwenden, die allerdings mit den vorliegenden toxikologischen Daten vereinbar sein müssen.

In manchen Fällen lassen sich keine UL-Werte angeben. Dies ist bei vielen Vitaminen der Fall, bei denen keine Hinweise auf toxische Wirkungen vorliegen. Es ist aber auch bei Stoffen der Fall, die merkliche Toxizität besitzen, ohne dass die Dosen ohne Wirkung, aus denen UL-Werte abgeleitet werden könnten, bekannt sind. Mit welchen Risiken in solchen Fällen unter Umständen zu rechnen ist, muss den Erläuterungen zur Ableitung der UL-Werte entnommen werden. Hier finden sich Angaben über mögliche Risiken und Risikogruppen.

Besonders kritisch ist die Situation, wenn der Dosisabstand zwischen dem Bereich, in dem toxische oder unerwünschte Wirkungen auftreten und den mit Lebensmitteln normalerweise aufgenommenen Mengen gering ist. So besteht beim β-Carotin nur ein sehr geringer Abstand zwischen der bei Rauchern gesundheitsschädlichen Dosis (20 mg/Tag) und der Gesamtaufnahme aus dem natürlichen Gehalt in Lebensmitteln und der Verwendung zur Lebensmittelfärbung (bis zu 10 mg/Tag). Auch beim Mangan ist der Sicherheitsabstand zwischen toxischen Dosen und der normalen Aufnahme aus Lebensmitteln sehr gering. Ein Problemfall ist auch Eisen, bei dem wichtige Risikofragen noch nicht befriedigend geklärt sind und manche Verbrauchergruppen durch zusätzliche Aufnahme aus Nahrungsergänzungsmitteln oder angereicherten Lebensmitteln gefährdet sein könnten.

Die vom SCF abgeleiteten UL-Werte entsprechen den UL-Werten des Food and Nutrition Boards in den USA [9–11] und den „safe upper levels" und „guidance values" der Expert Group for Vitamins and Minerals in Großbritannien [5]. In manchen Fällen unterscheiden sich die von den verschiedenen Gremien abgeleiteten Werte allerdings erheblich, was sich aus unterschiedlichen Auffassungen über die Eignung der zugrunde gelegten experimentellen und epidemiologischen Studien und/oder die Höhe des Unsicherheitsfaktors erklärt.

Bei künftigen Regelungen über Höchstmengen an Vitaminen und Mineralstoffen in Nahrungsergänzungsmitteln und angereicherten Lebensmitteln sollten die Unsicherheiten der UL-Werte und die möglichen Risiken berücksichtigt werden. Außerdem ist zu beachten, dass UL-Werte ähnlich wie ADI-Werte für die Gesamtaufnahme aus dem natürlichen Vorkommen in Lebensmitteln, einschließlich Trinkwasser und Mineralwasser, sowie aus Nahrungsergänzungsmitteln und angereicherten Lebensmitteln gelten.

2.5
Aromastoffe

Aromastoffe nehmen eine Sonderstellung zwischen Zusatzstoffen und natürlichen Bestandteilen ein. Sie werden einerseits Lebensmitteln zur Aromatisierung zugesetzt, kommen meistens aber auch als geschmacksbildende Bestandteile natürlicherweise in Lebensmitteln vor. Dies erklärt zusammen mit den in der Regel kleinen Aufnahmemengen die von Zusatzstoffen abweichende Vorgehensweise bei der Risikobewertung und lebensmittelrechtlichen Regulierung.

Ursprünglich waren in der Bundesrepublik nur in Lebensmitteln nicht vorkommende synthetische Aromastoffe zulassungspflichtig und die übergroße Mehrheit der Aromastoffe war nicht geregelt. Auch heute müssen Letztere noch nicht zugelassen werden. Sie sind aber in einer etwa 2000 Stoffe umfassenden Inventarliste aufgeführt und werden zur Zeit von der European Food Safety Authority einer Risikobewertung unterzogen.

In der Expertengruppe Aromastoffe des Europarates wurden schon früher Stoffe, die Lebensmitteln zur Aromatisierung zugesetzt werden, toxikologisch beurteilt und dabei so genannte „practical upper limits" angegeben. Diese Grenzwerte waren aber nicht rechtswirksam und stellten in der Regel nichts anderes als die von den Herstellern genannten höchsten Einsatzmengen dar, sofern diese toxikologisch unbedenklich erschienen.

Von JECFA wird zur Zeit für die Risikobewertung von Aromastoffen ein Verfahren angewandt, das vor einigen Jahren speziell für diesen Zweck entwickelt wurde [13]. Das Verfahren geht von einer Einteilung der Aromastoffe nach Strukturmerkmalen aus, wie sie von Cramer et al. (1978) [3] vorgeschlagen wurde. Die Substanzen der Strukturklasse I haben Strukturen, die auf geringe Toxizität schließen lassen. Bei Substanzen der Strukturklasse II lässt sich eher eine mittlere Toxizität annehmen und zur Strukturklasse III zählen Substanzen, deren Strukturen keine Vorhersage der Toxizität erlauben oder bei denen mit höherer Toxizität zu rechnen ist. Auf der Grundlage einer großen Datenbasis von mehr als 600 Substanzen wurden aus den NOAELs von chronischen und subchronischen Tierversuchen unter Einbeziehung der Sicherheitsfaktoren 100 bzw. 300 „thresholds of concern" für diese Strukturklassen in Höhe von 1800, 540 und 90 μg/Person/Tag abgeleitet. Diese Werte stellen Aufnahmeschwellen dar, unterhalb derer keine Sicherheitsbedenken bestehen.

In einer abgestuften Vorgehensweise werden Informationen zum Stoffwechsel, zur Exposition und zur Toxizität der betreffenden Stoffe und strukturverwandter Substanzen in die Bewertung einbezogen. Dem Verfahren wird eine Exposition zugrundegelegt, die auf Angaben zum jährlichen Produktionsvolumen zurückgeht (maximised survey-derived daily intake, MSDI). Da sich daraus meist sehr geringe Aufnahmemengen ergeben, besteht der Endpunkt dieser Risikobewertung in aller Regel in der Feststellung, dass keine Sicherheitsbedenken bestehen („no safety concern"). Im SCF und bei der EFSA ist diese Vorgehensweise mit einigen Änderungen übernommen worden. Unter anderem wird die Exposition nicht nur mit der MSDI-Methode, sondern auch mit anderen Verfahren abgeschätzt. Außerdem sollen genotoxische Wirkungen in die Risikobewertung einbezogen werden. Die Beratungen sind allerdings noch im Gange.

Gegenwärtig gibt es nur Höchstmengen für einige natürlich vorkommende „active principles", wie Agarizinsäure, Aloin, β-Asaron, Chinin, Cyanid, Hypericin, Safrol und Thujon. Diese Höchstmengen sind nicht aus toxikologisch begründeten Grenzwerten für die duldbare Aufnahme abgeleitet worden. Sie sind vielmehr Gehalte, die zum Zeitpunkt des Erlasses der Aromen-Verordnung bzw. Aromen-Richtlinie als Bestimmungsgrenze galten oder Gehalte, die nicht weiter herabgesetzt werden konnten, ohne die Verkehrsfähigkeit der betreffenden Lebensmittel in Frage zu stellen. In jedem Fall sind es aber Gehalte in Lebensmitteln, die nach vorliegenden Kenntnissen auch unter Annahme größerer Verzehrsmengen mehr oder weniger weit unter dem toxischen Bereich liegen.

2.6
Lebensmittelkontaminanten

Lebensmittelkontaminanten sind Stoffe, die aus der Umwelt oder bei Herstellung, Verarbeitung, Aufbewahrung und Zubereitung unabsichtlich in Lebensmittel gelangen. Toxikologische Grenzwerte für solche Kontaminanten werden ganz ähnlich wie bei Lebensmittelzusatzstoffen aus der höchsten Dosis ohne beobachtete Wirkung abgeleitet, die durch einen Sicherheitsfaktor geteilt wird. Die Grenzwerte werden aber nicht als akzeptable oder duldbare, sondern nur als tolerable Aufnahmemengen bezeichnet, weil Kontaminationen grundsätzlich unerwünscht sind und vermieden werden sollten. Sie gelten außerdem oft nur als vorläufig festgelegt, weil bei Kontaminanten in der Regel Datenlücken bestehen, die noch keine endgültige Risikobewertung erlauben.

In Abhängigkeit von den kumulativen Eigenschaften der Kontaminanten werden für Grenzwerte unterschiedliche Begriffe verwendet. Nach der von JECFA formulierten Definition ist der PMTDI-Wert (provisional maximum tolerable daily intake) die vorläufig als tolerabel geltende tägliche Aufnahmemenge von Kontaminanten, die im Körper nicht akkumulieren. Im Unterschied dazu wird der Begriff des PTWI-Wertes (provisional tolerable weekly intake) für Kontaminanten verwendet, die wie einige Schwermetalle kumulative Eigenschaften besitzen und bei denen es deshalb nicht so sehr auf die tägliche Aufnahmemenge ankommt, sondern auf die über einen längeren Zeitraum erfolgende Gesamtaufnahme [23]. Aus demselben Grund wurde im Fall polychlorierter Dibenzodioxine (PCDD) und verwandter Verbindungen ein weiterer Begriff, der PTMI-Wert (provisional tolerable monthly intake), gewählt.

Der SCF hat bei Schwermetallen den Begriff des PTWI-Wertes übernommen, spricht aber im Fall der PCDD von einem TWI-Wert (tolerable weekly intake), der nicht als provisorisch betrachtet wird (Tab. 2.5). Bei nicht akkumulierenden Stoffen wird generell der Begriff des TDI-Wertes (tolerable daily intake) verwendet, der auch temporärer Natur sein kann (tTDI-Wert).

Da bei Kontaminanten anders als bei zuzulassenden Zusatzstoffen in vielen Fällen Erfahrungen mit zum Teil über längere Zeit exponierten Verbrauchern vorliegen, spielen epidemiologische Studien für die Ableitung von tolerablen Grenzwerten für Kontaminanten eine große Rolle. Falls solche Studien vorliegen und zuverlässige Aussagen liefern, wird anstelle von Tierversuchen oder zusätzlich zu ihnen auch von Humandaten ausgegangen. So wurde zum Beispiel der PTWI-Wert für Methylquecksilber auf der Basis von zwei epidemiologischen Studien abgeleitet, in denen die Beziehung zwischen mütterlicher Exposition und der Entwicklung des Nervensystems bei Kindern als empfindlichstem Parameter der Methylquecksilber-Toxizität untersucht wurde. Auch die PTWI-Werte von Blei und Cadmium gehen auf Befunde am Menschen zurück.

Tab. 2.5 Tolerable Aufnahmemengen wichtiger Lebensmittelkontaminanten (SCF/EFSA).

Substanz	Tolerable Aufnahmemenge	
	PTWI-Werte [µg/kg Körpergewicht/Woche]	
Blei	25	
Cadmium	7	
Methylquecksilber	1,6	
	Gruppen-TWI-Wert [pg TEQ[a)]/kg Körpergewicht/Woche]	
PCDDs, PCDFs und coplanare PCBs	14	
	TDI-Werte [µg/kg Körpergewicht/Tag]	
3-MCPD	2	
Zearalenon	0,2	tTDI
DON	1	
Nivalenol	0,7	tTDI
T-2 und HT-2 Toxin	0,06	Gruppen-tTDI
Fumonisine B1, B2, B3	2	Gruppen-TDI

a) Toxizitätsäquivalente.

Viele Kontaminanten in Lebensmitteln, wie Acrylamid, Aflatoxin, Ethylcarbamat, *N*-Nitroso-Verbindungen oder polycyclische aromatische Kohlenwasserstoffe besitzen karzinogene und genotoxische Eigenschaften. In diesen Fällen lässt sich keine Schwellendosis definieren und ein toxikologisch begründeter Grenzwert nicht ableiten. Stattdessen kann nur empfohlen werden, die Exposition so weit wie technologisch möglich herabzusetzen. Diese Minimierungsempfehlung wird auch als ALARA-Prinzip (as low as reasonably achievable) bezeichnet und bei vielen Kontaminanten angewendet. Die im Interesse des Verbraucherschutzes erforderliche Festsetzung von Höchstmengen kann in solchen Fällen nicht von toxikologisch abgeleiteten Grenzwerten ausgehen, sondern muss andere Gesichtspunkte, wie Bestimmungsgrenzen oder die praktische Realisierbarkeit, heranziehen. Dies gilt auch für Ziel- und Auslösewerte, die eine Zielvorgabe für die Reduktion oder Minimierung der Kontaminantenkonzentration in Lebensmitteln darstellen bzw. bestimmte Maßnahmen des Verbraucherschutzes in Gang setzen sollen. Auch hier ist aber eine Risikobeurteilung durchzuführen, die das Risiko näher beschreibt und möglichst quantifiziert, das mit der möglichen Exposition verbunden ist.

2.7
Materialien im Kontakt mit Lebensmitteln

Eine besondere Gruppe von Lebensmittelkontaminanten sind Stoffe, die in Materialien enthalten sind, die in Kontakt mit Lebensmitteln kommen und in Lebensmittel migrieren können. Sie müssen deshalb darauf geprüft werden, ob ihre in Lebensmittel gelangenden Anteile gesundheitlich unbedenklich sind. Unter Umständen sind sie auf bestimmte Gehalte im betreffenden Material oder Lebensmittel zu begrenzen. Zu solchen Stoffen gehören zum Beispiel die Bestandteile von Verpackungen aus Kunststoffen, aber auch Metalle wie Blei, Cadmium, Zink, Zinn, Nickel und Aluminium, die bei Aufbewahrung von Lebensmitteln in Metallbehältern oder Keramikgefäßen oder im Kontakt mit Küchenutensilien in Lösung gehen können.

Von besonderer Bedeutung sind Stoffe, die als Monomere oder Additive in Materialien und Gegenständen aus Kunststoff eingesetzt werden, die dazu bestimmt sind, mit Lebensmitteln in Berührung zu kommen. Der SCF teilt diese Stoffe je nach Datenlage und Beurteilungsergebnis in neun verschiedene Listen ein [1, 17]:

- *Liste 1* umfasst z. B. Stoffe, für die ein ADI- oder MTDI-Wert existiert,
- *Liste 2* Stoffe, für die der SCF aus toxikologischen Daten tolerable Tagesaufnahmen abgeleitet hat, die er im Unterschied zu den ADI-Werten der Lebensmittelzusatzstoffe als Tolerable Daily Intake (TDI-Wert) bezeichnet,
- *Liste 3* Stoffe, die als duldbar angesehen werden, für die aus verschiedenen Gründen jedoch kein solcher Wert aufgestellt wurde,
- *Liste 4* Stoffe, bei denen a) eine Migration mit einer validierten, empfindlichen Methode nicht nachweisbar sein oder b) so weit wie möglich reduziert werden sollte,

- *Liste 5* Stoffe, die überhaupt nicht eingesetzt werden sollten,
- *Liste 6* Stoffe, bei denen hauptsächlich auf Grund ihrer Verwandtschaft zu karzinogenen oder besonders toxischen Stoffen Verdachtsmomente vorliegen, die Verwendungsbeschränkungen notwendig machen, und
- *Listen 7–9* Stoffe, bei denen für eine Beurteilung und Klassifizierung weitere Daten verschiedener Art benötigt werden.

2.7.1
Prüfanforderungen

Die Prüfanforderungen für diese Klassifizierung sind nach Höhe der Migration gestaffelt. Bei sehr hoher Migration im Bereich über 5 mg/kg Lebensmittel bzw. Lebensmittelsimulanz werden eine orale 90-Tage-Studie, drei verschiedene Mutagenitätstests und Daten über Stoffwechsel und Kinetik, Reproduktionstoxizität, Teratogenität und Langzeittoxizität (Karzinogenität) gefordert. Im Bereich von 0,05–5 mg/kg sind eine orale 90-Tage-Studie, drei Mutagenitätstests und Daten über mögliche Bioakkumulation ausreichend. Bei Migrationen unter 0,05 mg/kg werden schließlich nur drei Mutagenitätstests verlangt [22].

2.7.2
Grenzwerte

Als Grenzwert für die Gesamtheit der aus Kunststoffmaterialien in Lebensmittel migrierenden Stoffe ist ein Wert von 10 mg/dm^2 Oberfläche bzw. 60 mg/kg Lebensmittel oder Lebensmittelsimulanz festgelegt [2]. Für einzelne Stoffe oder Stoffgruppen gibt es spezifische Migrationsgrenzwerte (SML) in mg/kg Lebensmittel oder Lebensmittelsimulanz, die aus den vorliegenden ADI- oder TDI-Werten durch Multiplikation mit 60 abgeleitet werden. Dabei wird davon ausgegangen, dass eine Person mit 60 kg Körpergewicht 1 kg Lebensmittel verzehren könnte, das in Kontakt mit dem betreffenden Kunststoffmaterial stand. In manchen Fällen wird statt dessen eine Begrenzung im Kunststoff vorgenommen, ausgedrückt in mg/kg Kunststoff (QM-Wert) oder, bezogen auf die Kontaktfläche mit dem Lebensmittel, in mg/6 dm^2 des Kunststoffmaterials (QMA-Wert).

Außerdem gibt es auch SML-Werte bei Stoffen, die zwar aufgrund geringer Migration als duldbar angesehen werden, für die aber die toxikologischen Daten nicht ausreichen, um einen TDI-Wert aufzustellen (Stoffe aus Liste 3). In diesem Fall orientieren sich die SML-Werte an den für die Prüfanforderungen geltenden Migrationsgrenzen und betragen 5 oder 0,05 mg/kg Lebensmittel oder Lebensmittelsimulanz. Sie sollen sicherstellen, dass keine höheren Migrationen auftreten, als der Umfang der vorliegenden toxikologischen Daten erlaubt.

Eine andere, sehr weitgehende Art von Begrenzung wird insbesondere bei Stoffen angewandt, die genotoxisch und karzinogen sind. Ihre Migration in Lebensmittel sollte mit einer validierten und empfindlichen Analysenmethode nicht nachweisbar sein. Als Grenzwert wird hier die Nachweisgrenze der Analysenmethode benutzt.

2.7.3
Threshold of Regulation

Um den Aufwand für eine toxikologische Prüfung der großen Zahl von in Kunststoffen verwendeten Substanzen zu reduzieren und unnötige Untersuchungen zu vermeiden, ist in den USA das Konzept der „Threshold of Regulation" entwickelt worden, das seit einigen Jahren von der Food and Drug Administration (FDA) praktiziert wird [7, 8]. Nach diesem Konzept werden für die Zulassung von Substanzen keine toxikologischen Daten verlangt, wenn gezeigt wurde, dass die Migration aus Materialien im Kontakt mit Lebensmitteln unter ungünstigen Bedingungen zu Konzentrationen von weniger als 0,5 µg/kg in Lebensmitteln führt. Die Konzentration von 0,5 µg/kg entspricht einer Aufnahme von 1,5 µg/Person/Tag, wenn ein Verzehr von 1,5 kg Lebensmitteln und 1,5 kg Getränken angenommen wird, die diese Konzentration enthalten. Die Konzentration von 0,5 µg/kg wurde von der FDA mit einem Sicherheitsfaktor von 200 aus Erfahrungen mit ursprünglich 220 Chemikalien abgeleitet, die in 2-Jahres-Fütterungsstudien in Dosierungen unter 100 µg/kg Futter in keinem einzigen Fall toxische Wirkungen gezeigt hatten. Die FDA stellte allerdings zur Bedingung, dass die chemische Struktur keinen Anlass für den Verdacht bietet, dass die Substanz ein Karzinogen sei.

Vom SCF und damit in der EU wurde diesem Konzept bisher noch nicht gefolgt [19]. Dies gilt auch für einen neueren Vorschlag über „thresholds of toxicological concern", die auf der Grundlage einer umfangreicheren Datenbasis abgeleitet und generell für Substanzen in Lebensmitteln empfohlen wurden [14]. Die Diskussion darüber ist noch nicht abgeschlossen.

2.8
Rückstände in Lebensmitteln

Unter Rückständen werden im Lebensmittelrecht Restmengen von Pflanzenbehandlungsmitteln und in Tierarzneimitteln eingesetzten pharmakologisch wirksamen Stoffen verstanden. Es umfasst nicht nur die Ausgangssubstanzen, sondern auch ihre Umwandlungsprodukte, Metaboliten und Verunreinigungen.

Anders als bei Kontaminanten kann bei Rückständen von Pflanzenschutzmitteln und Tierarzneimitteln sowie bei Lebensmittelzusatzstoffen weitgehend auf Untersuchungen zurückgegriffen werden, die von den Herstellern durchgeführt und bei der Zulassung vorgelegt werden müssen. Auf der Basis dieser meist umfangreichen Daten werden als toxikologische Grenzwerte auch hier ADI-Werte im Rahmen einer Risikobewertung abgeleitet. Dafür gelten ähnliche Regeln wie bei Zusatzstoffen.

Zusätzlich ist für Rückstände ein weiterer Grenzwert zur Beurteilung der akuten Exposition eingeführt worden. Diese so genannte „acute reference dose" (ARfD) ist als diejenige Substanzmenge definiert, die mit der Nahrung innerhalb eines Tages oder einer kürzeren Zeitspanne ohne merkliches Gesundheitsrisiko aufgenommen werden kann [6]. Sie wird wie beim ADI-Wert in der Regel aus dem NOAEL einer geeigneten Untersuchung unter Einbeziehung eines Sicherheitsfaktors abgeleitet. Dabei werden Untersuchungen zugrunde gelegt, die einen Bezug zu akuten Wirkungen haben, und häufig kleinere Sicherheitsfaktoren verwendet, als es beim ADI-Wert üblich ist.

Bei der Festlegung von Höchstmengen, die bei Rückständen als „maximum residue limits" (MRL-Werte) bezeichnet werden, wird von der Rückstandssituation bei Anwendung Guter Landwirtschaftlicher Praxis ausgegangen. Vor allem gilt aber die Bedingung, dass unter Berücksichtigung durchschnittlicher Verzehrsmengen der betreffenden Lebensmittel und üblicher Verarbeitungseinflüsse Rückstände in Höhe der MRL-Werte nicht zu Aufnahmemengen führen dürfen, die die ADI-Werte und/oder ARfD-Werte überschreiten.

Bei Pflanzenschutzmitteln, die aufgrund ihrer hohen Persistenz und/oder Toxizität als zu bedenklich gelten, wird auch von der Möglichkeit Gebrauch gemacht, zur Minimierung ihrer Aufnahme vollständige oder bezüglich bestimmter Einsatzgebiete eingeschränkte Anwendungsverbote zu erlassen. Dies ist unter anderem bei Aldrin, Dieldrin, Chlordan, DDT und Hexachlorbenzol geschehen. Unabhängig davon gibt es aber auch für solche Stoffe Höchstmengen, weil Rückstände trotz des in Deutschland geltenden Verbotes z. B. in importierten Lebensmitteln nicht auszuschließen sind.

2.9
Literatur

1 Barlow SM (1994) The role of the Scientific Committee for Food in evaluating plastics for packaging, *Food Additives and Contaminants* **11**: 249–259.
2 CEC (1990) Richtlinie der Kommission über Materialien und Gegenstände aus Kunststoff, die dazu bestimmt sind, mit Lebensmitteln in Berührung zu kommen (90/128/EWG) vom 23. Februar 1990, *Amtsblatt der Europäischen Gemeinschaften* Nr. **L 75** vom 21. März 1990 und **L349/26** vom 13. Dezember 1990.
3 Cramer GM, Ford RA, Hall RL (1978) Estimation of toxic hazard – a decision tree approach, *Food and Cosmetic Toxicology* **16**: 255–276.
4 DACH (2000) Referenzwerte für die Nährstoffzufuhr, Umschau/Braus Frankfurt/Main, ISBN 3-8295-7114-3.
5 EVM (2003) Safe upper levels for vitamins and minerals. Report of an Expert Group on Vitamins and Minerals, published by Foods Standards Agency, London, ISBN 1-904026-11-7.
6 FAO/WHO (2002) Pesticide residues in food – 2002, Report of the Joint Meeting of the FAO Panel of Experts on Pesticide Residues in Food and the Environment and the WHO Core Assessment Group on Pesticide Residues, *FAO Plant Production and Protection Paper* 172.
7 FDA (1993) Threshold of regulation for substances used in food-contact articles, Federal Register Vol. 58, No 195 (12 October 1993): 52719–52729.
8 FDA (1995) Threshold of regulation for substances used in food-contact articles; Final Rule, Federal Register Vol. 60, No 136 (17 July 1995): 36582–36596.
9 FNB (1997) Dietary Reference Intakes for calcium, phosphorus, magnesium, vitamin D, and fluoride, Institute of Medicine, National Academic Press, Washington D.C.
10 FNB (2000) Dietary Reference intakes for vitamin C, vitamin E, selenium, and carotenoids, Institute of Medicine, National Academy Press, Washington D.C.

11 FNB (2001) Dietary reference intakes for vitamin A, vitamin K, arsenic, boron, chromium, copper, iodine, iron, manganese, molybdenum, nickel, silicon, vanadium and zinc, Institute of Medicine, National Academy Press, Washington D.C.

12 JECFA (1978) Evaluation of certain food additives. Twenty-first report of the Joint FAO/WHO Expert Committee on Food Additives, WHO Technical Report Series 617.

13 JECFA (1999) Evaluation of certain food additives and contaminants, Forty-ninth report of the Joint FAO/WHO Expert Committee on Food Additives, WHO Technical Report Series 884.

14 Kroes R, Renwick AG, Cheeseman M, Kleiner J, Mangelsdorf I, Piersma A, Schilter B, Schlatter J, van Schothorst F, Vos JG, Würtzen G (2004) Structure-based thresholds of toxicological concern (TTC): Guidance for application to substances present at low levels in the diet, *Food and Chemical Toxicology* **42**: 65–83.

15 Renwick AG (1991) Safety factors and establishment of acceptable daily intakes, *Food Additives and Contaminants* **8**: 135–150.

16 Renwick AG (1993) Data-derived safety factors for the evaluation of food additives and environmental contaminants, *Food Additives and Contaminants* **10**: 275–305.

17 SCF (1987) Certain monomers and other starting substances to be used in the manufacture of plastic materials and articles intended to come into contact with foodstuffs (Opinion expressed on 14 December 1984), Reports of the Scientific Committee for Food (Seventeenth Series), European Commission, Luxembourg.

18 SCF (1993) Nutrient and energy intakes for the European Community (Opinion expressed on 11 December 1992), Reports of the Scientific Committee for Food (Thirty-first series), European Commission, Luxembourg.

19 SCF (1996) Opinion on the scientific basis of the concept of threshold of regulation in relation to food contact materials (expressed on 8 March 1996), Reports of the Scientific Committee for Food (Thirty-ninth Series), European Commission, Luxembourg.

20 SCF (2000) Guidelines of the Scientific Committee on Food for the development of tolerable upper intake levels for vitamins and minerals (adopted on 19 October 2000).

21 SCF (2001) Guidance on submissions for food additive evaluations by the Scientific Committee on Food (Opinion expressed on 11 July 2001).

22 SCF (2001) Guidelines of the Scientific Committee on Food for the presentation of an application for safety assessment of a substance to be used in food contact materials prior to its authorization (updated on 13 December 2001).

23 WHO (1987) Principles for the safety assessment of food additives and contaminants in food, *Environmental Health Criteria* **70**.

24 WHO (1994) Assessing human health risks of chemicals: Derivation of guidance values for health-based exposure limits, *Environmental Health Criteria* **170**.

25 WHO (1999) Principles for the assessment of risks to human health from exposure to chemicals, *Environmental Health Criteria* **210**.

3
Hygienische und mikrobielle Standards und Grenzwerte und deren Ableitung

Johannes Krämer

3.1
Einleitung

Oberstes Ziel der mikrobiologischen Analytik von Lebensmitteln ist neben der Kontrolle auf Verderbniserreger vor allem die Bestätigung ihrer gesundheitlichen Unbedenklichkeit. Diese Unbedenklichkeit ist dann gegeben, wenn das Lebensmittel frei von pathogenen Erregern und von Fäkal- bzw. Hygieneindikatoren ist. Von besonderer Bedeutung ist bei diesen Untersuchungen, dass keine Toxin bildenden Mikroorganismen oder deren Toxine im Lebensmittel vorhanden sind. In der Präambel der Verordnung (EG) 2073-2005 über mikrobiologische Kriterien für Lebensmittel heißt es deshalb auch, dass „mikrobiologische Gefahren in Lebensmitteln eine Hauptquelle lebensmittelbedingter Krankheiten beim Menschen darstellen. Lebensmittel sollten keine Mikroorganismen oder deren Toxine oder Metaboliten in Mengen enthalten, die ein für die menschliche Gesundheit unannehmbares Risiko darstellen".

3.2
Untersuchungsziele

3.2.1
Untersuchung auf pathogene Mikroorganismen

Für den Nachweis der gesundheitlichen Unbedenklichkeit eines Lebensmittels kann die Abwesenheit pathogener Mikroorganismen in dem Lebensmittel gefordert werden (Anwesenheits/Abwesenheitstest = „Presence/Absence"-Test). Die Untersuchungsmenge des Lebensmittels ist abhängig von praktischen Möglichkeiten und einer Risikoabschätzung. Für die Untersuchung auf Salmonellen in Milchprodukten (VO-2073-2005) wird z.B. eine Untersuchungsmenge von 25 g Produkt gefordert [16]. Zur Erhöhung der Aussagekraft werden im industriellen Bereich häufig größere Stichprobenmengen untersucht. Zum Ausschluss von

Lebensmittelsicherheit und Lebensmittelüberwachung. Erste Auflage.
Herausgegeben von H. Dunkelberg, T. Gebel und A. Hartwig
© 2012 Wiley-VCH Verlag GmbH & Co. KGaA. Published 2012 by Wiley-VCH Verlag GmbH & Co. KGaA.

Salmonellen in Schokolade und Kuvertüre werden z. B. nach dem Foster-Stichprobenplan von jeder Charge mindestens 30 Einzelproben zu je 25 g, d.h. 750 g, eingesetzt. In der Schweiz müssen zum Salmonellennachweis in Säuglingsnahrung jeweils 50 g untersucht werden [9, 18].

3.2.2
Fäkalindikatoren

Über fäkale Verunreinigungen eines Lebensmittels können außer den Salmonellen noch zahlreiche andere Erreger übertragen werden. Dazu gehören auch Viren (z. B. Norovirus und Hepatitis-A-Virus) und Parasiten (z. B. die Oozysten der Cryptosporidien). Da die Untersuchung auf derart unterschiedliche Erreger nicht möglich ist, wird routinemäßig nur auf Indikatororganismen untersucht, die eine fäkale Verunreinigung anzeigen. Dazu gehört primär *E. coli*, der als einziger Vertreter der Enterobacteriaceae ausschließlich im Darm des Menschen und des Tieres vorkommt. In der geltenden Trinkwasserverordnung wird deshalb gefordert, dass *E. coli* nicht nachweisbar sein darf (Untersuchungsmenge Wasser: 100 mL). Obwohl *E. coli* gegenüber Umwelteinflüssen relativ empfindlich ist, kann er nach einer fäkalen Kontamination auch im Umfeld der Betriebe (Gerätschaften, Flächen) über einen längeren Zeitraum durchaus lebensfähig bleiben. In vielen gesetzlichen Vorgaben wird *E. coli* deshalb nicht als Fäkalindikator, sondern nur als allgemeiner Hygieneindikator angesehen. Konkret heißt das, dass eine bestimmte Anzahl von *E. coli* im Produkt akzeptiert wird. Beispielsweise werden in der EU-Verordnung „Mikrobiologische Kriterien für Lebensmittel" für Produkte wie Hackfleisch (m: 50 KBE *E. coli*/g), Fleischzubereitungen (m: 500 KBE *E. coli*/g), Käse aus wärmebehandelter Milch (m: 100 KBE *E. coli*/g), Butter und Sahne (m: 10 KBE *E. coli*/g), lebende Muscheln (m: <230 KBE *E. coli*/100 g) und gekochte Krebs- und Weichtiere ohne Panzer/Schale (m: 1 KBE *E. coli*/g) eine z. T. beträchtliche Anzahl von *E. coli* akzeptiert [16].

Da beim Nachweis von *E. coli* auch in diesen Produkten eine direkte fäkale Verunreinigung nicht ausgeschlossen werden kann, sollte in jedem Fall die eigentliche Kontaminationsquelle ermittelt werden. Ergänzt werden müssen diese Untersuchungen mit dem Ausschluss möglicher pathogener *E. coli*-Stämme (STEC/EHEC, EPEC u. a.).

Der Nachweis von *E. coli* im Trinkwasser ist ein sicheres Indiz für eine fäkale Verunreinigung. Die Abwesenheit von *E. coli* bedeutet jedoch nicht immer das Fehlen einer derartigen Kontamination, da die Keime relativ empfindlich gegen extreme Lager- und Umweltbedingungen (z. B. Einfrieren oder Trocknen) sind. Enterokokken sind wesentlich umweltresistenter, können jedoch gelegentlich auch außerhalb des Darmbereiches in der Umwelt gefunden werden. Der Nachweis von coliformen Keimen als Indikator für eine fäkale Verunreinigung ist nur mit Einschränkungen zu verwenden, da zahlreiche dieser Enterobacteriaceae (z. B. aus den Gattungen *Klebsiella* und *Enterobacter*) zur natürlichen Flora der Blattoberfläche oder der Rhizosphäre von Pflanzen gehören.

3.2.3
Verderbniserreger bzw. Hygieneindikatoren

Jedes Lebensmittel hat in Abhängigkeit von seiner Zusammensetzung und von seinen Herstellungsbedingungen eine charakteristische Mikroflora. Die Anzahl bestimmter, in der Regel leicht nachweisbarer Mikroorganismen dieser Flora kann einen Hinweis auf die Qualität der „Guten Herstellungsbedingungen" (GMP) und der „Guten Hygienepraxis" und damit einen Ausblick auf die Haltbarkeit des Lebensmittels geben.

Hygiene- und GMP-Indikatoren können z. B. Enterobacteriaceae und die aerob wachsenden mesophilen Bakterien (aerobe mesophile Gesamtkeimzahl) sein. Diese Mikroorganismen können als Indikatoren für die ordnungsgemäße Arbeit im Betrieb bezeichnet werden. In der VO (EG) 2073/2005 werden die Enterobacteriaceae z. B. als Indikator für die Wirksamkeit der Wärmebehandlung und als Indikator für die Vermeidung von Rekontaminationen nach dem Erhitzungsprozess verwendet. Als Nachweiskeim für mangelnde Herstellungshygiene wird in dieser Verordnung *E. coli* genannt. Die Anzahl von *E. coli* darf z. B. in Käse aus wärmebehandelter Milch den Wert von 10^3/g (M) nicht überschreiten.

Betriebsintern und im Rahmen von vereinbarten Spezifikationen werden eine Vielzahl unterschiedlicher Mikroorganismen als GMP- und Hygieneindikatoren eingesetzt. Dazu gehören z. B. Hefen (Milchprodukte, Feinkostsalate, Zucker u. a.), Milchsäurebakterien (Fleischprodukte, Feinkostsalate, Bier, Milchprodukte u. a.) oder Schimmelpilze.

3.2.4
Untersuchungen auf Toxine

Lebensmittelintoxikationen können durch Schimmelpilze oder Bakterien ausgelöst werden. Die Toxizität beruht auf der Bildung von Exo- oder Endotoxinen. Endotoxine sind hitzestabile Lipopolysaccharide (LPS), die natürliche Komponenten der Zellwand gramnegativer Bakterien sind (z. B. *Salmonella*). Beim Absterben der Zellen werden sie freigesetzt. Sie bewirken bereits in sehr geringer Konzentration Diarrhöen, Fieber, Blutdruckabfall und andere Effekte. Bei der Beurteilung von Lebensmitteln können die Endotoxine im Limulustest als Indikator auch bei erhitzten und damit keimfreien Lebensmitteln für eine Vorbelastung des Lebensmittels vor der Erhitzung (z. B. Milch- und Eiprodukte) mit gramnegativen Bakterien dienen. Im Limulustest können bis zu 0,05 ng LPS/mL im Lebensmittel nachgewiesen werden, das entspricht einer minimalen Konzentration an gramnegativen Bakterien von 10^2 bis 10^3/mL.

Die häufigsten bakteriellen Toxine und alle Mykotoxine werden als Exotoxine aus der Zelle ausgeschieden. Während die Mykotoxine zu sehr unterschiedlichen Stoffklassen gehören, handelt es sich bei den bakteriellen Toxinen um vorwiegend hitzelabile, seltener um hitzstabile (z. B. *Staphylococcus aureus*-Enterotoxin) Proteine. Je nach Wirkungsweise werden die bakteriellen Exotoxine als Enterotoxine (Wirkung auf den Darmbereich) oder Neurotoxine (Wirkung auf das Nervensystem) bezeichnet. Der überwiegende Teil der bakteriellen Exotoxine wird bereits im Lebensmittel, seltener im Menschen selbst (Choleratoxin, Enterotoxin von *Clostridium perfringens*) gebildet.

Gesetzliche Vorgaben hinsichtlich der Höchstmenge in Lebensmitteln gibt es lediglich für die Mykotoxine (Mykotoxin-Höchstmengenverordnung, Rückstands-Höchstmengenverordnung sowie Diätverordnung). Hinsichtlich der zahlreichen bakteriellen Toxine wird in den gesetzlichen Vorgaben nur allgemein gefordert, dass sie nicht in einer Konzentration vorhanden sein dürfen, die die menschliche Gesundheit beeinträchtigt. Konkret wird in der VO (EG) 2073/2005 lediglich gefordert, dass beim Nachweis von erhöhten Mengen an koagulasepositiven Staphylokokken in Milchprodukten (>25 KBE/g), die Partie auf Staphylokokken-Enterotoxine untersucht werden muss (in 25 g Produkt nicht nachweisbar). Weiterhin sind Grenzwerte für Histamin in Fischereierzeugnissen (m: 100 mg/kg; M: 200 mg/kg) bzw. in gereiften Fischereierzeugnissen (m: 200 mg/kg; M: 400 mg/kg) festgelegt worden.

3.3
Beurteilung mikrobiologischer Befunde

Mikrobiologische Befunde können nur vergleichend beurteilt werden, wenn für die Untersuchung einheitliche Parameter vereinbart und die Analytik von Laboratorien mit einer guten Laborpraxis durchgeführt wurde. Auf Grundlage der Analysenergebnisse müssen einheitliche Beurteilungskriterien, z. B. für die Zurückweisung einer Partie oder für die amtliche Beanstandung einer Probe, festgelegt werden.

Zu den wichtigsten Parametern, die für ein Beurteilungsschema festzulegen sind, gehören:
- Art der Mikroorganismen, auf die untersucht werden soll (pathogene Keime, Fäkalindikatoren, GMP/Hygieneindikatoren),
- Art des zu untersuchenden Lebensmittels und Produktstatus des Lebensmittels (Zeitpunkt der Untersuchung, Bearbeitungsstufe),
- validiertes Untersuchungsverfahren (ISO-Methoden),
- Stichprobenplan,
- mikrobiologische Kriterien und
- Maßnahmen bei Nichterfüllung der Kriterien.

3.4
Stichprobenpläne

Die mikrobiologische Qualität eines Lebensmittels ist durch die alleinige Kontrolle der Endprodukte nicht zu gewährleisten. Erst bei sehr großen Stichprobenumfängen, die in der Praxis häufig nicht zu realisieren sind, ist eine akzeptable statistische Sicherung der Befunde gewährleistet. Eine gute Übersicht über Anforderungen an Stichprobenpläne für mikrobiologische Untersuchungen gibt die ICFMH [9]. Grundlage für allgemein akzeptierte Probenamepläne können die relevanten Standards der ISO (International Organisation for Standardization) sowie die Empfehlungen der Codex Alimentarius Kommission sein [2, 3]. Ein Problem bei der Ziehung einer repräsentativen Stichprobenmenge ist die häufig zu beobachtende Nesterbildung in festeren Lebensmitteln. Insbesondere die Untersuchung auf Schimmelpilze und deren Mykotoxine wird dadurch sehr erschwert. Nähere Ausführungsbestimmungen für die Probenahme und Analysenverfahren für Mykotoxine sind im Rahmen der Mykotoxinhöchstmengen-Verordnung § 4 (Richtlinie 98/53/EG; RL 2004/43/EG und RL 98/53/EG) geregelt. Erfasst werden dabei die Aflatoxine, Ochratoxin A, Deoxynivalenol, Fumonisine und Zearalenon. Danach beträgt z.B. die Menge einer Einzelprobe für die Untersuchung von Pistazien auf Aflatoxine bei einer Partiegröße von 100 t jeweils 300 g, wobei 100 Proben (d.h. insgesamt 30 kg) untersucht werden müssen.

Ausgehend von europäischen Richtlinien hat sich als Stichprobenplan und Beurteilungsschema für amtliche Untersuchungen der 3-Klassen-Plan durchgesetzt. Der Plan verlangt die Untersuchung von n Proben einer Charge (in der Regel ist $n=5$) und setzt für ein bestimmtes Lebensmittel die mikrobiologischen Kriterien m und M fest. In der Regel ist $M = 10 \cdot m$. Das Ergebnis gilt als zufrieden stellend, wenn keine der n Proben die Keimzahl m übersteigt (erste Kontaminationsklasse: Keimzahl 0 bis m). Die Keimzahl M ist ein Höchstwert, der von keiner der n Proben überschritten werden darf (zweite Kontaminationsklasse: Keimzahl > M). Neben m und M wird die Anzahl der n Proben (c), deren Keimzahl in den Bereich zwischen m und M fallen dürfen, ohne dass die Charge beanstandet wird, festgelegt (dritte Kontaminationsklasse: Keimzahl zwischen m und M). Beispielsweise ist in der VO (EG) 2073/2005 für koagulasepositive Staphylokokken (*Staphylococcus aureus*) in Frischkäse aus wärmebehandelter Milch festgelegt: $m=10/g$; $M=100/g$; $n=5$ und $c=2$. Das heißt, dass das Ergebnis nicht beanstandet wird, wenn von den fünf untersuchten Proben maximal zwei Proben Keimzahlen zwischen m und M aufweisen und die Keimzahlen der anderen drei Proben < m sind [7–10].

3.5
Mikrobiologische Kriterien

3.5.1
Risikobewertung

Grundlagen für eine einheitliche Festlegung von mikrobiologischen Kriterien sind die Empfehlung der Codex Alimentarius Kommission („Guidelines for the application of microbiological criteria for foods") [2]. Der erste Schritt bei der Festlegung von Werten muss eine Risikobewertung sein. Ob ein über Lebensmittel übertragbarer Mikroorganismus eine Erkrankung verursacht, ist von vielen Faktoren abhängig. Dazu gehören die Fähigkeiten im Lebensmittel infektiös zu bleiben oder sich im Lebensmittel vermehren zu können, die Anwesenheit bestimmter spezifischer Pathogenitätsfaktoren wie die Fähigkeit zur Bildung von Toxinen (Toxizität) und/oder die Fähigkeit zur Ausbreitung im Gewebe (Invasivität) sowie eine ausreichende Infektionsdosis. Beeinflusst wird die Erkrankung auch von der Art des Lebensmittels. Für Salmonellen gilt z. B. eine hohe Infektionsdosis von 10^5 bis 10^6 Erreger, die in der Regel nur nach einer längeren Vermehrung im Lebensmittel zwischen 7 °C und 48 °C erreicht wird. In Lebensmitteln wie Schokolade, Speiseeis oder Eiprodukten bilden die Inhaltsstoffe (vor allem Fett und Eiweiß) um die Salmonellen ein Schutzkolloid, das die Erreger vor der Einwirkung der Säfte des Verdauungstraktes (Magensäure, Galle) schützt und die Infektionsdosis dramatisch erniedrigt. Es sind Salmonella-Ausbrüche mit derartigen Lebensmitteln bekannt, bei denen nur wenige Erreger zur Auslösung einer akuten Erkrankung ausreichten.

Signifikant erniedrigt werden kann die Infektionsdosis auch durch die veränderbare Resistenzlage der Erreger gegenüber Umwelteinflüssen. Erreger wie die Salmonellen aktivieren unter Stressbedingungen (z. B. Austrocknung) ihre zahlreichen Schutzfaktoren. Das führt dazu, dass auch diese Erreger u. a. der bakteriziden Einwirkung der Verdauungssäfte wesentlich besser widerstehen können. Die gehäuften Salmonella-Erkrankungen von Säuglingen durch Tees (Fenchel, Kamille) wurden durch derartige Resistenz erhöhte Erreger ausgelöst.

Rechnungen ergaben, dass nur ein bis wenige Erreger von den erkrankten Kindern aufgenommen wurden.

Ein weiterer wichtiger Einfluss auf das Krankheitsgeschehen ist die momentane Resistenzlage des Verbrauchers. Dieser Faktor sollte nicht unterschätzt werden.

Die für Erkrankungen besonders empfängliche Verbrauchergruppe wird auch unter dem Begriff „YOPI" zusammengefasst: „Y" für „young" (junge Kinder unter sechs Jahren), „O" für „old" (ältere Personen über 60 Jahre), „P" für „pregnant" (schwangere Frauen/Embryonen) und „I" für „immunocompromised" (Personen, deren Immunsystem durch eine Erkrankung oder Therapie reduziert ist). Diese YOPI-Gruppe umfasst bereits etwa 30 % der deutschen Bevölkerung – aufgrund der Alterspyramide mit steigender Tendenz.

Als Grundlage für die Festlegung von mikrobiologischen Kriterien auf europäischer Ebene [16] wurden entsprechend den dargelegten Einflussfaktoren auf das Krankheitsgeschehen umfangreiche Risikobewertungen („Opinions") einzelner Erreger durchgeführt. Dazu gehören verotoxinogene *E. coli*, Staphylokokken-Enterotoxine, *Salmonella*, *Listeria monocytogenes*, *Vibrio vulnificus* und *V. parahaemolyticus* sowie Norovirus.

Ein Beispiel für die Notwendigkeit einer sorgfältigen Risikobewertung ist der Weg, der zur Festlegung gesetzlich verbindlicher mikrobiologischer Kriterien für *Listeria monocytogenes* geführt hat. Listerien sind in der Umwelt weit verbreitet. Sie sind primär Erdbewohner. Besonders reich an Listerien ist die Oberfläche von Brachflächen. Sie lassen sich jedoch auch im Schlamm, auf Pflanzen, im Stuhl gesunder und erkrankter Tiere und zu einem geringen Umfang auch im Stuhl gesunder Menschen nachweisen. Entsprechend ihrer ubiquitären Verbreitung können die Listerien in allen rohen Lebensmitteln (Fleisch, Geflügel, Gemüse, Milch, Meerestiere), im Erdboden und in Oberflächenwasser vorkommen. Die Listerien können beim Menschen sehr unterschiedliche akute und chronisch septische Erkrankungen verursachen. Sie rufen Eiterungen oder Abszesse bzw. tuberkuloseähnliche Granulome im Gehirn, in Leber, Milz und anderen Organen hervor. In der Schwangerschaft kann die intrauterine Infektion des Fetus zu Fehl- und Frühgeburten sowie zu neonatalen Erkrankungen des Neugeborenen führen.

Das ubiquitäre Vorkommen von *L. monocytogenes* lässt zur Bewertung mikrobiologischer Befunde nur eine differenzierte Betrachtungsweise zu, die die nachgewiesene Anzahl an Erregern im Lebensmittel und die Art des Lebensmittels sowie seine weitere Verwendung berücksichtigt. Von besonderer Bedeutung ist deshalb die Frage, ob sich die Listerien unter den vorgegebenen Bedingungen bis zum Erreichen des Mindesthaltbarkeitsdatums (MHD) im Lebensmittel noch auf Konzentrationen vermehren können, die zur Auslösung einer Erkrankung ausreichen (minimale Infektionsdosis). In der neuen EU-Verordnung über mikrobiologische Kriterien in Lebensmitteln werden deshalb die Lebensmittelgruppen (tischfertige Lebensmittel, in denen sich *L. monocytogenes* vermehren kann) besonders kritisch betrachtet. Grundsätzlich wird für diese Lebensmittel eine Nulltoleranz gefordert: Auf Ebene der Herstellung dürfen in 25 g dieser Produkte keine *L. monocytogenes* nachgewiesen werden.

Problematischer ist die Frage, welche Konzentrationen für den Verbraucher noch akzeptabel sind. Da Daten zur wissenschaftlichen Berechnung von Dosis-Wirkungsbeziehungen bei *L. monocytogenes* bisher fehlen, ist die minimale Infektionsdosis (MID) für Personen, die keiner bekannten Risikogruppe angehören, nur schwer abzuschätzen. Epidemiologische Analysen weisen darauf hin, dass die MID in einem Bereich von 10 000 *L. monocytogenes* liegt. Diese Abschätzung korreliert mit dem Befund, dass die mikrobielle Kontamination von Lebensmitteln, die als Ursache von Listeriose-Ausbrüchen identifiziert wurden, in einem Bereich zwischen 100 und 10^6 *L. monocytogenes*/g lag. Auf Basis dieser Daten wird angenommen, dass die Aufnahme von *L. monocytogenes* bis zu einer Konzentration von 100 Erregern/g Lebensmittel kein Gesundheitsrisiko für die oben genannte Personengruppe darstellt. Auf europäischer Ebene wird deshalb für im Handel befindliche tischfertige Lebensmittel, die eine Vermehrung von *L. monocytogenes* zulassen, ein Höchstwert von 100 KBE *L. monocytogenes*/g Lebensmittel gefordert, der bis zum Erreichen des MHDs nicht überschritten werden darf. Für empfindliche Verbraucher wie Säuglinge und Kleinkinder wird bis zum Erreichen des MHDs sogar eine Nulltoleranz (nicht nachweisbar in 25 g Produkt) gefordert [10, 16, 19].

3.5.2
Definitionen

Gesetzlich festgelegte mikrobiologische Grenzwerte (Standards, Warnwerte, verbindliche Kriterien) dürfen nicht überschritten werden. Sie schreiben z. B. die Abwesenheit von pathogenen Mikroorganismen oder von Indikatororganismen in einer bestimmten Menge eines Lebensmittels vor. Beispielsweise müssen 25 g eines Eiproduktes frei von Salmonellen [16] und 100 mL Trinkwasser frei von *E. coli* sein (Trinkwasser-Verordnung). Als Grenzwert gilt auch die in der Mykotoxin-Höchstmengenverordnung genannte Höchstmenge an Aflatoxinen in Lebensmitteln. In diesem Sinne ist auch der in den 3-Klasse-Plänen aufgeführte Wert „M" als Grenzwert zu verstehen.

Mikrobiologische Richtwerte (Toleranzwerte, „guidelines") sind allgemein gültige Keimzahlen mit empfehlendem Charakter, die nicht überschritten werden sollen. Sie dienen z. B. der innerbetrieblichen Kontrolle von Roh-, Zwischen- und Endprodukten. Ein gesetzlich festgelegter Richtwert ist z. B. die Gesamtzahl von 100 aeroben Keimen, die in 1 mL Trinkwasser nicht überschritten werden soll und der in den 3-Klassen-Plänen aufgeführte Wert „*m*".

Mikrobiologische Spezifikationen sind Richtwerte mit einem beschränkten Geltungsbereich. Sie werden z. B. zwischen Abnehmer und Lieferanten festgelegt und können Inhalt von Lieferverträgen sein.

3.5.3
Gesetzliche Kriterien und Empfehlungen

Deutschland/Europäische Union
Gesetzlich festgeschriebene Normen liegen in Deutschland vor allem für Lebensmittel tierischen Ursprungs (Milch und Milchprodukte, Hackfleisch, gekochte Krusten- und Schalentiere, Eiprodukte) sowie für Mineralwasser, Quell- und Tafelwasser sowie für diätetische Lebensmittel unter Verwendung von Milch- und Milcherzeugnissen vor. Hinzugekommen sind in der Verordnung (EG) 2073/2005 die pflanzlichen Produkte vorzerkleinertes Obst und Gemüse (verzehrsfertig) sowie nicht pasteurisierte Obst- und Gemüsesäfte (verzehrsfertig). In der Verordnung (EG) 2073/2005 werden folgende Mikroorganismen bzw. Mikroorganismengruppen berücksichtigt:
- aerobe Gesamtkeimzahl,
- *Salmonella*,
- *Listeria monocytogenes*
- koagulasepositive Staphylokken,
- *E. coli*,
- Enterobacteriaceae,
- *Listeria monocytogenes*,
- Staphylokokken-Enterotoxine und
- Histamin.

Die Verordnung konzentriert sich dabei nur auf besonders gefährdete Lebensmittelgruppen:
- tischfertige Lebensmittel für Säuglinge und Kleinkinder mit besonderem medizinischen Zweck,
- alle übrigen tischfertigen Lebensmittel mit besonderem medizinischen Zweck,
- tischfertige Lebensmittel, die rohes Ei enthalten,
- alle übrigen tischfertigen Lebensmittel,
- Hackfleisch/Faschiertes,
- Fleischzubereitungen,
- Geflügelfleischerzeugnisse, die keinem Salmonella abtötenden Verfahren unterzogen wurden,
- frische fermentierte Wurstwaren,
- Gelatine und Kollagen,
- Milch und bearbeitete Milcherzeugnisse,
- Eiererzeugnisse,
- lebende Muscheln, Stachelhäuter, Manteltiere und Schnecken,
- gekochte Krebs- und Weichtiere,
- übrige Fischereierzeugnisse,
- Keimlinge,
- nicht pasteurisierte Obst- und Gemüsesäfte,
- vorgeschnittenes Obst und Gemüse,
- Schlachtkörper und
- Innereien.

Schweiz

In der Schweiz sind in der „Verordnung über die hygienisch-mikrobiologischen Anforderungen an Lebensmitteln" (Hygieneverordnung) mikrobiologische Toleranz- und Grenzwerte für zahlreiche Lebensmittel und Mikroorganismen festgelegt [16]. Hinsichtlich pathogener Mikroorganismen in genussfertigen Lebensmitteln gelten folgende Toleranzwerte:

Bacillus cereus	10^4/g Lebensmittel
Clostridium perfringens	10^4/g Lebensmittel
koagulasepositive Staphylokokken	10^4/g Lebensmittel
Listeria monocytogenes	n.n. /25 g Lebensmittel
Salmonella	n.n./25 g Lebensmittel
Campylobacter	n.n./25 g Lebensmittel

Mikrobiologische Richt- und Warnwerte der Deutschen Gesellschaft für Hygiene und Mikrobiologie (DGHM) [4]

Die Arbeitsgruppe „Mikrobiologische Richt- und Warnwerte für Lebensmittel" der Fachgruppe Lebensmittelmikrobiologie und -hygiene der DGHM veröffentlicht seit 1988 für verschiedene Lebensmittelgruppen mikrobiologische Richt- und Warnwerte zur Beurteilung von Lebensmitteln. Sie sollen als objektivierte

Grundlage zur Beurteilung des mikrobiologisch-hygienischen Status eines Lebensmittels oder einer Lebensmittelgruppe zu verstehen sein und werden durch Arbeitsgruppenmitglieder aus Wirtschaft, Wissenschaft und der amtlichen Überwachung in gemeinsamer Beratung unter Berücksichtigung geltender nationaler und europäischer Gesetzgebung erarbeitet.

Die Werte sind rechtlich nicht bindend, geben aber sowohl den Herstellern und Inverkehrbringern als auch der amtlichen Lebensmittelüberwachung Anhaltspunkte hinsichtlich der Zuordnung zu allgemeinen rechtlichen (Hygiene-) Anforderungen.

Grundlage der Richt- und Warnwerte sind die Art und die Anzahl bestimmter Mikroorganismen, die für den gesundheitlichen Verbraucherschutz und für die Beurteilung der spezifischen Beschaffenheit eines Produktes relevant sind. Die Empfehlungen gelten für Angebotsformen mit der Zielgruppe Endverbraucher; Roh- und Zwischenerzeugnisse bleiben in der Regel unberücksichtigt.

In den Tabellen 3.1 bis 3.5 sind die mikrobiologischen Richt- und Warnwerte zusammengefasst, die ab 2004 neu erarbeitet oder überarbeitet und zum Teil noch nicht veröffentlicht wurden.

Tab. 3.1 Richt- und Warnwerte zur Beurteilung von Feinkostsalaten [b].

	Richtwert [KbE[a]/g]	Warnwert [KbE[a]/g]
aerobe mesophile Koloniezahl [c]	$1 \cdot 10^6$	–
Milchsäurebakterien [c]	$1 \cdot 10^6$	–
präsumptive *Bacillus cereus*	$1 \cdot 10^3$	$1 \cdot 10^4$
Sulfit reduzierende Clostridien	$1 \cdot 10^2$	$1 \cdot 10^3$
koagulasepositive Staphylokokken	$1 \cdot 10^2$	$1 \cdot 10^3$
Escherichia coli [d]	$1 \cdot 10^2$	$1 \cdot 10^3$
Salmonellen	–	n.n. in 25 g
Enterobacteriaceae	$1 \cdot 10^3$	$1 \cdot 10^4$
Listeria monocytogenes [e]	–	$1 \cdot 10^2$
Hefen [f]	$1 \cdot 10^5$	–

a) KbE: Kolonie bildende Einheiten.
b) Die aufgeführten Werte beziehen sich auf Untersuchungen auf Handelsebene. Die Werte müssen bis zum Erreichen des MHDs eingehalten werden.
c) Werden lebende Mikroorganismen als Starterkulturen zugesetzt oder Zutaten wie Käse, die lebende Organismen enthalten, muss dies bei der Beurteilung berücksichtigt werden.
d) Beim Nachweis von *E. coli* ist der Kontaminationsquelle nachzugehen.
e) Für den Nachweis und die Bewertung von *L. monocytogenes* sind Forderungen der Verordnung (EG) 2073/2005 sowie die Empfehlungen des BgVV vom Juli 2000, insbesondere die Anlagen 2–4 anzuwenden.
f) Der Richtwert bezieht sich auf eine Bebrütungstemperatur von 25 °C.

Tab. 3.2 Richt- und Warnwerte zur Beurteilung von Patisseriewaren mit nicht durchgebackener Füllung.

	Richtwert [KbE[a]/g]	Warnwert [KbE[a]/g]
aerobe mesophile Koloniezahl	$1 \cdot 10^6$	–
Salmonellen	–	n.n. in 25 g
präsumtive *Bacillus cereus*	$1 \cdot 10^3$	$1 \cdot 10^4$
Enterobacteriaceae	$1 \cdot 10^3$	$1 \cdot 10^4$
Escherichia coli[b]	$1 \cdot 10^1$	$1 \cdot 10^2$
Hefen	$1 \cdot 10^4$	–
Schimmelpilze	$1 \cdot 10^3$	–
koagulasepositive Staphylokokken	$1 \cdot 10^2$	$1 \cdot 10^3$
Listeria monocytogenes	–	$1 \cdot 10^2$ [c]

a) KbE: Kolonie bildende Einheiten.
b) Beim Nachweis von *E. coli* ist der Kontaminationsquelle nachzugehen.
c) Für den Nachweis und die Bewertung von *L. monocytogenes* sind die Forderungen der Verordnung (EG) 2073/2005 sowie die Empfehlungen des BgVV vom Juli 2000, insbesondere die Anlagen 2–4 anzuwenden.

Für die aufgeführten mikrobiologischen Kriterien für Fleischwaren, die in Zusammenarbeit mit der mikrobiologischen Arbeitsgruppe der staatlichen Untersuchungsämter von Nordrhein-Westfalen (ASVUA und CVUA) erarbeitet wurden, gelten folgende Hinweise:

- Die aufgeführten Werte beziehen sich auf Untersuchungen auf Handelsebene. Die Werte müssen bis zum Erreichen des MHDs eingehalten werden.
- Thermophile *Campylobacter*-Spezies sind zu einem hohen Prozentsatz in rohem Geflügelfleisch nachweisbar. Es wird deshalb empfohlen, bei Produkten, die rohes Geflügelfleisch enthalten oder roh verzehrt werden, die *Campylobacter*-Problematik zu beachten.
- Die in den Richt- und Warnwerten angeführten Werte für *Escherichia coli* gelten als Hygieneindikatoren. Beim Nachweis von *E. coli* sollte allerdings der Kontaminationsquelle nachgegangen werden. Sollte das Ziel der Untersuchungen der Ausschluss von pathogenen *E. coli*-Spezies sein, sind die Richt- und Warnwerte nicht anzuwenden. Die Isolate müssen in diesem Fall hinsichtlich des Auftretens bestimmter Pathogenitätseigenschaften untersucht werden. Enterohämorrhagische *E. coli* (STEC/EHEC) werden durch die Routinemethodik zum Nachweis von *E. coli* nicht mit erfasst, sondern erfordern ggf. einen gesonderten Untersuchungsgang.

Tab. 3.3 Richt- und Warnwerte zur Beurteilung von Brühwurst, Kochwurst, Kochpökelwaren sowie Sülzen und Aspikwaren (St = vakuumverpackte Stückware; A = Aufschnittware) auf Handelsebene[b].

	Ware	Richtwert [KbE[a]/g]	Warnwert [KbE[a]/g]
aerobe mesophile Gesamtkeimzahl	ST	$5 \cdot 10^4$	–
	A	$5 \cdot 10^6$	
Enterobacteriaceae	ST	$1 \cdot 10^2$	$1 \cdot 10^3$
	A	$1 \cdot 10^3$	$1 \cdot 10^4$
Escherichia coli[c]	ST	$1 \cdot 10^1$	$1 \cdot 10^2$
	A	$1 \cdot 10^1$	$1 \cdot 10^2$
koagulasepositive Staphylokokken	ST	$1 \cdot 10^1$	$1 \cdot 10^2$
	A	$1 \cdot 10^1$	$1 \cdot 10^2$
Milchsäurebakterien	ST	$5 \cdot 10^4$	–
	A	$5 \cdot 10^6$	–
Hefen	A	$1 \cdot 10^4$	–
Salmonellen	ST	–	n.n. in 25 g
	A	–	
Listeria monocytogenes[c]	ST	–	$1 \cdot 10^2$
	A	–	
Sulfit reduzierende Clostridien[d]	ST	$1 \cdot 10^2$	–
	A	$1 \cdot 10^2$	

a) KbE: Kolonie bildende Einheiten.
b) Die Hinweise in der Präambel zum Abschnitt „Fleischerzeugnisse" (s. Text) sind zu beachten.
c) Für den Nachweis und die Bewertung von *L. monocytogenes* sind Forderungen der Verordnung (EG) 2073/2005 sowie die Empfehlungen des BgVV vom Juli 2000, insbesondere die Anlagen 2–4 anzuwenden.
d) Bei nachpasteurisierter Ware sowie Kochwürsten sollte auf Sulfit reduzierende Clostridien untersucht werden.

Tab. 3.4 Richt- und Warnwerte zur Beurteilung von Rohwürsten und Rohpökelware auf Handelsebene[b].

		Richtwert [KbE[a]/g]	Warnwert [KbE[a]/g]
Enterobacteriaceae	ausgereift + schnittfest	$1 \cdot 10^2$	$1 \cdot 10^3$
	streichfähig	$1 \cdot 10^3$	$1 \cdot 10^4$
koagulasepositive Staphylokokken		$1 \cdot 10^3$	$1 \cdot 10^4$
Escherichia coli		$1 \cdot 10^1$	$1 \cdot 10^2$
Salmonellen		–	n.n. in 25 g
Listeria monocytogenes[c]		–	$1 \cdot 10^2$

a) KbE: Kolonie bildende Einheiten.
b) Die Hinweise in der Präambel zum Abschnitt „Fleischerzeugnisse" sind zu beachten.
c) Für den Nachweis und die Bewertung von *L. monocytogenes* sind die Forderungen der Verordnung (EG) 2073/2005 sowie die Empfehlungen des BgVV vom Juli 2000, insbesondere die Anlagen 2–4 anzuwenden.

Tab. 3.5 Richt- und Warnwerte zur Beurteilung von ungewürztem und gewürztem Hackfleisch auf Handelsebene [b].

	Richtwert [KbE[a]/g]	Warnwert [KbE[a]/g]
aerobe mesophile Gesamtkeimzahl	$5 \cdot 10^6$	–
Pseudomonaden	$1 \cdot 10^6$	–
Enterobacteriaceae	$1 \cdot 10^4$	$1 \cdot 10^5$
Escherichia coli ungewürzt	$1 \cdot 10^2$	$1 \cdot 10^3$
gewürzt	$1 \cdot 10^3$	$1 \cdot 10^4$
koagulasepositive Staphylokokken	$5 \cdot 10^2$	$5 \cdot 10^3$
Salmonellen [c]	–	n.n. in 25 g
Listeria monocytogenes [d]	–	$1 \cdot 10^2$

a) KbE: Kolonie bildende Einheiten.
b) Die Hinweise in der Präambel zum Abschnitt „Fleischerzeugnisse" (s. Text) sind zu beachten.
c) Gesetzliche Regelungen können andere Untersuchungsmengen vorschreiben.
d) Für den Nachweis und die Bewertung von *L. monocytogenes* sind die Forderungen der Verordnung (EG) 2073/2005 sowie die Empfehlungen des BgVV vom Juli 2000, insbesondere die Anlagen 2–4 anzuwenden.

Bedeutung der DGHM-Richt- und Warnwerten

Richtwerte geben eine Orientierung, welches produktspezifische Mikroorganismenspektrum zu erwarten und welche Mikroorganismengehalte in den jeweiligen Lebensmitteln bei Einhaltung einer guten Hygienepraxis akzeptabel sind. Proben mit Keimgehalten unter oder gleich dem Richtwert sind stets verkehrsfähig. In dieser Eigenschaft entspricht der Richtwert dem Wert „m" der „Sampling for microbiological analysis: Principles and specific applications", University of Toronto Press 1986 (ICMSF).

Im Rahmen der betrieblichen Kontrollen zeigt eine Überschreitung des Richtwertes Schwachstellen im Herstellungsprozess und die Notwendigkeit an, die Wirksamkeit der vorbeugenden Maßnahmen zu überprüfen und Maßnahmen zur Verbesserung der Hygienesituation einzuleiten. Die Feststellung einer Richtwertüberschreitung durch die amtliche Lebensmittelüberwachung kann einen Hinweis oder eine Belehrung, die Entnahme von Nachproben oder eine außerplanmäßige Betriebskontrolle zur Folge haben.

Warnwerte geben Mikroorganismengehalte an, deren Überschreitung einen Hinweis darauf gibt, dass die Prinzipien einer guten Hygienepraxis verletzt wurden und zudem eine Gesundheitsgefährdung des Verbrauchers nicht auszuschließen ist. Die amtliche Lebensmittelüberwachung ergreift bei Überschreitung des Warnwertes unter Wahrung der Verhältnismäßigkeit die erforderlichen lebensmittelrechtlichen Maßnahmen. Dabei wird die Zusammensetzung des Lebensmittels, die weitere Zubereitung für den Verzehr sowie die Zweckbestimmung berücksichtigt. Der Warnwert entspricht dem Wert „M" der „Sampling for microbiological analysis: Principles and specific applications", University of Toronto Press 1986 (ICMSF).

Weitere Empfehlungen zur mikrobiologischen Beurteilung von Lebensmitteln

Mikrobiologische Kriterien wurden für zahlreiche Lebensmittel veröffentlicht. Dazu gehören z. B. Werte für verzehrsfertige Lebensmittel [13] oder marinierte Fleischzubereitungen [14]. Eine gute Übersicht aktueller Vorschriften aus Deutschland und der Schweiz gibt das Buch „Mikrobiologische Kriterien für Lebensmittel" [5]. Sehr umfangreich sind die von der Landesuntersuchungsanstalt Sachsen veröffentlichten Werte [12].

3.6 Literatur

1 Bundesinstitut für Risikobewertung (vormals BgVV) (2000) Empfehlungen zum Nachweis und zur Bewertung von *Listeria monocytogenes* in Lebensmitteln im Rahmen der amtlichen Lebensmittelüberwachung.
2 Codex Alimentarius Commission (1997) General principles for the establishment and application of microbiological criteria for foods. CAC/GL 21. www.codexalimentarius.net
3 Codex Alimentarius Commission (1999) Draft principles and guidelines for the conduct of microbiological risk assessment. www.codexalimentarius.net
4 Deutsche Gesellschaft für Hygiene und Mikrobiologie (DGHM) (2005) Mikrobiologische Richt- und Warnwerte für Lebensmittel auf Handelsebene (2005). *www.lm-mibi.uni-bonn.de*
5 Eisgruber, H. und Stolle, A. (2004) Mikrobiologische Kriterien für Lebensmittel. Behrs-Verlag, Hamburg.
6 Europäische Union: Rechtsvorschriften. www.europa.eu.int/comm/food
7 Frede, W. (Hrsg.) (2006) Taschenbuch für Lebensmittelchemiker. Springer-Verlag Berlin, Heidelberg.
8 Hildebrandt, G. (2006) Probenahme- und Prüfpläne. In: (Baumgart J.): Mikrobiologische Untersuchung von Lebensmitteln, Behr's Verlag (lose Blattsammlung).
9 ICMSF (2005) Sampling plans. In: Microorganisms in foods 7. Microbial testing in food safety management. Kluwer Academic/Plenum Publishers, New York.
10 Jay, J. M., Loessner, M. J. und Golden, D. A. (2005) The HACCP and FSO Systems for food safety. In: Modern Food Microbiology, Springer Science + Business Media. Inc. New York.
11 Krämer, J. (2002) Lebensmittel-Mikrobiologie, Verlag Eugen Ulmer.
12 Landesuntersuchungsanstalt für das Gesundheits- und Veterinärwesen des Freistaates Sachsen 2005: Sammlung Mikrobiologischer Grenz, Richt- und Warnwerte zur Beurteilung von Lebensmitteln und Bedarfsgegenständen. www.lua.sachsen.de
13 PHLS Advisory Committee for Food and Dairy Products (2000) Guidelines for the microbiological quality of some ready-to-eat foods sampled at the point of sale. *Communicable Disease and Public Health* 3, 163–167.
14 Mahler, C, Babbel, I. und Stolle, A. (2004) Richtwerte; Mikrobiologische und sensorische Untersuchungen über die Qualität von marinierten Fleischzubereitungen zur Feststellung des Mindesthaltbarkeitsdatums. *Der Lebensmittelbrief* 1/2, 19–21.
15 Verordnung (EG) 853/(2004) über spezifische Hygienevorschriften für Lebensmittel tierischen Ursprungs.
16 Verordnung (EG) 2073/(2005) über mikrobiologische Kriterien für Lebensmittel.
17 Verordnung zur Änderung tierseuchen- und lebensmittelrechtlicher Vorschriften zur Überwachung von Zoonosen und Zoonosenerreger (2004).
18 Schweizerische Verordnung des EDI über die hygienischen und mikrobiologischen Anforderungen an Lebensmittel, Gebrauchsgegenstände, Räume, Einrichtungen und Personal (Hygieneverordnung, HyV) (2002).
19 van Schotthorst, M (1999) Use and misuse of microbiological criteria. *ZLR* 1, 79–82.

Übersicht der veröffentlichten Empfehlungen der DGHM

1 Rohe, trockene Teigwaren
Öffentliches Gesundheitswesen **50**, 183–184 (1988).
Bundesgesundheitsblatt **31**, 93–94 (1988).
Deutsche LM-Rundschau, 84. Jahrg., Heft 4 (1988).

2 Gewürze
Öffentliches Gesundheitswesen **50**, 183–184 (1988).
Bundesgesundheitsblatt **31**, 93–94 (1988).
Deutsche LM-Rundschau, 84. Jahrg., Heft 4 (1988).

3 Trockensuppen u. a. Trockenprodukte
Öffentliches Gesundheitswesen **50**, 183–184 (1988).
Bundesgesundheitsblatt **31**, 93–94 (1988).
Deutsche LM-Rundschau, 84. Jahrg., Heft 4 (1988).

4 Instantprodukte
Öffentliches Gesundheitswesen **50**, 183–184 (1988).
Bundesgesundheitsblatt **31**, 93–94 (1988).
Deutsche LM-Rundschau, 84. Jahrg., Heft 4 (1988).

5 Mischsalate
Bundesgesundheitsblatt **33**, 6–9 (1990).
Lebensmitteltechnik **11**, 662–669 (1990).

6 TK-Backwaren (durchgebacken)
Öffentliches Gesundheitswesen **53**, 191 (1991).
Lebensmitteltechnik **4**, 162 (1991).

7 TK-Backwaren (roh/teilgegart)
Öffentliches Gesundheitswesen **53**, 191 (1991).
Lebensmitteltechnik **4**, 162 (1991).

8 TK-Patisseriewaren
Öffentliches Gesundheitswesen **53**, 191 (1991).
Lebensmitteltechnik **4**, 162 (1991).

9 Feinkostsalate (am 9. 5. 2006 aktualisiert: Tab. 3.1)
Öffentliches Gesundheitswesen **54**, 110 (1992).
Lebensmitteltechnik **5**, 12 (1992).

10 TK-Fertiggerichte (roh/teilgegart u. gegart)
Öffentliches Gesundheitswesen **54**, 209 (1992).
Lebensmitteltechnik **3**, 89 (1992).

11 Sojaprodukte (Tofu)
Öffentliches Gesundheitswesen **56**, 643–644, (1994).
Lebensmitteltechnik **1–2**, 50 (1995).

12 Patisseriewaren mit nicht durchgebackener Füllung (am 25.05.2004 aktualisiert: Tab. 3.2)
Lebensmitteltechnik **6**, 52 (1996).

13 Feuchte Teigwaren (verpackt)
Feuchte Teigwaren (offen angeboten)
Lebensmitteltechnik **7–8**, 45–46 (1996).

14 Aufgeschlagene Sahne
Lebensmitteltechnik **3**, 60–61 (1999).

15 Kakaopulver
Hygiene u. Mikrobiologie, Mitteilungsblatt 2. Jahrg., **2**, 31 (1998).

16 Schokoladen (hell und dunkel), Kakaopulver
Lebensmitteltechnik **10**, 62–63 (1999).

17 Naturdärme
Lebensmitteltechnik **3**, 85–86 (2000).
Fleischwirtschaft **4**, 68–69 (2000).

18 Getr. Früchte inkl. Rosinen, Obstpulver, Nüsse u. Kokosflocken
Lebensmitteltechnik **9**, 72–73 (2000).

19 Fruchtpulpen
Lebensmitteltechnik **3**, 70–71 (2002).

20 Räucherlachs
Lebensmitteltechnik **6**, 67–68 (2001).

21 Graved Lachs
Lebensmitteltechnik **6**, 67–68 (2001).

22 Säuglingsnahrung auf Milchpulverbasis
Lebensmitteltechnik **3**, 70–71 (2002).

23 Getreidemahlerzeugnisse
Lebensmitteltechnik **10**, 68–69 (2003).

24 Seefische
Lebensmitteltechnik **11**, 70–71 (2004).

25 Fleischerzeugnisse (Stand: 25. 05. 2004)
Brühwurst, Kochwurst, Kochpökelwaren sowie Sülzen und Aspikwaren, Rohwürste und Rohpökelwaren, Hackfleisch: s. Tabellen 3.3, 3.4 und 3.5.

4
Sicherheitsbewertung von neuartigen Lebensmitteln und Lebensmitteln aus genetisch veränderten Organismen

Annette Pöting

4.1
Einleitung

Im Unterschied zu Lebensmittelzusatzstoffen sowie Rückständen und Kontaminanten werden traditionelle Lebensmittel in der Regel als sicher angesehen und nicht systematisch einer gesundheitlichen Bewertung unterzogen. Risikoabschätzungen werden meist nur dann vorgenommen, wenn Erfahrungen bei Menschen oder Tieren auf eine schädliche Wirkung bestimmter Erzeugnisse hindeuten und/oder gesundheitlich bedenkliche Inhaltsstoffe nachgewiesen wurden.

Bei neuartigen Lebensmitteln und Erzeugnissen aus genetisch veränderten Organismen (GVO) liegen dagegen in der Europäischen Union (EU) keine Erfahrungen mit dem Verzehr vor. Außerdem muss bei ihnen damit gerechnet werden, dass völlig neue Inhaltsstoffe vorkommen und/oder die Gehalte bekannter Lebensmittelbestandteile verändert sind. Deshalb ist hier eine Sicherheitsbewertung vorzunehmen, für die erst kürzlich Strategien und Beurteilungskriterien erarbeitet wurden. Die erforderlichen Informationen sind im Rahmen gemeinschaftlicher Zulassungsverfahren von den Antragstellern vorzulegen. Eine Genehmigung für die Vermarktung wird nur erteilt, wenn die Bewertung keine Hinweise auf Risiken für die Gesundheit der Verbraucher ergibt beziehungsweise wenn bestehende Risiken durch angemessene Maßnahmen des Risiko-Managements, z. B. eine Kennzeichnung, vermieden werden können.

4.2
Definitionen und rechtliche Aspekte

4.2.1
Novel Foods-Verordnung

Mit dem Inkrafttreten der Verordnung (EG) Nr. 258/97 über neuartige Lebensmittel und Lebensmittelzutaten (*Novel Foods*-Verordnung) [18] wurde in den Mitgliedstaaten der Europäischen Union (EU) erstmals ein allgemeines Zulassungsverfahren für Lebensmittel eingeführt. Vorher unterlagen die Herstellung beziehungsweise der Import und die Vermarktung von Erzeugnissen den jeweiligen nationalen Regelungen, in Deutschland den Bestimmungen des Lebensmittel- und Bedarfsgegenständegesetzes (LMBG) [28].

Definitionsgemäß als neuartig gelten Lebensmittel und Lebensmittelzutaten, die in der EU vor dem Stichtag 15. Mai 1997 noch nicht in nennenswertem Umfang für den menschlichen Verzehr verwendet wurden und den folgenden Gruppen zuzuordnen sind:
Lebensmittel und Lebensmittelzutaten,
- die eine neue oder gezielt modifizierte primäre Molekularstruktur aufweisen,
- die aus Mikroorganismen, Pilzen oder Algen bestehen oder aus diesen isoliert wurden,
- die aus Pflanzen bestehen oder aus Pflanzen isoliert wurden sowie aus Tieren isolierte Lebensmittelzutaten (ausgenommen sind Erzeugnisse, die mit herkömmlichen Vermehrungs- oder Zuchtmethoden gewonnen wurden und erfahrungsgemäß als unbedenklich gelten können),
- bei deren Herstellung ein nicht übliches Verfahren angewandt wurde, und bei denen dieses Verfahren eine bedeutende Veränderung ihrer Zusammensetzung oder Struktur bewirkt, was sich auf den Nährwert, ihren Stoffwechsel oder auf die Menge unerwünschter Stoffe im Lebensmittel auswirkt.

Eine besondere Kategorie von Erzeugnissen bilden funktionelle Lebensmittel. Ein Lebensmittel kann als funktionell angesehen werden, wenn es über adäquate ernährungsphysiologische Effekte hinaus einen nachweisbaren positiven Effekt auf eine oder mehrere Zielfunktionen im Körper ausübt, so dass ein verbesserter Gesundheitsstatus oder gesteigertes Wohlbefinden und/oder eine Reduktion von Krankheitsrisiken erzielt wird [4]. Bisher existieren keine spezifischen gesetzlichen Regelungen für diese Erzeugnisse, sofern sie aber den Definitionen eines neuartigen Lebensmittels entsprechen, fallen sie in den Geltungsbereich der *Novel Foods*-Verordnung.

In der ursprünglichen Fassung galt die Verordnung auch für Erzeugnisse aus GVO. Diese werden jedoch seit dem Inkrafttreten spezifischer Rechtsvorschriften separat geregelt (s. Abschnitt 4.2.2). Ebenfalls nicht in den Geltungsbereich fallen Lebensmittelzusatzstoffe und Aromen sowie Extraktionslösemittel, für die jeweils eigene Rechtsvorschriften gelten. Diese Ausnahmen bestehen allerdings nur, solange die in den jeweiligen Richtlinien festgelegten Sicherheitsniveaus dem der *Novel Foods*-Verordnung entsprechen.

Will ein Hersteller oder Importeur ein neuartiges Lebensmittel auf den Markt bringen, kommen in Abhängigkeit von der Art des Erzeugnisses zwei Verfahren in Frage:

Beim Genehmigungsverfahren nach Artikel 4 der Verordnung ist in dem Mitgliedstaat, in dem das Erzeugnis erstmals in den Verkehr gebracht werden soll, ein Antrag zu stellen. Dieser muss unter anderem die für eine Sicherheitsbewertung erforderlichen Informationen enthalten. Die zuständige Lebensmittelprüfstelle des Mitgliedstaats ist dafür verantwortlich, dass innerhalb von drei

Monaten ein Bericht über die Erstprüfung des Antrags erstellt und an die Europäische Kommission übermittelt wird. Hält die Lebensmittelprüfstelle keine ergänzende Prüfung für notwendig und erheben die übrigen Mitgliedstaaten sowie die Kommission innerhalb von 60 Tagen keine begründeten Einwände, kann der Mitgliedstaat dem Antragsteller die Genehmigung für die Vermarktung des neuartigen Erzeugnisses in der gesamten EU erteilen.

Ist jedoch eine ergänzende Prüfung erforderlich oder werden Einwände erhoben, wird eine Entscheidung über die Genehmigung in einem gemeinschaftlichen Verfahren herbeigeführt. In diesem Fall holt die Kommission zu den gesundheitsrelevanten Fragen eine Stellungnahme der Europäischen Behörde für Lebensmittelsicherheit (*European Food Safety Authority* – EFSA) ein. Zuständig ist das Wissenschaftliche Gremium für diätetische Produkte, Ernährung und Allergien (Scientific Panel on Dietetic Products, Nutrition and Allergies – NDA). Vor Einrichtung der EFSA hat der Wissenschaftliche Ausschuss für Lebensmittel (*Scientific Committee on Food* – SCF) der Europäischen Kommission diese Funktion wahrgenommen. Wird das Erzeugnis als sicher bewertet, legt die Kommission einen Entscheidungsentwurf vor. Nach Beratung dieses Vorschlags entscheidet der mit Vertretern der Mitgliedstaaten besetzte Ständige Ausschuss für die Lebensmittelkette und Tiergesundheit mit qualifizierter Mehrheit (Ausschussverfahren). Im Fall einer Zustimmung erteilt die Kommission dem Antragsteller die Genehmigung für die Vermarktung. Kommt keine qualifizierte Mehrheit zustande, wird der mit Fachministern der Mitgliedstaaten besetzte Rat eingeschaltet. Hat auch dieser innerhalb von drei Monaten keinen Beschluss gefasst, entscheidet die Kommission über die Genehmigung. Die Entscheidungen werden im Amtsblatt der EU veröffentlicht.

Ein vereinfachtes Anmeldeverfahren (Notifizierung) nach Artikel 5 der Verordnung ist für neuartige Lebensmittel und Lebensmittelzutaten vorgesehen, die traditionellen Erzeugnissen hinsichtlich ihrer Zusammensetzung, ihres Nährwerts, ihres Stoffwechsels, ihres Verwendungszwecks und ihres Gehalts an unerwünschten Stoffen im Wesentlichen gleichwertig sind. Zusammen mit der Mitteilung an die Kommission über das Inverkehrbringen ist ein wissenschaftlicher Nachweis oder – so die übliche Praxis – eine Stellungnahme der zuständigen Lebensmittelprüfstelle eines Mitgliedstaates vorzulegen, anhand derer die wesentliche Gleichwertigkeit belegt wird. Eine Liste der Notifizierungen wird einmal jährlich im Amtsblatt der EU publiziert.

Neben den üblichen Anforderungen der gemeinschaftlichen Rechtsvorschriften für die Etikettierung von Lebensmitteln gelten für neuartige Erzeugnisse zusätzliche spezifische Anforderungen zur Unterrichtung der Verbraucher. Anzugeben sind alle Merkmale oder Ernährungseigenschaften wie Zusammensetzung, Nährwert oder nutritive Wirkungen sowie Verwendungszweck, die sie von traditionellen Produkten unterscheiden. Darüber hinaus sind neue Inhaltsstoffe anzugeben, die die Gesundheit bestimmter Bevölkerungsgruppen beeinflussen können oder gegen die ethische Vorbehalte bestehen.

In Deutschland ist gemäß dem Gesetz zur Neuorganisation des gesundheitlichen Verbraucherschutzes und der Lebensmittelsicherheit seit dem 1. November 2002 das Bundesamt für Verbraucherschutz und Lebensmittelsicherheit (BVL) die für die Antragsbearbeitung zuständige Behörde [30]. Die Sicherheitsbewertungen sowie die Prüfungen der wesentlichen Gleichwertigkeit nimmt das Bundesinstitut für Risikobewertung (BfR) vor, das sich dabei in speziellen Fragen von einer Sachverständigenkommission beraten lässt.

4.2.2
Verordnung über genetisch veränderte Lebens- und Futtermittel

Am 18. April 2003 trat die Verordnung (EG) Nr. 1829/2003 über genetisch veränderte Lebensmittel und Futtermittel [22] in Kraft, gleichzeitig mit der Verordnung (EG) Nr. 1830/2003 [23], welche die Rückverfolgbarkeit und Kennzeichnung von GVO und daraus hergestellten Erzeugnissen regelt. Durch Erlass dieser Rechtsvorschriften wurden Lebensmittel, die aus GVO gewonnen werden, aus der *Novel Foods*-Verordnung herausgelöst.

In den Geltungsbereich der Verordnungen fallen
- GVO, die zur Verwendung als Lebensmittel oder in Lebensmitteln bestimmt sind,
- Lebensmittel, die GVO enthalten oder aus GVO bestehen,
- Lebensmittel, die aus GVO hergestellt werden oder Zutaten enthalten, die aus GVO hergestellt werden.

Abgedeckt sind also Lebensmittel, die „aus" einem GVO, jedoch nicht solche, die „mit" einem GVO hergestellt werden. Entscheidend ist dabei, ob das Erzeugnis einen Stoff enthält, der aus einem genetisch veränderten Ausgangsmaterial stammt. Lebensmittel, die aus Tieren stammen, welche mit genetisch veränderten Futtermitteln gefüttert wurden, sind nicht erfasst.

Lebensmittelzusatzstoffe und Aromen, die GVO enthalten, daraus bestehen oder daraus hergestellt werden, fallen hinsichtlich der Sicherheitsbewertung der genetischen Veränderung in den Geltungsbereich der Verordnung über genetisch veränderte Lebens- und Futtermittel. Ansonsten unterliegen sie den derzeit geltenden europäischen beziehungsweise nationalen Rechtsvorschriften für diese Erzeugnisse.

Zulassungsanträge sind bei der zuständigen Behörde eines Mitgliedstaates zu stellen, welche diese an die EFSA weiterleitet. Letztere informiert die anderen Mitgliedstaaten sowie die Kommission und stellt ihnen alle vom Antragsteller gelieferten Informationen zur Verfügung. Innerhalb von sechs Monaten sollte die EFSA eine Stellungnahme abgeben. Sie kann dazu ihr Wissenschaftliches Gremium für genetisch veränderte Organismen (GVO-Gremium; Scientific Panel on Genetically Modified Organisms – GMO) oder eine der zuständigen nationalen Behörden ersuchen, eine Sicherheitsbewertung für die Verwendung zu Lebensmittel- und Futtermittelzwecken vorzunehmen. Im Fall von Lebensmitteln, die GVO enthalten oder aus solchen bestehen, ist darüber hinaus eine Prüfung der Umweltverträglichkeit gemäß Richtlinie 2001/18/EG über die absichtliche Freisetzung genetisch veränderter Organismen in die Umwelt [20] erforderlich. Diese Richtlinie regelt die Freisetzung zu Erprobungs- oder Forschungszwecken sowie das Inverkehrbringen von GVO, z. B. durch kommerziellen Anbau in der EU oder die Einfuhr aus Ländern außerhalb der EU.

Auf der Grundlage der Stellungnahme der EFSA legt die Kommission dem Ständigen Ausschuss für die Lebensmittelkette und Tiergesundheit einen Entscheidungsentwurf vor. Die endgültige Entscheidung wird im Ausschussverfahren getroffen (s. Abschnitt 4.2.1). Zulassungen sind auf zehn Jahre befristet und können auf Antrag für weitere zehn Jahre erneuert werden.

Für Erzeugnisse, die GVO enthalten, daraus bestehen oder aus GVO hergestellt wurden, gelten neben den anderen EU-Kennzeichnungsvorschriften für Lebensmittel spezifische Anforderungen. Sie müssen als „genetisch verändert", „aus genetisch verändertem ... hergestellt", „enthält genetisch veränderten ..." oder „enthält aus genetisch verändertem ... hergestellte(n) ..." ausgewiesen werden. Darüber hinaus sind alle Merkmale oder Eigenschaften anzugeben, die sie von traditionellen Erzeugnissen unterscheiden. Dies kann die Zusammensetzung, den Nährwert, Verwendungszweck sowie Auswirkungen auf die Gesundheit bestimmter Bevölkerungsgruppen betreffen. Des Weiteren ist anzugeben, wenn ein Lebensmittel Anlass zu ethischen oder religiösen Bedenken geben könnte.

In Deutschland ist nach dem EG-Gentechnik-Durchführungsgesetz das BVL die für die Antragsbearbeitung gemäß VO (EG) Nr. 1829/2003 zuständige Behörde. Stellungnahmen zur Sicherheit von Lebens- und Futtermitteln aus GVO ergehen im Benehmen mit dem BfR und dem Robert-Koch-Institut (RKI). Stellungnahmen zur Umweltverträglichkeit von GVO ergehen im Benehmen mit dem Bundesamt für Naturschutz (BfN) und dem RKI. Zu beteiligen sind darüber hinaus das BfR, die Biologische Bundesanstalt für Land- und Forstwirtschaft (BBA) und, wenn genetisch veränderte Wirbeltiere oder Mikroorganismen, die an Wirbeltieren angewendet werden, betroffen sind, das Friedrich-Loeffler-Institut (FLI) [29].

4.3
Sicherheitsbewertung neuartiger Lebensmittel und Lebensmittelzutaten

Bei der Sicherheitsbewertung neuartiger Lebensmittel spielt die toxikologische Beurteilung einschließlich einer Einschätzung der möglichen Allergenität eine wichtige Rolle. Daneben sind Ernährungsaspekte und die mikrobiologische Sicherheit von Bedeutung.

4.3.1
Anforderungen

Nach den Bestimmungen der *Novel Foods*-Verordnung (s. Abschnitt 4.2.1) dürfen neuartige Lebensmittel und Lebensmittelzutaten
- keine Gefahr für den Verbraucher darstellen,
- den Verbraucher nicht irreführen,

- sich von Lebensmitteln oder Lebensmittelzutaten, die sie ersetzen sollen, nicht so unterscheiden, dass ihr normaler Verzehr Ernährungsmängel für den Verbraucher mit sich brächte.

Die Prüfung und Bewertung orientiert sich an den Empfehlungen des SCF [17]. Diese Leitlinien sollen die Antragsteller bei der Formulierung ihrer Anträge unterstützen und darüber hinaus zu einer Harmonisierung der Bewertung durch die zuständigen nationalen Behörden beitragen. Enthalten sind weiterhin Empfehlungen für die Beurteilung von Lebensmitteln aus genetisch veränderten Organismen, die mittlerweile durch spezifische Leitlinien ersetzt wurden (s. Abschnitt 4.4.1).

Aufgrund der Heterogenität neuartiger Lebensmittel und Lebensmittelzutaten erfolgt die Sicherheitsbewertung grundsätzlich in Form einer Einzelfallbetrachtung (*case-by-case*). Für die Beurteilung sind in der Regel Informationen zu folgenden Aspekten erforderlich:
- Spezifikation,
- Herstellungsverfahren und Auswirkungen auf das Produkt,
- frühere Verwendung und dabei gewonnene Erfahrungen,
- voraussichtlicher Konsum/Ausmaß der Nutzung,
- ernährungswissenschaftliche Aspekte,
- mikrobiologische Aspekte,
- toxikologische Aspekte.

4.3.2
Spezifikation

Durch die Spezifikation von Herkunft und Zusammensetzung wird gewährleistet, dass das geprüfte und bewertete neuartige Lebensmittel mit dem in den Handel kommenden übereinstimmt. Bei der Aufstellung einer Spezifikation sollten insbesondere solche Parameter berücksichtigt werden, die für die Beurteilung der Sicherheit sowie der ernährungsphysiologischen Eigenschaften bedeutsam sind.

Im Fall komplexer Lebensmittel und Lebensmittelzutaten ist eine taxonomische Klassifizierung des Organismus vorzunehmen, aus dem das Erzeugnis gewonnen wird. Darüber hinaus sollten die wesentlichen Makro- und Mikronährstoffe, Inhaltsstoffe mit toxischen, antinutritiven und pharmakologischen Wirkungen sowie mögliche chemische und mikrobielle Kontaminanten spezifiziert werden. Handelt es sich um Einzelsubstanzen oder Gemische, sind die bei Chemikalien üblichen Angaben erforderlich wie chemische Bezeichnung(en), chemische Formel(n), Strukturformel(n), Molekulargewicht(e) und Zusammensetzung. Darüber hinaus sind physikalisch-chemische Eigenschaften sowie Reinheitsgrad und mögliche Verunreinigungen zu spezifizieren.

4.3.3
Herstellungsverfahren und Auswirkungen auf das Produkt

Die Verfahren zur Herstellung beziehungsweise Gewinnung eines Erzeugnisses sowie die weitere Verarbeitung beeinflussen die Beschaffenheit des Endprodukts und können gesundheitlich relevante Auswirkungen haben. Daher müssen die einzelnen Verfahrensschritte unter Angabe der verwendeten Rohstoffe und Chemikalien sowie der Anlagen und Prozessparameter detailliert beschrieben werden. Wichtig ist dabei vor allem die Identifizierung und Quantifizierung möglicher Rückstände aus diesen Verfahren im Endprodukt.

4.3.4
Frühere Verwendung und dabei gewonnene Erfahrungen

Informationen über eine frühere und gegenwärtige Nutzung des neuartigen Erzeugnisses zum Zweck der Ernährung sowie die dabei gewonnenen Erfahrungen sind für die Bewertung von besonderer Bedeutung. Allerdings ist allein die Tatsache, dass ein Produkt in anderen Kulturkreisen als Lebensmittel genutzt wird, noch kein ausreichender Beleg dafür, dass es auch in der EU ohne Risiko für die Gesundheit verwendet werden kann. Bei pflanzlichen Erzeugnissen können z. B. die traditionellen Methoden der Gewinnung und Zubereitung zur Entfernung kritischer Pflanzenteile oder zur Inaktivierung toxikologisch bedenklicher Inhaltsstoffe führen. Entsprechende Angaben sind daher für die Bewertung unbedingt erforderlich.

Von Bedeutung sind auch Informationen über eine Verwendung im medizinischen Bereich. So lässt sich aus einer Nutzung als traditionelles Heilmittel in der Regel auf das Vorkommen pharmakologisch aktiver Inhaltsstoffe schließen, deren mögliche Wirkungen bewertet werden müssen.

4.3.5
Voraussichtlicher Konsum/Ausmaß der Nutzung

Die Abschätzung der Exposition des Verbrauchers ist ein essenzieller Bestandteil der Sicherheitsbewertung. Wichtig ist die Identifizierung von Bevölkerungsgruppen mit hohem Verzehr, wobei ein besonderes Augenmerk auf Kinder, Schwangere und ältere Menschen sowie Personen mit spezifischen gesundheitlichen Risiken zu richten ist. Auf der Grundlage aktueller Verzehrsdaten für vergleichbare traditionelle Produkte ist daher eine möglichst differenzierte Abschätzung der voraussichtlichen Aufnahmemengen bei durchschnittlichem und hohem Verzehr vorzunehmen.

4.3.6
Ernährungswissenschaftliche Aspekte

Die Markteinführung neuartiger Lebensmittel mit veränderten ernährungsphysiologischen Eigenschaften eröffnet die Möglichkeit, den Ernährungsstatus von Individuen sowie der Gesamtbevölkerung zu verbessern. Dazu können z. B. Erzeugnisse mit hohen Gehalten an essenziellen Fettsäuren, bestimmten Vitaminen oder Mineralstoffen dienen. Andererseits können sich beabsichtigte oder durch die angewendeten Verfahren ausgelöste unbeabsichtigte Veränderungen der Inhaltsstoff-Zusammensetzung eines Lebensmittels nachteilig auswirken, wenn aus dem Verzehr Defizite in der Nährstoffaufnahme resultieren.

Gegenstand der ernährungswissenschaftlichen Bewertung sind daher insbesondere:
- die Nährstoff-Zusammensetzung,
- die biologische Wirksamkeit der Nährstoffe in dem betreffenden Erzeugnis sowie
- der voraussichtliche Verzehr und die daraus resultierenden Auswirkungen auf die Ernährung.

Die Grundlage der Beurteilung bilden umfangreiche Analysen der Zusammensetzung. Es sollten die Gehalte der wesentlichen Makro- und Mikronährstoffe bestimmt werden, das sind Proteine, Kohlenhydrate, Lipide, Fasermaterial, Vitamine und Mineralstoffe. Abzuschätzen ist der Einfluss anderer Lebensmittelbestandteile, welche die biologische Wirksamkeit der Nährstoffe einschränken oder verstärken können. Beispiele für Stoffe mit antinutritiver Wirkung sind Protease- und Amylase-Inhibitoren, die insbesondere in Getreidekörnern und Samen von Leguminosen vorkommen und die Verfügbarkeit von Proteinen beziehungsweise Kohlenhydraten im Verdauungstrakt reduzieren. Zu berücksichtigen sind dabei auch die Auswirkungen von Verarbeitungsprozessen, Lagerung und Zubereitungsverfahren. Protease-Inhibitoren z. B. werden im Allgemeinen durch Hitzebehandlung inaktiviert.

Für die Bewertung der möglichen Auswirkungen auf die Ernährung werden Angaben zur voraussichtlichen Verwendung und eine Abschätzung der daraus resultierenden Verzehrsmengen benötigt (s. Abschnitt 4.3.5). Dabei ist von Bedeutung, ob und in welchem Ausmaß das neuartige Erzeugnis entsprechende traditionelle Lebensmittel ersetzen soll. Unterscheidet sich ein neuartiges Erzeugnis in seinen ernährungsphysiologischen Eigenschaften wesentlich von vergleichbaren traditionellen Lebensmitteln, müssen die Auswirkungen seiner Verwendung auf die Versorgung mit Nährstoffen bewertet werden. In einigen Fällen kann dazu eine Marktbeobachtung nach dem Inverkehrbringen (s. Abschnitt 4.3.9) notwendig sein.

Bei funktionellen Lebensmitteln (s. Abschnitt 4.2.1) ist eine ernährungsphysiologische und -medizinische Prüfung besonders wichtig. Dabei können einige Fragestellungen in Studien an geeigneten Tiermodellen untersucht werden. Für eine umfassende Bewertung sind jedoch in der Regel Studien am Menschen erforderlich, die nach den Grundsätzen und ethischen Prinzipien der guten klinischen Praxis (GKP) und der guten Laborpraxis (GLP) durchzuführen sind. Gibt es Hinweise auf potenziell nachteilige gesundheitliche Auswirkungen, ist eine Bewertung der Risiken in Relation zum Nutzen vorzunehmen. So wurde im Fall neuartiger Lebensmittel mit Zusatz pflanzlicher Sterine (Phytosterine) verfahren, die eine Senkung des Cholesterinspiegels im Plasma herbeiführen. In seiner Bewertung von Studien am Menschen gelangte der SCF zu der Einschätzung, dass bei einer Phytosterin-Aufnahme von mehr als 2 g/Tag keine wesentliche weitere Steigerung der gewünschten Wirkung auftrat. Oberhalb dieser Aufnahmemenge wurden allerdings auch unerwünschte Effekte festgestellt, und zwar eine Senkung des Plasmaspiegels des Vitamin A-Vorläufers β-Carotin sowie möglicherweise anderer Carotinoide und fettlöslicher Vitamine. Durch angemessene Maßnahmen des Risiko-Managements sollte daher die Phytosterin-Aufnahme auf maximal 3 g/Tag zusätzlich zur Aufnahme aus natürlichen Quellen beschränkt werden [42]. Die Europäische Kommission hat dieser Empfehlung des SCF durch Erlass spezifischer Vorschriften über die Etikettierung von Lebensmitteln mit Phytosterin-Zusatz Rechnung getragen [25].

4.3.7
Mikrobiologische Aspekte

Neuartige Lebensmittel und Lebensmittelzutaten müssen in mikrobiologischer Hinsicht sicher sein. Grundsätzlich unterliegen sie denselben Hygienevorschriften wie vergleichbare traditionelle Erzeugnisse. Stammen die Lebensmittel aus anderen Kulturkreisen, wie z. B. exotische Früchte oder Nüsse, sollten insbesondere Prüfungen auf produktspezifische gesundheitlich relevante Mikroorganismen vorgenommen werden. Auch regionale Aspekte hinsichtlich des Vorkommens verschiedener Erreger sollten berücksichtigt werden.

Eine gesonderte Gruppe neuartiger Lebensmittel bilden Erzeugnisse, die aus Mikroorganismen oder durch Stoffwechselleistungen von Mikroorganismen gewonnen werden. Typische Beispiele sind hochmolekulare Polysaccharide wie das vom SCF bewertete bakterielle Dextran, das durch Fermentationsprozesse unter Beteiligung von *Leuconostoc mesenteroides, Saccharomyces cerevisiae* und *Lactobacillus plantarum* beziehungsweise *Lactobacillus sanfrancisco* gebildet wird [38]. Als Produktionsorganismen sollten grundsätzlich gut charakterisierte, nicht pathogene und nicht toxische Stämme mit bekannter genetischer Stabilität verwendet werden. Gleiches gilt, wenn lebende oder abgetötete Mikroorganismen Bestandteile von Lebensmitteln sind. Die Sicherheitsbewertung sollte eine Betrachtung mikrobieller Stoffwechselprodukte und ihrer möglichen Wirkungen einschließen. Eigenschaften und Funktionen der normalen gastrointestinalen Flora dürfen durch den Verzehr der Erzeugnisse nicht negativ beeinflusst werden.

Spezifische Kriterien wurden für die Beurteilung von Lebensmitteln mit probiotischen Mikroorganismen erarbeitet [1, 49, 52]. Probiotika sind definierte lebende Mikroorganismen, die in ausreichender Menge in aktiver Form in den Darm gelangen und dadurch positive gesundheitliche Wirkungen erzielen. Die wichtigsten

Vertreter sind Milchsäurebakterien, meist Vertreter der Gattungen *Lactobacillus* und *Bifidobacterium*. Neben dem Nachweis der postulierten positiven Wirkungen ist insbesondere die Sicherheit der Stämme zu belegen. Bei Probiotika sind unerwünschte Effekte wie eine systemische Infektion, nachteilige Stoffwechselleistungen, eine exzessive Immunstimulation bei empfindlichen Personen sowie die Übertragung von Genen in Betracht zu ziehen. In Lebensmitteln sollten daher bevorzugt Stämme solcher Spezies verwendet werden, die sich während ihres langfristigen Einsatzes in der Lebensmittelproduktion, beim Verzehr durch den Menschen oder als normale Kommensale der menschlichen Flora als sicher erwiesen haben. Für die Bewertung sind die taxonomische Charakterisierung sowie Informationen zur möglichen Infektiosität, Virulenz sowie Persistenz im Gastrointestinaltrakt erforderlich. Art und Umfang der notwendigen Untersuchungen hängen von den Eigenschaften des Mikroorganismus, den Informationen über mögliche Wirkungen sowie der zu erwartenden Exposition des Konsumenten ab. Im Einzelfall können Prüfungen hinsichtlich spezifischer, potenziell nachteiliger Stoffwechselleistungen oder Eigenschaften des Mikroorganismus notwendig sein. Beispiele sind die Bildung von biogenen Aminen oder Toxinen, die Aktivierung von Prokanzerogenen, die Beeinflussung der Blutgerinnung, hämolytische Aktivität, die Auslösung allergischer Reaktionen und andere Wirkungen auf das Immunsystem sowie die Übertragung von Antibiotikaresistenzen und Virulenzfaktoren.

4.3.8
Toxikologische Aspekte

Die toxikologische Prüfung und Bewertung erfolgt grundsätzlich in Form einer Einzelfallbetrachtung. Abhängig von der Komplexität des neuartigen Erzeugnisses kommen dabei in der Praxis zwei unterschiedliche Vorgehensweisen zur Anwendung. Einen Sonderfall stellen darüber hinaus Lebensmittel dar, die mit neuartigen Verfahren hergestellt wurden.

4.3.8.1 Neuartige Lebensmittelzutaten
Diese große und sehr heterogene Kategorie neuartiger Erzeugnisse umfasst Einzelsubstanzen, einfache und komplexe Gemische, die aus Mikroorganismen, Pilzen, Algen oder Pflanzen gewonnen werden, sowie Verbindungen mit neuer Molekularstruktur.

Die Vorgehensweise entspricht dem traditionellen toxikologischen Ansatz, wobei die Leitlinien des SCF für die Bewertung von Lebensmittelzusatzstoffen [41] eine geeignete Grundlage bilden. In diesen Empfehlungen wird kein festes Prüfprogramm vorgeschrieben, sondern eine Einteilung vorgenommen in Untersuchungen, die der Antragsteller normalerweise vorzulegen hat (*core set*), und solche, die im Einzelfall darüber hinaus für den Nachweis der gesundheitlichen Unbedenklichkeit erforderlich sein können. Die Studien sollten nach international akzeptierten Empfehlungen [21, 36] und unter Anwendung der Prinzipien der Guten Laborpraxis (GLP) [24] durchgeführt werden.

Das *core set* bilden Studien zu Metabolismus und Toxikokinetik, zur Genotoxizität, subchronischen Toxizität, chronischen Toxizität und Kanzerogenität sowie Reproduktions- und Entwicklungstoxizität. Abweichungen von diesem Testprogramm sind möglich, wenn dies durch wissenschaftlich begründete Argumente gerechtfertigt wird. In bestimmten Fällen können zusätzliche Studien notwendig sein, z. B. zur Allergenität, Neurotoxizität und endokrinen Aktivität sowie zu Effekten auf den Gastrointestinaltrakt wie die Beeinflussung der Mikroflora oder die Resorption von Nährstoffen. In Abhängigkeit der in Tierstudien beobachteten Effekte sowie der sonstigen Erfahrungen können auch Studien am Menschen erforderlich sein.

Nach dieser Strategie geprüft wurden Phytosterine, die Lebensmitteln zur Cholesterinsenkung zugesetzt werden (s. Abschnitt 4.3.6). Auf der Grundlage einer breiten toxikologischen Datenbasis (Studien zu Metabolismus und Toxikokinetik, zur subchronischen Toxizität, Reproduktions- und Entwicklungstoxizität, Genotoxizität, Untersuchungen zur möglichen östrogenen Wirkung sowie zahlreiche Studien am Menschen) haben der SCF beziehungsweise das nun zuständige Wissenschaftliche Gremium für diätetische Produkte, Ernährung und Allergien der EFSA Sterinpräparationen unterschiedlicher Herkunft als sicher bewertet [5, 39, 42, 46–48]. Weitere Erzeugnisse, die nach einer umfassenden toxikologischen Prüfung akzeptiert wurden, sind der Fettersatzstoff „Salatrim", eine enzymatisch synthetisierte Triglycerid-Mischung mit relativ hohen Anteilen kurzkettiger Fettsäuren [44], und das im Wesentlichen aus Diglyceriden bestehende „Enova Öl" mit hohen Anteilen langkettiger ungesättigter Fettsäuren [8].

Nicht zugestimmt wurde dagegen der Verwendung von „Betain" (Trimethyl-Glycin) aus Zuckerrüben. Diese Substanz kommt im Stoffwechsel der meisten Organismen vor und soll Lebensmitteln zum Zweck einer Senkung des Homocystein-Spiegels im Plasma zugesetzt werden. Da erhöhte Homocystein-Spiegel mit einem erhöhten Risiko für Herz-Kreislauferkrankungen assoziiert wurden, könnte der Verzehr von „Betain" zu einer Minderung dieses Risikos beitragen. Wesentliche Gründe für die bisherige Ablehnung waren die in einer Studie zur subchronischen Toxizität an Labortieren aufgetretenen Effekte, insbesondere an der Leber, deren toxikologische Relevanz nicht zufriedenstellend geklärt werden konnte. Die Bestimmung einer Dosis ohne schädliche Wirkung (*no observed adverse effect level* – NOAEL), die zur Ableitung einer duldbaren täglichen Aufnahmemenge für den Menschen (*acceptable daily intake* – ADI-Wert) dienen könnte, war nicht möglich. Im Übrigen waren die Informationen aus Studien am Menschen nicht geeignet, die bestehenden Zweifel an der Sicherheit von „Betain" auszuräumen [12].

4.3.8.2 Komplexe neuartige Lebensmittel
In diese Kategorie fallen pflanzliche Lebensmittel, die in den Mitgliedstaaten der EU bisher nicht im Lebensmittelhandel erhältlich waren und daher nicht als erfahrungsgemäß unbedenklich angesehen werden können (s. Abschnitt 4.2.1).

Zunächst ist eine eingehende Charakterisierung der Ausgangspflanze einschließlich der taxonomischen Klassifizierung unter Angabe von Familie, Genus, Spezies, Subspezies und gegebenenfalls Sorte oder Zuchtlinie vorzunehmen (s. Abschnitt 4.3.2). Von besonderer Bedeutung für die Bewertung sind bisherige Erfahrungen bei der Nutzung des Erzeugnisses als Lebensmittel in anderen Kulturkreisen. Dabei sind auch Informationen über die Verfahren zur Gewinnung und Zubereitung des Erzeugnisses sowie Konservierungs-, Transport- und Lagerungsbedingungen zu berücksichtigen (s. Abschnitte 4.3.3 und 4.3.4).

Eine umfassende Literaturrecherche sollte Informationen darüber liefern, ob in der fraglichen Spezies sowie der entsprechenden Pflanzenfamilie toxikologisch bedenkliche Inhaltsstoffe vorkommen. Treten in nahe stehenden Spezies kritische Verbindungen auf, ist zu untersuchen, ob und in welchen Mengen diese in dem neuartigen Lebensmittel enthalten sind.

Liegen Hinweise auf mutagene Inhaltsstoffe vor, ist auf Genotoxizität zu prüfen, wobei die Endpunkte Gen- und Chromosomenmutationen abgedeckt werden sollten. Die Verwendung komplexer Lebensmittel bzw. daraus gewonner Extrakte als Testmaterialien stellt allerdings ein spezielles technisches Problem dar. So ist der Standard-Test auf Genmutationen mit *Salmonella enterica* var. *typhimurium* (Ames-Test) nur bedingt geeignet. Dabei werden Stämme verwendet, die aufgrund von Mutationen in bestimmten Genen des Histidin-Biosynthesewegs diese Aminosäure nicht selbst synthetisieren können (auxotrophe Mutanten). Das Prinzip des Testsystems besteht darin, dass histidinabhängige Zellen durch eine Behandlung mit mutagenen Substanzen zur prototrophen Form revertieren. In Lebensmittelextrakten üblicherweise enthaltenes Histidin kann daher eine Verfälschung des Resultats bewirken. Als Alternative bieten sich Vorwärtsmutationssysteme an wie der Maus-Lymphoma-Test (L5178Y, TK+/−).

Das weitere toxikologische Prüfprogramm hängt davon ab, welche Bedenken aufgrund der verfügbaren Informationen bestehen. Kann die Sicherheit nicht ausreichend belegt werden, ist die Durchführung einer mindestens 90-tägigen (subchronischen) Fütterungsstudie an Labortieren erforderlich. Bei der Planung dieser Untersuchung ist der Wahl der Dosierungen sowie der Zusammensetzung der Diät besondere Aufmerksamkeit zu widmen. Ein Ungleichgewicht in der Nährstoffzufuhr muss unbedingt vermieden werden. In Abhängigkeit von den Ergebnissen dieser Fütterungsstudie können im Einzelfall weitere Untersuchungen notwendig sein, z. B. zu möglichen Wirkungen auf den Gastrointestinaltrakt, das endokrine System, das Immunsystem oder die Reproduktion und Entwicklung.

Darüber hinaus wird eine Einschätzung des allergenen Potenzials gefordert. Allerdings treten neue Allergien gegenüber Lebensmittelbestandteilen in der Regel erst nach längerer Verwendung auf, und validierte Testverfahren, mit denen sich die Allergenität bei oraler Exposition voraussagen lässt, sind derzeit nicht verfügbar. Sofern Seren von Atopikern zur Verfügung stehen, kann jedoch mittels immunologischer Verfahren wie ELISA (*Enzyme Linked Immuno Sorbent Assay*) oder *Western Blot* auf mögliche Kreuzreaktionen geprüft werden.

Typisches Beispiel für ein nach diesem Schema bewertetes neuartiges Erzeugnis ist „Noni-Saft" aus der Frucht der Pflanze *Morinda citrifolia*, die in Süd- und Südostasien sowie im pazifischen Raum beheimatet ist. Auf der Grundlage von Tests auf Genotoxizität, Studien zur subchronischen Toxizität an Labornagern sowie der bisherigen Erfahrungen am Menschen wurde der Verzehr des Safts als akzeptabel bewertet [45]. Die Verwendung von Nüssen des Ngali-Baums (*Canarium indicum* Linné), der in Regionen zwischen Westafrika und Polynesien vorkommt, wurde dagegen abgelehnt, im Wesentlichen weil keine toxikologischen Informationen vorlagen [40]. Blätter der Pflanze *Stevia rebaudiana* Bertoni, die das Süßungsmittel Steviosid enthalten, wurden ebenfalls nicht als neuartiges Lebensmittel akzeptiert. Die verfügbaren toxikologischen Studien wurden fast ausschließlich mit Extrakten oder reinem Steviosid durchgeführt und reichten zum Nachweis der Unbedenklichkeit der Blätter nicht aus. Darüber hinaus waren die Informationen zur Spezifikation der Testmaterialien sowie des kommerziellen Produkts unzureichend [37].

4.3.8.3 Sonderfall: Neuartige Verfahren

Zielsetzung der Entwicklung neuer Technologien im Lebensmittelbereich ist häufig eine schonende Konservierung. Die Verfahren sollen unerwünschte Mikroorganismen und Enzyme inaktivieren, nach Möglichkeit ohne dass bei den behandelten Erzeugnissen Qualitätseinbußen wie ein Verlust an Vitaminen oder Beeinträchtigungen von Geschmack und Aussehen eintreten. Als neuartig gelten thermische Verfahren wie die Hochfrequenzerhitzung oder die Ohmsche Erhitzung sowie nicht-thermische Verfahren wie die Hochdruckbehandlung oder das elektrische Hochspannungsimpulsverfahren.

Lebensmittel und Lebensmittelzutaten, die mit neuartigen Verfahren hergestellt wurden, bilden einen Sonderfall, da sie nur dann in den Geltungsbereich der *Novel Foods*-Verordnung fallen, wenn das Verfahren eine bedeutende Veränderung ihrer Zusammensetzung oder Struktur bewirkt, was sich auf ihren Nährwert und Stoffwechsel oder auf die Menge unerwünschter Stoffe im Lebensmittel auswirkt (s. Abschnitt 4.2.1). Andernfalls können die Erzeugnisse ohne Genehmigungsverfahren auf den Markt gebracht werden. Eine Aussage über entsprechende Veränderungen kann jedoch in der Regel erst nach einer umfassenden Bewertung erfolgen. Nach den Bestimmungen der *Novel Foods*-Verordnung ist die Zulassung von Erzeugnissen, bei deren Herstellung ein nicht übliches Verfahren angewendet wurde, vorgesehen, nicht aber die Zulassung des Verfahrens selbst.

Die Senatskommission zur Beurteilung der gesundheitlichen Unbedenklichkeit von Lebensmitteln (SKLM) der Deutschen Forschungsgemeinschaft (DFG) hat Kriterien für die Bewertung hochdruckbehandelter Erzeugnisse erarbeitet [50], die im Prinzip auch auf andere neuartige Technologien im Lebensmittelbereich angewendet werden können. Nach diesen Empfehlungen müssen die mit neuartigen Verfahren hergestellten Erzeugnisse einer fallweisen Prüfung und Bewertung unterzogen werden. Erforderlich sind genaue Angaben zum

Verfahren und den Prozessparametern sowie zu den verwendeten Anlagen und Verpackungsmaterialien. Dabei ist auch die Behandlung des Lebensmittels vor und nach der Anwendung des Verfahrens zu beschreiben, z. B. Konservierungsmethoden und Lagerungsbedingungen.

Unter Berücksichtigung der gesamten in der wissenschaftlichen Literatur verfügbaren Informationen sollten die möglichen Auswirkungen des Verfahrens auf die Struktur sowie auf die Inhaltsstoffe des Lebensmittels beschrieben werden. Diese Informationen bilden die Grundlage für die Einschätzung, ob verfahrensbedingte chemische oder biologische Veränderungen auftreten können, die sich auf die toxikologischen, ernährungsphysiologischen und hygienischen Eigenschaften des Lebensmittels auswirken. In der Folge ist mit geeigneten Methoden zu untersuchen, ob das Verfahren bei den behandelten Lebensmitteln tatsächlich Veränderungen der chemischen Zusammensetzung und/oder Struktur der Inhaltsstoffe bewirkt. Als Vergleichsprodukte dienen in der Regel die entsprechenden konventionell behandelten Erzeugnisse. Dabei können auch mögliche Vorteile der neuen Technologie, z. B. die Erhaltung wertgebender Vitamine, aufgezeigt werden. Des Weiteren ist zu belegen, dass der angestrebte Effekt, eine ausreichende Abtötung gesundheitlich relevanter Mikroorganismen, erzielt wird.

Bewirkt das Verfahren keine oder keine wesentlichen Änderungen der chemischen Zusammensetzung und/oder Struktur der Lebensmittelinhaltsstoffe, und werden die üblichen hygienischen Anforderungen eingehalten, kann das Erzeugnis ohne weitere Untersuchungen vermarktet werden. Dies war bei den bisher bewerteten hochdruckbehandelten Lebensmitteln, z. B. Fruchtzubereitungen, der Fall. Wird allerdings festgestellt, oder ist nicht auszuschließen, dass wesentliche Änderungen auftreten, sind weitere Untersuchungen erforderlich. Diese hängen von der Art der induzierten Effekte, dem erwarteten Verzehr des Erzeugnisses und der daraus resultierenden Exposition des Verbrauchers gegenüber den betroffenen Inhaltsstoffen ab. Bestehen Zweifel an der gesundheitlichen Unbedenklichkeit, ist eine mindestens 90-tägige (subchronische) Fütterungsstudie an Labortieren durchzuführen. Darüber hinaus muss sichergestellt werden, dass Bestandteile aus der Verpackung nicht in gesundheitlich relevanten Konzentrationen auf das Lebensmittel übergehen.

Enthält das Lebensmittel allergene Bestandteile, die erfahrungsgemäß durch konventionelle Erhitzung inaktiviert werden, sollte mit immunologischen Methoden (s. Abschnitt 4.3.8.2) untersucht werden, ob das neuartige Verfahren ebenfalls eine Inaktivierung bewirkt. Zum Vergleich dienen in der Regel die entsprechenden thermisch behandelten Erzeugnisse. Eine Erhöhung der Allergenität durch die Bildung neuer Allergene oder Epitope wird zwar als wenig wahrscheinlich angesehen, kann aber aufgrund der wenigen bisher durchgeführten Untersuchungen auch nicht völlig ausgeschlossen werden. Im Fall hochdruckbehandelter Erzeugnisse liegen allerdings bisher keine Hinweise auf eine erhöhte Allergenität vor.

4.3.9
Post Launch Monitoring

In bestimmten Fällen kann bei der Zulassung eines neuartigen Erzeugnisses die Durchführung eines *Post Launch Monitorings* (PLM), eine Marktbeobachtung nach dem Inverkehrbringen, zur Auflage gemacht werden. Das PLM kann kein Ersatz für eine umfassende Sicherheitsprüfung des Erzeugnisses vor der Vermarktung sein. Es dient vor allem der Überprüfung, ob die bei der Bewertung zugrunde gelegten Annahmen bezüglich des Verzehrs sowie der Zielgruppenspezifität zutreffen. So hat ein bei der Erstzulassung von Lebensmitteln mit Zusatz von Phytosterinen angeordnetes PLM ergeben, dass die vorgesehene Zielgruppe, ältere Menschen, die ihren Cholesterinspiegel senken möchten, erreicht wurde. Die tatsächlichen Verzehrsmengen waren aber meist niedriger als vom Antragsteller empfohlen [43]. Darüber hinaus kann ein PLM – wie das *Post Marketing Surveillance*-System im Fall von Arzneimitteln – Hinweise auf unerwartete gesundheitliche Effekte wie Allergien und andere Unverträglichkeiten geben.

Ein PLM sollte insbesondere dann durchgeführt werden, wenn das neuartige Erzeugnis ein verändertes Nährstoffprofil aufweist und/oder mit gesundheitsfördernden Wirkungen beworben wird. Aufgrund der Auslobung besonderer Eigenschaften könnte der Verzehr gegenüber vergleichbaren herkömmlichen Lebensmitteln so stark erhöht werden, dass langfristig Auswirkungen auf die Gesundheit der Verbraucher resultieren.

4.4
Sicherheitsbewertung von Lebensmitteln aus GVO

Bei der Beurteilung von Lebensmitteln aus GVO spielt die toxikologische Bewertung einschließlich einer Einschätzung der möglichen Allergenität eine zentrale Rolle. Neben Ernährungs- und mikrobiologischen Aspekten sind insbesondere die Art der genetischen Veränderung und die Auswirkungen der Modifizierung auf die Eigenschaften und Zusammensetzung des GVO von Bedeutung. Des Weiteren ist die Möglichkeit eines Transfers der eingebrachten genetischen Information auf Mikroorganismen oder Zellen des menschlichen Gastrointestinaltrakts in Betracht zu ziehen.

4.4.1
Anforderungen

Nach den Bestimmungen der Verordnung (EG) Nr. 1829/03 über genetisch veränderte Lebens- und Futtermittel [22] dürfen aus GVO gewonnene Lebensmittel
- keine nachteiligen Auswirkungen auf die Gesundheit von Mensch und Tier oder die Umwelt haben,
- die Verbraucher nicht irreführen,

- sich von den Lebensmitteln, die sie ersetzen sollen, nicht so stark unterscheiden, dass ihr normaler Verzehr Ernährungsmängel für den Verbraucher mit sich brächte.

Der Schwerpunkt der Anwendung gentechnologischer Methoden lag bisher im Bereich der Pflanzenzüchtung. Häufige Ziele sind die Erzeugung von Nutzpflanzen mit verbesserten agronomischen Eigenschaften, z. B. eine erhöhte Toleranz gegenüber spezifischen Pflanzenschutzmitteln sowie gesteigerte Widerstandskraft gegenüber Schadinsekten und pflanzenpathogenen Pilzen oder Viren. Des Weiteren wird eine Veränderung des Nährstoffgehalts, z. B. von Fettsäuren oder Vitaminen, angestrebt. Die folgenden Ausführungen beziehen sich daher im Wesentlichen auf die Sicherheitsbewertung von Lebensmitteln aus genetisch veränderten Pflanzen, die nach den Leitlinien des GVO-Gremiums der EFSA zur Sicherheitsbewertung von genetisch veränderten Lebensmitteln und Futtermitteln [6] erfolgt. In diese Leitlinien sind die Empfehlungen anderer internationaler Expertengruppen eingeflossen, insbesondere der Organisation für wirtschaftliche Zusammenarbeit und Entwicklung (OECD), der Welternährungs- und Weltgesundheitsorganisation (FAO und WHO), der Codex Alimentarius Kommission (CAC) sowie des von der EU geförderten Forschungsprojekts *European Network on Safety Assessment of Genetically Modified Food Crops* (ENTRANSFOOD) [3, 26, 34, 53]. Für die Beurteilung von Erzeugnissen aus genetisch veränderten Mikroorganismen und Tieren hat das GVO-Gremium spezifische Leitlinien erarbeitet [16].

4.4.2
Strategie der Sicherheitsbewertung

Bei der Bewertung kommt das Konzept der wesentlichen Gleichwertigkeit (*substantial equivalence*) zur Anwendung. Es basiert auf der Idee, dass die nicht modifizierte traditionelle Pflanze, die zur Gewinnung von erfahrungsgemäß sicheren Lebensmitteln verwendet wird, als Vergleichspartner für die genetisch modifizierte Pflanze und die daraus gewonnenen Erzeugnisse dienen kann.

Dabei ist zu berücksichtigen, dass durch den Prozess der genetischen Transformation neben den beabsichtigten auch unbeabsichtigte Effekte ausgelöst werden können. Beabsichtigte Effekte werden durch die Übertragung spezifischer DNA-Sequenzen gezielt herbeigeführt. Sie erfüllen die ursprüngliche Zielsetzung und sind in der Regel durch Nachweis der entsprechenden zusätzlich gebildeten Proteine oder anderer Inhaltsstoffe überprüfbar. Unbeabsichtigte Effekte sind solche, die über die primär erwarteten Wirkungen hinausgehen. Mögliche Ursachen können genetische Effekte oder Störungen des normalen zellulären Stoffwechsels sein. Erfolgt z. B. eine Insertion der DNA in Protein codierende Abschnitte im Genom der Empfängerpflanze, kann dies zur Bildung eines verkürzten und/oder veränderten Proteins führen, welches seine normale Funktion nicht mehr oder nur noch eingeschränkt ausüben kann. Bei einer Insertion in nicht codierende Abschnitte könnte die Expression benachbarter Gene beeinflusst werden. In einigen Fällen sind unbeabsichtigte Effekte vorhersehbar oder erklärbar, z. B. wenn aufgrund der genetischen Veränderung gezielt ein Protein gebildet wird, das als Regulator spezifischer pflanzlicher Stoffwechselwege bekannt ist. Grundsätzlich können sich unbeabsichtigte Effekte in Form von Unterschieden des Phänotyps oder der Inhaltsstoff-Zusammensetzung im Vergleich zu nicht modifizierten Kontrollpflanzen manifestieren.

Erstes Ziel der Bewertung ist die Identifizierung von Unterschieden zwischen der genetisch veränderten Pflanze und der nicht modifizierten Ausgangspflanze. Daher bildet eine vergleichende Analyse der molekularen, morphologischen und agronomischen Eigenschaften der Pflanzen den Ausgangspunkt der Beurteilung. Werden Unterschiede festgestellt, müssen diese im Hinblick auf ihre toxikologischen und ernährungsphysiologischen Auswirkungen bewertet werden. Unterscheidet sich die Pflanze abgesehen von den neuen Eigenschaften nicht wesentlich von dem traditionellen Vergleichspartner, und ergeben sich aus den gezielt herbeigeführten Veränderungen keine gesundheitlichen Risiken, werden die genetisch veränderte Pflanze sowie die daraus gewonnenen Lebensmittel als ebenso sicher wie die entsprechenden traditionellen Erzeugnisse bewertet.

4.4.3
Empfänger- und Spenderorganismus

In jedem Fall ist eine Charakterisierung der Organismen vorzunehmen, die als Empfänger beziehungsweise Spender des genetischen Materials dienen. Aus der taxonomischen Klassifizierung der Empfängerpflanze unter Angabe von Familie, Genus, Spezies, Subspezies, Sorte oder Zuchtlinie kann sich die Notwendigkeit gezielter Untersuchungen ergeben. Treten z. B. in der Familie spezifische natürliche Toxine auf, könnten die entsprechenden Biosynthesewege auch in der zu modifizierenden Sorte oder Zuchtlinie vorhanden sein. Daher ist nicht auszuschließen, dass durch die genetische Veränderung unbeabsichtigt die Synthese eines Toxins induziert wird, welches normalerweise nicht oder nur in unbedeutenden Mengen gebildet wird.

Für die Bewertung der Empfänger- und Spenderorganismen sind alle Informationen von Bedeutung, die Anlass zur Besorgnis geben könnten, insbesondere zum Vorkommen von Toxinen, antinutritiven Faktoren, Allergenen und Virulenzfaktoren. Wichtig sind darüber hinaus Informationen über eine frühere Verwendung der Organismen und die dabei gewonnenen Erfahrungen.

4.4.4
Genetische Veränderung

4.4.4.1 Vektor und Verfahren
Die Verfahren, die bei der genetischen Veränderung der Pflanze angewandt werden, sind detailliert zu beschreiben. Wesentlich ist dabei eine Charakterisierung des zur Transformation verwendeten Vektors, aus der die Lokalisierung, Größe, Herkunft und Funktion aller genetischen Elemente wie Protein codierende und

regulatorische Sequenzen, gegebenenfalls Transposons und Replikationsursprung hervorgehen. Die gesamte DNA-Sequenz sowie Größe und Funktion aller für die Insertion vorgesehenen genetischen Elemente sollten bekannt sein. Sofern Modifizierungen der ursprünglichen Protein codierenden Sequenz vorgenommen wurden, die Änderungen der Aminosäuresequenz zur Folge haben, müssen die möglichen Auswirkungen eingeschätzt werden.

4.4.4.2 Antibiotikaresistenz-Markergene

Grundsätzlich wird empfohlen, die für die Übertragung vorgesehenen DNA-Sequenzen auf die genetischen Elemente zu beschränken, die für die Ausbildung der neuen Merkmale erforderlich sind. Beim Prozess der genetischen Veränderung werden jedoch in der Regel Markergene zur Identifizierung und Selektion der Zellen, welche die gewünschte DNA aufgenommen haben, verwendet. Der Auswahl des Markergens sollte besondere Aufmerksamkeit gewidmet werden, insbesondere wenn es sich um Gene handelt, die den Pflanzen Resistenen gegenüber Antibiotika verleihen. Mit dem Ziel, die Verwendung von Antibiotikaresistenz-Markergenen, die schädliche Auswirkungen auf die menschliche Gesundheit und die Umwelt haben können, schrittweise auslaufen zu lassen, hat das GVO-Gremium der EFSA eine Bewertung der bisher üblicherweise genutzten Gene vorgenommen [9].

Wesentliche Kriterien waren dabei:
- die Wahrscheinlichkeit eines horizontalen Gentransfers von genetisch veränderten Pflanzen auf Mikroorganismen,
- die möglichen Auswirkungen eines horizontalen Gentransfers dort, wo bereits eine natürliche Resistenz gegenüber dem Antibiotikum im Gen-Pool der Mikroorganismen besteht,
- die derzeitige Verwendung des Antibiotikums in der Human- und Tiermedizin.

Aufgrund der bisherigen Erfahrungen wurde die Häufigkeit des horizontalen Gentransfers von genetisch veränderten Pflanzen auf andere Organismen für alle betrachteten Antibiotikaresistenz-Markergene als sehr niedrig eingeschätzt. Des Weiteren wurde gezeigt oder wird angenommen, dass die Gene – wenn auch in unterschiedlichem Ausmaß – bereits in Mikroorganismen in der Umwelt vorkommen. Hinsichtlich der klinischen Bedeutung der Antibiotika hat das GVO-Gremium daraufhin eine Einteilung in drei Gruppen vorgenommen.

Gruppe I enthält die Gene nptII und hph, welche die Enzyme Neomycin-Phosphotransferase (eine Typ II Aminoglycosid-3'-Phosphotransferase), beziehungsweise Hygromycin-Phosphotransferase codieren. Das spezifische nptII-Gen, welches üblicherweise in genetisch veränderten Pflanzen verwendet wird, verleiht Resistenz gegen Kanamycin, Neomycin und Geneticin. Das hph-Gen vermittelt Resistenz gegen Hygromycin.

Diese Antibiotika haben in der Humanmedizin keine oder nur geringe therapeutische Bedeutung und sind in der Veterinärmedizin auf spezifische Einsatzgebiete begrenzt. Die Gene sind in natürlich vorkommenden Mikroorganismen im menschlichen Gastrointestinaltrakt sowie in der Umwelt bereits weit verbreitet. Daher ist es äußerst unwahrscheinlich, dass die Verwendung in transgenen Pflanzen einen Einfluss auf ihre Verbreitung hat oder sich auf die Gesundheit von Mensch und Tier auswirkt. Diese Gene dürfen uneingeschränkt verwendet werden.

Gruppe II umfasst die Gene cm^R, amp^r (bla$_{(TEM-1)}$) und aadA. Sie codieren Chloramphenicol-Acetyltransferase, TEM-1-Lactamase beziehungsweise Streptomycin-Adenyltransferase und verleihen Resistenz gegenüber Chloramphenicol, Ampicillin beziehungsweise Streptomycin und Spectinomycin. Auch diese Gene sind in Mikroorganismen des menschlichen Verdauungstrakts und der Umwelt bereits weit verbreitet. Aufgrund der Bedeutung der entsprechenden Antibiotika in bestimmten Bereichen der Human- und Veterinärmedizin sollten die Gene nicht in Pflanzen enthalten sein, die zur Vermarktung vorgesehen sind. Ihre Verwendung sollte auf experimentelle Freilandversuche beschränkt werden.

Gruppe III enthält die Gene nptIII und tetA. Ersteres codiert eine Typ III Aminoglycosid-3'-Phosphotransferase und verleiht Resistenz gegenüber Aminoglycosid-Antibiotika, darunter Amikacin. Das *tetA*-Gen codiert ein Membran-Protein, das den Efflux von Tetracyclinen aus der Zelle bewirkt. Aufgrund der besonderen Bedeutung dieser Antibiotika in der Humanmedizin – Amikacin gilt als wichtiges Reserveantibiotikum und Tetracycline werden gegen ein breites Erregerspektrum eingesetzt – empfiehlt das GVO-Gremium, diese Gene nicht in transgenen Pflanzen zu verwenden.

4.4.5
Charakterisierung der genetisch veränderten Pflanze

Erforderlich ist eine Beschreibung der aus der genetischen Modifizierung resultierenden neuen Eigenschaften sowie der phänotypischen Veränderungen der Pflanze. Den Schwerpunkt der Charakterisierung bilden aber die Auswirkungen auf molekularer Ebene. Dabei sind die Sequenzen, Kopienzahl und Organisation aller nachweisbaren vollständigen und unvollständigen DNA-Insertionen zu bestimmen. Des Weiteren ist zu untersuchen, ob eine Insertion in Zellkern-, Chloroplasten- oder Mitochondrien-DNA erfolgte oder ob das eingebrachte genetische Material in nicht-integrierter Form in der Zelle vorliegt. Wurden Deletionen herbeigeführt, sind Größe und Funktion(en) der entfernten DNA-Abschnitte anzugeben.

Durch Sequenzierung der die Insertionen flankierenden Pflanzen-DNA ist zu untersuchen, ob die Insertion zu einer Unterbrechung bestehender Protein codierender oder regulatorischer DNA-Sequenzen geführt hat. Wird ein offener Leserahmen (*open reading frame* – ORF) identifiziert, der zur Bildung eines durch Insert- und Pflanzen-DNA codierten Fusionsproteins führen könnte, ist mit bioinformatischen Methoden zu prüfen, ob die Aminosäuresequenz des potenziellen Fusionsproteins Ähnlichkeiten mit der Sequenz bekannter Proteintoxine oder Allergene aufweist (s. Abschnitte 4.4.8.1 und 4.4.9.1). Es sollte auch untersucht werden, ob das entsprechende Transkriptionsprodukt und das Protein tatsächlich gebildet werden.

Darüber hinaus ist zu belegen, dass die Vererbung der neuen Merkmale über mehrere Generationen stabil erfolgt und die eingebrachten Gene wie erwartet exprimiert werden. Für die Bewertung der aus der Pflanze gewonnenen Lebensmittel ist insbesondere von Bedeutung, ob und in welchen Mengen die aufgrund der genetischen Modifizierung gebildeten Proteine in den Pflanzenteilen enthalten sind, die zur Herstellung der Erzeugnisse genutzt werden.

4.4.6
Vergleichende Analysen

Feldstudien, in denen die genetisch veränderten Pflanzen und geeignete nicht modifizierte Kontrollpflanzen unter gleichen Bedingungen angebaut werden, bilden die Grundlage für die vergleichenden Analysen. Bei Pflanzen, die sich wie z. B. die Kartoffel vegetativ vermehren, dient die nicht-modifizierte isogene Ausgangssorte als Kontrolle. Im Fall von Pflanzen, die sich sexuell vermehren, eignen sich nicht-modifizierte Linien mit vergleichbarem genetischen Hintergrund zum Vergleich. Um ein möglichst breites Spektrum an Umwelteinflüssen zu erfassen, sollten die Feldstudien an unterschiedlichen Standorten durchgeführt werden und sich über mehr als eine Anbauperiode erstrecken. Verglichen werden morphologische und agronomische Parameter, z. B. Entwicklung, Blütenfarbe, Fruchtform, Ertrag, Keimfähigkeit, Widerstandsfähigkeit gegenüber Schädlingen und Pflanzenpathogenen sowie die Reaktion auf Pflanzenschutzmaßnahmen.

Den Schwerpunkt des Vergleichs bilden Analysen der für die Pflanze relevanten Inhaltsstoffe, und zwar der Pflanzenteile, die direkt verzehrt werden oder als Rohmaterialien zur Herstellung von Lebensmitteln dienen. Die untersuchten Parameter sind von der betreffenden Spezies, dem Ziel der genetischen Veränderung und der Bedeutung des Erzeugnisses für die Ernährung abhängig. In der Regel werden die Gehalte der wesentlichen Nährstoffe bestimmt, das sind Proteine, Kohlenhydrate, Lipide, Fasermaterial, Vitamine und Mineralstoffe. Weitere Analysen ergeben sich aus der vorgesehenen Verwendung. So ist im Fall von Pflanzen, die zur Ölproduktion genutzt werden, das Fettsäureprofil und bei solchen, die als wichtige Proteinquelle dienen, das Aminosäuremuster zu untersuchen. Darüber hinaus sollten die Gehalte sekundärer Pflanzeninhaltsstoffe bestimmt werden, insbesondere von Stoffen mit toxischen und/oder antinutritiven Wirkungen. Zu Letzteren zählen Protease-Inhibitoren und Phytinsäure, die für eine reduzierte Bioverfügbarkeit von Nährstoffen aus Lebensmitteln verantwortlich sind. Beispiele für toxikologisch relevante Inhaltsstoffe sind Glykoalkaloide in Nachtschattengewächsen wie Tomaten und Kartoffeln, Glucosinolate und Erucasäure in Raps sowie pflanzliche Östrogene und natürlich vorkommende Allergene in Sojabohnen. Informationen zum Vorkommen von Nährstoffen, sekundären Pflanzeninhaltsstoffen und Allergenen in den wichtigsten Nutzpflanzen sowie Angaben zu den Gehalten und natürlichen Schwankungsbreiten finden sich in Konsensus-Dokumenten [35], die von einer Expertengruppe der OECD im Hinblick auf eine Harmonisierung der Anforderungen erarbeitet wurden.

Die Analysenergebnisse sind mit geeigneten statistischen Methoden auszuwerten. Treten unter gleichen Anbaubedingungen bei einer genetisch modifizierten Linie statistisch signifikante Unterschiede gegenüber der Kontroll-Linie auf, die nicht auf die beabsichtigte Veränderung zurückzuführen sind, kann dies ein Hinweis auf unbeabsichtigte Effekte sein. Allerdings gelten Unterschiede, die nur an einem Standort oder während einer Anbauperiode auftraten, in der Regel nicht als biologisch relevant. Liegen die Gehalte spezifischer Inhaltsstoffe jedoch reproduzierbar außerhalb der natürlichen Schwankungsbreiten kommerzieller Linien, müssen die Änderungen im Hinblick auf ihre toxikologischen und ernährungsphysiologischen Auswirkungen bewertet werden.

Derzeit befinden sich neue Methoden in der Entwicklung, bei denen die Identifizierung von Unterschieden auf Vergleichen des zellulären RNA-, Protein- bzw. Metabolitenmusters beruht (*Transcriptomics*, *Proteomics* und *Metabolomics*) [19, 31]. Diese Profiling-Technologien erfassen ein breites Spektrum pflanzlicher Moleküle und bieten daher die Möglichkeit, die Datenbasis für die vergleichende Analyse wesentlich zu erweitern. Eine Nutzung im Rahmen der Sicherheitsbewertung ist jedoch erst nach erfolgreicher Validierung sinnvoll.

4.4.7
Auswirkungen des Herstellungsverfahrens

Lebensmittel aus genetisch veränderten Pflanzen können sehr heterogen beschaffen sein. Das Spektrum erstreckt sich von Einzelsubstanzen wie Zucker, Vitamine oder Aromastoffe über Mehle, Sirup und Speiseöle bis hin zu komplexen Lebensmitteln, z. B. Getreideprodukte, Früchte und Gemüse. Ebenso vielfältig sind die Methoden zur Herstellung beziehungsweise Gewinnung der Lebensmittel. Daher ist jeweils im Einzelfall abzuschätzen, ob und inwieweit die angewandten Verfahren die Eigenschaften des Erzeugnisses aus einer transgenen Pflanze im Vergleich zu dem traditionellen Produkt verändern könnten. Zu diesem Zweck müssen die Verfahren angemessen beschrieben werden, wobei der Schwerpunkt auf den Schritten liegt, die zu wesentlichen Änderungen der Zusammensetzung, Qualität oder Reinheit des Erzeugnisses führen können.

In jedem Fall ist die Konzentration der zusätzlich gebildeten Proteine in den Pflanzenteilen, die zum Verzehr vorgesehen sind, zu bestimmen. Dabei ist abzuschätzen, ob und in welchem Ausmaß die einzelnen Verarbeitungsschritte zur Konzentrierung oder Entfernung, Denaturierung oder zum Abbau dieser Proteine führen. Gleiches gilt für andere Metaboliten, die aufgrund der Modifizierung in veränderter Konzentration oder Form gebildet werden.

4.4.8
Toxikologische Bewertung

Die toxikologischen Anforderungen hängen vom Einzelfall ab (*case-by-case*-Betrachtung). Art und Umfang der Untersuchungen, die für den Nachweis der Sicherheit eines Erzeugnisses aus einer genetisch veränderten Pflanze erforderlich sind, richten sich nach den Ergebnissen des Vergleichs mit dem entsprechenden traditionellen Lebensmittel (s. Abschnitt 4.4.2).

Im Prinzip sind drei Möglichkeiten in Betracht zu ziehen:
- die Anwesenheit neuer Proteine, die aufgrund der Modifizierung zusätzlich gebildet werden,
- Veränderungen der Gehalte natürlich vorkommender Inhaltsstoffe über die natürlichen Schwankungsbreiten hinaus sowie
- die Anwesenheit anderer neuer Inhaltsstoffe.

Wird ein hoher Grad an Gleichwertigkeit festgestellt, kann sich die weitere Prüfung auf die neuen Merkmale konzentrieren. Dies trifft aufgrund der bisherigen Erfahrungen auf Lebensmittel aus transgenen Nutzpflanzen mit neuen agronomischen Eigenschaften wie Herbizidtoleranz oder integriertem Insektenschutz zu. Aufgrund der genetischen Veränderung bilden die Pflanzen ein einziges oder nur wenige zusätzliche Proteine, in der Regel in relativ geringen Mengen. Wurden dagegen komplexe genetische Veränderungen vorgenommen, z. B. neue oder geänderte Stoffwechselwege eingeführt, ist darüber hinaus das veränderte Lebensmittel in seiner Gesamtheit zu untersuchen. Eine Entscheidung über die Sicherheit kann erst nach einer Bewertung der gefundenen Abweichungen und ihrer gesundheitlichen Auswirkungen getroffen werden.

4.4.8.1 Neue Proteine
Proteine sind ernährungsphysiologisch bedeutsame Lebensmittelinhaltsstoffe, die täglich in großen Mengen aus unterschiedlichen Quellen aufgenommen, durch Verdauungsprozesse abgebaut und vom Organismus verwertet werden. Darüber hinaus können Proteine und Peptide vielfältige Funktionen haben, z. B. enzymatische und endokrine Aktivität sowie strukturelle, immunologische und Transportfunktionen. Obwohl nur wenige Proteine nach oraler Aufnahme schädliche Effekte auslösen, sollten eine mögliche Toxizität und Allergenität immer in Betracht gezogen werden.

Voraussetzung für die Bewertung ist die molekulare und biochemische Charakterisierung des Proteins, die neben der genauen Kenntnis der Funktion die Bestimmung des Molekulargewichts, der Aminosäuresequenz sowie Untersuchungen zur post-translationalen Modifizierung erfordert. Im Fall von Enzymen sollten Haupt- und Nebenaktivitäten, Substratspezifität und Reaktionsprodukte bekannt sein. Hinweise auf eine mögliche Toxizität können Homologievergleiche mit Proteinen, die bekanntermaßen schädliche Wirkungen auslösen, ergeben. Zu diesem Zweck wird die Aminosäuresequenz mittels bioinformatischer (*in silico*) Methoden mit den Sequenzen bekannter Proteintoxine, die in spezifischen Datenbanken gespeichert sind, verglichen. Auch Homologievergleiche mit Proteinen, die normale metabolische oder strukturelle Funktionen haben, können wichtige Informationen liefern.

Die darüber hinaus erforderlichen Untersuchungen ergeben sich aus den verfügbaren Kenntnissen der Herkunft und Funktion beziehungsweise Aktivität des Proteins sowie aus den bisherigen Erfahrungen. Wird das Protein als Bestandteil anderer Lebensmittel bereits nachweislich sicher verzehrt, kann der Prüfumfang im Vergleich zu einem bisher nicht aufgenommenen Protein geringer ausfallen. Weitere Kriterien sind der Gehalt des Proteins im Lebensmittel und die aus dem Verzehr des Erzeugnisses resultierende Exposition des Verbrauchers.

In jedem Fall sollte die Stabilität des Proteins unter Bedingungen, welche die erwartete Verarbeitung, Lagerung und Zubereitung des Lebensmittels simulieren, untersucht werden. Dabei ist von Interesse, ob unter den entsprechenden Temperatur- und pH-Bedingungen eine Denaturierung oder ein Abbau des Proteins erfolgt. Darüber hinaus ist die Stabilität gegenüber proteolytischen Enzymen des Verdauungstrakts von Bedeutung. Entsprechende Informationen liefern in der Regel standardisierte *in vitro*-Studien mit simulierter Magen- und Intestinalflüssigkeit (*simulated gastric fluid* – SGF; *simulated intestinal fluid* – SIF). Werden in diesen Systemen stabile Proteinfragmente oder Peptide gebildet, müssen die möglichen gesundheitlichen Wirkungen bewertet werden.

Im Fall einer unzureichenden Datenlage oder wenn die verfügbaren Informationen Anlass zu Bedenken geben, sollte das Protein in einer Fütterungsstudie mit wiederholter Dosisgabe geprüft werden. Empfohlen wird eine 28-tägige Studie an Labornagern. Diese Kurzzeitstudie bietet gegenüber einer Studie zur akuten oralen Toxizität mit einmaliger Dosisgabe vor allem den Vorteil, dass ein breites Spektrum von Parametern geprüft wird (hämatologische und klinisch-chemische Untersuchungen, Urinanalysen, Bestimmung von Organgewichten und makroskopische sowie histopathologische Untersuchungen). Werden spezifische Wirkungen auf bestimmte Organe und Gewebe vermutet oder erwartet, sind zusätzlich gezielte Untersuchungen zur Abklärung der Organtoxizität erforderlich.

Ein Beispiel, bei dem die Anforderungen zum Nachweis der Sicherheit relativ hoch waren, ist das für bestimmte Insektenspezies toxische aus *Bacillus thuringiensis* stammende Cry1Ab-Protein (Bt-Toxin). Das entsprechende Gen wurde bereits in verschiedene Nutzpflanzen eingebracht und verleiht z. B. Mais einen Schutz gegen spezifische Lepidopteren-Arten wie den Maiszünsler (*Ostrinia nubilalis*). Die insektizide Wirkung beruht auf einer proteolytischen Spaltung des Protoxins im alkalischen Milieu des Insektendarms und die Bindung des aktivierten δ-Endotoxins an spezifische Rezeptoren der Darmepithelzellen, was letztendlich zu einer Perforation der Zellmembran und zur Zelllyse führt. Das Cry1Ab-Protein wurde in Studien zur akuten Toxizität sowie zur Kurzzeittoxizität an verschiedenen Tierarten geprüft, unter anderem in einer 28-tägigen Studie an Nagern. Gezielte *in vitro*- und *in vivo*-Untersuchungen haben darüber hinaus gezeigt, dass keine Bindung an Darmgewebe von Säugetieren erfolgte und keine schädlichen Effekte auftraten [13, 33].

Aufgrund der Schwierigkeit, ausreichende Mengen des Proteins aus der modifizierten Pflanze zu gewinnen, wird in den Untersuchungen in der Regel ein entsprechendes von Mikroorganismen synthetisiertes Protein als Testmaterial eingesetzt. Dies ist aber nur akzeptabel, wenn belegt wurde, dass das Testprotein zu dem in der Pflanze gebildeten strukturell, biochemisch und funktionell äquivalent ist. Dazu dienen Vergleiche des Molekulargewichts, der Aminosäuresequenz, physikalisch-chemischen Eigenschaften, posttranslationalen Modifizierung, immunologischen Reaktivität und, im Fall von Enzymen, der katalytischen Aktivität.

4.4.8.2 Natürliche Lebensmittelinhaltsstoffe

Ein mögliches Ziel der genetischen Veränderung von Nutzpflanzen ist die Verbesserung des Nährstoffprofils. Typische Beispiele sind transgener Reis mit hohem Gehalt des Vitamin A-Vorläufers β-Carotin im Endosperm (*Golden Rice*) zum Ausgleich von Mangelernährung sowie die Modifizierung des Fettsäuremusters von Ölsaaten wie Soja zur Gewinnung ernährungsphysiologisch hochwertiger Speiseöle. Von agronomischem Interesse ist auch die Produktion neuer Linien beziehungsweise Sorten, die spezifische sekundäre Pflanzeninhaltsstoffe zur Abwehr von Schädlingen synthetisieren. Neben diesen beabsichtigten Veränderungen können durch die Modifizierung aber auch unbeabsichtigte Effekte (s. Abschnitt 4.4.2) auftreten wie ein Anstieg der Gehalte von Inhaltsstoffen mit toxischen und/oder antinutritiven Wirkungen.

Wurden die Gehalte natürlich vorkommender Bestandteile über die üblichen Schwankungsbreiten hinaus erhöht, müssen die möglichen Auswirkungen abgeschätzt werden. Dazu ist zunächst eine Sicherheitsbewertung vorzunehmen, die auf den Kenntnissen der physiologischen Funktion sowie den möglichen toxischen Eigenschaften dieser Inhaltsstoffe basiert. Aus dem Ergebnis dieser Beurteilung kann sich die Notwendigkeit weiterer Untersuchungen einschließlich toxikologischer Studien ergeben. Handelt es sich um Nährstoffe oder Inhaltsstoffe, die sich auf die Bioverfügbarkeit von Nährstoffen auswirken, ist eine ernährungsphysiologische Bewertung vorzunehmen. Diese Beurteilung erfolgt nach denselben Kriterien wie bei den neuartigen Lebensmitteln und Lebensmittelzutaten (s. Abschnitt 4.3.6).

4.4.8.3 Andere neue Inhaltsstoffe

Theoretisch besteht die Möglichkeit, den Stoffwechsel einer Pflanze so zu verändern, dass Metaboliten gebildet werden, die natürlicherweise nicht in dem Organismus vorkommen. In diesen Fällen sind Einzelfallbetrachtungen vorzunehmen, die sich an den Leitlinien des SCF zur Bewertung von Lebensmittelzusatzstoffen orientieren können [41]. Nach diesen Empfehlungen sind eine genaue Charakterisierung der neuen Bestandteile sowie bestimmte toxikologische

Studien erforderlich. Abweichungen vom normalen Prüfprogramm sind möglich, wenn dies angemessen wissenschaftlich begründet wird (s. Abschnitt 4.3.8.1).

4.4.8.4 Prüfung des ganzen Lebensmittels

Nach den Leitlinien des GVO-Gremiums sind nicht nur die neuartigen Inhaltsstoffe, sondern auch der Lebensmittelrohstoff *per se* auf ihre Sicherheit zu prüfen, wenn die Zusammensetzung einer Pflanze gezielt wesentlich verändert wurde oder es Hinweise auf unbeabsichtigte Effekte gibt. Dazu wird in der Regel eine mindestens 90-tägige (subchronische) Fütterungsstudie an Labornagern verlangt. Zusätzliche Informationen können aus Fütterungsstudien an schnell wachsenden Spezies wie Hühnern gewonnen werden, die besonders empfindlich auf die Anwesenheit schädlicher Substanzen im Futter reagieren. Aufgrund der geringen Anzahl der dabei geprüften gesundheitsrelevanten Parameter und im Hinblick auf die Übertragbarkeit der Ergebnisse auf den Menschen sind diese Untersuchungen jedoch von begrenzter Aussagekraft. Ob darüber hinaus toxikologische Studien erforderlich sind, ist abhängig von der erwarteten Exposition des Verbrauchers, Art und Ausmaß der gefundenen Unterschiede zu traditionellen Lebensmitteln sowie den Ergebnissen der subchronischen Fütterungsstudie.

In der Praxis war bisher in den meisten Fällen die Vorlage einer subchronischen Fütterungsstudie wesentliche Voraussetzung für eine positive Beurteilung durch das GVO-Gremium. So wurde transgener Hybridmais MON863× MON810 mit integriertem Insektenschutz, vermittelt durch die *Bacillus thuringiensis*-Toxine Cry3Bb1 und Cry1Ab, aufgrund des Fehlens dieser Studie zunächst nicht akzeptiert, obwohl entsprechende Untersuchungen mit den transgenen Ausgangslinien MON863 und MON810 vorlagen [10]. Da sich in der nachträglichen Untersuchung keine Hinweise auf unerwünschte Wirkungen ergaben [11], wurde in vergleichbaren späteren Fällen, z. B. bei NK603×MON810 und 1507×NK603, keine subchronische Studie mit dem Hybridmais als notwendig erachtet [14, 15].

4.4.9
Allergenität

Lebensmittelallergien sind krankhafte durch immunologische Mechanismen ausgelöste Reaktionen, welche in genetisch veranlagten Individuen die Bildung allergenspezifischer Antikörper induzieren, am häufigsten Immunglobuline vom Typ E (IgE). In den Mitgliedstaaten der Europäischen Union sind etwa 1–3% der Gesamtbevölkerung und 4–6% der Kinder betroffen. Von den Erwachsenen reagieren etwa 50% auf bestimmte Früchte und Gemüsesorten, Nüsse und Erdnüsse, von den Kindern etwa 75% auf Eier, Kuhmilch, Fisch, Nüsse und Erdnüsse [7]. Nahezu alle Lebensmittelallergene sind natürliche Proteine oder Glykoproteine. Man unterscheidet klassische Lebensmittelallergene, die über den gastrointestinalen Weg eine Sensibilisierung auslösen, und pollenassoziierte Lebensmittelallergene, die selbst keine Sensibilisierung bewirken, aber eine Homologie zu Pollenallergenen aufweisen. Letztere lösen erst dann Reaktionen aus, nachdem auf inhalativem Wege eine Sensibilisierung gegen das homologe Pollenallergen erfolgt ist.

Bei Lebensmitteln aus genetisch veränderten Pflanzen kann das allergene Potenzial sowohl durch das Einbringen neuer Proteine als auch durch Veränderungen des endogenen Proteinmusters beeinflusst werden. Die Vorgehensweise bei der Prüfung und Bewertung beruht im Wesentlichen auf Empfehlungen von Expertengruppen der WHO und der Codex Alimentarius Kommission [3, 54].

4.4.9.1 Allergenität neuer Proteine

Validierte Testverfahren, mit denen sich die Allergenität eines Proteins bei oraler Aufnahme voraussagen lässt, sind derzeit nicht verfügbar. Da alle genutzten Methoden für sich betrachtet in ihrer Aussagekraft begrenzt sind, erfolgt die Abschätzung auf der Grundlage von Informationen, die durch eine Kombination unterschiedlicher Untersuchungsverfahren gewonnen werden. Die Bewertung beruht im Wesentlichen auf Vergleichen mit bereits bekannten Allergenen sowie Informationen zur Allergenität des Organismus, der als Quelle des eingebrachten genetischen Materials dient.

In jedem Fall ist zuerst eine Untersuchung auf Sequenz-Homologie und/oder strukturelle Ähnlichkeit mit bekannten Allergenen vorzunehmen. Bioinformatische Analysen (s. Abschnitt 4.4.8.2), in denen die Aminosäuresequenz des fraglichen Proteins abschnittsweise mit den in Datenbanken gespeicherten Sequenzen bekannter Allergene verglichen wird, können Übereinstimmungen oder Ähnlichkeiten mit linearen IgE-Bindungsepitopen aufzeigen. Die Länge der zu vergleichenden Sequenz ist dabei so zu wählen, dass die Möglichkeit falsch-positiver und falsch-negativer Ergebnisse minimiert wird. Aufgrund der vorhandenen Kenntnisse über Epitope wird im Allgemeinen eine Übereinstimmung von acht aufeinander folgenden identischen Aminosäuren als immunologisch signifikant angesehen. Eine Kreuzreaktivität sollte auch in Betracht gezogen werden, wenn mehr als 35% Sequenzidentität in einem Abschnitt von 80 oder mehr Aminosäuren besteht. Ein Nachteil dieses Verfahrens ist, dass nur lineare IgE-Bindungsepitope identifiziert werden können, und keine Epitope, bei denen die Antikörperbindung durch nicht-linear angeordnete Aminosäuren (Konformationsepitope) erfolgt [51].

Im zweiten Schritt sollte mithilfe immunologischer in vitro-Verfahren wie Immunoblot, RAST (*Radio-Allergo-Sorbent-Test*) oder ELISA (*Enzyme-Linked Immuno Sorbent Assay*) geprüft werden, ob spezifische IgE in Seren von Allergikern das Protein binden. Dabei hängt die Vorgehensweise davon ab, ob das entsprechende in die Pflanze eingebrachte Gen aus einer allergenen oder nicht allergenen Quelle stammt:

Wenn der Spenderorganismus als Allergie auslösend bekannt ist und keine Sequenz-Homologie zu einem allergenen Protein festgestellt wurde, ist ein so genanntes spezifisches Serum-Screening vorzunehmen. Dazu werden Seren von Personen benötigt, die gegen den Spenderorganismus sensibilisiert sind. Im Fall eines positiven Ergebnisses besitzt das Protein mit hoher Wahrscheinlichkeit ein allergenes Potenzial. Tritt keine IgE-Bindung auf, sollten zusätzliche Untersuchungen durchgeführt werden.

Ist der Spenderorganismus nicht als Allergie auslösend bekannt, gibt es jedoch Hinweise auf eine Sequenz-Homologie zu einem bekannten Allergen, sollte ein spezifisches Serum-Screening mit Seren von Patienten, die gegen dieses Allergen sensibilisiert sind, durchgeführt werden. Darüber hinaus sind zusätzliche Untersuchungen vorzunehmen.

An zusätzlichen Untersuchungen wird die Prüfung der Stabilität gegenüber der Protease Pepsin in simulierter Magenflüssigkeit (SGF, s. Abschnitt 4.4.8.1) empfohlen. Einige typische Lebensmittelallergene haben sich in diesem Test als relativ stabil erwiesen, wohingegen nicht allergene Proteine in der Regel schnell, das heißt innerhalb von Sekunden, abgebaut wurden [32]. Eine absolute Übereinstimmung besteht allerdings nicht [27]. Des Weiteren kann ein so genanntes gezieltes (*targeted*) Serum-Screening vorgenommen werden. In diesem Fall sind Seren von Personen erforderlich, die auf Lebensmittel allergisch reagieren, welche zu dem Spenderorganismus in Beziehung stehen. Die Anwendung dieser Methode sowie auch des spezifischen Serum-Screenings wird jedoch durch die begrenzte Verfügbarkeit geeigneter Seren limitiert. Grundsätzlich besteht die Notwendigkeit, weitere *in vitro*-Tests sowie Tiermodelle zu entwickeln, die nach erfolgreicher Validierung das derzeit verfügbare Methodenspektrum zur Abschätzung des allergenen Potenzials ergänzen oder ersetzen können.

Ergibt die Bewertung der Befunde in ihrer Gesamtheit, dass das Protein ein allergenes Potenzial besitzt, ist durch Maßnahmen des Risiko-Managements sicherzustellen, dass Personen mit einer genetischen Disposition für allergische Erkrankungen (Atopiker) eine Exposition vermeiden können. Nach den spezifischen Anforderungen für die Kennzeichnung von aus GVO gewonnenen Lebensmitteln (s. Abschnitt 4.2.1) müssten die Verbraucher auf die Anwesenheit des Proteins durch eine angemessene Kennzeichnung hingewiesen werden.

Wenn das in die Pflanze eingebrachte genetische Material aus Weizen, Roggen, Gerste, Hafer oder verwandten Getreidesorten stammt, sollte auch geprüft werden, ob das entsprechende Protein bei der Auslösung der durch das Klebereiweiß Gluten induzierten Enteropathie (Zöliakie) oder anderer Enteropathien eine Rolle spielt.

4.4.9.2 Endogene Pflanzenallergene

Ist die Ausgangspflanze beziehungsweise das daraus gewonnene Lebensmittel selbst als allergen bekannt, wie z. B. Sojabohnen, sollte auch untersucht werden, ob durch den Prozess der genetischen Veränderung das endogene Allergenmuster verändert wurde. Sojabohnen enthalten etwa 15 Proteine, die von Seren sensibilisierter Personen erkannt werden. Drei dieser Proteine wurden als die wesentlichen Allergene identifiziert, eines davon ist eine Untereinheit des Spei-

Tab. 4.1 Liste der genetisch veränderten Pflanzen, die in der EU zur Herstellung von Lebensmitteln zugelassen sind (Stand: 31. 08. 2006).
Die Liste beruht auf dem öffentlichen Gemeinschaftsregister der zugelassenen genetisch veränderten Lebens- und Futtermittel, das die auf der Grundlage der Verordnung (EG) Nr. 1829/2003 zugelassen Erzeugnisse enthält. Darüber hinaus sind die Erzeugnisse enthalten, die vor dem Inkrafttreten der Verordnung am 18. 10. 2004 rechtmäßig auf dem Markt waren und bei der Europäischen Kommission gemäß Artikel 8 und 20 der Verordnung angemeldet wurden.

Linie/Sorte	Eigenschaft(en)	Zulassungs-/ Anmeldedatum
Bt11 Gemüsemais	Insektenschutz	19. 05. 04 Zulassung
NK603 Mais	Herbizid-Toleranz	26. 10. 04 Zulassung
MON863 Mais	Insektenschutz	13. 01. 06 Zulassung
GA21 Mais	Herbizid-Toleranz	13. 01. 06 Zulassung
MON810 Mais	Insektenschutz	12. 07. 04 Anmeldung
MON40-3-2 Sojabohnen	Herbizid-Toleranz	13. 07. 04 Anmeldung
NK603xMON810 Mais	Herbizid-Toleranz und Insektenschutz	15. 07. 04 Anmeldung
DAS1507 Mais	Herbizid-Toleranz und Insektenschutz	03. 03. 06 Zulassung
GT73 Raps	Herbizid-Toleranz	31. 08. 04 Anmeldung
MON1445 Baumwolle	Herbizid-Toleranz	23. 09. 04 Anmeldung
MON531 Baumwolle	Insektenschutz	23. 09. 04 Anmeldung
T25 Mais	Herbizid-Toleranz	01. 10. 04 Anmeldung
MON531×MON1445 Baumwolle	Herbizid-Toleranz und Insektenschutz	04. 10. 04 Anmeldung
Bt176 Mais	Herbizid-Toleranz und Insektenschutz	04. 10. 04 Anmeldung
MS8, RF3, MS8×RF3 Raps	Herbizid-Toleranz u. männliche Sterilität	05. 10. 04 Anmeldung
GA21×MON810 Mais	Herbizid-Toleranz und Insektenschutz	06. 10. 04 Anmeldung
MS1, RF1, MS1×RF1 Raps	Herbizid-Toleranz u. männliche Sterilität	07. 10. 04 Anmeldung
MS1, RF2, MS1×RF2 Raps	Herbizid-Toleranz u. männliche Sterilität	08. 10. 04 Anmeldung
TOPAS19/2 Raps	Herbizid-Toleranz	11. 10. 04 Anmeldung
MON863×MON810 Mais	Herbizid-Toleranz und Insektenschutz	11. 10. 04 Anmeldung
T45 Raps	Herbizid-Toleranz	13. 10. 04 Anmeldung
MON863×NK603 Mais	Herbizid-Toleranz und Insektenschutz	13. 10. 04 Anmeldung
MON15985 Mais	Insektenschutz	14. 10. 04 Anmeldung
MON15985×MON1445 Mais	Herbizid-Toleranz und Insektenschutz	14. 10. 04 Anmeldung

cherproteins *β*-Conglycinin. Im Fall einer transgenen Sojabohnen-Linie mit erhöhter Widerstandsfähigkeit gegenüber glyphosathaltigen Herbiziden unterschieden sich die endogenen Allergene qualitativ und quantitativ nicht wesentlich von denen in konventionellen Sojabohnen. In dieser Untersuchung wurden Proteinextrakte aus Sojabohnen mittels SDS-Polyacrylamid-Gelelektrophorese aufgetrennt und die allergenen Proteine im Immunoblot mit Seren von Personen, die gegen Sojabohnen sensibilisiert waren, nachgewiesen [2]. Zukünftig könnten auch *Profiling*-Techniken (s. Abschnitt 4.4.6) in Kombination mit immunologischen Nachweismethoden zum Nachweis von Proteinen und Peptiden mit allergenem Potenzial in genetisch modifizierten Pflanzen genutzt werden.

4.4.10
Zulassungen

Werden eine genetisch modifizierte Pflanze und die daraus gewonnenen Lebensmittel als ebenso sicher bewertet wie vergleichbare traditionelle Erzeugnisse, kann die Genehmigung für ihre Vermarktung erteilt werden. Eine Zusammenstellung der bisher in der EU zugelassenen Linien/Sorten enthält Tabelle 4.1.

4.5
Literatur

1 Arbeitsgruppe „Probiotische Mikroorganismenkulturen in Lebensmitteln" am Bundesinstitut für gesundheitlichen Verbraucherschutz und Veterinärmedizin (BgVV) (2000) Probiotische Mikroorganismenkulturen in Lebensmitteln, *Ernährungsumschau* **47**: 191–195.

2 Burks AW, Fuchs RL (1995) Assessment of the endogenous allergens in glyphosate-tolerant and commercial soybean varieties, *Journal of Allergy and Clinical Immunology* **96**: 1008–1010.

3 Codex Alimentarius Commission (2003) Codex Principles and Guidelines on Foods Derived from Biotechnology, Joint FAO/WHO Food Standards Programme, Food and Agriculture Organisation, Rome, http://www.fao.org/ag/agn/food/risk_biotech_taskforce_en.stm.

4 Diplock AT, Aggett PJ, Ashwell M, Bornet F, Fern EB, Roberfroid MB (1999) Scientific Concepts of Functional Foods in Europe: Consensus Document, *British Journal of Nutrition* **81** Suppl. 1.

5 EFSA (2003) Opinion of the Scientific Panel on Dietetic Products, Nutrition and Allergies on a request from the Commission related to a Novel Food application from Forbes Medi-Tech for approval of plant sterol-containing milk-based beverages, *The EFSA Journal* **15**: 1–12, http://www.efsa.europa.eu/en/science/nda/nda_opinions/216.html.

6 EFSA (2004) Guidance document of the Scientific Panel on Genetically Modified Organisms for the risk assessment of genetically modified plants and derived food and feed, *The EFSA Journal* **99**: 1–94, http://www.efsa.europa.eu/en/science/gmo/gmo_guidance/660.html.

7 EFSA (2004) Opinion of the Scientific Panel on Dietetic Products, Nutrition and Allergies on a request from the Commission relating to the evaluation of allergenic foods for labelling purposes, *The EFSA Journal* **32**: 1–197, http://www.efsa.europa.eu/en/science/nda/nda_opinions/341.html.

8 EFSA (2004) Opinion of the Scientific Panel on Dietetic Products, Nutrition and Allergies on a request from the Commission related to an application to market Enova oil as a novel food in the EU, *The EFSA Journal* **159**: 1–19,

http://www.efsa.europa.eu/en/science/nda/nda_opinions/752.html.

9 EFSA (2004) Opinion of the Scientific Panel on Genetically Modified Organisms on the use of antibiotic resistance genes as marker genes in genetically modified plants, The EFSA Journal 48: 1–18, http://www.efsa.europa.eu/en/science/gmo/gmo_opinions/384.html.

10 EFSA (2004) Opinion of the Scientific Panel on Genetically Modified Organisms on a request from the Commission related to the safety of foods and food ingredients derived from insect-protected genetically modified maize MON863 and MON863×MON810, for which a request for placing on the market was submitted under Article 4 of the Novel Food Regulation (EC) No 258/97 by Monsanto, The EFSA Journal 50: 1–25, http://www.efsa. europa.eu/en/science/gmo/gmo_opinions/383.html.

11 EFSA (2005) Opinion of the Scientific Panel on Genetically Modified Organisms on an application (Reference EFSA-GMO-DE-2004-03) for the placing on the market of insect-protected genetically modified maize MON 863×MON 810, for food and feed use, under Regulation (EC) No. 1829/2003 from Monsanto, The EFSA Journal 252: 1–23, http://www.efsa.europa.eu/en/science/gmo/gmo_opinions/1031.html.

12 EFSA (2005) Opinion of the Scientific Panel on Dietetic Products, Nutrition and Allergies on a request from the Commission related to an application concerning the use of betaine as a novel food in the EU, The EFSA Journal 191: 1–17, http://www.efsa.europa.eu/en/science/nda/nda_opinions/850.html.

13 EFSA (2005) Opinion of the Scientific Panel on Genetically Modified Organisms on a request from the Commission related to the notification (Reference C/F/96/05.10) for the placing on the market of insect resistant genetically modified maize Bt11, for cultivation, feed and industrial processing, under Part C of Directive 2001/18/EC from Syngenta Seeds, The EFSA Journal 213: 1–33, http://www.efsa.europa.eu/en/science/gmo/gmo_opinions/922.html.

14 EFSA (2005) Opinion of the Scientific Panel on Genetically Modified Organisms on an application (Reference EFSA-GMO-UK-2004-01) for the placing on the market of glyphosate-tolerant and insect-resistant genetically modified maize NK 603×MON 810, for food and feed uses, under Regulation (EC) No. 1829/2003 from Monsanto, The EFSA Journal 309: 1–22, http://www.efsa.europa.eu/en/science/gmo/gmo_opinions/1284.html.

15 EFSA (2006) Opinion of the Scientific Panel on Genetically Modified Organisms on an application (Reference EFSA-GMO-UK-2004-05) for the placing on the market of insect-protected and glyphosate-tolerant genetically modified maize 1507×NK 603, for food and feed uses, and import and processing under Regulation (EC) No. 1829/2003 from Pioneer Hi-Bred and Mycogen Seeds, The EFSA Journal 355: 1–23, http://www.efsa.europa.eu/en/science/gmo/gmo_opinions/1482.html.

16 EFSA (2006) Guidance Document of the Scientific Panel on Genetically Modified Organisms for the risk assessment of genetically modified microorganisms and their derived products intended for food and feed use, The EFSA Journal 374: 1–115, http://www.efsa.europa.eu/en/science/gmo/gmo_guidance/gmo_guidance_ej374_gmm.html.

17 Europäische Kommission (1997) Empfehlung der Kommission vom 23. Juli 1997 zu den wissenschaftlichen Aspekten und zur Darbietung der für Anträge auf Genehmigung des Inverkehrbringens neuartiger Lebensmittel und Lebensmittelzutaten erforderlichen Informationen sowie zur Erstellung der Berichte über die Erstprüfung gemäß der Verordnung (EG) Nr. 258/97 des Europäischen Parlaments und des Rates (97/618/EG), Amtsblatt der Europäischen Gemeinschaften L 253: 1–36.

18 Europäische Kommission (1997) Verordnung (EG) Nr. 258/97 des Europäischen Parlaments und des Rates vom 27. Januar 1997 über neuartige Lebensmittel und neuartige Lebensmittelzutaten, Amtsblatt der Europäischen Gemeinschaften L 43: 1–6.

19 Europäische Kommission (2000) Risk assessment in a rapidly evolving field: the case of genetically modified plants, Opinion expressed by the Scientific Steering Committee on 26/27 October 2000, http://ec.europa.eu/food/fs/sc/ssc/out148_en.pdf.

20 Europäische Kommission (2001) Richtlinie 2001/18/EG des Europäischen Parlaments und des Rates vom 12. März 2001 über die absichtliche Freisetzung genetisch veränderter Organismen in die Umwelt und zur Aufhebung der Richtlinie 90/220/EWG des Rates, *Amtsblatt der Europäischen Gemeinschaften* **L 106**: 1–39.

21 Europäische Kommission (2002) The directive on dangerous substances, Brussels, Belgium, http://ec.europa.eu/environment/dansub/home_en.htm.

22 Europäische Kommission (2003) Verordnung (EG) Nr. 1829/2003 des Europäischen Parlaments und des Rates vom 22. September 2003 über genetisch veränderte Lebensmittel und Futtermittel, *Amtsblatt der Europäischen Union* **L 268**: 1–23.

23 Europäische Kommission (2003) Verordnung (EG) Nr. 1830/2003 des Europäischen Parlaments und des Rates vom 22. September 2003 über die Rückverfolgbarkeit und Kennzeichnung von genetisch veränderten Organismen und über die Rückverfolgbarkeit von aus genetisch veränderten Organismen hergestellten Lebensmitteln und Futtermitteln sowie zur Änderung der Richtlinie 2001/18/EG, *Amtsblatt der Europäischen Union* **L 268**: 24–28.

24 Europäische Kommission (2004) Directive 2004/10/EC of the European Parliament and of the Council of 11 February 2004 on the harmonisation of laws, regulations and administrative provisions relating to the application of the principles of good laboratory practice and the verification of their applications for tests on chemical substances, *Amtsblatt der Europäischen Union* **L 50**: 44–59.

25 Europäische Kommission (2004) Verordnung (EG) Nr. 608/2004 der Kommission vom 31. März 2004 über die Etikettierung von Lebensmitteln und Lebensmittelzutaten mit Phytosterin-, Phytosterinester-, Phytostanol- und/oder Phytostanolesterzusatz. *Amtsblatt der Europäischen Union* **L 97**: 44–45.

26 European Network on Safety Assessment of Genetically Modified Food Crops (ENTRANSFOOD) (2004) Safety Assessment, Detection and Traceability, and Societal Aspects of Genetically Modified Foods, Kuiper HA, Kleter GA, Konig A, Hammes WP, Knudsen I (Hrsg), ISSN 0278 6915, *Food and Chemical Toxicology* **42**, issue 7: 1043–1202.

27 Fu T-J, Abbott UR, Hatzos C (2002) Digestibility of food allergens and non-allergenic proteins in simulated gastric fluid and simulated intestinal fluid – a comparative study, *Journal of Agricultural and Food Chemistry* **50**: 7154–7160.

28 Gesetz über den Verkehr mit Lebensmitteln, Tabakerzeugnissen, kosmetischen Mitteln und sonstigen Bedarfsgegenständen (Lebensmittel- und Bedarfsgegenständegesetz – LMBG) in der Fassung der Bekanntmachung vom 9. September 1997, *Bundesgesetzblatt I*: 2296–2319.

29 Gesetz zur Durchführung von Verordnungen der Europäischen Gemeinschaft auf dem Gebiet der Gentechnik und zur Änderung der Neuartige Lebensmittel- und Lebensmittelzutaten-Verordnung (EG-Gentechnik-Durchführungsgesetz) vom 22. 6. 2004, *Bundesgesetzblatt I* Nr. **29**: 1244–1247.

30 Gesetz zur Neuorganisation des gesundheitlichen Verbraucherschutzes und der Lebensmittelsicherheit vom 6. August 2002, *Bundesgesetzblatt I* Nr. **57**: 3082–3104.

31 Kuiper HA, Kok EJ, Engel KH (2003) Exploitation of molecular profiling techniques for GM food safety assessment, *Current Opinion in Biotechnology* **14**: 238–243.

32 Metcalfe DD, Ashwood JD, Townsend R, Sampson HA, Taylor SL, Fuchs RL (1996) Assessment of the Allergenic Potential of Foods Derived from Genetically Engineered Crop Plants, *Critical Reviews in Food Science and Nutrition* **36** (Supplement): 165–186.

33 Noteborn H (1994) Safety assessment of a genetically modified plant product. Case study: *Bacillus thuringiensis*-toxin

tomato. *Proceedings of the Basel Forum on Biosafety*, 19 October 1994, 18–20.

34 Organisation for Economic Co-operation and Development (1993) Safety Evaluation of Foods Derived by Modern Biotechnology: Concepts and Principles, OECD, Paris, http://www.oecd.org/dataoecd/57/3/1946129.pdf.

35 Organisation for Economic Co-operation and Development, Consensus Documents for the work on the Safety of Novel Foods and Feeds, OECD Environmental Health and Safety Publications, Series on the Safety of Novel Foods and Feeds, OECD Environment Directorate, Paris, http://www.oecd.org/document/9/0,2340,en_2649_34391_1812041_1_1_1_1,00.html.

36 Organisation for Economic Co-operation and Development, OECD Guidelines for the testing of chemicals, OECD, Paris, http://www.oecd.org/document/55/0,2340,en_2649_34377_2349687_1_1_1_1,00.html.

37 SCF (1999) Opinion on Stevia Rebaudiana Bertoni plants and leaves, adopted on 17/6/99, Brussels, http://ec.europa.eu/food/fs/sc/scf/out36_en.pdf.

38 SCF (2000) Opinion of the Scientific Committee on Food on a dextran preparation, produced using *Leuconostoc mesenteroides, Saccharomyces cerevisiae* and *Lactobacillus* spp, as a novel food ingredient in bakery products, expressed on 18 October 2000, Brussels, http://ec.europa.eu/food/fs/sc/scf/out75_en.pdf.

39 SCF (2000) Opinion of the Scientific Committee on Food on a request for the safety assessment of the use of phytosterol esters in yellow fat spreads, expressed on 6 April 2000, Brussels, http://ec.europa.eu./food/fs/sc/scf/out56_en.pdf.

40 SCF (2000) Opinion of the Scientific Committee on Food on the safety assessment of the nuts of the Ngali tree, expressed on 8 March 2000, Brussels, http://ec.europa.eu/food/fs/sc/scf/out54_en.pdf.

41 SCF (2001) Guidance on submissions for food additive evaluations by the Scientific Committee on Food, expressed on 11 July 2001, Brussels, http://ec.europa.eu/food/fs/sc/scf/out98_en.pdf.

42 SCF (2002) General view of the Scientific Committee on Food on the long-term effects of the intake of elevated levels of phytosterols from multiple dietary sources, with particular attention to the effects on β-carotene, expressed on 26 September 2002, Brussels, http://ec.europa.eu/food/fs/sc/scf/out143_en.pdf.

43 SCF (2002) Opinion of the Scientific Committee on Food on a report on Post Launch Monitoring of "yellow fat spreads with added phytosterol esters", expressed on 26 September 2002, Brussels, http://ec.europa.eu/food/fs/sc/scf/out144_en.pdf.

44 SCF (2002) Opinion of the Scientific Committee on Food on a request for the safety assessment of Salatrims for use as reduced calorie fats alternative as novel food ingredients, expressed on 13 December 2001, Brussels, http://ec.europa.eu/food/fs/sc/scf/out117_en.pdf.

45 SCF (2002) Opinion of the Scientific Committee on Food on Tahitian Noni juice, expressed on 4 December 2002, Brussels, http://ec.europa.eu/food/fs/sc/scf/out151_en.pdf.

46 SCF (2003) Opinion of the Scientific Committee on Food on an application from MultiBene for approval of plant-sterol enriched foods, expressed on 4 April 2003, Brussels, http://ec.europa.eu/food/fs/sc/scf/out191_en.pdf.

47 SCF (2003) Opinion of the Scientific Committee on Food on an application from ADM for approval of plant-sterol-enriched foods, expressed on 4 April 2003, Brussels, http://ec.europa.eu/food/fs/sc/scf/out192_en.pdf.

48 SCF (2003) Opinion of the Scientific Committee on Food on Applications for Approval of a Variety of Plant Sterol-Enriched Foods, expressed on 5 March 2003, Brussels, http://ec.europa.eu/food/fs/sc/scf/out174_en.pdf.

49 SKLM (2004) Kriterien zur Beurteilung Funktioneller Lebensmittel, in Deutsche Forschungsgemeinschaft, Kriterien zur Beurteilung Funktioneller Lebensmittel, Sicherheitsaspekte, Symposium/Kurzfassung, Senatskommission zur Beurteilung der gesundheitlichen Unbedenklichkeit von Lebensmitteln (Hrsg) Mittei-

lung 6, ISBN 3-527-27515-0, Wiley-VCH Verlag, Weinheim, 1–11.
50 SKLM (2005) Stellungnahme zur „Sicherheitsbewertung des Hochdruckverfahrens", verabschiedet am 06.12. 2004 in Deutsche Forschungsgemeinschaft, Lebensmittel und Gesundheit II, Sammlung der Beschlüsse und Stellungnahmen 1997–2004, Senatskommission zur Beurteilung der gesundheitlichen Unbedenklichkeit von Lebensmitteln (Hrsg) Mitteilung 7, ISBN 3-527-27519-3, Wiley-VCH Verlag, Weinheim, 102–125.
51 Wal JM (1999) Assessment of allergic potential of (novel) foods, *Nahrung* **43**: 168–174.
52 WHO/FAO (2002) Guidelines for the Evaluation of Probiotics in Food, Report of a Joint FAO/WHO Working Group on Drafting Guidelines for the Evaluation of Probiotics in Food, London, Ontario, Canada, April 30 and May 1, 2002, http://www.who.int/foodsafety/fs_management/en/probiotic_guidelines.pdf.
53 World Health Organization/Food and Agriculture Organization (2000) Safety aspects of genetically modified foods of plant origin, Report of a Joint FAO/WHO Expert Consultation on Foods Derived from Biotechnology, Geneva, 29 May – 2 June, 2000, http://www.fao.org/ag/agn/food/pdf/gmreport.pdf.
54 World Health Organization/Food and Agriculture Organization (2001) Evaluation of Allergenicity of Genetically Modified Foods, Report of a Joint FAO/WHO Expert Consultation on Allergenicity of Foods Derived from Biotechnology, 22–25 January 2001, Rome, Italy, http://www.who.int/foodsafety/publications/biotech/en/ec_jan2001.pdf.

5
Lebensmittelüberwachung und Datenquellen

Maria Roth

5.1
Einleitung

„Die Lebensmittelüberwachung hat festgestellt …" – so beginnt manche Schlagzeile in dpa-Berichten, aktuellen Reportagen und Zeitungsmeldungen. Sofern es sich bei diesen Meldungen um hygienische Unzulänglichkeiten bei der Produktion oder im Vertrieb handelt, berührt es die Toxikologie nur wenig: Nägel im Fleischsalat, Glassplitter im Brot, Mäuseteile im Gebäck etc. sind offensichtlich, und für jeden Verbraucher erkennbar, mit gesunden und einwandfreien Lebensmitteln nicht vereinbar. Anders liegt der Fall, wenn unzureichende Hygiene z. B. zu Schimmelpilzgiften in Lebensmitteln führt oder wenn chemische Substanzen wie Pflanzenschutzmittel- oder Tierarzneimittelrückstände, nicht zugelassene Zusatzstoffe oder auch unerwünschte Substanzen wie Acrylamid, 3-Monochlorpropandiol (3-MCPD) und Furan, die bei der Herstellung und Verarbeitung entstehen, in Lebensmitteln nachgewiesen werden. Häufig ist eine toxikologische Bewertung der Daten erforderlich, um das Risiko für den Verbraucher einzuschätzen, zu minimieren sowie letztendlich eine Gefahr abzuwenden. Für die Festlegung von Richt- und Grenzwerten ist eine toxikologische Einordnung erforderlich und meist sind erst nach der toxikologischen Bewertung rechtliche Schritte möglich.

5.1.1
Wichtige Rechtsvorschriften für die deutsche Lebensmittelüberwachung

Das *Lebensmittel- und Bedarfsgegenstände-Gesetz (LMBG)* [6] war seit 1974 quasi das Grundgesetz für die deutsche Lebensmittelüberwachung. In Baden-Württemberg wurde 1991 mit dem Ausführungsgesetz zum LMBG (AGLMBG) [23] erstmals in Deutschland in einem Bundesland gesetzlich geregelt, wie der Verbraucher über belastete Ware zu informieren ist, wann ein Rückruf möglich ist und welche Forderungen an die Sorgfaltspflicht und Eigenkontrolle der Hersteller zu stellen sind.

Lebensmittelsicherheit und Lebensmittelüberwachung. Erste Auflage.
Herausgegeben von H. Dunkelberg, T. Gebel und A. Hartwig.
© 2012 Wiley-VCH Verlag GmbH & Co. KGaA. Published 2012 by Wiley-VCH Verlag GmbH & Co. KGaA.

Mit der *VO (EU) 178/2002* [7] – auch Basis-Verordnung genannt, schlug die Europäische Union 2002 ein neues Kapitel in der Lebensmittelüberwachung auf. Aufgrund der zahlreichen Lebensmittelskandale, die durch Futtermittel verursacht wurden (BSE, Dioxin, Tierarzneimittelrückstände) und die durch unzulängliche Kontrollen, mangelhafte Transparenz der wissenschaftlichen Bewertung, keine Rückverfolgbarkeit belasteter Ware, mangelhafte Information der Öffentlichkeit, unzureichende Sorgfaltspflicht der Hersteller das bekannte Ausmaß mit erheblichen wirtschaftlichen Schäden erreichte, wurde von der EU die Lebensmittel- und Futtermittelüberwachung grundsätzlich reformiert. Unter anderem wurde die unabhängige wissenschaftliche Bewertung durch Entkopplung von Risikobewertung und Risikomanagement sichergestellt. Für die Risikobewertung ist seit 2002 die EFSA (European Food Safety Authority) zuständig, das Risikomanagement obliegt den Kommissionsdienststellen. In Deutschland wurden analog 2003 das Bundesinstitut für Risikobewertung (BfR) und das Bundesinstitut für Verbraucherschutz und Lebensmittelsicherheit (BVL) eingerichtet. Weiter wurde mit der *VO (EU) 882/2004* [5] – Überwachungs-Verordnung – die amtliche Kontrolle zur Überprüfung der Einhaltung des Lebensmittel- und Futtermittelrechts sowie der Bestimmungen über Tiergesundheit und Tierschutz verschärft: Die Mitgliedstaaten müssen sicherstellen, dass regelmäßig auf Risikobasis und mit angemessener Häufigkeit amtliche Kontrollen durchgeführt werden.

Aufgrund der einschneidenden Rechtsänderungen der Basis-Verordnung und der Überwachungs-Verordnung muss das deutsche Lebensmittelrecht grundsätzlich geändert werden: Aus dem LMBG sollte bereits 2004 das *Lebensmittel- und Futtermittelgesetzbuch (LFGB)* [8] werden. Durch Abstimmungsschwierigkeiten zwischen Bund und Ländern verzögerte sich die Verabschiedung im Bundesrat und Bundestag bis Juni 2005.

Die Durchführung der Lebensmittelüberwachung ist Länderaufgabe. Mit allgemeinen Verwaltungsvorschriften sorgt der Bund für eine gewisse Einheitlichkeit. Eine wichtige Verwaltungsvorschrift ist die Allgemeine Verwaltungsvorschrift zur Datenübermittlung (*AVV-DÜb*) [21]: Meldungen von Untersuchungsdaten an den Bund müssen seit einigen Jahren in diesem einheitlichen EDV-Format gemeldet werden, damit bundesländerübergreifend Auswertungen möglich sind. Mit der Allgemeinen Verwaltungsvorschrift über Grundsätze zur Durchführung der amtlichen Überwachung lebensmittelrechtlicher und weinrechtlicher Vorschriften (*AVV-RÜb*) [22] wurde 2004 die risikoorientierte Probenahme festgelegt, ein bestimmter einwohnerbezogener Probenschlüssel vorgeschrieben sowie Bundesüberwachungsprogramme und Berichtspflichten festgelegt.

5.2
Welche Produkte werden im Rahmen der Lebensmittelüberwachung untersucht?

5.2.1
Lebensmittel

Europaweit ist der Begriff Lebensmittel in der EU-Verordnung 178/2002 Art. 2 (Basis-Verordnung) definiert worden: „Lebensmittel sind alle Stoffe oder Erzeugnisse, die dazu bestimmt sind oder von denen nach vernünftigem Ermessen erwartet werden kann, dass sie in verarbeitetem, teilweise verarbeitetem oder unverarbeitetem Zustand von Menschen aufgenommen werden" [7]. Arzneimittel, Futtermittel, Pflanzen vor der Ernte, lebende Tiere, kosmetische Mittel gehören laut Definition nicht zu den Lebensmitteln.

Ob Äpfel, Alcopops oder Austern – solange ein Produkt als Lebensmittel angeboten bzw. in den Verkehr gebracht wird, unterliegt es der amtlichen Lebensmittelüberwachung und wird *stichprobenartig* sowohl auf Qualitätsparameter wie Frische, Zusammensetzung, Inhaltsstoffe als auch auf Schadstoffe geprüft. Für Lebensmittel – Ausnahme neuartige Lebensmittel und Diätetische Lebensmittel – gibt es keine vorherige Prüfung, Zulassung oder Anerkennung, ob das Lebensmittel tatsächlich unbedenklich als Lebensmittel verzehrt werden kann. Die Verantwortung für das Produkt trägt der Hersteller/Importeur und er haftet auch für eventuelle Schäden.

Schwierigkeiten macht die Abgrenzung der Lebensmittel von den Arzneimitteln bei den *Nahrungsergänzungsmitteln*. Obwohl es wissenschaftlich eindeutig bewiesen ist, dass eine ausgewogene Ernährung sämtliche wichtigen Nährstoffe enthält, wird dem Verbraucher suggeriert, dass er nur dann gesund lebt, wenn er seine Nahrung „ergänzt". Nahrungsergänzungsmittel sind rechtlich eindeutig Lebensmittel. Da sie im Prinzip selten notwendig sind, lassen sie sich nur verkaufen, wenn sie extrem beworben werden und ihnen Wirkungen beigelegt werden, die sie als Lebensmittel gar nicht haben dürfen. Zur Nahrungsergänzung wird eine Vielzahl von Wundermitteln angeboten, die häufig über dubiose, nicht zu kontrollierende Vertriebswege (Internet, quasi-private Strukturen) in den Handel gelangen. Die Beanstandungsquote liegt seit Jahren bei 60–70%. Solange es sich um Vitamin- und Mineralstoffmischungen zur Nahrungsergänzung handelt, ist lediglich eine Überversorgung durch die Einnahme mehrerer Präparate unter Umständen problematisch. Toxikologisch bedenklich wird es dagegen, wenn arzneilich wirkende Stoffe oder Stoffe, die in den Hormonstoffwechsel eingreifen via Internet bezogen werden und gutgläubig vom Verbraucher verzehrt werden, weil die Produkte z. B. als „rein pflanzlich und damit ohne Nebenwirkungen" oder „traditionelle Mittel aus dem ostasiatischen Raum" angeboten werden. Für die Lebensmittelüberwachung ist es schwierig, diese Produkte zu fassen. Selbst wenn man über eine Internetrecherche auf diese problematischen Produkte stößt, ein findiger Lebensmittelkontrolleur die Ware sogar bezieht, sind doch dem Vollzug enge Grenzen gesetzt: Nur im Inland lassen sich wirksam dubiose Produkte verbieten. Durch eine verstärkte Zusammenarbeit mit dem Zoll wird inzwischen versucht, dass die Zollbeamten derartige problematische Ware erkennen und dann die Lebensmittelüberwachungsbehörden einschalten.

5.2.2
Bedarfsgegenstände

Die deutsche Lebensmittelüberwachung erfasst auch die Gruppe der Bedarfsgegenstände. Anders als bei Lebensmitteln gibt es nur eine indirekte Definition für Bedarfsgegenstände. Bedarfsgegenstände werden über den Kontakt mit der Haut und den Schleimhäuten sowie über den Kontakt mit den Lebensmitteln definiert, da sich über den Kontakt die jeweiligen Eintrags- und Belastungswege – Haut, Atemwege, Lebensmittel – ergeben. In § 2 Absatz 6 des Lebensmittel- und Futtermittelgesetzbuches (LFGB) [8] bzw. § 5 LMBG [6] werden beispielhaft Gegenstände und Mittel aufgezählt, die zu den Bedarfsgegenständen zählen:
- Materialien mit Lebensmittelkontakt (z. B. Verpackungsmaterialien, Geschirr, Maschinen zur Lebensmittelherstellung)
- Gegenstände mit Mundschleimhautkontakt (z. B. Zahnbürste, Zahnseide)
- Gegenstände zur Körperpflege (z. B. Schwamm, Handtücher)
- Materialien mit Körperkontakt (z. B. Bekleidung inkl. Imprägnier- und sonstigen Ausrüstungsmitteln, Schmuck, Masken, Rucksäcke)
- Spielwaren und Scherzartikel inkl. Hobbyartikel und Gegenstände zur Freizeitgestaltung (z. B. Strickwolle, Seidenmalfarben)
- Reinigungs- und Pflegemittel für den häuslichen Bedarf oder für Lebensmittelbedarfsgegenstände (z. B. Spülmittel, Möbelpolituren, WC- oder Backofenreiniger)
- Mittel und Gegenstände zur Geruchsverbesserung für Räume (z. B. WC-Sprays, Duft- und Lampenöle)

Im Gesetz (§ 30 LFGB bzw. § 30 LMBG) ist festgeschrieben, dass von Bedarfsgegenständen bei bestimmungsgemäßem und bei vorhersehbarem Gebrauch keine gesundheitliche Gefährdung ausgehen darf. Ferner dürfen gemäß § 31 dieses Gesetzes keine Stoffe von Bedarfsgegenständen auf Lebensmittel übergehen, die geeignet wären, die Gesundheit zu gefährden oder die sensorische Qualität des Lebensmittels negativ zu beeinflussen.

Die Schwierigkeiten bei der Untersuchung von Bedarfsgegenständen liegen darin, dass praktisch alle denkbaren Materialien sich theoretisch auch für den Einsatz als Bedarfsgegenstand eignen. Je nach Einsatzgebiet und Einsatzart kann ein Bedarfsgegenstand gesundheitlich bedenklich sein oder nicht. Zum Beispiel eignen sich PVC-Folien nicht für fetthaltige Lebensmittel, da die Gefahr des Übergangs des Weichmachers in das Lebensmittel besteht. Polyethylenhaltige Folien können ohne Weichmacher hergestellt werden; sie sehen für den Verbraucher gleich aus, können aber unbedenklich verwendet werden.

Bei der toxikologischen Betrachtung von Bedarfsgegenständen ist der Gesamtgehalt an einem schädlichen Stoff nur bedingt relevant; wichtiger ist, wie viel von diesem schädlichen Stoff unter den vorhersehbaren Einsatzbedingungen aus dem Bedarfsgegenstand heraus und auf das Lebensmittel oder die Haut oder die Mundschleimhäute übergeht. Bislang wird der Gesamt-Stoffübergang als sogenannter Migrationswert bestimmt. Global dürfen in der Summe 60 mg Substanz in 1 kg Lebensmittel übergehen. Bei Materialien, wie z. B. Folien, die nicht befüllt werden können, ist der Migrationsgrenzwert auf 10 mg Substanz auf 1 dm^2 Folie festgelegt. Die Globalmigrationswerte werden gravimetrisch bestimmt und enthalten sowohl anorganische als auch organische Stoffe. Flüchtige Substanzen werden mit den bisherigen Methoden nicht erfasst. Es gibt keinen Zusammenhang zwischen Globalmigrationswerten, sensorischer Beeinträchtigung und Grenzwertüberschreitungen einzelner toxikologischer Substanzen wie nachfolgende Beispiele zeigen:

2004 wurden im CVUA Stuttgart Bratschläuche darauf geprüft, ob der Globalmigrationsgrenzwert eingehalten wurde und ob das Füllgut sensorisch beeinflusst wird. Obwohl der Migrationswert bei Bratschläuchen aus Polyamid nur bei wenigen mg/dm^2 lag, wurden bei der sensorischen Prüfung von allen Prüfern eklatante Geruchs- und Geschmacksbeeinflussungen (fischig) bemerkt. Bratschläuche aus Polyethylentherephthalat (PET), die in etwa die gleichen Migrationswerte aufwiesen, waren sensorisch einwandfrei. Dies zeigt, dass auch immer das richtige Material für den Einsatzzweck entscheidend ist (s. o. PVC/PE).

Bei der Untersuchung von Lebensmitteln, die in Gläsern mit Twist-off-Deckeln verpackt wurden, fiel auf, dass Weichmacher aus der PVC-Dichtung der Deckel v. a. in ölhaltige Lebensmittel wie z. B. Pesto migrierten. Einer dieser Weichmacher war z. B. epoxidiertes Sojaöl (ESBO), das toxikologisch relativ unbedenklich ist. Dennoch wurde in einzelnen Fällen der Gesamtmigrationswert von 60 mg/kg überschritten, insbesondere bei Gläschen mit kleinen Füllmengen. Bei diesen Lebensmitteln ist nicht mit großen Verzehrsmengen zu rechnen, so dass keine gesundheitliche Gefahr bestand.

In anderen Fällen wurde der Weichmacher Di-(2-Ethylhexyl)-adipat (DEHA) bei in Öl eingelegten Gemüsekonserven festgestellt. Der Globalmigrationsgrenzwert wurde bei diesen Produkten zwar nicht überschritten, allerdings ist DEHA toxikologisch weitaus problematischer, so dass für diesen Stoff EU-weit ein spezifischer (= einzelstoffbezogener) Migrationsgrenzwert von 18 mg/kg festgelegt wurde, welcher bei manchen Konserven überschritten wurde. Da Gemüsekonserven sehr viel häufiger verzehrt werden, war hier ein gesundheitliches Risiko gegeben. Bei allen Lebensmitteln wurde allerdings keine sensorische Veränderung festgestellt, was an der Art der Lebensmittel (scharf würzig) lag, hier ist eine Veränderung nur sehr schwer nachzuweisen.

5.2.3
Kosmetika

Sonnenschutzmittel, Zahnpasten, Duftstoffe, Haarfärbemittel, Hautcreme, Tätowierfarben – sie fallen alle unter den Begriff „Kosmetische Mittel"; diese sind nach § 2 Abs. 5 LFGB bzw. § 4 LMBG Stoffe oder Zubereitungen aus Stoffen, die dazu bestimmt sind, äußerlich am Körper des Menschen oder in seiner Mundhöhle zur Reinigung, zum Schutz, zur Erhaltung eines guten Zustandes, zur Parfümierung, zur Veränderung des Aussehens oder des Körpergeruchs angewendet zu werden. Der Begriff „Kosmetische Mittel" umfasst also nicht nur dekorative Kosmetika, sondern auch pflegende Mittel oder Mittel zur Körperreinigung wie Seifen, Haarshampoos etc.

Kosmetische Mittel sind nicht zulassungs-, wohl aber anzeigepflichtig. EU-weit zugelassen werden müssen jedoch bestimmte Inhalts- und Zusatzstoffe wie Farbstoffe, Konservierungsstoffe und UV-Filter. Die Bewertung der gesundheitlichen Unbedenklichkeit erfolgt europaweit durch den wissenschaftlichen Ausschuss für Konsumentenprodukte (Scientific Committee for Consumer Products, SCCP) und national durch die Kosmetik-Kommission am BfR. Die Zulassung der Stoffe wird mittels des Gesetzgebungsverfahrens der EU durchgeführt, indem die Kosmetikrichtlinie aus dem Jahr 1976 [1] ständig an den technischen und wissenschaftlichen Fortschritt angepasst wird. Jeder Hersteller oder Importeur von Kosmetischen Mitteln muss seine Rahmenrezeptur dem Bundesamt für Verbraucherschutz und Lebensmittelsicherheit übermitteln (§ 5d Kosmetikverordnung [9]). Die dortige Giftinformationszentrale sammelt alle diese Daten, um sie bei Vergiftungsfällen rasch den behandelnden Ärzten und den zuständigen Behörden zur Verfügung stellen zu können.

Toxikologisch problematische Produkte gibt es im Grauzonenbereich zwischen Kosmetika und Arzneimitteln. Vielfach werden auf Messen, Märkten und Sonderverkäufen Produkte mit zweifelhaften Heilwirkungen angeboten. Zum Beispiel wurde für Pflege-Gels mit Teufelskralle damit geworben, dass es zur Linderung von rheumatischen Beschwerden geeignet sei. Auch Einreibungsprodukte mit Methylsalicylat und Kampfer, die durch ihre stark durchblutungsfördernden und schmerzlindernden Eigenschaften als Arzneimittel bei rheumatischen Beschwerden eingesetzt werden, wurden als Pflege-Vitalkomposition beworben, die die Haut frei atmen ließe und damit die darunter liegenden Gelenke, Sehnen und Muskeln mit Sauerstoff versorgen könne. Medizinische Rheumaeinreibungen mit diesen Wirkstoffen müssen mit Warnhinweisen darauf aufmerksam machen, dass Methylsalicylat/Kampfer nach den gefahrstoffrechtlichen Bestimmungen augen- und schleimhautreizend sind und nicht auf wunde Hautstellen aufgetragen werden dürfen.

5.3
Datengewinnung im Rahmen der amtlichen Lebensmittelüberwachung

Die amtliche Lebensmittelüberwachung verfügt über eine riesige Anzahl an chemischen, physikalischen, mikrobiologischen und molekularbiologischen Untersuchungsergebnissen. Jährlich werden allein in Deutschland in den staatlichen und kommunalen Untersuchungsämtern pro 1000 Einwohner fünf Lebensmittel und 0,5 Bedarfsgegenstände/Kosmetika/Tabak untersucht, d. h. ca. 413 000 Lebensmittel und 41 000 Bedarfsgegenstände, Kosmetika und Tabak.

Geht man üblicherweise von 5–10 untersuchten Parametern pro Probe aus, die sich jedoch bei Pestiziduntersuchungen bis zu 300 Parameter pro Probe steigern, so werden in Deutschland jährlich annähernd 8 Millionen Analysenergebnisse produziert.

Grundsätzlich gibt es im Bereich der amtlichen Lebensmittelüberwachung zwei verschiedene Herangehensweisen, um Lebensmittel zu untersuchen, die letztendlich auch zu verschiedenen Datenquellen führen. Einmal handelt es sich um Ergebnisse der Lebensmittel- und Veterinärüberwachung der Bundesländer, die überwiegend aus *zielorientiert entnommen Proben* stammen, mit denen Verstöße gegen geltendes Lebensmittelrecht aufgedeckt werden sollen, d.h. es werden die Proben entnommen, von denen bekannt ist, dass häufige Verstöße vorkommen wie z.B. Erdbeeren im Januar/Februar, Spielzeug aus Fernost, Fische im Sommer. Bei nachgewiesenen Verstößen werden von den verantwortlichen Behörden der Länder entsprechende Maßnahmen ergriffen und der Missstand – wenn möglich – abgestellt. Die zielorientierte Probenahme ermöglicht ein schnelles Eingreifen.

Im anderen Fall handelt es sich um *Lebensmittel-Monitoringproben*, die statistisch repräsentativ über den Warenkorb entnommen werden und auf unerwünschte Stoffe wie Pflanzenschutzmittel, Schwermetalle, Mykotoxine, Nitrat und andere Kontaminanten in und auf Lebensmitteln untersucht werden. Ziel ist hier, repräsentative Daten über unerwünschte Stoffe zu gewinnen, mit denen frühzeitig eventuelle Gefährdungspotenziale durch Lebensmittel erkannt werden können. Die Probenahmepläne werden jährlich von der Bundesregierung gemeinsam mit den 16 Bundesländern festgelegt.

Bei allen Überwachungsprogrammen ist mindestens eine Planungsphase von einem wenn nicht zwei Jahren im Vorfeld erforderlich. Auch sollen jeweils möglichst viele verschiedene Untersuchungslaboratorien beteiligt werden, was naturgemäß eine Einigung auf den kleinsten analytischen Nenner bedingt. Neue Analysenmethoden, neue Wirkstoffe, tiefere Nachweisgrenzen spielen eine eher untergeordnete Rolle.

5.3.1
Zielorientierte Probenahme

Nach § 10 der bundeseinheitlichen allgemeinen Verwaltungsvorschrift zur amtlichen Lebensmittelüberwachung (AVV-RÜb) [22] beruht die Untersuchung von Lebensmitteln, Bedarfsgegenständen und Kosmetika auf einem risikoorientierten Probenschlüssel. Die Probenplanung erfordert den spezifischen wissenschaftlichen Sachverstand der Untersuchungsämter. In Baden-Württemberg sind deshalb die Chemischen und Veterinäruntersuchungsämter (CVUÄ) für die Probenplanung und Probenanforderung laut Gesetz federführend verantwortlich (§ 21 AGLMBG) [23].

Ziel ist es, rasch die vorhandenen gesundheitlichen Gefahren, Verunreinigungen und Verfälschungen zu erkennen und die Ergebnisse so aufzubereiten und zusammenzufassen, dass die Verantwortlichen in den Behörden und Firmen

Tab. 10.1 Fallbeispiele für zielorientierte Probenahme.

Jahr	Fall	Toxikologisch wirksame Substanz
2000	Organozinnverbindungen in Textilien (Radlerhosen, Sportlerhemden)	Tributylzinn
2000	Hormone in Nahrungsergänzungsmittel (Sportlernahrung)	Nandrolon
2000	Tätowierfarben	Pigmente, Azofarbstoffe
2001	Wachstumsregulatoren in Birnen und Karotten	Chlormequat
2001	Oliventresteröle mit Verbrennungsschadstoffen	polycyclische aromatische Kohlenwasserstoffe
2001	Tierarzneimittelrückstände in Shrimps	Chloramphenicol
2002	Schadstoffe in erhitzten Lebensmitteln	Acrylamid, 3-Monochlorpropandiol
2002	Altlasten in Ökoweizen	Nitrofen
2002	Pflanzenschutzmittel in türkischem Paprika	Methamidophos
2003	Verbotene künstliche Farbstoffe in Chilipulver	Sudan I–IV (Azofarbstoffe)
2003	Rückstände von Kunststoffdichtungsmaterialien und Tierarzneimitteln in Babynahrung	Semicarbazid (Abbauprodukt des Nitrofurazon)
2004	Kaolin in Filterhilfsmitteln	Dioxin

entsprechende Maßnahmen zum Verbraucherschutz ergreifen können. Die zielorientierte Probenahme muss also am Puls der Zeit sein, sachkundig die neuesten technologischen Entwicklungen verfolgen, globale Veränderungen in der Herstellung beobachten, mit kriminalistischem Gespür toxikologisch bedenkliche Verfälschungen aufspüren und Ernährungsgewohnheiten langfristig im Blick haben.

Mit zielorientierten Proben lassen sich Risiken durch Produktions- und Anbaumethoden, durch bestimmte Lieferanten, durch neue Wirkstoffkombinationen, wirkungsvoll aufdecken, wie die Fälle in Tabelle 5.1 beispielhaft zeigen.

Nachfolgende Beispiele sollen deutlich machen, wie verschieden der Fokus ist, unter dem eine zielorientierte Probennahme stattfinden kann.

5.3.1.1 Art des Lebensmittels

Für die Beurteilung eines Schadstoffes ist es ein Unterschied, ob dieser in einem Grundnahrungsmittel (Brot, Fleisch, Milch, Trinkwasser) oder in einem exotischen Lebensmittel (Sojasauce, Seetang, Bärlauch) auftritt. Grundnahrungsmittel werden in ganz anderen Mengen verzehrt und sind in der Regel auch nicht durch andere Lebensmittel ersetzbar.

Verbraucher, die ihren Grundbedarf an Kohlenhydraten über *Getreideprodukte* (Brot, Gebäck, Müsli, Cornflakes, Teigwaren) decken, sind von Schimmelpilzen, die das Getreide befallen und zu erhöhten Mykotoxingehalten führen können, betroffen. Der Sommer 2003 führte aufgrund seiner Trockenheit dazu, dass die Mutterkörner mit ihren extrem giftigen Alkaloiden sehr klein ausfielen und damit bei der mühlentechnischen Verarbeitung nicht ausreichend entfernt wurden. In Roggenmehlen ließen sich deshalb deutlich erhöhte Gehalte an Mutterkornalkaloiden nachweisen [24].

Verbraucher, die eher *Kartoffelprodukte* bevorzugen, werden von Substanzen, die bei der technologischen Herstellung von Pommes Frites, Rösti etc. entstehen können, wie z. B. Acrylamid stärker belastet [15].

Schadstoffe in Futtermitteln können sehr rasch zu Schadstoffen in tierischen Lebensmitteln werden. Beispiele dafür sind PCB-haltige Silo-Anstrichfarben, die via Silagefutter in die *Milch* gelangten; dioxinbelastetes Transformatorenfett führte über das Futtermittel zu erhöhten Dioxingehalten in *Eiern*; mit Nitrofen belastetes Ökogetreide verursachte ebenfalls in Eiern erhöhte Nitrofengehalte.

Grundwasserverunreinigungen mit chlorierten Lösemitteln und Pflanzenschutzmitteln, die zu einer *Trinkwasser*verunreinigung führten, sorgten in den 1980er Jahren für Aufregung; die Missstände sind inzwischen weitgehend behoben. Gesundheitsschädliche Trinkwasser-Bleileitungen findet man jedoch in vielen norddeutschen Großstädten noch heute. Bleileitungen geben bei jedem Trinkwasser Blei ab; es bilden sich auch bei hartem, kalkhaltigen Trinkwasser keine „Schutzschichten" und deshalb hilft gegen die schleichende Bleivergiftung nur, radikal alle Bleileitungen zu entfernen oder als Trinkwasser nur abgepacktes Wasser zu verwenden. Die TrinkwasserVO von 2003 [10] sorgt hier für die wünschenswerte Klarheit, indem der Trinkwasser-Bleigrenzwert jetzt am Zapfhahn des Verbrauchers eingehalten werden muss.

5.3.1.2 Gesundheitliches Gefährdungspotenzial

Chronisch toxisch wirken kanzerogene, erbgutverändernde und fruchtschädigende Stoffe. Sie können langfristige gesundheitsschädliche Folgen haben, weshalb hier zum Teil sehr geringe Höchstmengen vom Gesetzgeber festgelegt wurden. Gerade bei den Grundnahrungsmitteln ist es deshalb notwendig, auf diese Stoffe zu prüfen (z. B. Dioxin in Milch und Eiern, Mykotoxine in Getreide, Pflanzenschutzmittelrückstände in Obst und Gemüse, Schwermetalle am Trinkwasserzapfhahn, Übergang von organischen Stoffen aus Verpackungsmaterial auf Lebensmittel).

Akute Toxizität ist bei den Kontaminanten im Lebensmittelbereich aufgrund der geringen Gehalte eher nicht gegeben, dagegen können mikrobielle Lebensmittelvergifter wie z. B. Salmonellen, Shigellen, Campylobacter, Staphylokokken usw. relativ rasch Krankheitssymptome wie Durchfall und Erbrechen auslösen. Die Krankheitserscheinungen können sowohl alleine durch die gebildeten bakteriellen Toxine (z. B. Staphylokokken-Enterotoxin) als auch durch die Vermehrung der pathogenen Keime im Organismus (Infektion) hervorgerufen werden. Lebensmittel, die mikrobiologisch anfällig sind, müssen deshalb regelmäßig darauf überprüft werden, ob die Herstellung, die Lagerung und der Vertrieb mikrobiologisch einwandfrei sind und die Kühlkette auch im Sommer eingehalten wird.

In Baden-Württemberg werden jährlich zahlreiche lebensmittelbedingte Erkrankungsfälle mit 1 bis über 100 Erkrankten gemeldet. Die verdächtigen Le-

Tab. 10.2 Lebensmittelbedingte Erkrankungsfälle in Baden-Württemberg (Quelle: Jahresberichte CVUA Stuttgart 2001–2004).

	2004	2003	2002	2001
Erkrankungsfälle (1 bis über 100 Erkrankte)	394	432	630	314
Salmonellen	20	17	9	23
Staphylococcus aureus	1	8	4	–
Bacillus cereus	3	6	–	1
Clostridium perfringens	–	2	–	–
Listeria monocytogenes	2	1	2	1
Noroviren	1	1	–	–
Histamin	8	4	2	6

bensmittelproben werden zentral am CVUA Stuttgart untersucht. Als Erkrankungsursache wurden in den letzten Jahren folgende gesundheitsschädlichen Keime und Substanzen nachgewiesen (s. Tab. 5.2).

5.3.1.3 Aktuelle Erkenntnisse

Lebensmittel werden weltweit auf Rückstände und Schadstoffe untersucht, weltweit wird an neuen Herstellungsverfahren gearbeitet und weltweit werden neue Stoffe als Lebensmittel eingesetzt. Es ist deshalb erforderlich, die Untersuchungsergebnisse der anderen Länder im Blick zu haben. Gut aufbereitet findet man z. B. die Beanstandungen aus anderen EU-Ländern über das Schnellwarnsystem der EU [19]. Täglich werden die Daten aktualisiert, wöchentlich werden sie durch das BVL in übersichtlichen Listen zusammengestellt (s. Tab. 5.11).

Auf diese Weise fiel im Mai 2003 in Frankreich auf, dass zur Färbung von rotem Chilipulver (meist aus Südostasien) verbotene künstliche Azofarbstoffe (Sudan I und IV) eingesetzt und in ganz Europa verteilt wurden. Das Färben von Gewürzen ist schon seit Hunderten von Jahren eine beliebte Methode, um altem, überlagertem Gewürz den Anschein von Frische zu geben. Früher färbte man mit Bleimennige rot, heute mit wasserunlöslichen, kanzerogenen Azofarbstoffen. Die aus früherer Zeit bekannten Mennige-Verfälschungen traten kurz nach der Öffnung der Ostblockstaaten Anfang der 1990er Jahre nochmals auf.

Erkenntnisse aus einem Bereich sollten konsequent auf andere Bereiche übertragen werden. Zum Beispiel werden die gesundheitlichen Risiken von *trans*-Fettsäuren, die bei der Fetthärtung entstehen und als Risikofaktor für Arteriosklerose und Herzinfarkt gelten, seit Jahren diskutiert. Bei Margarinen liegen die *trans*-Fettsäuren inzwischen unter 1%, anders sieht es dagegen bei Süßwaren aus. In Schokolade- und Keksfüllungen wurden 2004 vom CVUA Stuttgart noch Gehalte von bis zu 60% *trans*-Fettsäuren nachgewiesen. In Deutschland gibt es für *trans*-Fettsäuren weder eine Deklarationspflicht noch einen Grenzwert. In Dänemark sind die *trans*-Fettsäuren seit 2004 auf max. 2% des Gesamtfetts begrenzt.

Aktuelle Erkenntnisse bei Bedarfsgegenständen müssen aufgrund der Vielzahl der eingesetzten Substanzen und Einsatzmöglichkeiten mehr als bisher berücksichtigt werden. Beispielsweise fielen in den letzten Jahren verstärkt die Deckeldichtungen für Lebensmittel auf. Diese Verschlüsse müssen hohe Drücke und Temperaturen aushalten. Entsprechend aufwändig sind die Rezepturen für Dichtungsmaterialien. Die Hersteller haben bislang jedoch dem Übergang dieser Stoffe auf das Lebensmittel zu wenig Beachtung geschenkt. So wurden allein in den letzten Jahren Semicarbazid, 2-Ethylhexansäure und epoxidiertes Sojaöl in Gläschenkost für die Säuglingsnahrung nachgewiesen.

Aktuelle Erkenntnisse über neue Methoden sind außerdem über gezielte Abfragen großer Datenbanken (z. B. Sci-Finder, Pubmed) erhältlich.

5.3.1.4 Verfälschungen

Mit gefälschten Lebensmitteln soll Geld verdient werden. Also sind in erster Linie Produkte im höheren Preissegment anfällig für eine Fälschung. Sämtliche Weinfälschungen der letzten Jahrzehnte machten durch Zugabe von diversen Substanzen (Diethylenglykol, Glykol, Aromastoffe, Glycerin) aus einfachen Tropfen scheinbar wertvolle Weine. Toxikologisch sind Verfälschungen dann problematisch, wenn gesundheitsschädliche Stoffe eingesetzt werden, wie z. B. Methanol in Wein.

Umfangreichen Honigverfälschungen aus der Türkei kam die Lebensmittelüberwachung 2003 auf die Spur. Neben Zucker-, Fructose- und Glucosesirupzusatz wurden auch zu einem erheblichen Prozentsatz bebrütete Wabenteile im Honig gefunden. Auch Schinken ist seit Jahren ein beliebtes Ziel für Verfälschungen: Durch Zusatz von Proteinhydrolysaten aus tierischen und pflanzlichen Ausgangsstoffen wird neben der Erhöhung des Gesamt-Stickstoffs das Wasserbindevermögen des Fleisches erhöht und damit letztendlich Wasser als Schinken verkauft.

Bio- und konventionelle Ware sind ebenfalls unter Verfälschungsgesichtspunkten zu sehen. Bei Pflanzenschutzmittelrückständen findet man einen eindeutigen Unterschied. Nach Untersuchungen des CVUA Stuttgart haben konventionell erzeugtes Obst und Gemüse im Mittel 0,3 mg/kg Pflanzenschutzmittel, Ökoware weist dagegen nur 0,002 mg/kg an Pflanzenschutzmittelrückständen auf [17]. Aufgrund des höheren Preises für Ökoware muss man jedoch damit rechnen, das konventionelle Ware „umdeklariert" wird.

5.3.1.5 Hersteller im eigenen Überwachungsgebiet

Im eigenen Überwachungsgebiet überprüft der Sachverständige der Lebensmittelchemie und der Veterinärmedizin die Produktion und Herstellung von Lebensmitteln, Bedarfsgegenständen und Kosmetika. Erst wenn man vor Ort sieht, wie

die Ware produziert wird, welche technologischen Verfahren angewendet werden, lassen sich unter Umständen die richtigen fachlichen Schlüsse ziehen:
- Beispielsweise wurde auf dem Höhepunkt der BSE-Krise vermehrt rindfleischfreie Wurst hergestellt. Als Parameter für die unzulässige Verwendung von Rindfleisch diente der Nachweis von Rindereiweiß. Bei einem positiven Befund von Rindereiweiß musste zusätzlich vor Ort geprüft werden, ob tatsächlich Rindfleisch eingesetzt wurde, denn im Labor lässt sich mittels DNA-Analyse lediglich feststellen, dass Eiweiß vom Rind enthalten ist. Ob dieses Eiweiß über die verwendeten Rinderdärme in geringsten Spuren nachweisbar war oder über unzureichend gereinigte Kutter verschleppt wurde oder ob tatsächlich eine Verfälschung mit Rindfleisch vorlag, ließ sich nur über eine Betriebskontrolle klären.
- Bei der handwerklichen Herstellung von Lebkuchenteig wurde festgestellt, dass der Teig wochenlang zum Ruhen liegengelassen wird. Die enzymatische Veränderung des Getreideeiweißes führte beim anschließenden Backen zu stark erhöhten Acrylamidwerten [18].
- Auch bei Einsatz von Schädlingsbekämpfungsmitteln erkennt man erst vor Ort, wie sorgsam die Aktion vorbereitet wurde, ob die Lebensmittel ausreichend abgedeckt oder ganz aus den Räumen entfernt wurden. Erhöhte Gehalte im Lebensmittel sind bei unsachgemäßer Schädlingsbekämpfung nachweisbar [16].

5.3.1.6 Ware aus Ländern mit veralteten oder problematischen Herstellungsmethoden

In manchen Ländern wird der Rauch noch direkt auf das zu trocknende Gut geleitet. Je nachdem was verbrannt wird (Abfallholz, ölgetränkte Späne, Altöl etc.), kommen mit dem Rauch polycyclische aromatische Kohlenwasserstoffe (PAK), polychlorierte Biphenyle oder Dioxine in die Lebensmittel. Beispielsweise müssen Traubenkerne zur Gewinnung des Traubenkernöles getrocknet werden. Durch unsachgemäße Trocknung der Traubenmaische sowie durch eine fehlende Raffination wurden 1994 bis zu 127 µg/kg Benzo(a)pyren in Traubenkernöl aus Italien gemessen. Während die hohen PAK-Gehalte in Fischkonserven aus Marokko nach 2002 deutlich reduziert wurden, sind die ölhaltigen Konserven aus den baltischen Staaten noch nicht in Ordnung. Gehalte bis zu 53 µg Benzo(a)pyren pro Kilogramm wurden 2003 nachgewiesen.

In Aquakulturen lassen sich Fische, Shrimps und Muscheln in großen Mengen produzieren, allerdings sind die Tiere aufgrund des engen Besatzes anfällig für Krankheiten, weshalb der Einsatz von Tierarzneimitteln wie Antibiotika oder Antiparasitika notwendig ist. Vereinzelt werden deshalb immer wieder Tierarzneimittelrückstände in solchen Produkten – insbesondere bei Waren aus dem asiatischen Raum – festgestellt. Bei Shrimps häuften sich die Chloramphenicol-Befunde; hier wurden deshalb die Einfuhrkontrollen verstärkt.

Gewürze wie Pfeffer, Paprika, Muskatnüsse etc. werden teilweise unter hygienisch problematischen Bedingungen getrocknet. Die Folge sind einmal hohe,

Tab. 10.3 Gemüsepaprika 2001–2004 (CVUA Stuttgart).

Herkunftsland	Anzahl Proben	mit Rückständen	Proben > Höchstmenge (HM)	Anzahl Stoffe > HM	Stoffe über der HM	Proben mit Mehrfachrückständen
Belgien	2	1	0			0
Deutschland	4	1	0			0
Griechenland	3	3	2	3	Methiocarb; Fenhexamid	3
Israel	19	15 (79%)	1 (5%)	2	Fenpropathrin; Pyridaben	9 (47%)
Italien	3	2	2	2	Myclobutanil	1
Marokko	2	2	2	2	Carbendazim	2
Niederlande	29	11 (38%)	3 (10%)	5	Chlormequat; Acetamiprid; Myclobutanil; Tebuconazol; Quinoxyfen	6 (21%)
ohne Angabe	8	7 (88%)	5 (63%)	7	Methamidophos; Acetamiprid; Clothianidin	5 (63%)
Spanien	194	191 (99%)	91 (47%)	144	Chlormequat; Bromid; Monocrotophos; Pirimiphosmethyl; Chlorfenapyr; Thiamethoxam; Acetamiprid; Clothianidin; Methomyl; Oxamyl; ΣMethiocarb; Σ-Carbendazim; Diethofencarb; Flufenoxuron; Lufenuron; Myclobutanil; Teflubenzuron; Thiacloprid; Buprofezin; Fludioxonil; Pyridaben; Pyrimethanil; Tebufenozid; Cyfluthrin; Acrinathrin; Cyprodinil; Pyriproxifen	187 (96%)
Türkei	107	92 (86%)	65 (61%)	82	Chlormequat; Metalaxyl; Monocrotophos; Methamidophos; Thiamethoxam; Acetamiprid; Carbendazim; Carbofuran; Methiocarb; Oxamyl; Myclobutanil; Diniconazol; Etridiazol; Fludioxonil; Flusilazol; Quintozen; Cyprodinil; Pyriproxifen; Trifloxystrobin; Fenhexamid	64 (60%)
unbekanntes Ausland	7	7 (100%)	6 (86%)	11	Thiamethoxam; Acetamiprid; ΣO-Methiocarb; Lufenuron; Thiacloprid	7 (100%)
Ungarn	6	3 (50%)	1 (17%)	5	Acephat; Methamidophos; Fludioxonil; Cyprodinil; Fenhexamid	2 (33%)
SUMME	384	335 (88%)	178 (46%)	263		286 (75%)

z.T. auch pathogene Keimgehalte; werden diese Gewürze bei der Zubereitung von nicht durcherhitzten Speisen wie Kartoffelsalat, Füllungen, Cremes verwendet, können leicht gesundheitlichschädliche Keimkonzentrationen entstehen. Zum Zweiten können sich bei der unsachgemäßen Trocknung Schimmelpilze vermehren, die dann zu erhöhten Mykotoxingehalten führen.

Die Anwendung von Pflanzenschutzmitteln wird ebenfalls von Land zu Land unterschiedlich gehandhabt. Derzeit ist Ware aus Spanien und der Türkei mit am höchsten belastet, während die holländische Ware in der Regel einwandfrei ist, wie aus Tabelle 5.3 ersichtlich ist.

5.3.1.7 Jahreszeitliche Einflüsse

Eine saisongerechte Erzeugung führt in der Regel zu niedrigeren Pflanzenschutzmittelrückständen, während beim Anbau unter Glas die Pflanzen anfälliger sind und häufig bereits vorsorglich gespritzt werden. Wie das Beispiel Erdbeeren zeigt, nimmt der Verbraucher bei Erdbeeren im Januar etwa sechsmal so viel Pflanzenschutzmittelrückstände zu sich als im Mai (s. Abb. 5.1).

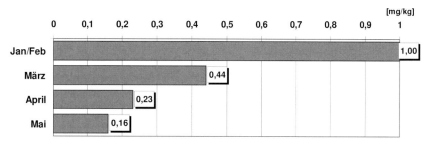

Abb. 10.1 Mittlerer Pestizidgehalt in Erdbeeren in Abhängigkeit von der Jahreszeit (2001–2004, CVUA Stuttgart).

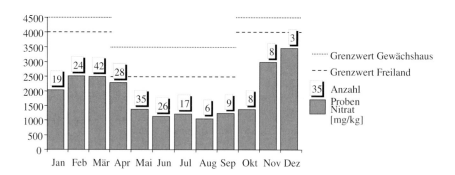

Abb. 10.2 Mittlerer Nitratgehalt in Kopfsalat in Abhängigkeit von der Jahreszeit (2000–2004, CVUA Stuttgart).

Auch bei Nitrat im Kopfsalat (s. Abb. 5.2) ist eine deutliche jahreszeitliche Abhängigkeit zu sehen, wobei hier noch Effekte zwischen Gewächshaus und Freiland zu berücksichtigen sind. Die Grenzwerte für Sommer und Winter sind unterschiedlich hoch, insgesamt sind sie jedoch vom Gesetzgeber so gewählt, dass sie im Mittel sehr gut eingehalten werden können. Von Mai bis Oktober bewegt sich der Nitratgehalt im Kopfsalat im Bereich von 1100 mg/kg.

Bei der zielorientierten jahreszeitlichen Probenanforderung sollte jedoch nicht nur auf landwirtschaftliche Produkte geachtet werden, sondern auch auf sonstige Saisonartikel wie z.B. Fastnachtsartikel, Nahrungsergänzungsmittel und Spielzeug von Rummelplätzen und Krämermärkten und sommerliche Freizeitartikel zum Baden oder Wandern.

5.3.1.8 Einflüsse der Globalisierung, Welthandel

Häufig werden Zutaten aus Kostengründen aus Niedriglohnländern bezogen, wo sowohl hygienisch, technologisch als auch hinsichtlich der Rückstände an Schadstoffen ein anderes Bewusstsein herrscht. Die Citrustrester in Brasilien, welche mit dioxinbelastetem Kalk neutralisiert und danach zu Futtermittel verarbeitet wurden, führten zu erhöhten Dioxingehalte in der Milch im Schwarzwald.

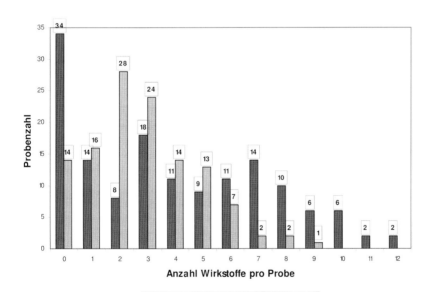

Abb. 10.3 Anzahl verschiedener Pestizidwirkstoffe pro Probe in Tafeltrauben, differenziert nach Herkunft (Monitoring-Projekt 2003).

Andererseits gibt es auch Beispiele, dass Ware aufgrund günstiger klimatischer Bedingungen in anderen Erdteilen besser erzeugt werden kann: Trauben von der Südhalbkugel wiesen eine signifikant geringere Anzahl an Pflanzenschutzmitteln auf als die von der Nordhalbkugel (s. Abb. 5.3), d.h. es werden auf der Südhalbkugel weniger verschiedene Pflanzenschutzmittel bei Trauben eingesetzt [12].

5.3.1.9 Transport- und Lagerungseinflüsse

Nüsse und Gewürze wachsen im mittleren Osten im trockenen Bergland, werden jedoch im feucht-warmen Tropenklima an den Häfen des persischen Golfs gelagert und von dort mit dem Schiff nach Europa verbracht. Schimmelpilze bilden unter diesen Bedingungen Mykotoxine.

Ein Beispiel für eine unsachgemäße Lagerung sind die vielen offenen Essig- und Ölfläschchen im Gastronomiebereich. Bei einem Drittel der Speiseöle wurde 2004 vom CVUA Stuttgart hochgradige Ranzigkeit festgestellt. In der Regel werden die Ölfläschchen immer wieder nachgefüllt und nicht gereinigt. Das frische Öl wird quasi beimpft und so ebenfalls rasch ranzig.

Wie aus der beispielhaften Darstellung in den Abschnitten 5.3.1.1–5.3.1.9 ersichtlich ist, müssen bei der zielorientieren Probenanforderung eine Vielzahl von Überlegungen im Vorfeld angestellt und berücksichtigt werden. Wie bei allen polizeilichen Aufgaben ist die Chance, Missstände zu entdecken durch eine möglichst flexible und wechselnde Untersuchung am größten.

5.3.2
Untersuchungsprogramme

Neben den zielorientierten Proben gibt es eine Vielzahl von in der Regel gesetzlich vorgeschriebenen Untersuchungsprogrammen. Allen Untersuchungsprogrammen gemeinsam ist eine langwierige Abstimmung über Untersuchungsobjekte und Untersuchungsparameter, über Analysenmethoden, Nachweis- und Bestimmungsgrenzen sowie teilnehmende Laboratorien. Ein Vorlauf von ein bis zwei Jahren ist üblich. Aktuelle Fragestellungen lassen sich deshalb im Rahmen der Untersuchungsprogramme kaum bearbeiten.

Neben der repräsentativen Datengewinnung über einen weiten Bereich z.B. über ganz Deutschland bzw. EU-weit ist ein weiteres Ziel der Untersuchungsprogramme, möglichst viele amtliche Laboratorien – national und international – in die Untersuchungen einzubinden und so für einen Gleichklang der Untersuchungen zu sorgen. Die Einigung erfolgt in der Regel auf dem Level, den die meisten erfüllen.

5.3.2.1 Lebensmittel-Monitoring

Das Lebensmittel-Monitoring ist ein im Rahmen der amtlichen Lebensmittelüberwachung gemeinsam von Bund und Ländern seit 1995 durchgeführtes systematisches Mess- und Beobachtungsprogramm. Dabei werden Lebensmittel repräsentativ für Deutschland auf Gehalte an gesundheitlich unerwünschten Stoffen untersucht. Das Lebensmittel-Monitoring dient dem vorbeugenden gesundheitlichen Verbraucherschutz. Mit seiner Hilfe können mögliche gesundheitliche Risiken für die Verbraucher durch Umweltschadstoffe, Rückstände von Pflanzenschutzmitteln und andere unerwünschte Substanzen im Prinzip frühzeitig erkannt und gegebenenfalls durch gezielte Maßnahmen abgestellt werden. Grundlage des jährlich durchgeführten Monitoring ist ein von Bund und Ländern aufgestellter Plan, der die Auswahl der Lebensmittel und der darin zu untersuchenden Stoffe detailliert festlegt, das Handbuch des Lebensmittel-Monitoring. Die gewonnenen Daten werden vom BVL erfasst und ausgewertet. Die Ergebnisse des Monitorings werden jährlich in einer Berichtsreihe publiziert [14].

Seit 1995 werden jährlich ca. 4700 Einzelproben untersucht. Dies entspricht einer Probe je 17 000 Einwohner. In der Regel werden pro Lebensmittel 240 Proben analysiert. Die Auswahl der Lebensmittel erfolgt auf der Grundlage eines Warenkorbs mit ca. 120 Lebensmitteln (§ 5 (2) AVV LM) [20]. Pro Jahr werden 15 bis 20 Lebensmittel dieses Warenkorbes aus folgenden Bereichen untersucht:
- tierische/pflanzliche Lebensmittel
- Säuglingsnahrung
- Lebensmittel aus dem koordinierten Überwachungsprogramm der EU (s. Abschnitt 5.3.2.3)

Je nachdem, welches Lebensmittel untersucht wird, wird eine Auswahl der möglichen Stoffe getroffen, die als Rückstände in dem Lebensmittel vorkommen können. Dies können sein:
- Rückstände von Pflanzenschutzmitteln
- organische Kontaminanten (z. B. PCBs)
- Elemente (z. B. Schwermetalle)
- Nitrat/Nitrit
- Mykotoxine (Aflatoxine, Ochratoxin A, Zearalenon, Desoxynivalenol, Fumonisine, Patulin)
- metallorganische Verbindungen
- polycyclische aromatische Verbindungen

Um die langwierige Planung bei aktuellen Fragestellungen zu verkürzen, wird seit 2003 ein Teil der Proben in Projekten untersucht. 2003 wurden folgende Projekte ausgewählt:
- Deoxynivalenol (DON) in Hartweizengrieß, Teigwaren und Brot
- Deoxynivalenol (DON) in Vollkorn- und Mehrkornerzeugnissen für Säuglinge und Kleinkinder
- Fumonisine in Maismehl, Maisgrieß und Cornflakes
- Ochratoxin A in getrockneten Weintrauben
- Pflanzenschutzmittelrückstände und Rückstände von Benzoyl-Harnstoffen in Tafelweintrauben
- Pflanzenschutzmittelrückstände in Olivenöl, Weizenkeimöl und Maiskeimöl

- Rückstände von Chlormequat und Mepiquat in Lebensmitteln
- zinnorganische Verbindungen in Binnenfischen

5.3.2.2 Nationaler Rückstandskontrollplan (NRKP)

Der Nationale Rückstandskontrollplan (NRKP) wird seit 1989 gemeinsam von Bund und Ländern durchgeführt [4]. Ziel ist die Überwachung von gesundheitlich unerwünschten Stoffen in Lebensmitteln tierischer Herkunft. Die Überwachung erfolgt auf allen Produktionsstufen, sei es im Tierbestand, im Schlachthof oder im Lebensmittelbetrieb. Das Programm wird in der gesamten Europäischen Union nach einheitlich festgelegten Maßstäben durchgeführt, wobei der Rückstandskontrollplan jährlich neu erstellt wird. Er enthält für jedes Bundesland je nach Tierbeständen, Schlacht- und Produktionszahlen konkrete Vorgaben über die Anzahl der zu untersuchenden Tiere oder tierischen Erzeugnisse, die zu untersuchenden Stoffe, die anzuwendende Methodik und die Probenahme. Die Probenahme berücksichtigt regionale Gegebenheiten aber auch Hinweise auf unzulässige oder vorschriftswidrige Tierbehandlungen. Durch diese Möglichkeit einer zielorientierten Probenahme ist im Prinzip mit einer größeren Anzahl an positiven Rückstandsbefunden zu rechnen, als wenn rein statistisch repräsentativ beprobt würde.

2002 wurden annähernd 330 000 Untersuchungen an rund 44 900 Tieren und tierischen Erzeugnissen durchgeführt. Insgesamt wurde auf 728 Stoffe geprüft (vgl. Tab. 5.4).

Der Prozentsatz der positiven Rückstandsbefunde liegt seit Jahren sehr niedrig: 2002 wurden 0,19%, 2001 0,22% und 2000 lediglich 0,16% positive Proben festgestellt.

Die in Tabelle 5.5 aufgeführten antibakteriell wirkenden Stoffgruppen wurden 2002 nachgewiesen. Andere Tierarzneimittelrückstände wurden 2002 nicht festgestellt.

Bei Wildtieren wurden in sieben von 132 Proben erhöhte Gehalte organischer Chlorverbindungen sowie in drei Fällen erhöhte Bleigehalte nachgewiesen. Ein

Tab. 10.4 Anzahl der untersuchten Tiere und tierische Erzeugnisse (NRKP 2002) [11].

Rind	15 105
Schwein	20 370
Schaf	539
Pferd	73
Geflügel	4 313
Fische aus Aquakulturen	459
Kaninchen	30
Wild	176
Milch	1 890
Eier	771
Honig	169

Tab. 10.5 Positive Rückstandsbefunde im NRKP 2002.

Stoffgruppe	Anzahl positiver Proben	Tierart/Erzeugnis
Sulfonamide	11 (von 2462)	Rind, Schwein, Honig
Macrolide	1 (von 1555)	Eier
Tetracycline	2 (von 4234)	Schwein
Aminoglykoside	3 (von 1305)	Schwein, Honig, Kaninchen

Fischzuchtbetrieb fiel durch nachweisbare Gehalte an dem Farbstoff Malachitgrün auf.

5.3.2.3 Koordinierte Überwachungsprogramme der EU (KÜP)

Seit 1993 werden von der EU Untersuchungsprogramme mit den Mitgliedsstaaten im Lebensmittelbereich koordiniert [3]. Ziel dieser Programme ist es, zu überprüfen, ob gemeinschaftsweit die lebensmittelrechtlichen Vorschriften eingehalten und der Schutz des Verbrauchers und des redlichen Herstellers gewährleistet wird. Die Programme umfassen Parameter, die von jedem Mitgliedsland und von jedem Labor bestimmt werden können (z. B. Nitrat in Babynahrung, Salmonellen in Gewürzen) bis zu komplizierteren Parametern (z. B. Ochratoxin A in Kaffee, Benzo(a)pyren in geräuchertem Speck), die nicht alle Laboratorien nachweisen können. Tabelle 5.6 gibt einen Auszug über die koordinierten Programme der letzten Jahre. Hier ist deutlich eine Verschiebung hin zu den mikrobiologischen Fragestellungen erkennbar.

Tab. 10.6 Auszug aus den koordinierten Überwachungsprogrammen der EU.

Jahr	Parameter	Untersuchungsziel
2000	quantitative Bestimmung der Nährwertangaben	Nährwertkennzeichnung bei Milchgetränken, Joghurt und alkoholfreien Erfrischungsgetränken
2001	Betriebskontrollen	Einhaltung der Etikettierungsvorgaben bezüglich der mengenmäßigen Angabe der Zutaten („Quantitative Ingredients Declaration", QUID)
2001	*Listeria monocytogenes*	bakteriologische Qualität von Räucherfisch
2002	GVO	Erkennung von gentechnisch veränderten Zutaten
2002	pathogene Mikroorganismen	bakteriologische Sicherheit von vorzerkleinerten Salaten und Keimlingen
2003	Histamin	Histamingehalte in Fischarten der Familien Scombridae, Clupeidae, Engraulidas und Coryphaenidae
2004	Campylobacter	bakteriologische Sicherheit von frischem gekühltem Geflügelfleisch
2004	pathogene Mikroorganismen, Aflatoxine	bakteriologische und toxikologische Sicherheit von Gewürzen

Mit den koordinierten Programmen werden nicht nur Analysenwerte berichtet, sondern auch Maßnahmen mitgeteilt, wie einem eventuell festgestellten Missstand abgeholfen wurde. Da die koordinierten Überwachungsprogramme der EU bislang freiwillig sind, ist die Teilnahme der Mitgliedstaaten sehr unterschiedlich. Deutschland stellt je nach Programm in der Regel 30–50% der Proben. Bislang sind Auswertungen der Programme von 1994–1997 verfügbar.

5.3.2.4 Bundesweite Überwachungsprogramme (BÜP)

Aufgrund der allgemeinen Verwaltungsvorschrift zur Lebensmittelüberwachung (AVV-Rüb) wird erstmals ab 2005 jährlich ein bundesweiter Überwachungsplan erstellt, in dem u. a. die Gesamtprobenzahl, die Art der zu beprobenden Erzeugnisse, die Aufteilung auf die Länder sowie die zu untersuchenden Stoffe aufgeführt sind. Im ersten bundesweiten Überwachungsprogramm, welches 13 Untersuchungsziele aufgreift, sind u. a. die in Tabelle 5.7 aufgeführten Parameter enthalten.

Im Rahmen einer schlagkräftigen, rasch durchgreifenden, sich ständig an neuen Herausforderungen orientierenden Lebensmittelüberwachung haben veröffentlichte Untersuchungsprogramme in den Amtsblättern der EU oder in allgemeinen Verwaltungsvorschriften des Bundes nur einen mittelbaren Wert. Bereits Monate vor Untersuchungsbeginn werden die Untersuchungsprogramme veröffentlicht, bereits mehr als ein Jahr vorher werden die Programme in den einschlägigen Gremien auf Bundes- und EU-Ebene beraten. Die betroffenen Erzeuger, Hersteller, Importeure oder Händler wissen Bescheid, was die Lebensmittelüberwachung demnächst flächendeckend repräsentativ untersuchen wird. Es ist nicht von der Hand zu weisen, dass der eine oder andere für die

Tab. 10.7 Bundesüberwachungsprogramm 2005.

Parameter	Untersuchungsziel
Schwefeldioxid	Schwefeldioxidgehalt in Lebensmitteln, für die diese Konservierung zugelassen ist; Datensammlung, um anhand der Verzehrsmengen ggfs. eine Überschreitung des ADI-Wertes erkennen zu können
allergene Duftstoffe in kosmetischen Mitteln	Datenerhebung zur Beurteilung der Situation
Kohlenmonooxidbehandlung von Lachs und Thunfisch	Datenerhebung; unzulässiges Behandlungsverfahren, täuscht Frische durch rote Farbe vor
Listeria monocytogenes in feinen Backwaren	Datenerhebung; feine Backwaren mit nicht durcherhitzten Füllungen haben insbesondere bei handwerklicher Produktion häufig hohe Keimgehalte, z. T. auch pathogene Keime
2-Ethylhexansäure in Deckeldichtungen von Säuglingsnahrung	Datenerhebung; Bewertung des Gesundheitsrisikos als Grundlage für eine Minimierungsstrategie

Tab. 10.8 Rückstandssituation in Gemüsepaprika, Ergebnisse des CVUA Stuttgart 2000 im Vergleich zum Deutschen Monitorings 1999.

Paprika	CVUA Stuttgart Frühjahr 2000	Deutsches Monitoring 1999
Probenzahl	39	246
Proben mit Rückständen	39 (100%)	137 (56%)
Anzahl gefundene Pestizide	264	294
Höchstmengenüberschreitungen	27	11
mittlere Anzahl Rückstände pro Probe	6,7	1,2

Zeit des Untersuchungsprogramms bestimmte Tierarzneimittel, bestimmte Pflanzenschutzmittel nicht mehr einsetzt. Dass deutlich unterschiedliche Ergebnisse erzielt werden können, je nachdem ob eine risikoorientierte oder repräsentative Probenahme erfolgt ist, zeigt Tabelle 5.8. Paprika wurde im Jahr 1999 im Rahmen des Lebensmittel-Monitorings und im Jahr 2000 zielorientiert im Rahmen der Lebensmittelüberwachung untersucht.

Folgendes Fazit zwischen zielorientierter Probenahme und Untersuchungsprogrammen lässt sich ziehen: So sinnvoll die Untersuchungsprogramme im Einzelfall auch sein mögen, es muss auch in Zukunft gewährleistet sein, dass in den Untersuchungsämtern genügend Kapazität vorhanden ist, Proben nach sachverständiger Wahl „frei" zu untersuchen. Im Rahmen der zielorientierten, freien Untersuchungen werden die Probleme sichtbar, die dann später in einem Programm flächendeckend untersucht werden können. Eine Verselbstständigung der Untersuchungsprogramme, eine Überwachung von oben wäre das Ende einer innovativen Lebensmitteluntersuchung.

5.4
Datenbewertung

Die toxikologische Bewertung nimmt das *Bundesinstitut für Risikobewertung (BfR)* vor. Das BfR ist die wissenschaftliche Einrichtung der Bundesrepublik Deutschland, die auf der Grundlage international anerkannter wissenschaftlicher Bewertungskriterien Gutachten und Stellungnahmen zu Fragen der Lebensmittelsicherheit und des gesundheitlichen Verbraucherschutzes erarbeitet. Die Bewertungsergebnisse sind unter www.bfr.bund.de öffentlich zugänglich (vgl. Tab. 5.9).

Tab. 10.9 Beispiele für toxikologische Bewertungen des BfR aus dem Jahr 2004.

9.11.04	Gesundheitliches Risiko von Milch, Fett und Muskelfleisch nach der Verfütterung von dioxinbelasteten Futtermittelausgangserzeugnissen (Dioxinrückstände in Kartoffelnschalen durch Kaolin)
13.9.04	Gesundheitsschädliche Stoffe in Scoubidou-Bändern (Spielzeug)
15.8.04	Verwendung verschreibungspflichtiger Substanzen in kosmetischen Mitteln
20.7.04	2-Ethylhexansäure in glasverpackter Babynahrung und Fruchtsäften
10.6.04	Vorkommen von Furan in Lebensmitteln
29.3.04	Quecksilber und Methylquecksilber in Fischen und Fischprodukten – Bewertung durch die EFSA
26.3.04	Bewertung von Nitrosaminen in Luftballons
22.3.04	Gesundheitsgefahren durch Tätowierungen und Permanent Make-up
18.3.04	Pestizidbelastung durch Früherdbeeren
03.3.04	Uran in Mineral- und anderen zum Verzehr bestimmten Wässern
22.1.04	Mutterkornalkaloide in Roggenmehlen

5.5
Berichtspflichten

5.5.1
EU-Berichtspflichten

Seit 1989 müssen bestimmte Lebensmitteluntersuchungsdaten in aggregierter Form an die EU berichtet werden [2]. Für das Jahr 2003 meldete die Bundesrepublik an die Europäische Kommission insgesamt 415 903 im Labor untersuchte Proben (www.bvl.bund.de). Beispielhaft werden die tabellarischen Daten von 2003 für Deutschland aufgeführt (s. Tabelle 5.10).

Erkennbar ist, dass die mikrobiologischen Untersuchungen von Lebensmitteln tierischer Herkunft die größte Gruppe darstellen. 15% der Proben wurden beanstandet, wobei die höchste Beanstandungsquote bei Eis und Desserts lag. Fast die Hälfte der Beanstandungen ist auf Kennzeichnungsmängel zurückzuführen. Mikrobiologische Beanstandungen lagen bei 16,3%, sonstige Verunreinigungen bei 9,5% der Gesamtproben.

5.5.2
Nationale Berichterstattung „Pflanzenschutzmittel-Rückstände"

Rückstände von Pflanzenschutzmitteln können die Sicherheit von Lebensmitteln gefährden. Deshalb werden Höchstmengen für sie gesetzlich festgelegt, die nicht überschritten werden dürfen. Von der amtlichen Lebensmittelüberwachung wird ihre Einhaltung überprüft.

Die aktuelle Situation hinsichtlich der Rückstände von Pflanzenschutzmitteln in Lebensmitteln wird jährlich umfangreich ausgewertet und an das Bundesministerium für Verbraucherschutz, Ernährung und Landwirtschaft (BMVEL)

Tab. 10.10 Berichterstattung zur amtlichen Lebensmittelüberwachung (gemäß Artikel 14, Abs. II der Richtlinie des Rates 89/397/EWG). Mitgliedstaat: Bundesrepublik Deutschland, Jahr: 2003. Ergebnisse der im Labor untersuchten Planproben.

	Produktgruppe	Mikrobiologische Verunreinigungen	Andere Verunreinigungen	Zusammensetzung	Kennzeichnung/ Aufmachung	Andere	Zahl der Proben mit Verstößen	Gesamtzahl der Proben	Prozentualer Anteil der Proben mit Verstößen
1	Milch und Milchprodukte	1446	330	880	2400	1394	5715	47080	12,1%
2	Eier und Eiprodukte	86	109	73	609	336	1056	7766	13,6%
3	Fleisch, Wild, Geflügel und Erzeugnisse daraus	3006	992	2665	7745	2579	14647	78317	18,7%
4	Fische, Krusten-, Schalen-, Weichtiere	557	569	441	1035	752	2891	20409	14,2%
5	Fette und Öle	13	593	119	410	85	1140	8791	13,0%
6	Suppen, Brühen, Saucen	228	96	343	1136	246	1807	11785	15,3%
7	Getreide und Backwaren	643	803	643	2195	708	4561	34260	13,3%
8	Obst und Gemüse	287	1002	530	1647	846	3843	36240	10,6%
9	Kräuter und Gewürze	25	107	192	805	230	1164	7527	15,5%
10	alkoholfreie Getränke	411	295	216	1567	486	2657	19723	13,5%
11	Wein	30	57	2166	1847	563	4287	23653	18,1%
12	alkoholische Getränke (außer Wein)	197	86	177	1245	348	1750	11163	15,7%
13	Eis und Desserts	1337	59	254	1077	2408	4953	25471	19,4%
14	Schokolade, Kakao und kakaohaltige Erzeugnisse, Kaffe, Tee	116	121	125	452	196	882	10164	8,7%
15	Zuckerwaren	17	131	105	1091	457	1536	10983	14,0%
16	Nüsse, Nusserzeugnisse, Knabberwaren	66	201	65	323	821	1380	7471	18,5%
17	Fertiggerichte	245	150	203	791	305	1504	11054	13,6%

Tab. 10.10 (Fortsetzung)

	Produktgruppe	Mikrobiologische Verunreinigungen	Andere Verunreinigungen	Zusammensetzung	Kennzeichnung/ Aufmachung	Andere	Zahl der Proben mit Verstößen	Gesamtzahl der Proben	Prozentualer Anteil der Proben mit Verstößen
18	Lebensmittel für besondere Ernährungsformen	21	86	348	1322	409	1731	12534	13,8%
19	Zusatzstoffe	7	5	19	78	55	145	1653	8,8%
20	Gegenstände und Materialien mit Lebensmittelkontakt	26	71	809	433	121	1499	11862	12,6%
21	Andere	1347	59	441	550	519	3041	17997	16,9%
	Gesamt	10111	5922	10814	28758	13864	62189	415903	15,00%

berichtet. Diese Berichte werden auch an die EU weitergegeben, die Informationen aus allen Mitgliedstaaten sammelt, veröffentlicht und dazu nutzt, notwendige Änderungen in der Lebensmittelüberwachung einzuführen, um die Sicherheit der Lebensmittel zu garantieren (http://europa.eu.int/comm/food/fs/inspections/fnaoi/reports/annual_eu/index_en.html).

5.6
Datenveröffentlichung

Die Lebensmittel-Monitoring-Daten werden über das Bundesamt für Verbraucherschutz und Lebensmittelsicherheit (BVL) sowohl jährlich als auch in mehrjährigen Zusammenfassungen veröffentlicht [13].

Die Daten der risikoorientierten Probenahmen werden aus aktuellem Anlass (z. B. Acrylamid) sowie bei Pflanzenschutzmitteln ebenfalls bundesweit durch das BVL zusammengefasst, alle anderen in der Lebensmittelüberwachung produzierten Daten sind bislang jedoch nur über die Länderberichte bzw. über die Jahresberichte der einzelnen Untersuchungsämter zugänglich:
- Bayerisches Landesamt für Gesundheit und Lebensmittelsicherheit (www.lgl.bayern.de)
- Landesuntersuchungsamt Rheinland-Pfalz (http://www.lua.rlp.de/)
- Landesuntersuchungsanstalt Sachsen (http://www.lua.sachsen.de/)
- Landesbetrieb Hessisches Landeslabor (http://www.hmulv.hessen.de/verbraucherschutz_veterinaerwesen/untersuchung/amt_hessen/)
- Niedersächsisches Landesamt für Verbraucherschutz und Lebensmittelsicherheit (http://www.laves.niedersachsen.de/)
- Hamburger Landesinstitut für Lebensmittelsicherheit, Gesundheitsschutz und Umweltuntersuchungen (http://www.hygiene-institut-hamburg.de/)

Im Dezember 2004 wurden mit § 21 AVV-Rüb die rechtlichen Voraussetzungen geschaffen, dass zukünftig das BVL auf der Grundlage der von den zuständigen Behörden übermittelten Daten einen Bundesjahresbericht herausgeben kann.

Einzelne Bundesländer stellen ihre Untersuchungsdaten zusammengefasst und aufbereitet auf die jeweiligen Internetseiten. Beispielsweise sind seit 2004 jeweils saisonal aktuell die Untersuchungsergebnisse der Rückstandsuntersuchung von pflanzlichen Lebensmitteln bei www.cvua-stuttgart.de bzw. unter www.untersuchungsaemter-bw.de zu finden.

5.6.1
Das europäische Schnellwarnsystem

Rasch werden europaweit Warnungen und Informationen über gesundheitlich bedenkliche Lebensmittel und Futtermittel sowie Bedarfsgegenstände und Kosmetika weitergegeben. Für Deutschland nimmt das BVL die Organisation dieses europäischen Netzes wahr, so dass aktuelle Meldungen, Zusammenfassungen,

Tab. 10.11 Auszug aus Alert-Notification week 2004/51, www.bvl.bund.de.

DATE:	NOTIFIED BY:	REF:	REASON FOR NOTIFYING:	COUNTRY OF ORIGIN:
13/12/2004	SLOVAKIA	2004.659	aflatoxins in sweet paprika powder	HUNGARY
13/12/2004	SWEDEN	2004.660	Campylobacter in rucola lettuce	ITALY
13/12/2004	ITALY	2004.661	colour Sudan 4 in palm oil	VIA UNITED KINGDOM
13/12/2004	ITALY	2004.662	dioxins and PCB's in single feed	SPAIN
15/12/2004	GERMANY	2004.663	high content of iodine in algae	JAPAN VIA THE NETHERLANDS

Auswertungen auf den Internetseiten des BVL zu finden sind. Die Informationen der Bundesländern werden vom BVL auf Richtigkeit und Vollständigkeit geprüft und dann an die Mitgliedstaaten der Europäischen Union weitergeleitet. Die Meldungen enthalten Informationen zur Art des Produkts, zu seiner Herkunft, den Vertriebswegen, zur Gefahr, die von ihm ausgeht und zu den getroffenen Maßnahmen. Meist liegen den Meldungen weitere Informationen wie Analysengutachten oder Vertriebslisten bei.

Meldungen, die von den Mitgliedsstaaten in das Schnellwarnsystem eingestellt wurden, leitet das BVL an die Bundesländer weiter. In Tabelle 5.11 ist ein Auszug aus Warnmeldungen einer Woche zusammengestellt. Warnmeldungen (alert notification) werden dann ausgesprochen, wenn die Lebens- oder Futtermittel bereits im Verkehr sind und von ihnen eine Gesundheitsgefahr ausgeht. Maßnahmen wie Rückruf der Ware, Information der Verbraucher über die Presse, etc. erfolgen je nach Art, Umfang und Bedeutung der Warnung.

5.7
Zulassungsstellen und Datensammlungen

Unter toxikologischen Aspekten können Zulassungen, Ausnahmegenehmigungen, Anzeigeverfahren und Prüfergebnisse von bestimmten Lebensmitteln von Interesse sein. Für folgende Verfahren ist das BVL zuständig und bereitet die Daten in entsprechenden Datensammlungen auf:

- *Ausnahmegenehmigungen* von bestimmten Vorschriften des LFGB für deutsche Ware (§ 72) sowie *Allgemeinverfügungen* für ausländische Ware (§ 53 LFGB), die den hiesigen Vorschriften nicht entsprechen, jedoch in einem anderen Mitgliedstaat rechtmäßig im Verkehr sind. Eine Allgemeinverfügung muss immer dann erteilt werden, wenn keine zwingenden Gründe des Gesundheitsschutzes entgegenstehen. Aufgrund der vielen nicht harmonisierten Höchstmengen für Pflanzenschutzmittelrückstände wurden in den letzten Jahren insbesondere Allgemeinverfügungen für die Überschreitung hier geltender Höchstmengen ausgesprochen.

- Bestimmte *diätetische Lebensmittel* unterliegen einem *Anzeigeverfahren*. Nach der Regelung in § 4a Diätverordnung müssen Hersteller oder Einführer grundsätzlich vor dem ersten Inverkehrbringen von diätetischen Lebensmitteln dies unter Vorlage des verwendeten Etiketts anzeigen. Auch *neuartige Lebensmittel* müssen nach § 1 Abs. 1 Nr. 2 der Neuartige Lebensmittel- und Lebensmittelzutaten-Verordnung beim BVL vor dem ersten Inverkehrbringen *geprüft* werden.
- Nach dem Pflanzenschutzgesetz müssen Pflanzenschutzmittel *zugelassen* werden.
- Zulassungsverfahren für Tierarzneimittel.
- Gentechnisch veränderte Organismen (GVO) müssen zunächst ein Genehmigungsverfahren positiv durchlaufen, ehe sie freigesetzt werden dürfen. So bewertet das BVL die Risiken gentechnisch veränderter Organismen und gentechnischer Arbeiten und führt eine Datenbank zu bereits bewerteten gentechnischen Arbeiten.

5.8
Zusammenfassung

Im vorliegenden Kapitel wird die Funktionsweise der Lebensmittel- und Bedarfsgegenständeüberwachung in Deutschland aus der Perspektive eines Untersuchungsamtes beschrieben: Ausgehend von den gesetzlichen Grundlagen über die Erhebung der richtigen Proben bis zur Untersuchung auf die richtigen Parameter. Auf den Vollzug – Beseitigung der festgestellten Missstände – wird nicht eingegangen.

Ausführlich und mit vielen Beispielen wird die Bedeutung der zielorientiert entnommenen Proben dargestellt. Mit diesen Proben, die in eigener Verantwortung des Sachverständigen untersucht werden, wurden bislang viele Probleme aufgedeckt. Anhand dieser Erkenntnisse werden zum Teil Jahre später repräsentativ und flächendeckend verschiedene Untersuchungsprogramme durchgeführt. Diese Untersuchungsprogramme dienen insbesondere dazu, das Datenmaterial auf eine breitere Basis zu stellen und z. B. die Notwendigkeit eines neuen Grenzwertes zu untermauern. Die unterschiedliche Aussagekraft der Daten wird dargestellt, die verschiedenen Datensammlungen des Bundes und der EU werden erläutert und Fundstellen aufgeführt.

5.9
Literatur

1 Amtsblatt der Europäischen Gemeinschaften (1976) Richtlinie 76/768/EWG des Rates vom 27. Juli 1976 zur Angleichung der Rechtsvorschriften der Mitgliedstaaten über kosmetische Mittel. Vol. L 262.

2 Amtsblatt der Europäischen Gemeinschaften (1989) Richtlinie 89/397/EWG

des Rates vom 14. Juni 1989 über die amtliche Lebensmittelüberwachung. Vol. L 186.
3 Amtsblatt der Europäischen Gemeinschaften (1993) Richtlinie 93/99/EWG des Rates vom 29. Oktober 1993 über zusätzliche Maßnahmen im Bereich der amtlichen Lebensmittelüberwachung. Vol. L 290.
4 Amtsblatt der Europäischen Gemeinschaften (1996) Richtlinie 96/23/EG des Rates (Stand: 29.04.1996). Vol. L 125.
5 Amtsblatt der Europäischen Gemeinschaften (2004) Verordnung (EG) Nr. 882/2004 des Europäischen Parlaments und des Rates (Überwachungs-Verordnung, Stand: 29.04.2004). Vol. L 165.
6 Beck'sche Textsammlung Lebensmittelrecht (2004) Lebensmittel- und Bedarfsgegenstände-Gesetz (LMBG, Stand 14.10.2004), München: C.H. Beck.
7 Beck'sche Textsammlung Lebensmittelrecht (2004) Verordnung (EG) Nr. 178/2002 des Europäischen Parlaments und des Rates (Basis-Verordnung, Stand: 14.10.2004), München: C.H. Beck.
8 Beck'sche Textsammlung Lebensmittelrecht (2004) Entwurf für ein Lebensmittel- und Futtermittelgesetzbuch (LFGB, Stand 14.10.2004), München: C.H. Beck.
9 Beck'sche Textsammlung Lebensmittelrecht (2004) Verordnung über kosmetische Mittel (KosmetikV, Stand: 14.10.2004), München: C.H. Beck.
10 Beck'sche Textsammlung Lebensmittelrecht (2004) Trinkwasser-Verordnung (TrinkwV, Stand: 14.10.2004), München: C.H. Beck.
11 Bundesamt für Verbraucherschutz und Lebensmittelsicherheit (BVL). Nationaler Rückstandskontrollplan Ergebnisse 2002
12 Bundesamt für Verbraucherschutz und Lebensmittelsicherheit (BVL). Lebensmittel-Monitoring 2003.
13 Bundesamt für Verbraucherschutz und Lebensmittelsicherheit (BVL). Lebensmittel-Monitoring 1995–2002.
14 Bundesamt für Verbraucherschutz und Lebensmittelsicherheit (BVL). Lebensmittel-Monitoring 2002.
15 Bundesamt für Verbraucherschutz und Lebensmittelsicherheit (2005) (*www.bvl.bund.de*). Aktuelle Informationen zu Acrylamid.
16 Buschmann R., Kuntzer J., Scherbaum E. (1996) Kontamination von Lebensmitteln durch Insektizide bei der Bekämpfung von Schädlingen. *Deutsche Lebensmittel-Rundschau* 2: 51 ff.
17 CVUA Stuttgart. Ökomonitoring-Bericht 2003.
18 CVUA Stuttgart (*www.cvua-stuttgart.de*). Empfehlungen zur Vermeidung extrem hoher Gehalte an Acrylamid beim Backen von Lebkuchen und ähnlichen Erzeugnissen im Privathaushalt und bei der handwerklichen Herstellung.
19 Europäische Union (EU) (2005) Schnellwarnsystem der EU (*http://europa.eu.int/comm/food/index_de.htm*).
20 Gemeinsames Ministerialblatt (1995) Allgemeine Verwaltungsvorschrift zur Durchführung des Lebensmittel-Monitoring (AVV-LM, Stand: 30.05.1995). Vol. 19.
21 Gemeinsames Ministerialblatt (1999) Allgemeine Verwaltungsvorschrift zur Datenübermittlung (AVV DÜb, Stand: 08.03.1999). Vol. 6.
22 Gemeinsames Ministerialblatt (2004) Allgemeine Verwaltungsvorschrift über Grundsätze zur Durchführung der amtlichen Überwachung lebensmittelrechtlicher und weinrechtlicher Vorschriften (AVV RÜb, Stand: 21.12.2004). Vol. 58.
23 Gesetzblatt für Baden-Württemberg 1991. Gesetz zur Ausführung des Lebensmittel- und Bedarfsgegenständegesetzes (AGLMBG, Stand: 09.07.1991).
24 Lauber, U. (2004) Ergebnisse der Untersuchung von Roggenkörnern und Roggenmehlen auf Mutterkornalkaloide (Besatz mit Mutterkorn). (*www.cvua-stuttgart.de*).

6
Verfahren zur Bestimmung der Aufnahme und Belastung mit toxikologisch relevanten Stoffen aus Lebensmitteln

Kurt Hoffmann

6.1
Einleitung

Die Quantifizierung der Aufnahme eines toxikologisch relevanten Stoffes über den Ernährungspfad ist ein wichtiger Bestandteil der populationsbezogenen Risikobewertung in der Lebensmitteltoxikologie. Für die populationsbezogene Risikobewertung ist weniger die aufgenommene Stoffmenge einer konkreten Person von Bedeutung, sondern vielmehr die Variationsbreite und die Häufigkeitsverteilung der Aufnahmemengen über die gesamte Population. Erst eine gute Schätzung der Aufnahmeverteilung ermöglicht die gesicherte Abschätzung des Anteils der Personen, deren Aufnahmemenge einen festgelegten Grenzwert überschreitet. Sofern kein Grenzwert für die Stoffaufnahme festgelegt wurde, liefern ausgewählte Perzentile der Verteilung Informationen über hoch exponierte Probanden und deren Aufnahmemengen. Häufig wird das 95. Perzentil der Expositionsverteilung zur Abgrenzung einer Risikogruppe verwendet. Es stellt eine Aufnahmemenge dar, die nur von 5% der Personen erreicht oder überschritten wird. Die Aufnahmeverteilung, d.h. die Gesamtheit aller Perzentile und weiterer statistischer Verteilungsparameter, stellt die beste Beschreibung der in der Population vorhandenen Exposition dar. Sie kann nicht nur zur Risikobewertung herangezogen werden, sondern auch zur quantitativen Abschätzung des Nutzens möglicher Präventivmaßnahmen. Um differenzierte Betrachtungen für verschiedene Personengruppen wie Kleinkinder oder ältere Personen zuzulassen, müssen Schätzungen stratifizierter Verteilungen vorgenommen werden.

Das Schätzen von Häufigkeitsverteilungen für die über die Nahrung aufgenommenen Stoffe in einer Population erfordert die Durchführung umfangreicher Studien. Diese Studien müssen auf relativ große Stichproben zurückgreifen, die zur Sicherung der Repräsentativität randomisiert gezogen werden sollten. Prinzipiell gibt es zwei verschiedene Ansätze, die über die Lebensmittel aufgenommenen Stoffmengen zu erfassen. Die erste und naheliegende Möglichkeit ist die der direkten Messung der Stoffmengen in der zugeführten

Lebensmittelsicherheit und Lebensmittelüberwachung. Erste Auflage.
Herausgegeben von H. Dunkelberg, T. Gebel und A. Hartwig.
© 2012 Wiley-VCH Verlag GmbH & Co. KGaA. Published 2012 by Wiley-VCH Verlag GmbH & Co. KGaA.

Nahrung. Dieser Ansatz wird jedoch selten verfolgt, da er mit hohen Kosten und großem logistischen Aufwand verbunden ist. Der übliche Weg ist der, die Verzehrsmengen verschiedener Lebensmittel zu bestimmen und über die Konzentrationen des Stoffes in den Lebensmitteln die Gesamtaufnahme des Stoffes zu berechnen. Sei m_i die verzehrte Menge des i-ten Lebensmittel (in g) und c_i die Konzentration des Stoffes in diesem Lebensmittel, so lässt sich die gesamte Aufnahmemenge des Stoffes formal als Summe

$$\sum_i c_i \cdot m_i$$

berechnen. Die Lebensmittelmengen und die Stoffkonzentrationen werden dabei in der Regel mit verschiedenen Daten bestimmt. Während Lebensmittelmengen in Ernährungssurveys geschätzt werden, was Gegenstand des nachfolgenden Abschnitts 6.2 ist, sind Konzentrationsdaten bereits vorliegenden Datenbanken zu entnehmen oder durch ergänzende Untersuchungen zu messen.

Bei der Zusammenführung von Lebensmittelmengen und Konzentrationsmessungen nach der obigen einfachen Formel unterstellt man, dass ein Lebensmittel unabhängig von regionaler und saisonaler Variation, der Produktqualität, dem Transport, der Lagerung, der Lagerungsdauer, der Verarbeitung und weiterer Faktoren immer die gleiche Stoffkonzentration aufweist. Diese Annahme ist unrealistisch und führt zu einer Unterschätzung der Variation der Stoffaufnahme. Um diese Unterschätzung zu vermeiden, ist die Stoffkonzentration im Lebensmittel nicht als deterministische, sondern als stochastische Größe zu behandeln. In Abschnitt 6.3 werden das deterministische, das semiprobabilistische und das probabilistische Verfahren der Kopplung von Verzehrs- und Konzentrationsdaten ausführlich dargestellt und miteinander verglichen.

Für die Toxikologie ist die Quantifizierung der Körperbelastung von ebenso großer Bedeutung wie die Quantifizierung der Stoffaufnahme. Da häufig nur ein geringer Teil des aufgenommenen Stoffes resorbiert wird, können sich Stoffaufnahme und Körperbelastung stark unterscheiden. Die Körperbelastung kann als innere Dosis und damit als vermittelnde Größe zwischen aufgenommener Stoffmenge und toxischer Wirkung aufgefasst werden. Um die Körperbelastung einer Population zu beschreiben, werden Stoffgehalte in leicht zugänglichen Geweben wie dem Blut gemessen, wobei man wiederum auf eine repräsentative Stichprobe von Personen zurückgreift. Ähnlich wie bei der Stoffaufnahme kommt es darauf an, die gesamte Verteilung von Substanzgehalten in der Population zu schätzen. Auf dieser Grundlage kann abgeschätzt werden, wie hoch der Prozentsatz von Personen in der Population oder in einer bestimmten Teilpopulation ist, deren Substanzgehalt im Körpermedium höher als ein festgelegter Grenzwert ist. Dieser Problematik ist Abschnitt 6.4 gewidmet.

6.2
Bestimmung des Lebensmittelverzehrs

Lebensmittelaufnahmen können durch Ernährungserhebungen bestimmt oder zumindest abgeschätzt werden. Ernährungserhebungen lassen sich grob in drei Gruppen unterteilen:
- Verfügbarkeitserhebungen,
- Verbrauchserhebungen,
- Verzehrserhebungen.

Verfügbarkeitserhebungen basieren auf nationalen Agrarstatistiken, die meist jährlich durchgeführt werden. Sie berücksichtigen die erzeugten Mengen landwirtschaftlicher Produkte im Inland sowie die Lebensmittelmengen, die exportiert und importiert werden. Die Verfügbarkeitszahlen beziehen sich generell auf die Gesamtbevölkerung und können als Pro-Kopf-Verfügbarkeit angegeben sein. In den berechneten Mengen sind sowohl nicht verzehrbare Anteile als auch für Tierfutter verwendete Lebensmittel enthalten. Somit geben sie keine Information darüber, wie viel der national verfügbaren Lebensmittel auch wirklich verbraucht werden und wie stark der Verbrauch variiert.

Um den Lebensmittelverbrauch zu erfassen, werden Haushaltssurveys genutzt. In Deutschland führt das Statistische Bundesamt im Abstand von fünf Jahren bundesweite Erhebungen in etwa 50 000 Haushalten durch, in denen u. a. der Verbrauch verschiedener Lebensmittel erfasst wird. Mithilfe von Haushaltsbüchern werden einen Monat lang die Mengen der eingekauften Lebensmittel protokolliert. Die haushaltsbezogenen Angaben geben keinen genauen Aufschluss darüber, welche Mengen von den einzelnen im Haushalt lebenden Personen verzehrt werden. Eine Division der gekauften Lebensmittelmengen durch die Anzahl der Haushaltsmitglieder würde zu einer Vernachlässigung der inter-individuellen Variation zwischen den Personen im Haushalt führen. Würde man den Konsum von Lebensmitteln aus Haushaltssurveys berechnen, so käme es zu einer systematischen Überschätzung, da Abfälle und Essensreste nicht quantifiziert und von eingekauften Lebensmittelmengen abgezogen werden.

Die genauesten Angaben zur Lebensmittelaufnahme lassen sich durch Verzehrserhebungen gewinnen. Hier wird der Verzehr von Lebensmitteln auf individueller Ebene erfasst. Da diese Erhebungsart am besten geeignet ist, relevante Daten zur Schätzung von Verzehrsmengenverteilungen bereitzustellen, soll im Folgenden näher auf die einzelnen in Verzehrserhebungen verwendeten Verfahren eingegangen werden.

6.2.1
Methoden der Verzehrserhebung

Aufgrund unterschiedlicher Zielstellungen und in Abhängigkeit von verfügbaren finanziellen und personellen Mitteln wurden und werden in ernährungsbezogenen Studien eine Reihe von unterschiedlichen Methoden der Verzehrser-

Tab. 6.1 Methoden der Verzehrserhebung.

Methode	Üblicher Erfassungszeitraum	Teilnehmeraufwand	Genauigkeit
Doppelportionstechnik (duplicate portion method)	gegenwärtiger Tag	sehr hoch	hoch
Verzehrsprotokoll (dietary records)	1–7 Tage (Parallelerfassung)		
– Schätzprotokoll		hoch	mittelmäßig
– Wiegeprotokoll		sehr hoch	hoch
24-Stunden-Erinnerungsprotokoll (24 h dietary recall)	zurückliegender Tag	gering (15–30 min)	mittelmäßig
Verzehrshäufigkeiten-Fragebogen (food frequency questionnaire)	zurückliegendes Jahr	gering (20–60 min)	gering
Ernährungsgeschichte (diet history)	2–4 Wochen	hoch	mittelmäßig

hebung angewendet. Tabelle 6.1 gibt eine Übersicht über die meist verwendeten Methoden, den üblichen Zeitraum, über den der Lebensmittelverzehr durch die jeweilige Methode erfasst wird, die zeitliche Belastung der Probanden und die Genauigkeit, mit der die verzehrten Mengen bestimmt werden. Im Folgenden soll auf die einzelnen Methoden genauer eingegangen werden.

Doppelportionstechnik

Bei der Doppelportionstechnik, auch Duplikatmethode genannt, muss jeder Studienteilnehmer alle Lebensmittel, die er an einem Tag konsumiert, in doppelter Anzahl kaufen und zubereiten. Auch außer Haus verzehrte Speisen müssen als Duplikatproben gesammelt werden. Ein Exemplar, das Duplikat, wird für die Mengenerfassung bereitgestellt. Die Doppelportionstechnik ist eine sehr genaue Methode, verzehrte Mengen von Lebensmitteln zu messen. Gleichzeitig besitzt sie den großen Vorteil, dass in der Nahrung enthaltene Stoffe mit entsprechender Analysetechnik direkt gemessen werden können. Somit sind keine Konzentrationsangaben aus anderen Datenquellen notwendig, um die aufgenommene Menge einer Substanz abzuschätzen. Die Doppelportionstechnik nimmt deshalb eine gewisse Sonderrolle ein, weil sie das einzige direkte Verfahren zur Messung toxikologisch relevanter Stoffe in der Nahrung darstellt und eine Kopplung separat bestimmter Verzehrs- und Konzentrationsdaten nicht notwendig ist. Allerdings setzt die Schätzung der Häufigkeitsverteilung der Stoffaufnahme mittels Doppelportionstechnik voraus, dass man über eine große Anzahl von Probanden verfügt, die repräsentativ für die interessierende Population sind.

Tab. 6.2 Anwendung der Doppelportionstechnik: Aufnahme (mg/Tag) ausgewählter Schadstoffe und Mineralstoffe über die Nahrung (aus dem 2. Umweltsurvey 1990/1 in Deutschland, $n=318$).

Stoff	BG [mg/kg]	n<BG	P5	P50	P95	Max	GM	95% KI
Blei	0,005	77	0,006	0,037	0,192	1,500	0,032	0,028–0,036
Calcium	0,05	0	320	790	1820	3490	769	725–815
Chrom	0,01	184	0,010	0,018	0,128	0,515	0,025	0,023–0,027
Eisen	0,5	0	4,0	7,9	20,3	60,0	8,16	7,74–8,60
Kalium	0,3	0	1450	2890	4840	7620	2785	2684–2890
Kupfer	0,05	4	0,2	0,8	1,8	3,7	0,75	0,70–0,80
Magnesium	0,3	0	150	300	540	3780	294	281–307
Mangan	0,05	0	1,6	3,5	7,3	18,0	3,45	3,26–3,65
Natrium	3	0	1430	3120	5690	8750	3041	2908–3180
Nickel	0,002	23	0,004	0,100	0,252	0,740	0,082	0,073–0,092
Nitrat	1	0	19	68	214	1110	67,9	62,6–73,7
Nitrit	0,1	159	0,1	0,2	0,9	1,7	0,25	0,23–0,27
Zink	0,005	0	4,2	9,3	18,0	32,0	8,97	8,56–9,40

BG = Bestimmungsgrenze, n<BG = Anzahl der Werte unterhalb der Bestimmungsgrenze, P5, P50, P95 = Perzentile, Max = Maximum, GM = geometrischer Mittelwert, 95% KI = 95% Konfidenzintervall für den geometrischen Mittelwert.

Die Doppelportionstechnik ist sehr arbeits- und zeitintensiv. Sie erfordert zum einen einen hohen Aufwand zur Gewinnung der Duplikatproben und zum anderen die Nutzung meist teurer Messtechnik. Die sich daraus ergebenden hohen Gesamtkosten sind der Grund dafür, dass diese Methode selten in großen Studien angewendet wird.

Ein positives Beispiel ist die Anwendung der Doppelportionstechnik in dem 1990/1 durchgeführten 2. Umweltsurvey in Deutschland. Hier wurde eine Teilstichprobe von ca. 300 Probanden gezogen, die zusätzlich zu den Standarduntersuchungen des Surveys eine Duplikatprobe ihrer Nahrung abgaben, welche auf verschiedene Substanzgehalte hin untersucht wurde. Einige statistische Kennwerte zur Charakterisierung der Häufigkeitsverteilung ausgewählter Schadstoffe und Spurenelemente sind in Tabelle 6.2 wiedergegeben. Der Stichprobenumfang dieser Studie erlaubt z. B. die Schätzung des 5. und 95. Perzentils, auch wenn die Genauigkeit dieser Schätzungen geringer ist als die zentraler Lagemaße, wie Median oder geometrisches Mittel. Für das geometrische Mittel, welches bei solchen schiefen Verteilungen von Aufnahmemengen das prädestinierte Lagemaß darstellt, ist das 95% Konfidenzintervall hinzugefügt. Weitere wichtige Schadstoffe wie Arsen, Cadmium und Quecksilber wurden zwar gleichfalls in den Duplikatproben des 2. Umweltsurveys gemessen, doch lagen über 90% der gemessenen Schadstoffgehalte unter der jeweiligen Bestimmungsgrenze. Letzteres zeigt, dass eine gute Schätzung der Aufnahmeverteilung nur möglich ist, wenn eine Messtechnik zur Verfügung steht, die den üblichen Messbereich der Stoffgehalte in Lebensmitteln abdeckt.

Verzehrsprotokoll

Bei dieser Methode werden die Mengen aller Lebensmittel, die während und zwischen den Mahlzeiten verzehrt werden, durch den Probanden protokolliert. Dabei unterscheidet man zwischen Schätz- und Wiegeprotokollen, je nachdem ob der Proband die aufgenommenen Mengen mittels Haushaltsmaßen (z. B. Tasse, Glas, Esslöffel, Teelöffel) schätzt oder mittels Präzisionswaage wiegt. Das Wiegen der Lebensmittel sollte, wenn möglich, durch geschultes Untersuchungspersonal durchgeführt werden, um Messfehler gering zu halten. Bei Gerichten müssen die einzelnen Zutaten aufgeführt und quantifiziert werden, die dann proportional auf die konsumierten Mengen übertragen werden, wobei Essensreste zu berücksichtigen sind.

Üblicherweise erfolgt die Protokollierung über mehrere aufeinander folgende Tage, wobei eine randomisierte Ziehung der Erhebungstage über ein ganzes Jahr verteilt zur Vermeidung saisonaler Effekte noch besser ist. Wiegeprotokolle über sieben Tage gelten als präzise und werden häufig als „Goldstandard" der Verzehrserhebung angesehen. Allerdings kann der recht hohe Arbeits- und Zeitaufwand der Probanden dazu führen, dass Zwischenmahlzeiten nicht protokolliert oder bestimmte Ernährungsgewohnheiten während der Protokolltage unterlassen werden. In den 1980er und 1990er Jahren wurden Schätzprotokolle häufig als Erhebungsinstrument bei nationalen Ernährungssurveys eingesetzt.

So griff die 1985–88 durchgeführte Nationale Verzehrsstudie, der bisher größte in Deutschland durchgeführte Ernährungssurvey, auf 7-Tage-Schätzprotokolle als Erhebungsinstrument zurück.

24-Stunden-Erinnerungsprotokoll
Hierbei handelt es sich um ein Interview, das in direktem Kontakt oder telefonisch durchgeführt wird. Der Studienteilnehmer wird detailliert befragt, welche Lebensmittel er während der einzelnen Hauptmahlzeiten und zwischendurch am vorangegangenen Tag gegessen hat und in welchen Mengen. Zur besseren Abschätzung der verzehrten Mengen wird häufig Bildmaterial, auf dem unterschiedliche Portionsgrößen erkennbar sind, eingesetzt. Der Zeitaufwand der Erhebungsmethode ist gering und variiert in der Regel zwischen 15 und 30 Minuten. In Ausnahmefällen kann ein Interview auch bis zu einer Stunde dauern. Die Genauigkeit der Erfassung hängt stark von der Erfahrung und dem Geschick des Interviewers ab. Der Proband wird erst an dem auf den Erhebungstag folgenden Tag kontaktiert und interviewt, so dass eine durch die Studie veranlasste Abweichung von der üblichen Ernährungsweise auszuschließen ist. Durch den geringen zeitlichen Abstand zum Erhebungstag werden Fehlangaben aufgrund lückenhafter Erinnerung weitgehend vermieden. Zur Schätzung der Verzehrsmengenverteilung sind wiederholte 24-Stunden-Erinnerungprotokolle vorzunehmen, bei denen die Erhebungstage sich möglichst über einen längeren Zeitraum erstrecken sollten.

24-Stunden-Erinnerungsprotokolle werden heute häufig in Ernährungssurveys eingesetzt. EFCOSUM (European Food Consumption Survey Method), ein Projekt der EU, das sich mit der Standardisierung europäischer Ernährungssurveys beschäftigt, hat unlängst vorgeschlagen, 24-Stunden-Erinnerungsprotokolle als Standard-Erhebungsinstrument einzusetzen, wobei mindestens zwei nicht aufeinander folgende Erhebungstage vorzusehen sind [2, 20]. Auch neue amerikanische Surveys, wie NHANES III (Third National Health and Nutrition Examination Survey) und CSFII (Continuing Survey of Food Intake by Individuals) greifen auf 24-Stunden-Erinnerungsprotokolle zurück. Für die neue in Deutschland geplante Nationale Verzehrsstudie sind gleichfalls wiederholte 24-Stunden-Erinnerungsprotokolle vorgesehen. In großen epidemiologischen Studien werden von einem Teil der Probanden zusätzlich 24-Stunden-Erinnerungsprotokolle erhoben, die zur Kalibrierung von Fragebogendaten eingesetzt werden. Dabei haben sich computergestützte Versionen durchgesetzt, um eine effektive Dateneingabe zu ermöglichen und eine einheitliche Datenstrukturierung zu unterstützen. Am meisten genutzt wird das im Rahmen der EPIC (European Prospective Investigation into Cancer and Nutrition)-Studie entwickelte Programm EPIC-Soft [38, 39]. In verschiedenen Sprachen verfügbar, klassifiziert und codiert EPIC-Soft durchschnittlich 2000 Lebensmittel und 250 Rezepte [37].

Verzehrshäufigkeiten-Fragebogen

Diese Methode der Fragebogenerhebung zielt auf die Angabe durchschnittlicher Verzehrshäufigkeiten einzelner Lebensmittel oder in Gruppen zusammengefasster Lebensmittel über einen längeren Zeitraum. Zur besseren Quantifizierung der Aufnahmen werden häufig verschiedene Portionsgrößen bildlich oder durch Haushaltsmaße beschrieben vorgegeben, von denen der Proband eine geeignete auswählen muss. Einer Portionsgröße hinterlegt ist eine feste Grammzahl, die mit der angegebenen Verzehrshäufigkeit multipliziert die Aufnahmemenge ergibt. In der Regel enthalten Verzehrshäufigkeiten-Fragebögen 50 bis 150 Fragen. Der zeitliche Aufwand zum Ausfüllen solcher Fragebögen liegt etwa zwischen 20 und 60 Minuten. Bei jeder Häufigkeitsfrage gibt es teilweise bis zu zehn vorgegebene Antwortmöglichkeiten von „nie" bis „mindestens fünfmal täglich" sowie bis zu sechs wählbare Portionsgrößen. Ergänzend sind Fragen wie z.B. zum Fettgehalt von Milchprodukten oder zur Zubereitung von Fleisch und Fisch möglich.

Die Genauigkeit der Fragebogenangaben muss insgesamt als gering eingestuft werden. Dies liegt zum einen daran, dass das Erinnerungsvermögen und die Fähigkeit, Verzehrshäufigkeiten über einen längeren Zeitraum zu mitteln individuell sehr verschieden sind. Hinzu kommen saisonale Schwankungen im Verzehr, die zu Verzerrungen führen können, wenn der Proband sich stark an dem Verzehr in der aktuellen Saison orientiert. Aufgrund der Zusammenfassung von Lebensmitteln zu Gruppen, die wegen der Begrenztheit verfügbarer Interviewzeit und verfügbarer Druckseiten unumgänglich ist, sind Fragebögen oft nicht detailliert genug. Beispielsweise wird im deutschen Fragebogen der EPIC-Studie nicht zwischen Bierschinken, Lyoner, Jagdwurst und Schinkenwurst unterschieden und nur die zusammengefasste Verzehrshäufigkeit erfragt. Fragebögen erfassen ferner nicht vollständig die aufgenommene Nahrung, da insbesondere neue und selten konsumierte importierte Lebensmittel durch die Items nicht überdeckt werden. Es besteht nicht die Möglichkeit, konsumierte Lebensmittel hinzuzufügen, da Verzehrshäufigkeiten-Fragebögen gewöhnlich automatisch eingelesen werden und somit nur vorgegebene Antwortmöglichkeiten zugelassen sind, denen intern bestimmte Werte von Variablen zugewiesen werden.

Da Verzehrshäufigkeiten-Fragebögen nicht geeignet sind, die absoluten Aufnahmen von Lebensmitteln und Inhaltsstoffen gut zu erfassen, werden sie in der Regel nicht in Ernährungssurveys eingesetzt. Jedoch große epidemiologische Studien wie EPIC mit etwa 500 000 Probanden oder die amerikanischen Nurses' Health Study und Health Professionals Follow-up Study mit ca. 120 000 bzw. 50 000 Probanden greifen auf Fragebögen zur Erfassung der Lebensmittelaufnahme zurück. Neben den geringen Kosten und dem vertretbaren logistischen Aufwand ist der Hauptgrund für diese breite Anwendung, dass der durchschnittliche Verzehr über einen großen Zeitraum von häufig einem Jahr erfasst wird. Für epidemiologische Studien ist die Langzeitexposition ohne Zweifel wichtiger als die Kurzzeitexposition. Die Verzehrsmenge an einem Tag, und mag sie noch so genau gemessen worden sein, ist epidemiologisch bedeutungslos, zumal die Auswahl des Erhebungstages zufällig erfolgt und die erfasste Exposition meist deutlich unter der maximalen Tagesexposition liegt. Auf der anderen Seite ist anzunehmen, dass der über einen Fragebogen geschätzte Durchschnittsverzehr über ein Jahr, auch wenn er den wahren Verzehr systematisch unter- oder überschätzt, Personen herausfiltert, die deutlich mehr Mengen bestimmter Lebensmittel verzehren als andere. Die konzeptionelle Stärke, Personen hinsichtlich ihrer Langzeitexposition einzuordnen (ranking), ist der eigentliche Vorteil von Verzehrshäufigkeiten-Fragebögen gegenüber anderen Methoden der Verzehrserhebung.

Ernährungsgeschichte
Diese Erhebungsmethode wurde 1947 von Burke [3] eingeführt. Sie stellt eine Kombination von einem vorausgehenden 24-Stunden-Erinnerungsprotokoll, einem nachfolgenden Verzehrshäufigkeiten-Fragebogen und einem abschließenden Verzehrsprotokoll dar. Heutzutage gibt es mehrere neue Varianten der Originalmethode. Im Rahmen des deutschen Ernährungssurveys wurde eine Kombination von Verzehrshäufigkeiten-Fragebogen und einem vierwöchigen Erinnerungsprotokoll eingesetzt, die durch die spezielle Software Dishes98 unterstützt wird [30].

Solche Kombinationsmethoden erfordern einen hohen Arbeitsaufwand bei der Organisation und Durchführung der Erhebung und bürden den Studienteilnehmern eine hohe zeitliche Belastung auf. Dem gegenüber steht keine höhere Genauigkeit der bestimmten Verzehrsmengen im Vergleich zu Schätzprotokollen und 24-Stunden-Erinnerungsprotokollen. Es gibt auch kein überzeugendes Konzept für eine effiziente statistische Auswertung von Ernährungsdaten, die teilweise redundant sind und sich teilweise ergänzen.

6.2.2
Methodische Probleme bei der Verzehrsmengenbestimmung

Die Bestimmung der verzehrten Lebensmittelmengen wird durch mehrere methodische Schwierigkeiten erschwert, die bei den einzelnen Erhebungsmethoden teilweise von unterschiedlicher Relevanz sind. Ein Überblick über die wichtigsten methodischen Probleme gibt Tabelle 6.3. Im Folgenden sollen die einzelnen Probleme ausführlicher dargestellt werden.

Unter- oder Überschätzung der Mengen
Die Erfassung der Lebensmittelmengen in Verzehrserhebungen erfolgt über die in die Studie einbezogenen Personen. Somit ist die Genauigkeit der gewonnenen Daten stark davon abhängig, inwieweit die einzelnen Studienteilnehmer bereit und in der Lage sind, ihre eigene Ernährung präzise zu erfassen. Da die meisten Personen über verschiedene Medien gut informiert sind, welchen Lebensmitteln positive und welchen eher negative Wirkungen zuzuordnen sind,

Tab. 6.3 Methodische Probleme bei der Bestimmung von Verzehrsmengen.

Problem	Erläuterung
Unter- oder Überschätzung der Mengen	Als ungesund geltende Lebensmittel werden häufig unterschätzt und Lebensmittel, deren Verzehr empfohlen wird, werden überschätzt.
Veränderung der Ernährung	Während des Erhebungszeitraumes wird die Ernährungsweise verändert, um den mit der Erhebung verbundenen Aufwand zu verringern.
Fehlende Repräsentativität	Die Stichprobe ist kein gutes Abbild der Population, z. B. aufgrund der vorgenommenen Stichprobenziehung oder der geringen Ausschöpfungsrate.
Kürze des Erfassungszeitraumes	Der Langzeitverzehr ist schwer abschätzbar aufgrund starker temporaler Schwankungen und kurzer Erfassungszeit.

ist eine durch dieses Wissen bewusste oder unbewusste Beeinflussung auf die Erhebung der eigenen Verzehrsdaten nicht auszuschließen. Es ist davon auszugehen, dass der Verzehr von frischem Obst und Gemüse oder von Vollkornprodukten eher überschätzt wird, während der Verzehr von Schweinefleisch, Rindfleisch, Innereien, Wurst, Bier und Spirituosen eher unterschätzt wird. Dies hat auch Auswirkungen auf die Abschätzung von Nährstoffaufnahmen. So haben mehrere Studien nachgewiesen, dass die Aufnahme von Fett und von Alkohol mittels verschiedener Methoden der Verzehrserhebung unterschätzt wird [12, 15].

Die Unter- oder Überschätzung der verzehrten Mengen ist individuell sehr verschieden. Personen, die gesundheitsbewusst sind, neigen dazu, bei Verzehrshäufigkeiten-Fragebögen die von ihnen angestrebte Ernährungsweise zu beschreiben und nicht die im Erhebungszeitraum durchschnittliche. Personen mit starkem Übergewicht möchten dieses nicht unbedingt als Folge übermäßigen Lebensmittelverzehrs eingestehen. Deshalb tendieren Personen mit hohem BMI (Body Mass Index, berechnet als Verhältnis des Gewichts zum Quadrat der Körpergröße in kg/m^2) dazu, die insgesamt verzehrte Nahrungsmenge zu unterschätzen [27]. Dies lässt sich daran erkennen, dass die aus den Lebensmittelmengen berechnete Energieaufnahme deutlich unter der zur Aufrechterhaltung des Körpergewichts notwendigen liegt. Hierfür kann man den Grundumsatz (basal metabolic rate) berechnen, der den Energiebedarf im Ruhezustand in Abhängigkeit von Geschlecht, Alter und Körpergewicht darstellt [36]. Bei dieser Berechnung ist die körperliche Aktivität der Person nicht berücksichtigt worden. Ein besseres, allerdings sehr aufwändiges und teures Verfahren zur Bestimmung des individuellen Gesamtenergieumsatzes, welcher die Summe von Grundumsatz, Energieverbrauch für körperliche Aktivität und Thermogenese darstellt, ist die Methode des doppelt stabil markierten Wassers (doubly labeled water method). Hierbei wird den Probanden Wasser verabreicht, das die stabilen

Isotope Deuterium (^{2}H) und Sauerstoff-18 (^{18}O) in festgelegter Proportion enthält. Während die markierten Wasserstoffisotope nur als Wasser ausgeschieden werden, ist dies bei Sauerstoff-18 nicht der Fall. Die unterschiedlichen Ausscheidungen beider Isotope im Urin geben über die CO_2-Produktion Auskunft, aus der sich der Gesamtenergieumsatz berechnen lässt [35, 40].

In der OPEN (Observing Protein and Energy Nutrition) Studie, einer 1999/2000 in den USA durchgeführten Studie zur Untersuchung von Messfehlern bei Verzehrserhebungen, wurden generell starke Unterschätzungen der Energieaufnahme festgestellt [41]. Durch die Anwendung der Methode des doppelt stabil markierten Wassers wurde nachgewiesen, dass 24-Stunden-Erinnerungsprotokolle die Energieaufnahme um 12–20% und Verzehrshäufigkeiten-Fragebögen sogar um 30–36% unterschätzen. Für die Eiweißaufnahme wurden mittels Stickstoffmessungen im Urin [21] systematische Unterschätzungen ähnlicher Größenordnung gezeigt. Der Anteil von Personen, die ihre Energie- und Eiweißaufnahme unterschätzen, ist bei adipösen Personen (BMI≥30) deutlich höher als bei normalgewichtigen Personen (BMI<25).

Veränderung der Ernährung

Ernährungserhebungsmethoden, bei denen die verzehrten Mengen sofort erfasst werden, wie die Doppelportionstechnik und Verzehrsprotokolle, können einen Einfluss auf die Ernährung während der Erhebungszeit haben. Dieses vom Normalen abweichende Verhalten bei Probanden, die sich beobachtet fühlen oder ihr Verhalten protokollieren sollen, wird allgemein als Hawthorne-Effekt bezeichnet [5]. Bei Einsatz der Doppelportionstechnik oder bei Erstellung von Verzehrsprotokollen kann es zu einem Verzicht auf Essgewohnheiten und zu einer Veränderung von Verhaltensweisen kommen. Zum Beispiel werden Restaurantbesuche und Grillabende verschoben, fettreiche Hausmannskost wird gemieden, Portionen werden verkleinert oder alkoholische Getränke werden in geringerem Maße getrunken. Zieht sich die Erhebung über mehrere Tage hin, wie bei Verzehrsprotokollen üblich, so lässt die Motivation der Studienteilnehmer nach, was zu einer unvollständigen Protokollierung der Lebensmittelaufnahme führen kann. Erfahrungen zeigen, dass die berechnete Energieaufnahme am ersten Tag eines 7-Tage-Verzehrsprotokolls durchschnittlich am höchsten ist und in den nachfolgenden Erhebungstagen abnimmt. Deshalb werden mitunter Adjustierungen vorgenommen, die die mittleren Aufnahmemengen der Folgetage auf die des 1. Tages anheben.

Fehlende Repräsentativität

Aus Sicht der Risikobewertung ist die Verzehrsmengenverteilung in der Population von eigentlichem Interesse, wobei es sich bei der Population nicht unbedingt um die Gesamtbevölkerung eines Landes handeln muss, sondern häufig Spezifikationen auf bestimmte Regionen, Altersklassen oder Geschlechter vorgenommen werden. So ist es z. B. nicht sinnvoll, den Verzehr von Lebensmitteln für Kleinkinder, Jugendliche, Erwachsene im arbeitsfähigen Alter und Senioren zusammen zu beschreiben, da der Nährstoffbedarf und die Wirkung gesundheitsschädlicher Stoffe in den einzelnen Altersklassen sehr unterschiedlich sind. In großen Studien strebt man an, die Verzehrsmengenverteilung für mehrere Teilpopulationen, die sich nicht überschneiden und in sich homogen sein sollten, separat zu beschreiben und somit auch einen Vergleich zwischen den Teilpopulationen zu ermöglichen.

Die genaue Bestimmung der Verzehrsmengenverteilung in der Population ist im Prinzip nur durch eine Totalerhebung erreichbar. Da eine Totalerhebung jeglichen Kostenrahmen sprengen würde und meist aus logistischen Gründen nicht realisierbar ist, muss eine Stichprobe aus der Population gezogen werden, für welche die Verzehrsmengenverteilung bestimmt wird. Die Verzehrsmengenverteilung der Stichprobe kann als eine Schätzung der entsprechenden Verteilung in der Population angesehen werden. Die Schätzung ist nur dann akzeptabel, wenn die Stichprobe ein gutes Abbild der Population darstellt. Eine akzeptable Abbildung ist gegeben, wenn die relativen Häufigkeiten von Untergruppen in der Stichprobe denen in der Population annähernd entsprechen. In einem solchen Fall nennt man die Stichprobe repräsentativ. In deutschen Bevölkerungsstudien werden meist die Proportionen von Geschlechts- und Altersklassen mit denen des Statistischen Bundesamtes verglichen, wobei Abweichungen von bis zu 5% toleriert werden.

Entscheidend bei der Planung einer Studie ist die Frage, wie man die Stichprobe ziehen muss, damit diese repräsentativ für die Zielpopulation (target population) ist. Eine universelle Möglichkeit zum Erreichen der Repräsentativität ist die randomisierte Ziehung, d.h. die Erzeugung einer so genannten einfachen Zufallsstichprobe (simple random sample). Nach einem Gesetz aus der Wahrscheinlichkeitstheorie strebt der Prozentsatz einer Teilgruppe in der Stichprobe mit wachsendem Stichprobenumfang gegen den Prozentsatz dieser Teilgruppe in der Population. Damit sichert die randomisierte Stichprobenziehung nicht nur die Proportionalität von Geschlechts- und Altersklassen, sondern auch die proportionale Verteilung von Studienteilnehmern hinsichtlich aller anderen denkbaren Klasseneinteilungen entsprechend den zumeist unbekannten Proportionen in der Grundgesamtheit. Eine wichtige Voraussetzung für diese generelle Repräsentativität ist allerdings, dass der Stichprobenumfang nicht zu klein gewählt wird, da ansonsten das Argument der Konvergenz wenig überzeugend ist. Ein Stichprobenumfang von 1000 ist sicher ausreichend, sofern keine sehr seltenen Untergruppen in der Stichprobe repräsentiert werden sollen. Bei einem Umfang von 100 hingegen können größere Abweichungen zwischen den Proportionen der Stichprobe und der Population bereits bei Klassenhäufigkeiten von 5–10% auftreten.

Leider ist es oft nicht möglich, eine einfache Zufallsstichprobe zu ziehen, da die technische Voraussetzung einer zentralen Datei, in der alle Personen der Zielpopulation zusammengefasst sind, nicht gegeben ist. Die Stichprobenziehung muss sich zwangsläufig nach der Verfügbarkeit von Personenregistern richten. In Deutschland sind es die Gemeinden, die Einwohnermeldekarteien verwalten, welche eine randomisierte Ziehung auf Gemeindeebene ermöglichen. Bundesweite Surveys, wie z. B. der vom Robert-Koch-Institut in Berlin durchgeführte Gesundheitssurvey, führen eine zweistufige Zufallsstichprobenziehung durch, bei der zunächst Gemeinden und dann Personen in den Gemeinden gezogen werden. Um die Repräsentativität hinsichtlich Alter und Geschlecht zu verbessern, wird nach Altersklassen und Geschlecht geschichtet gezogen, wobei die Proportionen der Schichten aus der Population übernommen werden. Abweichungen von den Proportionen, die sich nach der Stichprobenerhebung durch Absagen und Ausfälle von Personen ergeben, lassen sich durch eine anschließende Datengewichtung kompensieren. Prinzipiell haben mehrstufig gezogene Zufallsstichproben allerdings eine geringere Power als einfache Zufallsstichproben gleichen Umfangs. Deshalb wurden Korrekturfaktoren hergeleitet, mit deren Hilfe man den Powerverlust durch die Mehrstufigkeit des Ziehungsverfahrens abschätzen kann [5, 23].

Ein generelles Problem in Surveys ist die geringe Ausschöpfungsrate (response rate). Unter der Ausschöpfungsrate versteht man das Verhältnis der Anzahl tatsächlicher Studienteilnehmer (Umfang der Nettostichprobe) zur ursprünglich geplanten Teilnehmerzahl (Umfang der Bruttostichprobe). Die Ausschöpfungsrate großer nationaler Surveys liegt meist zwischen 60% und 70%, mit einer leicht fallenden Tendenz in den letzten Jahren. Eine niedrige Ausschöpfungsrate ist problematisch, da man davon ausgehen muss, dass sich Personen, die eine Studienteilnahme abgelehnt haben, von den Studienteilnehmern unterscheiden. Diese Unterscheidung kann sich auf soziale und demographische Charakteristika wie Bildungsstand, Einkommen und Familiengröße beziehen. Aber auch Unterschiede in der untersuchten Exposition, wie z. B. in den Aufnahmemengen toxikologisch relevanter Stoffe mit der Nahrung, sind nicht auszuschließen. Zwar wurden in einigen Surveys spezielle Untersuchungen in der Gruppe der Nichtteilnehmer (non-response analysis) vorgenommen, doch ist die Aussagekraft dieser ergänzenden Analysen beschränkt, da sie gleichfalls nicht den harten Kern der Totalverweigerer einbeziehen. Ungeachtet der Unwägbarkeiten sind verstärkte Anstrengungen zum Erreichen einer möglichst hohen Ausschöpfungsrate nötig, etwa durch verstärkte Propagierung der Studienziele, zeitnahe Übermittlung von Studienergebnissen oder durch finanzielle Aufwandsentschädigungen für die Studienteilnehmer.

Kürze des Erfassungszeitraumes

Für toxikologische und epidemiologische Fragestellungen ist die Quantifizierung einer dauerhaften Exposition häufig von primärer Bedeutung. Im Gegensatz dazu erfassen Erhebungsmethoden, wie die Doppelportionstechnik oder 24-Stunden-Erinnerungsprotokolle, nur den Lebensmittelverzehr über einen sehr kurzen Zeitraum. Es ist nicht möglich, von der beobachteten Kurzzeitexposition einer Person auf deren Langzeitexposition zu schließen. Der Lebensmittelverzehr an den Erhebungstagen kann vollkommen atypisch für den Probanden sein. Saisonale und kurzzeitige Schwankungen in den bevorzugten Lebensmitteln können starken Einfluss auf die verzehrten Mengen haben. Eine Reihe von Lebensmitteln, die der Proband selten isst, werden gewöhnlich bei einer kurzen Erfassungszeit nicht berücksichtigt.

Trotz der Unmöglichkeit individuelle Langzeitexpositionen durch Kurzzeitmessungen abzuschätzen, lässt sich durchaus die Verteilung der Langzeitexpositionen in der Population gut schätzen, sofern man über Wiederholungen der Kurzzeitmessungen verfügt. Dies klingt paradox, ist es aber keineswegs. Im folgenden Abschnitt wird ein geeignetes Schätzverfahren für diese in Ernährungssurveys typische Konstellation beschrieben.

6.2.3
Schätzung von Verzehrsmengenverteilungen

Die günstigsten Daten zur Verteilungsschätzung des Langzeitverzehrs sind ohne Zweifel individuelle Mittelwerte von exakt gemessenen Verzehrsmengen über alle Tage eines Jahres oder gar mehrerer Jahre bei einer großen Anzahl von zufällig gezogenen Personen aus der Population. Leider verfügt man in der Regel nicht über derart viele, einen langen Zeitraum vollständig überdeckende, Messungen, sondern eher über eine geringe Anzahl von Kurzzeitmessungen. Verwendet man die Mittelwerte der wenigen Kurzzeitmessungen zur Beschreibung der Langzeitexposition des Probanden, so muss man sich darüber im Klaren sein, dass diese Mittelwerte von der wahren Langzeitexposition mehr oder weniger stark abweichen können. Würde man die Untersuchung wiederholen und andere Erhebungstage wählen, so würden die berechneten mittleren Verzehrsmengen sicher nicht mit den zuvor bestimmten übereinstimmen. Die sich für ein Individuum ergebenden Mittelwerte bei mehrfacher Durchführung der Studie unterliegen also selbst noch einer Schwankung, d.h. sie enthalten einen gewissen Anteil der so genannten intra-individuellen Variation. Dieser Anteil wird groß sein, wenn nur zwei Erhebungstage geplant sind und wird mit wachsender Anzahl der Erhebungstage immer mehr abnehmen.

Tabelle 6.4 verdeutlicht dieses Problem. Hier ist die Verteilung des Gemüseverzehrs, berechnet mit wiederholten 24-Stunden-Erinnerungsprotokollen der Potsdamer EPIC-Kohorte, dargestellt. Von den zwölf Tagesmessungen, die sich zufällig über ein ganzes Jahr verteilten, wurden zunächst zwei, dann vier, acht und letztendlich alle zwölf Messwerte ausgewählt und zur Berechnung des mittleren Gemüseverzehrs für jeden Proband verwendet. Es ist deutlich erkennbar, dass die Verteilung der Mittelwerte bei nur zwei Tagesmessungen am weitesten ist, während sie mit steigender Anzahl von Erhebungstagen immer enger wird. So fällt die Standardabweichung, die das übliche Maß zur Beschreibung der Variation stetiger Messwerte ist, von 93 bei zwei Erhebungstagen auf 65 bei zwölf Erhebungstagen. Offenbar werden obere Verteilungskennwerte wie das 95. Perzentil bei geringer Anzahl von Messtagen klar überschätzt, während untere Verteilungskennwerte wie das 5. Perzentil unterschätzt werden. Es ist davon auszugehen, dass die Verteilung der Mittelwerte selbst bei Nutzung aller 12 Tagesmessungen immer noch zu weit ist und dass die gesuchte Langzeitverteilung stärker konzentriert sein muss.

Tab. 6.4 Verteilung des Gemüseverzehrs: Verwendung gemittelter Verzehrsmengen und Schätzung der Verteilung des Langzeitverzehrs.

Daten[1)]	P5	P10	P25	P50	P75	P90	P95	AM	SD
2 Tage	30	49	92	143	207	269	338	157	93
4 Tage	46	69	97	140	194	272	319	155	84
8 Tage	57	79	104	138	206	251	300	156	72
12 Tage	58	85	109	150	192	240	282	156	65
Langzeit[2)]	72	84	113	148	191	232	279	157	63

Pm = m-tes Perzentil, AM = arithmetischer Mittelwert, SD = Standardabweichung.
1) Datengrundlage sind wiederholte 24-Stunden-Erinnerungsprotokolle, die 1995/96 von 134 Teilnehmern der Potsdamer EPIC-Kohorte erhoben wurden.
2) Die Langzeitverteilung wurde mit dem im Text beschriebenen Stauchungsverfahren bestimmt, wobei nur zwei 24-Stunden-Erinnerungsprotokolle genutzt wurden.

Wie kann man die Langzeitverteilung schätzen, ohne dass man eine große Anzahl von Wiederholungsmessungen durchführen muss? Ein effizienter Ansatz zur Lösung dieses Problems beruht auf einem statistischen Verfahren, bei dem die Standardabweichung der gemittelten Messungen auf die geschätzte Standardabweichung der Langzeitverteilung gestaucht wird. Zur Beschreibung des Verfahrens benötigt man einige Symbole und statistische Beziehungen. Bezeichne T_i die unbekannte Langzeitaufnahme der i-ten Person und X_{ij} die j-te Kurzzeitmessung für diese Person, so gilt formal die Zerlegung

$$X_{ij} = T_i + \varepsilon_{ij},$$

wobei ε_{ij} ein zufälliger Fehler mit einer Standardabweichung von σ_ε ist. Wenn man nun k Wiederholungen der Kurzzeitmessung vornimmt und davon das arithmetische Mittel bildet, so lässt sich dieses Mittel wiederum in zwei Komponenten zerlegen, nämlich

$$\bar{X}_{i.} = T_i + \bar{\varepsilon}_{i.}.$$

Bezeichne σ_X die Standardabweichung des Mittelwertes und σ_T die unbekannte Standardabweichung der Langzeitexposition in der Population, so muss wegen der oberen Mittelwertdarstellung die folgende Varianzzerlegung gelten:

$$\sigma_X^2 = \sigma_T^2 + \frac{1}{k}\sigma_\varepsilon^2.$$

Damit ist der benötigte Stauchungsquotient darstellbar als

$$q = \frac{\sigma_T}{\sigma_X} = \frac{\sqrt{\sigma_X^2 - \frac{1}{k}\sigma_\varepsilon^2}}{\sigma_X} \ .$$

Die beiden auf der rechten Seite vorkommenden Varianzen lassen sich aus den wiederholten Kurzzeitmessungen mittels der statistischen Prozedur ANOVA schätzen. Somit erhält man auch einen Schätzwert für den Stauchungsquotient q, mit dem man die individuellen Mittelwerte der Wiederholungsmessungen an den Mittelwert aller Messungen heranzieht, gemäß der Formel

$$Z_i = \hat{q}(\bar{X}_{i.} - \bar{X}_{..}) + \bar{X}_{..} \ .$$

Die gestauchten individuellen Mittelwerte Z_i stellen die Daten dar, mit denen man die Langzeitverteilung der Population schätzt. Das Ergebnis des dargestellten Stauchungsverfahrens ist in der untersten Zeile von Tabelle 6.4 am Beispiel des Gemüseverzehrs wiedergegeben. Dabei wurden nur zwei 24-Stunden-Erinnerungsprotokolle verwendet und die Verzehrsmengen der zehn anderen Erhebungstage nicht berücksichtigt. Man erkennt, dass wie erwartet die geschätzte Langzeitverteilung noch stärker konzentriert ist als die Mittelwertverteilung bei zwölf Wiederholungsmessungen. Würde man das Stauchungsverfahren auf die Mittelwerte aller zwölf Tagesmessungen anwenden, so ergäbe sich eine ähnliche Verteilung, wobei der Stauchungsquotient größer ist, d. h. die Stauchung etwas schwächer ausfällt.

Das Stauchungsverfahren ist etwas vereinfacht dargestellt worden und sollte in dieser Form nur angewendet werden, wenn die Kurzzeitmessungen annähernd normalverteilt sind oder zumindest eine symmetrische Verteilung aufweisen. Bei schiefen Verteilungen ist zunächst eine Datentransformation notwendig, um die Symmetrie zu erreichen. Nach Bildung der individuellen Mittelwerte und Stauchung auf Basis der transformierten Daten erfolgt eine Rücktransformation auf die Originalskala. Dieses universell anwendbare Verfahren wurde von Wissenschaftlern der Iowa-Universität entwickelt [31] und ist unter dem Namen Nusser-Methode bekannt. Entsprechende Softwarepakete, SIDE und C-SIDE, werden von der Iowa-Universität vertrieben. Für europäische Ernährungssurveys wurde ein simplifiziertes Nusser-Verfahren konzipiert [20], welches ohne spezielle Softwarepakete auskommt.

Da das Stauchungsverfahren bereits bei zwei Kurzzeitmessungen anwendbar ist, geht die Tendenz dahin, für neue Ernährungssurveys nur zwei 24-Stunden-Erinnerungsprotokolle zu erheben [2, 7] und damit eine deutliche Kostenersparnis gegenüber früheren Surveys zu erreichen. Um aber eine gute Verteilungsschätzung des Langzeitverzehrs aus den zwei Tagesaufnahmen zu bestimmen, ist es notwendig, dass sowohl die Probanden repräsentativ für die Population als auch die Erhebungstage repräsentativ für eine lange Expositionszeit sind. Für Letzteres sollte man die beiden Erhebungstage randomisiert über ein ganzes Jahr ziehen, um sicher zu stellen, dass der relative Anteil von den einzelnen Wochen- und Wochenendtagen etwa 1/7 ist und die Erhebungen sich gleichmäßig auf die vier Jahreszeiten verteilen.

6.3
Kopplung von Verzehrs- und Konzentrationsdaten

Die Gesamtmenge eines Stoffes, der durch eine Person mit der Nahrung aufgenommen wird, ergibt sich formal als Summe aller über die einzelnen Lebensmittel aufgenommenen Stoffanteile, d. h.

$$\text{Stoffaufnahme} = \sum_{\text{Lebensmittel}} \text{Stoffkonzentration} \cdot \text{Verzehrsmenge}.$$

Diese einfache Summenformel ist anwendbar, wenn man von einer Person die verzehrten Mengen der einzelnen Lebensmittel kennt und zugleich die Stoffkonzentrationen in den tatsächlich konsumierten Lebensmitteln misst. Eine derart vollständige Information über die individuellen Verzehrsmengen und die dazugehörenden Konzentrationsdaten besitzt man in der Regel jedoch nicht. Einzige Ausnahme sind Daten, die mit der Doppelportionstechnik (vgl. Abschnitt 6.2.1) gewonnen wurden. Aufgrund der hohen Kosten und dem großen logistischen Aufwand scheidet die Doppelportionstechnik als anwendbare Methode in der Praxis meist jedoch von vornherein aus.

Weitaus kostengünstiger als die Doppelportionstechnik ist der Rückgriff auf vorhandene Datenquellen. Hier stehen zum einen Daten aus Ernährungssurveys zur Verfügung, welche die individuellen Verzehrsmengen von Lebensmitteln in einer Population beschreiben. Zum anderen werden zunehmend Datenbanken aufgebaut, die Messungen der Stoffkonzentration in einzelnen Lebensmittelproben enthalten. Bei Nährstoffen existieren schon seit langem nationale Datenbanken, die ständig aktualisiert und erweitert werden. In Deutschland ist es der Bundeslebensmittelschlüssel (BLS), der vom Bundesinstitut für Verbraucherschutz und Veterinärmedizin herausgegeben wird [9]. Für bisher nicht untersuchte Stoffe, darunter verschiedene Kontaminanten und bei starker zeitlicher Veränderung der Lebensmittel wird man gegebenenfalls neue Konzentrationsmessungen vornehmen müssen. Das Problem besteht nun darin, Daten zum Lebensmittelverzehr mit Daten zur Stoffkonzentration miteinander zu koppeln, um die individuelle Stoffaufnahme in ihrer gesamten Variation so gut wie möglich zu schätzen.

Um das Problem der Datenkopplung zu veranschaulichen, soll ein einfaches Beispiel mit fiktiven Daten herangezogen werden. Bei zehn Personen aus einer Studie sei mittels der Doppelportionstechnik deren durchschnittlicher Verzehr von Äpfeln in g/Tag erfasst worden sowie die Konzentration von Carbaryl, einem zu den Carbamaten zählenden Insektizid, in den Äpfeln bestimmt worden (Tab. 6.5). Man kann durch Multiplikation der Verzehrsmenge mit der Carbarylkonzentration für jede einzelne Person deren aufgenommene Carbarylmenge ermitteln. Daraus ergibt sich eine Aufnahmeverteilung für Carbaryl, die man zum Schätzen verschiedener statistischer Kennwerte verwenden kann. Für die Daten aus Tabelle 6.5 erhält man eine mittlere Aufnahmemenge von 0,078 mg/Tag bei einer Standardabweichung von 0,065.

Tab. 6.5 Carbarylaufnahme durch Verzehr von Äpfeln (fiktive Daten).

	Apfelverzehr (g/Tag)	Carbarylkonzentration (mg/kg)	Carbarylaufnahme (mg/Tag)
1. Person	20	0,6	0,012
2. Person	40	0,3	0,012
3. Person	60	0,8	0,048
4. Person	80	1,5	0,120
5. Person	100	0,1	0,010
6. Person	120	0,2	0,024
7. Person	140	0,9	0,126
8. Person	160	0,7	0,112
9. Person	180	1,1	0,198
10. Person	200	0,6	0,120
Mittelwert	110	0,68	0,078
Standardabweichung	61	0,43	0,065

Man stelle sich nun vor, dass die Verzehrsmengen und die Carbarylkonzentrationen nicht bei ein und den gleichen Personen bestimmt wurden, sondern dass vielmehr zwei unterschiedliche Studien vorliegen, die getrennte Verzehrs- und Konzentrationsdaten bereitstellen. Es gibt also keine Zuordnung mehr zwischen einer Verzehrsmenge und einer Konzentrationsmessung. Wie kann man nun vorgehen, um die beiden Datenbestände zu verknüpfen? Ziel der Verknüpfung muss es sein, eine möglichst gute Schätzung der Aufnahmeverteilung von Carbaryl abzuleiten und zwar ohne Kenntnis der Datenzuordnung.

Prinzipiell gibt es drei verschiedene Ansätze der Datenkopplung, die sich hinsichtlich ihrer Genauigkeit und dem notwendigen Rechenaufwand voneinander unterscheiden. Dies sind:
- deterministischer Ansatz,
- semiprobabilistischer Ansatz,
- probabilistischer Ansatz.

Auf die einzelnen Verfahren soll im Folgenden näher eingegangen werden.

6.3.1
Deterministisches Verfahren

Beim deterministischen Ansatz behandelt man sowohl die verzehrte Lebensmittelmenge als auch die Stoffkonzentration im Lebensmittel als Konstante, d. h. man ignoriert sämtliche Variationen. Für die Wahl der Konstanten bieten sich aus der Statistik bekannte Lagemaße an, wie das arithmetische Mittel, das geometrische Mittel oder der Median. Wendet man zum Beispiel auf die Daten aus Tabelle 6.5 das arithmetische Mittel an, so ergibt sich ein mittlerer Apfelverzehr über alle zehn Personen von 110 g/Tag und eine mittlere Carbarylkonzentration von 0,68 mg/kg. Im deterministischen Ansatz werden die Mengenkonstante und die Konzentrationskonstante einfach miteinander multipliziert. Dies ergibt beim Carbaryl-Beispiel einen Wert von 0,075 mg/Tag, der als mittlere Aufnahmemenge von Carbaryl über das Lebensmittel Apfel interpretiert werden kann. Er unterscheidet sich offenbar nur geringfügig vom wirklichen Mittelwert 0,078 mg/Tag. Wenn man nach gleichem Schema die mittlere Carbarylaufnahme über andere Lebensmittel bestimmt, wobei man sich auf die Carbaryl enthaltenden Lebensmittel, wie z. B. Äpfel, Birnen, Pfirsiche und Nektarinen, beschränken kann, so kann man durch Summation dieser Mittelwerte die durchschnittliche Gesamtaufnahme von Carbaryl abschätzen.

Die Schwäche des deterministischen Ansatzes besteht darin, dass er nur geeignet ist, einen einzelnen Kennwert der Stoffaufnahme-Verteilung zu schätzen. Natürlich kann man alternativ zum Mittelwert andere Konstanten für die Verzehrsmenge und für die Stoffkonzentration einsetzen, allerdings ist das Ergebnis dann nicht direkt interpretierbar. Dies kann man am Beispiel nicht zentraler Perzentile gut erkennen. Multipliziert man das 95. Perzentil der Verzehrsmengenverteilung mit dem 95. Perzentil der Konzentrationsverteilung, so ergibt sich ein Wert, der deutlich größer als das 95. Perzentil der Aufnahmeverteilung sein kann, dessen genaue Position in der Verteilung man aber nicht kennt. So ist das Produkt der 95. Perzentile beider Ausgangsverteilungen im Beispiel gleich 0,3 mg/Tag und entspricht dem ungünstigsten Fall (worst-case), dass die Person 10 mit dem höchsten Apfelverzehr auch die Äpfel mit der höchsten gemessenen Carbarylkonzentration konsumiert. Das tatsächliche 95. Perzentil der Verteilung der Carbarylaufnahme ist mit 0,198 mg/Tag jedoch deutlich kleiner.

Generell kann man feststellen, dass das deterministische Verfahren zu einer sehr groben Abschätzung der Stoffaufnahme hoch belasteter Personen in der Population führt. Da es sich um eine Überschätzung der wirklichen Exposition handelt, ist man auf der sicheren Seite, wenn man mit diesen Überschätzungen weitergehende Risikobetrachtungen vornimmt. Dieses konservative Vorgehen, das „worst-case"-Szenarien ähnelt, bietet sich als vorausgehende Untersuchung an, da es einfach ist und keine großen Kosten verursacht. Mehrfache Anwendung des deterministischen Verfahrens, die sich aufgrund der Kontamination verschiedener Lebensmittel in der Regel nicht vermeiden lässt, kann allerdings mit einer erheblichen Überschätzung der Stoffaufnahme hoch Belasteter verbunden sein.

Der deterministische Ansatz wurde früher zur Bestimmung theoretischer Maxima bei Lebensmittelzusatzstoffen [11] und bei Aromastoffen [4] angewendet. Unter dem theoretischen Maximum versteht man einen Wert, der aus theoretischen Überlegungen hergeleitet wurde und über dem zu erwartenden Maximum liegt. So wurden im Fall der Aromastoffe sehr große Mengenkonstanten von 160 g/Tag für aromatisierte Lebensmittel und 324 g/Tag für aromatisierte Getränke angesetzt sowie für den jeweils untersuchten Aromastoff der maximal zugelassene Konzentrationswert verwendet [4]. Der sich so ergebende Wert für die aufgenommene Menge des Aromastoffs liegt in der Regel deutlich über der maximalen bisher gemessenen Aufnahmemenge. Es ist allerdings nicht klar, wie groß das Maß der Überschätzung ist, da die unterschiedlich häufige Verwendung der einzelnen Aromastoffe in den Lebensmitteln genauso wie die Angaben der Produkthersteller und deren Marktanteile keine Berücksichtigung finden. Ergeben sich mit dem deterministischen Verfahren theoretische Maxima, die aus gesundheitlicher Sicht unbedenklich sind, so sind in der Regel keine weiteren Abschätzungen notwendig. Im umgekehrten Fall, d. h. wenn deterministisch bestimmte theoretische Maxima gesundheitlich bedenklich erscheinen weil sie z. B. knapp unter oder sogar über dem ADI-(acceptable daily intake-)Wert liegen, sollte ein genaueres Verfahren zur quantitativen Abschätzung hoher Aufnahmemengen verwendet werden.

6.3.2
Semiprobabilistisches Verfahren

Im Unterschied zum deterministischen Ansatz werden hier die individuellen Verzehrsmengen nicht durch eine einzelne Konstante charakterisiert, sondern bleiben in ihrer vollen Variation erhalten. Man geht demzufolge von einer Verteilung der individuellen Verzehrsmengen aus, die durch Multiplikation mit einer Konzentrationskonstanten in eine Verteilung der Stoffaufnahmemengen übergeht. Beim semiprobabilistischen Verfahren ist das m-te Perzentil der Aufnahmeverteilung stets proportional zum m-ten Perzentil der Verzehrsmengenverteilung, wobei die Konzentrationskonstante der Proportionalitätsfaktor ist. Üblicherweise wählt man als Konzentrationskonstante die mittlere Konzentration aller Messungen. Auch Konzentrationsdaten aus Datenbanken wie der deutschen Nährstoffdatenbank BLS stellen Mittelwerte dar, die sich für das semiprobabilistische Verfahren eignen.

Für das Beispiel ergibt sich eine mittlere Carbarylkonzentration von 0,68 mg/kg, mit der man die individuellen Verzehrsmengen an Äpfeln multiplizieren muss. Der Mittelwert der so berechneten Aufnahmemengen ist 0,075 mg/Tag und damit identisch mit dem Mittelwert, der sich bei dem deterministischen Verfahren ergab. Im Gegensatz zum deterministischen Ansatz kann man jedoch jetzt auch Perzentile der Aufnahmeverteilung schätzen, indem man die entsprechenden Perzentile der Verzehrsmengenverteilung mit der Konzentrationskonstanten 0,68 multipliziert. Für das 90. und das 95. Perzentil der Carbarylaufnahme erhält man so Werte von 0,129 mg/Tag bzw. 0,136 mg/Tag, die allerdings die beobachteten Perzentile der Aufnahmeverteilung unterschätzen (Tab. 6.6). Der Gefahr der Unterschätzung hoher Perzentile kann man entgegenwirken, indem man eine größere Carbarylkonstante als die mittlere Konzentration verwendet. Allerdings führt ein solches Vorgehen schnell zur Überschätzung kleiner Perzentile.

Eine Schwachstelle des semiprobabilistischen Ansatzes ist die systematische Unterschätzung der Variabilität der Stoffaufnahme, da die Variation der Stoffkonzentration nicht berücksichtigt wird. Erkennbar ist diese Unterschätzung an der Standardabweichung der Stoffaufnahme, die sich bei diesem Ansatz als Produkt der Standardabweichung der Verzehrsmengen und der Konzentrationskon-

Tab. 6.6 Geschätzte Kennwerte der Carbarylaufnahme: Vergleich verschiedener Verfahren der Datenkopplung.

	AM	SD	P90	P95
Beobachtete Daten	0,078	0,065	0,162	0,198
Deterministisches Verfahren	0,075			
Semiprobabilistisches Verfahren	0,075	0,041	0,129	0,136
Probabilistisches Verfahren	0,075	0,064	0,161	0,204

AM = arithmetischer Mittelwert, SD = Standardabweichung,
Pm = m-tes Perzentil.

stanten ergibt. Im Carbarylbeispiel ist die Standardabweichung der Aufnahmemengen nach Anwendung des beschriebenen Verfahrens gleich 0,041, während die der beobachteten Aufnahmeverteilung 0,065 ist (Tab. 6.6).

Das semiprobabilistische Verfahren, mitunter auch Verfahren der einfachen Verteilung (simple distribution) genannt, wurde z. B. von der EPA (Environmental Protection Agency) zur Quantifizierung akuter Ernährungsexposition angewendet. Es ist für Expositionsabschätzungen von toxikologisch relevanten Stoffen, die in bestimmten Lebensmitteln in annähernd gleich bleibender Konzentration vorkommen, geeignet. Bestimmte Kontaminanten, wie beispielsweise Pestizide, können allerdings in sehr unterschiedlicher Konzentration in einem Lebensmittel vorhanden sein. So wurden maximale Carbarylkonzentrationen in einzelnen Birnen gefunden, die das 20fache der mittleren Carbarylkonzentration in diesem Lebensmittel übertrafen [18]. Für solche Schadstoffe muss die Variation der Konzentration in der Expositionsabschätzung Berücksichtigung finden.

6.3.3
Probabilistisches Verfahren

Bei diesem Ansatz werden sowohl die individuelle Verzehrsmenge als auch die Stoffkonzentration im Lebensmittel als variierende Größen betrachtet. Die Aufnahmeverteilung des Stoffes wird demzufolge nicht nur durch die Verteilung der Verzehrsmengen bestimmt, sondern auch durch die Verteilung der Konzentrationen. Da für das probabilistische Verfahren keine mathematische Formel existiert, mit deren Hilfe man die Perzentile der Aufnahmeverteilung aus den Perzentilen der Verzehrs- und Konzentrationsverteilungen bestimmen kann, muss man die Aufnahmeverteilung durch Simulation erzeugen. Dies kann man sich so vorstellen, dass jede mögliche Verzehrsmenge mit jeder möglichen Stoffkonzentration kombiniert wird und für jede Kombination das Produkt von Menge und Konzentration gebildet wird. Die sich ergebende Verteilung der Produkte stellt eine Schätzung der unbekannten Aufnahmeverteilung dar. Kommen bestimmte Mengen- oder Konzentrationswerte in den Ausgangsdaten gehäuft vor, so müssen diese auch entsprechend häufig simuliert werden. Die Simulation muss die beobachteten Verzehrs- und Konzentrationsverteilungen so gut wie möglich abbilden. Die eben beschriebene Vorgehensweise, Variabilität von Eingangsdaten zu simulieren, um Variabilität von Ausgangsdaten zu erzeugen, wird manchmal Monte-Carlo-Methode genannt [33]. Die Monte-Carlo-Methode stellt heute ein eigenständiges Gebiet der experimentellen Mathematik dar, in dem Experimente durch die Erzeugung von Zufallszahlen nachgestellt werden und komplexe Zusammenhänge durch die computergestützte Verarbeitung der Zufallszahlen abgebildet werden [28].

Im Beispiel aus Tabelle 6.5 gibt es zehn verschiedene Verzehrsmengen und neun verschiedene Carbarylkonzentrationen, von denen eine doppelt vorkommt. Folglich gibt es bei Berücksichtigung der doppelt beobachteten Konzentration 100 Kombinationen und 100 mögliche Aufnahmemengen für Carbaryl, wenn man wiederum von der Unkenntnis der Zuordnung der Messwerte zu den zehn Personen ausgeht. Mit den 100 Produktwerten erhält man eine simulierte Aufnahmeverteilung, die zur Schätzung von Kennwerten geeignet ist. Der Mittelwert der Stoffaufnahme ist analog zu den beiden vorhergehenden Ansätzen gleich 0,075 mg/Tag. Die Standardabweichung als übliches Maß für die Variation beträgt 0,064 und entspricht somit etwa der wahren Standardabweichung von 0,065. Auch das 95. Perzentil der simulierten Aufnahmeverteilung ist mit 0,204 nur geringfügig größer als das der beobachteten Carbarylaufnahme. Das 90. Perzentil der simulierten Aufnahmeverteilung liegt gleichfalls nahe am 90. Perzentil der beobachteten Aufnahmeverteilung (Tab. 6.6).

Das probabilistische Verfahren ist die einzige Methode der Datenkopplung, mit der man Aufnahmeverteilungen von toxikologisch relevanten Stoffen über den Ernährungspfad hinreichend gut schätzen kann. Sie ist universell anwendbar und kann sowohl für die Expositionsabschätzung als auch zur Einschätzung des Nutzens möglicher Präventivmaßnahmen herangezogen werden. Allerdings erfordert die Umsetzung des probabilistischen Verfahrens den Zugriff auf umfangreiche Dateien verschiedener Quellen und den Einsatz spezieller Software zur Datensimulation. Die Einsicht und der Wunsch, diesen sehr komplexen Ansatz möglichst schnell und wirksam in der Praxis anwenden zu können, hat zur Förderung entsprechender Forschungsvorhaben in internationaler Kooperation geführt. Hier ist vor allem das im Jahr 2000 begonnene Projekt „Monte Carlo" zu nennen. In diesem Projekt wurde kommerziell verfügbare Software zur probabilistischen Modellierung wie @RISK [32] genutzt und durch weitere Programmbausteine ergänzt, die verschiedene Besonderheiten der benötigten Daten und Datenstrukturen berücksichtigen. Erste Validierungsstudien im Monte-Carlo-Projekt haben gezeigt, dass die mit dem probabilistischen Ansatz erhaltenen Schätzungen für hohe Perzentile etwas größer als die wirklichen Stichprobenperzentile sind, aber zugleich die deterministischen Punktschätzungen deutlich unterbieten. Für verschiedene Pestizide war der mit dem deterministischen Ansatz berechnete Wert mehr als 50fach größer als der probabilistisch ermittelte. Dies zeigt, dass die Berücksichtigung der Variabilität von Verzehrsmengen und Konzentrationsdaten bei der Datenkopplung zu deutlich realistischeren Schätzungen aufgenommener Stoffmengen führt.

Tab. 6.7 Ergänzungen zum probabilistischen Verfahren.

Aspekt	Problembeschreibung	Vorgehen
Empirische oder parametrische Verzehrsverteilung	Simulation der Verzehrsvariabilität mit der empirischen Verteilung erzeugt häufig keine hohen Verzehrsmengen	bevorzugte Verwendung parametrischer Verteilungen bei kleinen und mittleren Stichproben
Differenzierung nach Markennamen	Große Unterschiede in der Stoffkonzentration zwischen verschiedenen Produktmarken ein und des gleichen Lebensmittels	zweistufige Simulation: zunächst der Absatzverteilung der Marken und dann der markenspezifischen Stoffkonzentration
Nichtkonsumenten und Nullkonzentrationen	Verzehrs- und Konzentrationsdaten mit Häufungen der Null lassen sich nicht gut durch parametrische Verteilungen anpassen.	separate Schätzung der Verteilung ohne Nullhäufung und anschließende Mischung mit der geschätzten Nullhäufigkeit
Typische Lebensmittelkombinationen	Bestimmte Lebensmittel werden häufig zusammen oder alternativ konsumiert, so dass deren Verteilungen voneinander abhängen.	Simulation der Verzehrskombination von Lebensmitteln unter Berücksichtigung der Abhängigkeitsstruktur
Genauigkeit und Sensitivität der geschätzten Aufnahmeverteilung	Die Genauigkeit der geschätzten Aufnahmeverteilung hängt stark von den getroffenen Annahmen und den verfügbaren Daten ab	wiederholte Simulation der Aufnahmeverteilung unter gleichen und unter veränderten Annahmen

Im fiktiven Beispiel der Carbarylaufnahme wurde das probabilistische Verfahren etwas vereinfacht dargestellt. Einige der bisher nicht beachteten Aspekte und Komplikationen sowie mögliche Erweiterungen des Verfahrens sind in Tabelle 6.7 zusammengestellt und sollen nachfolgend beschrieben werden.

Empirische oder parametrische Verzehrsmengenverteilung
Es ist naheliegend, die empirische Verteilung, d.h. die tatsächlich beobachtete Verteilung der Verzehrsmengen, zu simulieren. Allerdings wird im Fall kleiner Stichproben die Variabilität des Verzehrs in der Zielpopulation nur unzureichend widergespiegelt. Die Spannweite, definiert als Differenz zwischen maximaler und minimaler Verzehrsmenge, sowie die Differenz extremer Perzentile werden in der Population deutlich größer sein als in den erfassten Verzehrsdaten. Dies ist bedenklich, da sich Expositionsabschätzungen für Risikoanalysen auf hohe Populationsperzentile beziehen sollten, die durch empirische Verteilungen eventuell nicht überdeckt werden.

Eine andere Möglichkeit ist die Simulation so genannter parametrischer Verteilungen, die sich über den gesamten Bereich möglicher Verzehrsmengen erstrecken. Parametrische Verteilungen sind theoretische Verteilungen der Statistik, die sich durch Formeln beschreiben lassen. Die Anpassung einer theoretischen Verteilung an vorhandene Daten erfolgt über die freien Parameter, die durch die Stichprobe geschätzt werden. Damit sind parametrische Verteilungen immer geglättet und weniger empfindlich gegenüber Ausreißern im Datenmaterial als empirische Verteilungen. Bekannte parametrische Verteilungen sind die auf C. F. Gauss zurückgehende Normalverteilung, die Lognormalverteilung und die Gammaverteilung. Im Rahmen des Monte-Carlo-Projekts wurde eine Reihe von parametrischen Verteilungen zur Modellierung von 35 verschiedenen Lebensmitteln verwendet. Beim anschließenden Vergleich der Anpassungsgüte zeigte sich, dass vor allem die Lognormalverteilung und die Pearson-VI-Verteilung zur Beschreibung von Verzehrsmengenverteilungen gut geeignet sind [14, 26]. Die in anderen Anwendungsgebieten häufig verwendete Normalverteilung schnitt bei diesem Vergleich weniger gut ab, da sie die Schiefe der Verzehrsmengenverteilung nicht widerspiegeln kann.

Differenzierung nach Markennamen
Da die Stoffkonzentration in einem Lebensmittel stark von dem jeweiligen Produkt und vom Produkthersteller abhängt, könnte eine Differenzierung der Verzehrsmengen eines Lebensmittels nach Markennamen zu einer verbesserten Schätzung der Stoffaufnahmeverteilung führen. Eine Datenerfassung auf Markenebene (brand level) würde zudem den Vorteil haben, dass Angaben des Produktherstellers auf der Produktverpackung und Labormessungen der Lebensmittelindustrie verwendet werden können. Unterschiede zwischen Stoffkonzentrationen in verschiedenen Lebensmittelmarken können bei hoher Markentreue (brand loyalty) eine starke inter-individuelle Variation in der aufgenommenen Stoffmenge nach sich ziehen; selbst in dem Fall, dass der Verzehr des Lebensmittels in der Population wenig variiert. Die Erfassung der Konzentrationsdaten auf Markenebene muss durch Angaben zur Markenpräsenz ergänzt werden, da sicher der Einfluss einiger weniger Markenführer dominant ist und Marken mit geringerem Verbreitungsgrad eine kleinere Gewichtung erhalten müssen. Die Einbindung der genaueren Information zur markenspezifischen Stoffkonzentration in das probabilistische Verfahren erfolgt durch eine zweistufige Simulation. Erst wird die Marke randomisiert erzeugt, dann die Stoffkonzentration. Ersteres erfolgt auf Grundlage der Verkaufszahlen der Marken (Markenverteilung), Letzteres aufgrund der markenspezifischen Konzentrationsverteilung.

Die technischen Voraussetzungen für die automatisierte Erfassung markenspezifischer Verzehrsmengen sind heute vorhanden. Der Studienteilnehmer müsste die gekauften Lebensmittel durch ein Barcode-Lesegerät protokollieren und den Anteil der verzehrten Mengen benennen. Allerdings ist es schwierig, nicht verpackte oder außer Haus verzehrte Lebensmittel detailliert zu erfassen. Ein weiteres Hindernis ist der technische Aufwand der Datenerfassung, der dazu führen kann, dass vor allem ältere und technisch weniger erfahrene Personen an der Studie nicht teilnehmen wollen und als Folge die gezogene Stichprobe nicht repräsentativ ist.

Nichtkonsumenten und Nullkonzentrationen
Bestimmte Lebensmittel werden nur von einem Teil der Bevölkerung konsumiert. Dazu gehören vor allem alkoholische Getränke wie Bier, Wein, Sekt, Likör, Weinbrand und Whisky. Aber auch Lebensmittel wie Fleisch und Wurst, Milch und Milchprodukte, Pilze oder Knoblauch werden von Teilen der Zielpopulation grundsätzlich nicht verzehrt. Der Anteil der Nichtkonsumenten kann dabei in Abhängigkeit von der untersuchten Altersklasse, dem Geschlecht oder der betreffenden Region stark variieren und durchaus in speziellen Studien über 50% liegen. Das probabilistische Verfahren muss neben den Konsumenten eines Lebensmittels auch die Gruppe der Nichtkonsumenten berücksichtigen, so dass die geschätzte Aufnahmeverteilung für die Population den Anteil der Nichtkonsumenten adäquat widerspiegelt.

Die typischen parametrischen Verteilungen zur Modellierung stetiger Variablen wie Normal-, Lognormal- oder Gammaverteilung sind nicht geeignet, Einzelwerten wie der Null ein höheres Gewicht zuzuordnen. Verzehrsdaten, die viele Nullwerte enthalten, lassen sich deshalb nicht gut durch parametrische Standardverteilungen anpassen. Man kann aber durch ein zweistufiges Vorgehen eine gute Anpassung erreichen. In der ersten Stufe wird die Verzehrsmengenverteilung der Konsumenten durch eine parametrische Funktion angepasst und in der zweiten Stufe wird diese mit der auf der Null konzentrierten Einpunktverteilung gemischt. Das Mischungsverhältnis spiegelt die Proportionen der Konsumenten und Nichtkonsumenten in der Stichprobe wider. Wenn man gemäß dieser Mischverteilung im Rahmen des probabilistischen Verfahrens Nullwerte und positive Verzehrsmengen simuliert, so ergibt sich nach Kopplung mit den Konzentrationsdaten eine Aufnahmeverteilung, die als Schätzung für die gesamte Population betrachtet werden kann. Verwendet man empirische Verteilungen, so ist eine Mischung von Verteilungen nicht nötig, da man hier Nullwerte genauso wie positive Verzehrsmengen behandelt und entsprechend der beobachteten Häufigkeit randomisiert erzeugt.

Allerdings stehen nicht immer geeignete Daten zur Verfügung, um Nichtkonsumenten sicher zu identifizieren. Dies gilt insbesondere für Verzehrserhebungen, die auf 24-Stunden-Erinnerungsprotokolle oder Verzehrsprotokolle zurückgreifen. In solchen Studien wird beispielsweise der Anteil der Personen, die während der wenigen Protokolltage keine alkoholischen Getränke zu sich nehmen, weit höher als der Anteil der Abstinenzler in der Population sein. Es wäre fatal, die empirische Verteilung der Kurzzeitmessungen für die Simulation der Verzehrsdaten zu verwenden, da der Anteil der Nichtkonsumenten systematisch überschätzt wird. Eine Möglichkeit, das methodische Problem zu umgehen, besteht in der zusätzlichen Befragung der Probanden, ob sie bestimmte Lebensmittel generell nicht konsumieren. Mit dieser Information kann man die Konsumenten von den Nichtkonsumenten trennen. Aus den separierten Kurzzeitmessungen der Konsumenten lässt sich anschließend eine Langzeitverteilung schätzen (s. Abschnitt 6.2.3), die mit Nullwerten der Nichtkonsumenten zu mischen ist.

Mit einem ähnlichen Problem kann man bei der Modellierung und Simulation von Konzentrationsdaten konfrontiert werden. Auch hier können gehäuft Nullwerte auftreten, die eine gute Anpassung durch eine parametrische Verteilung verhindern. Formal kann man wiederum die Parameter der theoretischen Verteilung aus den positiven Daten schätzen und anschließend diese Verteilung mit der auf Null konzentrierten Einpunktverteilung mischen. Jedoch kommt bei Konzentrationsdaten erschwerend hinzu, dass gemessene Nullkonzentrationen keine wirklichen Nullwerte darstellen, sondern vielmehr Konzentrationen sind, die unter der Bestimmungsgrenze (BG) der verwendeten Analytik liegen. Ist die Analytik nicht geeignet, um den für die Stoffkonzentration relevanten Messbereich zu überdecken, so kann ein großer Teil der Messungen unter der BG liegen. Dies trifft beispielsweise für die gemessenen Chrom- und Nitratkonzentrationen im 2. Umweltsurvey zu (Tab. 6.2). Deutet man die unter der BG liegenden Konzentrationen als Nullwerte, so wird die mittlere Stoffkonzentration und damit auch die mittlere Aufnahmemenge unterschätzt. Werden die unterhalb der BG liegenden Konzentrationen gleich der BG gesetzt, ergibt sich eine Überschätzung. Der vermeintlich goldene Mittelweg, Konzentrationen unterhalb der BG als 0,5 BG zu verrechnen, führt in der Regel ebenfalls zu einer Verzerrung und zwar zu einer moderaten Unterschätzung. Aufgrund der annähernden Lognormalität vieler Konzentrationsverteilungen erweist sich ein etwas höherer Wert, nämlich 0,7 BG als besser [17]. Eine für das probabilistische Verfahren prädestinierte Behandlung der unter der BG liegenden Konzentrationen ist die Simulation von Werten zwischen Null und BG, die eine Variation der Konzentration unterhalb der BG zulässt.

Typische Lebensmittelkombinationen

In der bisherigen Darstellung wurde die Verzehrsmengenverteilung eines einzelnen Lebensmittels getrennt von anderen Lebensmitteln simuliert. Dabei wurde angenommen, dass der individuelle Verzehr des Lebensmittels unabhängig davon ist, welche anderen Lebensmittel durch die gleiche Person konsumiert werden. Eine solche Annahme ist restriktiv und nicht realistisch, da die Menschen habituell bestimmten Ernährungsmustern (dietary pattern) folgen. So ist es eine Tradition, dass Fleisch und Sauce sowie Kuchen und Schlagsahne oft zusammen während einer Mahlzeit verzehrt werden. Dies ist in empirischen Studien durch große positive Korrelationen zwischen den jeweiligen Lebensmitteln belegbar. Genauso empirisch nachweisbar ist, dass einige Lebensmittel alternativ verzehrt werden. Typische Beispiele sind Kartoffeln und Reis sowie Butter und Margarine, deren Korrelationen negativ sind. Die separate Simulation von in Kombination oder alternativ gegessenen Lebensmitteln ignoriert vorhandene Korrelationen und unterstellt eine vollständige Unabhängigkeit der Lebensmittelmengen. Ist der interessierende Stoff in mehreren Lebensmitteln enthalten, die in Kombination oder alternativ gegessen werden, so kann sich bei separater Simulation eine starke Verzerrung der Aufnahmeverteilung ergeben.

Eine genauere Schätzung der Aufnahmeverteilung für einen toxikologisch relevanten Stoff erhält man, wenn die Abhängigkeitsstruktur des Lebensmittelverzehrs in die Simulation integriert wird. Anstelle der separaten Erzeugung von Verzehrsmengen für einzelne Lebensmittel gemäß derer Häufigkeitsverteilung werden simultan Verzehrsmengen für in Kombination gegessene Lebensmittel randomisiert erzeugt. Bezieht man sich dabei auf empirische Verteilungen, so werden häufig beobachtete Kombinationen dementsprechend oft gezogen, während alternativ konsumierte Lebensmittel entsprechend selten gleichzeitig gezogen werden. Allerdings erfordert ein solches Vorgehen den Zugriff auf große Dateien, damit weniger häufige Lebensmittelkombinationen erfasst sind. Sofern parametrische Verteilungen zur Modellierung von Verzehrsdaten verwendet werden, benötigt man mathematische Formeln für die mehrdimensionalen Verteilungen, die im Falle der Normal- und Lognormalverteilung vorhanden sind.

Genauigkeit und Sensitivität der geschätzten Aufnahmeverteilung

Unter der Genauigkeit der geschätzten Aufnahmeverteilung versteht man die Nähe zur Aufnahmeverteilung der Population. Eine hohe Genauigkeit ist dann gegeben, wenn alle Perzentile der geschätzten Verteilung gar nicht oder nur geringfügig von den jeweils entsprechenden Perzentilen der wahren Verteilung abweichen. Da man die wahre Aufnahmeverteilung in der Zielpopulation nicht kennt, ist die Genauigkeit der geschätzten Verteilung nicht direkt erfassbar. Man kann sie nur teilweise beschreiben und bewerten. Dafür ist es zweckmäßig, die drei wesentlichen Fehlerquellen zu betrachten, die die Genauigkeit der Verteilungsschätzung beeinträchtigen. Dies sind:
1. zufällige Fehler bei der Simulation der Aufnahmemengen,
2. systematische Fehler (Bias) in den verwendeten Eingangsdaten,
3. falsche oder zu stark vereinfachende Annahmen während der Simulation.

Von diesen drei Fehlerquellen lässt sich nur der Einfluss der ersten auf die geschätzte Aufnahmeverteilung quantitativ beschreiben. Dazu führt man die Simulation mehrfach durch. Die sich dabei ergebende Variabilität in den Perzentilen der geschätzten Aufnahmeverteilung kann zur Berechnung von Konfidenzintervallen genutzt werden. Würde man z. B. die Simulation 100-mal hintereinander durchführen und die Schätzungen des 50. Perzentils (Median) der Aufnahmeverteilung der Größe nach ordnen, so ergäben der 5. und der 95. Wert in dieser geordneten Stichprobe die Grenzen eines 90% Konfidenzintervalls.

Die stärkste Quelle möglicher Ungenauigkeit in der geschätzten Aufnahmeverteilung sind ohne Zweifel fehler- und lückenhafte Eingangsdaten. Die Qualität der Ausgangsdaten kann nicht besser als die Qualität der Eingangsdaten sein. Verzerrungen, die sich aus der fehlenden Repräsentativität der Stichprobe, der Unzulänglichkeit des Erhebungsinstrumentes oder der Ungenauigkeit der verwendeten Analysegeräte ergeben, lassen sich nicht im Nachhinein während der simulierten Kopplung von Verzehrs- und Konzentrationsdaten korrigieren. Leider lässt sich nicht einmal der durch fehlerhafte Eingangsdaten entstandene Schätzfehler quantifizieren.

Etwas anders verhält es sich mit der dritten Fehlerquelle, die sich auf die im Rahmen des Kopplungsverfahrens getroffenen Annahmen bezieht. Hier ist es prinzipiell möglich, Annahmen fallen zu lassen bzw. durch andere Annahmen zu ersetzen. Solche ergänzenden Untersuchungen nennt man Sensitivitätsanalysen. Ziel einer Sensitivitätsanalyse ist es, den Einfluss einzelner Annahmen auf das Ergebnis, hier die geschätzte Aufnahmeverteilung, zu untersuchen. Wurden beispielsweise Verzehrsmengen im probabilistischen Verfahren unter der Annahme einer Lognormalverteilung erzeugt, so kann die Sensitivität dieser Annahme untersucht werden, indem anstelle der Lognormalverteilung eine andere parametrische Verteilung oder die empirische Verteilung verwendet wird. Man sollte dabei allerdings nur solche parametrischen Verteilungen als Alternative zulassen, die durch einen statistischen Verteilungstest (Kolmogorov-Smirnov-Test oder Shapiro-Wilk-Test) nicht signifikant abgelehnt werden.

6.3.4
Gegenüberstellung der Kopplungsverfahren

Die drei Verfahren zur Kopplung von Verzehrs- und Konzentrationsdaten unterscheiden sich sowohl in der benötigten Detailliertheit der Eingangsdaten als auch in der Art und Qualität der Ausgangsdaten (Tab. 6.8). Während das deterministische Verfahren mit komprimierten Informationen arbeitet und jeweils nur einen einzelnen statistischen Kennwert für den Lebensmittelverzehr und für die Stoffkonzentration benötigt, basiert das probabilistische Verfahren auf einer Vielfalt von Messdaten, die die Variabilität und Verteilung der Verzehrsmengen und Stoffkonzentrationen widerspiegeln sollen. Das semiprobabilistische Verfahren kann als eine Zwischenstufe zwischen dem deterministischen und

Tab. 6.8 Zusammenfassende Gegenüberstellung der Kopplungsverfahren.

Verfahren	Eingangsdaten		Ausgangsdaten	
	Lebensmittelverzehr	Stoffkonzentration	Art	Qualität
Deterministisch	Einzelkennwert	Einzelkennwert	Punktschätzung	nur für Mittelwert gut
Semiprobabilistisch	Verteilung	Einzelkennwert	Verteilung	zu geringe Streuung
Probabilistisch	Verteilung	Verteilung	Verteilung	gut

dem probabilistischen Verfahren angesehen werden, da es die Konzentrationsdaten deterministisch und die Verzehrsdaten probabilistisch einbezieht.

Das deterministische Kopplungsverfahren liefert nur eine einzelne Punktschätzung für die Stoffaufnahme, die als mittlere Stoffaufnahme interpretiert werden kann, sofern Mittelwerte zur Beschreibung der Verzehrs- und Konzentrationsdaten verwendet wurden. Bei Verwendung anderer Kennwerte für die Eingangsdaten ergeben sich Größen, die keinen direkten Bezug zur Aufnahmeverteilung haben und somit schwer interpretierbar sind. Im Gegensatz dazu liefern das semiprobabilistische und das probabilistische Verfahren stets Schätzungen für die gesamte Aufnahmeverteilung. Aufgrund der Nichtberücksichtigung der Konzentrationsvariation ist jedoch die mit dem semiprobabilistischen Verfahren geschätzte Aufnahmeverteilung zu stark gestaucht. Das probabilistische Kopplungsverfahren ist die einzige Methode, Stoffaufnahmemengen in ihrer gesamten Variation gut zu schätzen. Es erlaubt, verschiedene zusätzliche Variationsquellen, wie die Variation zwischen Produktmarken eines Lebensmittels oder die Differenzierung zwischen Konsumenten und Nichtkonsumenten eines Lebensmittels, in die Simulation einzubauen. Hervorzuheben ist, dass das probabilistische Verfahren auch hohe Perzentile der Aufnahmeverteilung mit ausreichender Qualität schätzt. Deshalb ist davon auszugehen, dass künftige Risikoanalysen zunehmend auf solche Perzentilschätzungen zurückgreifen und damit realistischere Aussagen erzielen im Vergleich zum stark konservativen Vorgehen der Vergangenheit.

6.4
Bestimmung der Belastung mit toxikologisch relevanten Stoffen

Die Quantifizierung der über Lebensmittel aufgenommenen Stoffe beschreibt eine äußere Exposition, die sich aus der notwendigen Ernährung des Menschen ergibt. Sie ist zweifellos ein wichtiger Bestandteil einer weiterführenden Risikoanalyse. Die Höhe der äußeren Exposition lässt jedoch nicht unmittelbar auf das Ausmaß der inneren Exposition, d.h. der korporalen Belastung des Menschen durch Schadstoffe, schließen. Zwar ist davon auszugehen, dass mit steigender äußerer auch die innere Exposition zunimmt, doch hängt die Stärke dieses Zusammenhanges wesentlich von der Resorptionsrate ab, die wiederum für die einzelnen Stoffe sehr unterschiedlich sein kann. Auch muss man individuelle Unterschiede berücksichtigen, aus denen sich eine differenzierte korporale Belastung bei gleicher äußerer Exposition ergibt.

Aus toxikologischer Sicht ist die innere Exposition bedeutsamer als die äußere, da sie die effektive Dosis in der zu untersuchenden Dosis-Wirkungsbeziehung darstellt. Sie kann als intermediate oder vermittelnde Größe betrachtet werden, da sie zwischen äußerer Exposition und toxischer Wirkung steht und den Expositionseffekt überträgt. Die Quantifizierung der korporalen Schadstoffbelastung ist allerdings sehr komplex und mit einer Reihe von methodischen Schwierigkeiten behaftet. Einige dieser methodischen Probleme sind in Tabelle 6.9 zusammengestellt und werden im Folgenden diskutiert.

Tab. 6.9 Methodische Probleme der Quantifizierung korporaler Schadstoffbelastung.

Problem	Beschreibung	Vorgehen
Wahl des Körpermediums	Schadstoffkonzentrationen sind lokal verschieden und oft nicht direkt messbar	Konzentrationen in zugänglichen Medien (Blut, Urin, Haar) messen
Mehrere Expositionsquellen	Neben der Lebensmittelaufnahme können andere Expositionen die korporale Belastung beeinflussen	Ausschaltung der anderen Expositionsquellen durch Analyse in Teilpopulationen
Intraindividuelle Variation	Starke zeitliche Schwankungen der gemessenen Stoffbelastung spiegeln meist nur Kurzzeitexpositionen wider	Bestimmung oder Schätzung mittlerer Stoffbelastungen zur Widerspiegelung der Langzeitexposition
Modellierung der Schadstoffbelastung	Untersuchung des Zusammenhangs zwischen äußerer Exposition und korporaler Schadstoffbelastung	Verwendung von Regressionsmodellen oder Anwendung der Monte-Carlo-Methode

6.4.1
Wahl des Körpermediums

Der Schadstoff kann in verschiedenen Kompartimenten des Menschen in unterschiedlicher Konzentration auftreten. Er wird weder überall gleichmäßig gespeichert noch baut er sich in allen Kompartimenten in gleicher Zeit ab. Es ist in der Regel nicht klar, welche der Konzentrationen aus toxikologischer Sicht bedeutsam sind. Noch wichtiger als die toxikologische Bedeutsamkeit ist die Zugänglichkeit, da z. B. Konzentrationsmessungen in menschlichen Organen bei lebenden Menschen nicht möglich sind. Die Beschränkung auf leicht zugängliche Körpermedien, wie Blut, Urin oder Haare, kann allerdings dazu führen, dass nur ein unscharfes Abbild der komplexen korporalen Schadstoffbelastung erreichbar ist. Hinzu kommt, dass es keine standardisierte Probenentnahme gibt, die international in allen Studien eingehalten wird. Im Deutschen Umweltsurvey wurden Vollblutproben, Morgenurinproben (gesamte Morgenurinmenge) und Kopfhaarproben, entnommen am Hinterkopf (4 cm proximal), verwendet. Insbesondere die Entnahme von Urinproben ist nicht standardisiert. So werden häufig so genannte Spontanurinproben genommen, die in der Regel einen geringeren Kreatiningehalt haben. Um die Analyseergebnisse verschiedener Urinproben vergleichbar zu machen, wird häufig die gemessene Stoffkonzentration durch den Kreatiningehalt dividiert [24]. Es ist allerdings bekannt, dass diese Normierung nicht immer den Einfluss des Kreatiningehaltes ausschaltet und verschiedenartige Proben immer noch signifikante Konzentrationsunterschiede aufweisen. So wurden in der Vergangenheit verbesserte Normierungsverfahren vorgeschlagen, die auch die Flussrate berücksichtigen und schadstoffspezifische Exponenten für den Kreatiningehalt verwenden [1, 16].

6.4.2
Mehrere Expositionsquellen

Die korporale Schadstoffbelastung wird häufig durch mehrere Quellen der äußeren Exposition beeinflusst und es sind verschiedene Expositionspfade möglich. Daraus ergibt sich, dass die Quantifizierung der korporalen Belastung, die sich nur aus der Aufnahme des toxikologisch relevanten Stoffes mit der Nahrung ergibt, selten möglich ist. Wird der gleiche Schadstoff auch über einen anderen Expositionspfad aufgenommen, so addieren sich die pfadspezifischen inneren Expositionen und werden nur als Summe messbar.

Als Beispiel sei hier Cadmium angeführt. Es ist bekannt, dass Cadmium mit der Nahrung aufgenommen wird und zwar vor allem über pflanzliche Produkte, da Pflanzen leicht verfügbares Cadmium aus dem Boden akkumulieren. Die Aufnahmemenge beträgt etwa 10 bis 25 µg/Tag [10], was ungefähr 80% der aufgenommenen Cadmiummenge bei Nichtrauchern darstellt [8]. Allerdings kommt bei Rauchern eine starke zusätzliche Expositionsquelle hinzu. Da die pulmonale Resorptionsrate mit 50% deutlich größer als die Resorptionsrate im Gastrointestinaltrakt (5%) ist, hat das Rauchen auch einen stärkeren Einfluss auf den Cadmiumgehalt im Blut und Urin als die Ernährung [19]. Deshalb ist es schwierig, die sich aus der Lebensmittelaufnahme ergebende Cadmiumbelastung bei Rauchern zu erfassen.

Ein anderes Beispiel ist die Quecksilberkonzentration im Blut. Eine hohe im Blut gemessene Konzentration von Quecksilber kann aus der Aufnahme organischen Quecksilbers, vor allem durch den Konsum von Fisch [34], oder aus der Aufnahme anorganischen Quecksilbers bei Personen mit Amalgamfüllungen [22] resultieren. Lässt sich eine der beiden starken Expositionsquellen ausschließen, so ist eine relativ starke Beziehung zwischen der verbleibenden äußeren Exposition und der Quecksilberkonzentration im Blut erkennbar.

6.4.3
Intraindividuelle Variation

Die im Blut oder Urin gemessene Stoffkonzentration kann einer sehr starken zeitlichen Schwankung unterliegen, d.h., dass die zu verschiedenen Zeitpunkten vorgenommenen Konzentrationsmessungen bei ein und der gleichen Person deutlich differieren. Diese Instabilität kann mehrere Gründe haben. Die häufigste Ursache ist, dass die im Körpermedium gemessene Stoffkonzentration im Wesentlichen nur von der unmittelbar vorangegangenen Kurzzeitexposition abhängt, welche von Tag zu Tag sehr verschieden sein kann. Als Beispiel sei hier die Arsenkonzentration im Urin aufgeführt. Nach Verzehr von Fisch steigt die Arsenkonzentration deutlich an und fällt, sofern keine weitere Exposition erfolgt, wieder schnell ab.

Da man in der Regel weniger an der Messung einer sich zufällig ergebenden kurzzeitigen Schadstoffbelastung, sondern mehr an der Charakterisierung der inneren Langzeitexposition interessiert ist, sind vor allem Körpermedien von

Bedeutung, in denen die Schadstoffbelastung langsamer abgebaut wird. Blut ist diesbezüglich besser geeignet als Urin. So lässt sich die Quecksilberbelastung bei regelmäßigem Fischverzehr besser durch die Messung der Konzentration von Quecksilber im Blut als im Urin beschreiben.

Ein mit der intraindividuellen Variation verbundenes Problem ist die Überschätzung der Variation zwischen den Individuen (interindividuelle Variation), sofern man einen einzelnen Messwert zur Charakterisierung der Langzeitexposition verwendet. Dieses Problem ist bereits im Zusammenhang mit der Verteilungsschätzung des Langzeitverzehrs von Lebensmitteln bei Ernährungssurveys behandelt worden (vgl. Abschnitt 6.2.3). Allerdings wurde die Bedeutung der intraindividuellen Variation von Blutmesswerten lange nicht erkannt. Um den Einfluss der Tagesvariation zu verringern, kann man wiederholte Konzentrationsmessungen vornehmen und den Mittelwert als Maß der individuellen Belastung verwenden. Dieses Vorgehen ist aus Kostengründen jedoch schwer realisierbar. Ein konstruktiver Ansatz, von einer Verteilung von einmal gemessenen Konzentrationen im Blut zu einer Verteilung mittlerer Konzentrationen überzugehen, wurde kürzlich von Gillespie und Kollegen vorgeschlagen [13]. Zur Anwendung des vorgeschlagenen Verfahrens benötigt man jedoch wiederholte Konzentrationsmessungen für Personen aus einer repräsentativ gezogenen Teilstichprobe oder aus einer anderen vergleichbaren Studie.

6.4.4
Modellierung der Schadstoffbelastung

Da die Stoffkonzentration im Körpermedium eine intermediate Stellung zwischen der aufgenommenen Stoffmenge und der toxischen Wirkung hat, ist die Modellierung der inneren Exposition in Abhängigkeit von der äußeren Exposition wichtig. Ein traditioneller Ansatz, der in der Mathematischen Statistik entwickelt wurde, ist die Verwendung eines so genannten Regressionsmodells, bei dem die Stoffkonzentration im Körpermedium, meist logarithmiert, als Zielgröße und die mit der Nahrung aufgenommene Schadstoffmenge, ebenfalls häufig logarithmiert, als Einflussgröße gewählt werden. Beispiele hierfür findet man in der Fachliteratur [29, 34]. Der Vorteil dieses Ansatzes besteht in der Möglichkeit, weitere Expositionspfade, individuelle Besonderheiten und Verhaltensweisen sowie andere Einflussgrößen, die mit der Nahrungsaufnahme im Zusammenhang stehen (so genannte Confounder), in das Modell aufzunehmen. Leider zielt die regressionsanalytische Modellierung nicht darauf, die Verteilung der Stoffkonzentration im Körpermedium gut zu schätzen.

Zur Schätzung der Belastungsverteilung eignet sich wiederum die Monte-Carlo-Methode, bei der die Verteilung der aufgenommenen Lebensmittelmengen simuliert wird. Als Beispiel diene erneut Quecksilber im Blut. Hier genügt es, den Verzehr von Fisch in der Population zu simulieren. Dabei muss man allerdings über Verzehrsdaten für die einzelnen Fischarten verfügen, weil die Quecksilberkonzentration über die Fischarten stark variiert. Die höchsten durchschnittlichen Konzentrationen kommen beim Haifisch mit 1,33 µg Hg/g und beim Schwertfisch mit 0,95 µg Hg/g vor, während der Hering z. B. nur eine Konzentration von durchschnittlich 0,01 µg Hg/g aufweist [29]. Bisherige Monte-Carlo-Studien gehen davon aus, dass die tägliche Aufnahme von 1 µg Methylquecksilber zu einer durchschnittlichen Quecksilberkonzentration von 0,8 µg/L im Blut führt, welche jedoch individuell verschieden sein kann und deshalb durch eine entsprechende Verteilung um den Wert 0,8 µg/L simuliert werden muss. Mithilfe eines solchen Monte-Carlo-Ansatzes gelang es, die Verteilung der Quecksilberkonzentration im Blut bei amerikanischen Frauen und Kindern sehr gut zu schätzen, was sich durch den Vergleich mit Blutmesswerten belegen lässt [6, 42].

6.5
Zusammenfassung

Die Beschreibung der korporalen Schadstoffbelastung in einer Population ist eine wesentliche Voraussetzung für eine valide Risikobewertung. Sie wird durch mehrere methodische Probleme erschwert. Die in Körperflüssigkeiten gemessene Schadstoffkonzentration kann wesentlich durch die mit der Nahrung aufgenommenen Stoffmengen bestimmt sein, andere Expositionspfade können aber gleichfalls bedeutsam sein. Zielstellung sollte es sein, die Verteilung der korporalen Schadstoffbelastung möglichst gut zu schätzen und den Einfluss der Lebensmittelaufnahme auf diese Verteilung zu modellieren. Die Anwendung der Monte-Carlo-Methode kann am besten dieser Zielstellung gerecht werden, setzt allerdings repräsentative Daten zur Stoffaufnahme und Stoffbelastung voraus.

6.6
Literatur

1 Araki S, Sata F, Murata K (1990) Adjustment for urinary flow rate: an improved approach to biological monitoring, *International Archives of Occupational and Environmental Health* **62**: 471–477.

2 Brussaard JH, Löwik MRH, Steingrimsdottir L, Moller A, Kearney J, De Henauw S, Becker W (2002) A European food consumption survey method – conclusions and recommendations, *European Journal of Clinical Nutrition* **56** (Supplement 2): S89–S94.

3 Burke BS (1947) The dietary history as a tool in research, *Journal of the American Dietetic Association* **23**: 1041–1046.

4 Cadby P (1996) Estimating intakes of flavouring substances, *Food Additives and Contaminants* **13**: 453–460.

5 Callahan MA, Clickner RP, Whitmore RW, Kalton G, Sexton K (1995) Overview of important design issues for a national human exposure assessment survey, *Journal of Exposure Analysis and Environmental Epidemiology* **5**: 257–282.

6 Carrington CD, Bolger MP (2002) An exposure assessment for methyl mercury from seafood for consumers in the United States, *Risk Analysis* **22**: 689–699.

7 Carriquiry AL (2003) Estimation of usual intake distributions of nutrients and

food, *Journal of Nutrition* **133**: 601S–608S.
8 Christensen JM (1995) Human exposure to toxic metals: factors influencing interpretation of biomonitoring results, *Science of Total Environment* **166**: 89–135.
9 Dehne LI, Klemm C, Henseler G, et al. (1999) The German Food Code and Nutrient Data Base (BLSII.2), *European Journal of Epidemiology* **15**: 255–259.
10 Elinder CG, Friberg L, Kjelström T, Nordberg G, Oberdoerster G (1994) Biological monitoring of metals, Chemical Safety Monographs, WHO, Genf.
11 FAO/WHO (Food and Agriculture Organization/World Health Organization) (1989) Supplement 2 to Codex Alimentarius Volume XIV: Guidelines for Simple Evaluation of Food Additive Intake, Rome, FAO.
12 Feunekes GL, Van't Veer P, Staveren WA, Kok FJ (1999) Alcohol intake assessment: the sober facts, *American Journal of Epidemiology* **150**: 105–112.
13 Gillespie C, Ballew C, Bowman BA, Donehoo R, Serdula MK (2004) Intraindividual variation in serum retinol concentrations among participants in the third National Health and Nutrition Examination Survey, 1988–1994, *American Journal of Clinical Nutrition* **79**: 625–632.
14 Gilsenan MB, Lambe J, Gibney MJ (2003) Assessment of food intake distributions for use in probabilistic exposure assessments of food additives, *Food Additives and Contaminants* **20**: 1023–1033.
15 Goris AH, Westerterp-Plantenga MS, Westerterp KR (2000) Undereating and underrecording of habitual food intake in obese men: selective underreporting of fat intake, *American Journal of Clinical Nutrition* **71**: 130–134.
16 Greenberg GN, Levine RJ (1989) Urinary creatinine excretion is not stable: a new method for assessing urinary toxic substance concentrations, *Journal of Occupational and Environmental Medicine* **31**: 832–838.
17 Hallez S, Derouane A (1982) Novelle méthode de traitement de séries de données tronquées dans l'étude de la pollutions atmosphérique, *Science of the Total Environment* **22**: 115–123.
18 Hamey PY, Harris CA (1999) The variation of pesticide residues in fruits and vegetables and the associated assessment of risk, *Regulatory Toxicology and Pharmacology* **30**: S34–S41.
19 Hoffmann K, Becker K, Friedrich C, Helm D, Krause C, Seifert B (2000) The German environment survey 1990/1992 (GerES II): cadmium in blood, urine and hair of adults and children, *Journal of Exposure Analysis and Environment Epidemiology* **10**: 126–135.
20 Hoffmann K, Boeing H, Dufour A, Volatier JL, Telman J, Virtanen M, Becker W, De Henauw S (2002) Estimating the distribution of usual dietary intake by short-term measurements, *European Journal of Clinical Nutrition* **56** (Supplement 2): S53–S62.
21 Isaksson B (1980) Urinary nitrogen output as a validity test in dietary surveys, *American Journal of Clinical Nutrition* **33**: 4–5.
22 Kingman A, Albertini T, Brown LJ (1998) Mercury concentrations in urine and whole blood associated with amalgam exposure in a U.S. military population, *Journal of Dental Research* **77**: 461–471.
23 Korn EL, Graubard BI (1995) Analysis of large health surveys: accounting for the sample design, *Journal of the Royal Statistical Society* Series A **158**: 263–295.
24 Krause C, Babisch W, Becker K, et al. 1996 Umwelt-Survey (1990/92), Band Ia, Studienbeschreibung und Human-Biomonitoring: Deskription der Spurenelementgehalte in Blut und Urin der Bevölkerung in der Bundesrepublik Deutschland, Umweltbundesamt, WaBoLu-Hefte 1/1996.
25 Kroes R, Müller D, Lambe J, Löwik MRH, van Klaveren J, Kleiner J, et al. (2002) Assessment of intake from the diet, *Food and Chemical Toxicology* **40**: 327–385.
26 Lambe J (2002) The use of food consumption data in assessments of exposure to food chemicals including the application of probabilistic modeling, *Proceedings of the Nutrition Society* **61**: 11–18.

27 Macdiarmid J, Blundell J (1998) Assessing dietary intake: who, what, and why of underreporting, *Nutrition Research Reviews* **11**: 231–253.
28 Madras N (2002) Lectures on Monte Carlo Methods, Fields Institute monographs, American Mathematical Society, Providence, Rhode Island.
29 Mahaffey KR, Clickner RP, Bodurow CC (2004) Blood organic mercury and dietary mercury intake: National Health and Nutrition Examination Survey, 1999 and 2000, *Environmental Health Perspectives* **112**: 562–570.
30 Mensink GBM, Thamm M, Haas K (1999) Die Ernährung in Deutschland 1998, *Gesundheitswesen* **61** (Sonderheft 2): S200–S206.
31 Nusser SM, Carriquiry AL, Dodd KW, Fuller WA (1996) A semiparametric transformation approach to estimating usual daily intake distributions, *Journal of the American Statistical Association* **91**: 1440–1449.
32 Palisade (1997) @RISK Advanced Risk Analysis for Spreadsheets, Newfield, NY, Palisade Corporation.
33 Petersen BJ (2000) Probabilistic modeling: theory and practice, *Food Additives and Contaminants* **17**: 591–599.
34 Sanzo JM, Dorronsoro M, Amiano P, Amurrio A, Aguinagalde FX, Aspiri MA (2001) Estimation and validation of mercury intake associated with fish consumption in an EPIC cohort of Spain, *Public Health Nutrition* **4**: 981–988.
35 Schöller DA, van Santen E (1982) Measurement of energy expenditure in humans by doubly labeled water method, *Journal of Applied Physiology* **53**: 955–959.
36 Schofield WN, Schofield C, James WPT (1985) Basal metabolic rate, *Human Nutrition and Clinical Nutrition* **39C** (Supplement): 1–96.
37 Slimani N, Deharveng G, Charrondiere RU, van Kappel AL, Ocke MC, Welch A, et al. (1999) Structure of the standardized computerized 24-h diet recall interview used as reference method in the 22 centres participating in the EPIC project, *Computer Methods and Programs in Biomedicine* **58**: 251–258.
38 Slimani N, Ferrari P, Ocke M, Welch A, Boeing H, van Liere M, et al. (2000) Standardization of the 24-hour diet recall calibration method used in the European Prospective Investigation into Cancer and Nutrition (EPIC): general concepts and preliminary results, *European Journal of Clinical Nutrition* **54**: 900–917.
39 Slimani N, Valsta L (2002) Perspectives of using the EPIC-SOFT program in the context of pan-European nutritional monitoring surveys: methodological and practical implications, *European Journal of Clinical Nutrition* **56** (Supplement 2): S63–S74.
40 Speakman JR, Nair KS, Goran MI (1993) Revised equations for calculating CO_2 production from doubly labeled water in humans, *American Journal of Physiology* **264**: E912–917.
41 Subar AF, Kipnis V, Troiano RP, Midthune D, Schöller DA, Bingham S, et al. (2003) Using intake biomarkers to evaluate the extent of dietary misreporting in a large sample of adults: the OPEN study, *American Journal of Epidemiology* **158**: 1–13.
42 Tran NL, Barraj L, Smith K, Javier A, Burke TA (2004) Combining food frequency and survey data to quantify long-term dietary exposure: a methyl mercury case study, *Risk analysis* **24**: 19–30.

7
Analytik von toxikologisch relevanten Stoffen

Thomas Heberer und Horst Klaffke

7.1
Einleitung

Die Möglichkeiten der Analytik lebensmitteltoxikologisch relevanter Substanzen sind vielfältig und hängen von einer Reihe stofflicher Parameter, aber auch von anderen möglichen Fragestellungen ab, die mit den erzielten Messergebnissen beantwortet werden sollen. Zu den entscheidenden stofflichen Parametern zählen u. a. die physiko-chemischen Eigenschaften der zu untersuchenden Stoffe, deren toxisches Potenzial, die Wahrscheinlichkeit ihres Auftretens, gesetzliche Vorgaben oder Regelungen und zusätzlich auch gesellschaftspolitische Aspekte wie die Akzeptanz anthropogener Rückstände in Trinkwasser und anderen Lebensmitteln. So ist eine erste zu klärende Frage die, inwieweit der zu untersuchende Stoff ein so genannter Haupt-, Neben- bzw. Spurenbestandteil ist und damit verbunden die weitergehende Frage, in welchen Konzentrationen dieser in dem zu untersuchenden Lebensmittel enthalten ist.

Ein weiteres wichtiges Kriterium für die Auswahl eines geeigneten Analysenverfahrens ist, ob lediglich nach einem Stoff oder nach verschiedenen Gruppen von Verbindungen gesucht und deren Vorhandensein qualitativ bzw. halbqualitativ in Form einer so genannten Screening- oder Suchanalyse festgestellt werden soll oder ob noch weitergehend die gezielte Analyse einer Einzelsubstanz bzw. einer Substanzgruppe benötigt wird, deren exakte Gehalte im Lebensmittel quantitativ erfasst werden sollen.

In jedem der oben geschilderten Fälle muss auf eine einzelne Fragestellung eine gezielte Antwort gefunden werden. Die zu wählende chemische Analytik soll dafür das geeignete Hilfsmittel darstellen. Eine Analyse bzw. Analysenmethode von Lebensmittel- aber auch von Umweltproben setzt sich aus immer wiederkehrenden Einzelsegmenten zusammen, wie sie in Abbildung 7.1 wiedergegeben sind, wobei sich die möglichen Fehlerbeiträge für ein Ergebnis sehr unterschiedlich verteilen.

Der erste Verfahrensschritt einer jeden Analyse ist die fragestellungsorientierte Probenahme. Sie stellt den ersten und oft wichtigsten Verfahrensschritt dar,

7 Analytik von toxikologisch relevanten Stoffen

Abb. 7.1 Einzelsegmente und Fehlerquellen in der Analytik von Lebensmittelproben.

da dieser Analysenschritt meist den höchsten Fehlerbeitrag liefert. Denn abhängig davon, ob nach einem Hauptbestandteil oder einem Spurenbestandteil gesucht wird, nimmt die Verteilung des gesuchten Stoffes im Lebensmittel direkten Einfluss auf die Richtigkeit des Messwertes. Ist ein Stoff gleichmäßig, d. h. homogen in einem Lebensmittel verteilt – wie es z. B. bei Schwermetallen in Wein der Fall ist – so muss der Analytiker nur diese Verteilung durch ein sachgerechtes Umgehen mit der Probe (Lagerung, Konservierung) bewahren, um die Repräsentanz der Untersuchungsprobe zu gewährleisten. Ist aber ein Analyt ungleichmäßig, d. h. inhomogen in einem Lebensmittel verteilt, wobei dies von oberflächlichem Vorhandensein (z. B. Oberflächenbehandlungsmittel bei Zitrusfrüchten) bis hin zu stark lokalen so genannten Nesterkonzentrationen (z. B. Aflatoxinen bei Pistazien) reichen kann, so ist der Analytiker gefordert durch eine repräsentative Probenahme (Probenahmepläne), die Homogenisation der Untersuchungsmuster/-ware (z. B. durch Vermahlen und Mischen) und die Probenteilung (z. B. Segmentverfahren) eine repräsentative und homogene Probe zu erhalten. Da hierbei immer wieder Ungenauigkeiten auftreten können, ist der Beitrag der Probenahme am Gesamtfehler am größten. Diese Ungenauigkeit ist dann besonders weitreichend, wenn Substanzen im Spurenbereich wie Rückstände oder Kontaminanten analysiert werden sollen. Um hierbei auf europäischer Ebene eine Harmonisierung zu erzielen, wurden sowohl für Rückstände als auch für Kontaminanten (z. B. EG 98/53) in Lebens- und auch Futtermitteln entsprechende Richtlinien verfasst.

Eine weitere Fehlerquelle in der Analyse von Substanzen stellt die Probenaufbereitung dar. Der durch diesen Verfahrensschritt erzeugte Fehler ist meist zufällig und sehr viel kleiner als der Fehler der Probenahme. Dieser Analysenschritt setzt sich aus weiteren Unterschritten zusammen, wobei diese jeweils von der analytischen Fragestellung verschieden sein können. Der erste Schritt ist stets die großzügige Abtrennung der begleitenden Lebensmittelmatrix. Bei diesen Abtrennmethoden werden die begleitenden Matrixbestandteile entweder

Table 7.1 Häufig verwendete Aufarbeitungs- und Aufreinigungsverfahren.

Methode	Verfahren	Verfahren	Beispiel
Aufschluss	Physikalischer Aufschluss	UV-Aufschluss	Wasserproben
	Biologischer Aufschluss	Enzymatische Hydrolyse	Steroidanalytik
	Chemischer Aufschluss	Säureaufschluss mit thermischer Konvektion	Mikrowellen- oder Druckaufschluss für Schwermetalle in Lebensmitteln
Extraktion	Flüssig-Flüssig-Extraktion	Ausschütteln oder MSLLE	Arzneimittelrückstände und Pestizide in Lebensmitteln (z. B. DFG S19 Methode)
	Flüssig-Fest-Extraktion	Festphasenextraktion (SPE)	Pestizide, Arzneimittelrückstände und endokrine Verbindungen in Wasserproben
	Extraktion mit überkritischen Gasen oder Lösungsmitteln	SFE, ASE	Fumonisine in Lebensmitteln
	Fest-Gas-Extraktion	Headspace-Verfahren SPME-Verfahren	Analyse chlororganischer Lösungsmittel

durch einen physikalischen, biologischen oder chemischen Aufschluss zerstört oder der zu analysierende Analyt wird durch geeignete Verfahren abgetrennt oder aus der Matrix herausgelöst (Extraktion), um eine störungsfreie Erfassung des Analyten zu gewährleisten. Weiterhin kann bei diesem Schritt eine Aufkonzentrierung, wie es oft für Spurenbestandteile notwendig ist, in Form einer Anreicherung erfolgen. In Tabelle 7.1 sind die häufigsten Aufarbeitungs- und Aufreinigungsverfahren (Clean-up-Verfahren) wiedergegeben.

Den geringsten Beitrag zum Gesamtfehler erbringt die eigentliche Messmethode. Bei den Messmethoden sind spektrometrische, chromatographische und elektrochemische Verfahren und Kombinationen dieser einzelnen Verfahren miteinander zu betrachten. Hierzu liegt in der Literatur eine Vielzahl von Monographien vor, so dass die einzelne Abhandlung aller möglichen Verfahren den Umfang des vorliegenden Kapitels sprengen würde. In den Abschnitten 7.3 und 7.4 sollen einzelne Analysenverfahren am Beispiel einiger besonders relevanter Substanzgruppen näher betrachtet werden.

7.2
Qualitätssicherung und Qualitätsmanagement (QS/QM)

Aufgrund der oft beträchtlichen Konsequenzen ist es wichtig, die Richtigkeit der ermittelten Analysenergebnisse sowohl qualitativ (Vermeidung falsch positiver *und* falsch negativer Ergebnisse) als auch quantitativ sicherzustellen. Entscheidend für die Validität der ermittelten Analysenergebnisse sind geeignete Verfahren zur Qualitätssicherung (QS), die vom jeweiligen Labor in sog. SOP's (*standard operation procedures*) niedergelegt werden. SOP's sind ein wichtiger Teil des Qualitätsmanagements (QM). Computergestützte laborinterne Probenmanagementsysteme ermöglichen zudem die Rückverfolgung der Probe von deren Eingang bis zum Erstellen des Analysenberichts. Der Einsatz standardisierter Verfahren nach CEN und ISO und die Akkreditierung des jeweiligen Labors sorgen zusätzlich für Transparenz und für die Vergleichbarkeit der Analysenergebnisse. Wichtige Kenngrößen für die QS sind die im Rahmen der Methodenentwicklung bzw. -validierung für die einzelnen Analyten z. B. die ermittelten Nachweis- bzw. Bestimmungsgrenzen (s. Abschnitt 7.2.1) und die matrixabhängigen Wiederfindungsraten und deren Variationskoeffizienten. Letztere sind ein Maß für die Reproduzierbarkeit der Analysenmethode und können mithilfe geeigneter Standards (s. Abschnitt 7.2.2) in der Routineanalytik überwacht werden.

7.2.1
Nachweis-, Erfassungs- und Bestimmungsgrenzen

Die Nachweisgrenze (NG, *engl. limit of detection (LOD)*) stellt eine wichtige Kenngröße für die Spurenanalytik dar. Sie charakterisiert sowohl die Leistungsfähigkeit als auch die Limitierungen von Analysenverfahren im Bereich niedriger Konzentrationen [53] und macht sie miteinander vergleichbar. Die Definition der NG und die daraus resultierenden Vorschriften zu deren praktischer Bestimmung sind in der Literatur jedoch nicht immer einheitlich beschrieben [42, 43]. Ausdruck der Unsicherheit im Umgang mit der NG ist, dass in den wenigen Publikationen über neue Analysenverfahren die Methode angegeben wird, nach der die für das Analysenverfahren ermittelten Nachweisgrenzen berechnet wurden, was gleichzeitig den Vergleich verschiedener Analysenmethoden erschwert.

Gemäß DIN 32645 gilt eine Substanz als nachgewiesen, wenn ihre Konzentration einen bestimmten Wert x_{NG} überschreitet und sich gerade noch signifikant vom Messwert (Leerwert) einer Probe unterscheidet, welche die gesuchte Verbindung nicht enthält [43]. Das gewählte Signifikanzniveau α entscheidet dabei über die Anzahl der Fälle, in der eine Verbindung als nachgewiesen akzeptiert wird, obwohl sie in der Probe gar nicht vorhanden ist (Fehler 1. Art) [25, 26, 43, 53]. Bei der Analyse von Proben, die den gesuchten Analyten in der Konzentration der Nachweisgrenze enthalten, ist unter dem Postulat einer symmetrischen Verteilung der Zufallsabweichungen die Hälfte aller Proben jenseits des kritischen Wertes der Messgröße zu erwarten. Das heißt, dass in diesem Fall eine vorhandene Verbindung mit einer Wahrscheinlichkeit von 50% (Signifikanzniveau β) nicht nachgewiesen wird (Fehler 2. Art) [25, 26, 43, 53]. In der DIN 32645 wird deshalb zusätzlich der Begriff der Erfassungsgrenze (EG) als so genannte Garantiegrenze angeführt. Die EG ist doppelt so groß wie die NG, sofern für die Signifikanzniveaus α und β derselbe Wert festgelegt wird [43]. Informationen zur NG und EG sind jedoch allein auf rein qualitative Fragestellungen anwendbar. Quantitative Ergebnisse können erst ab der Bestimmungsgrenze (BG, *engl. limit of quantitation (LOQ)*) mit einer definierten statistischen Sicherheit angegeben werden. Bei Unterschreitung der Bestimmungsgrenze gilt eine Angabe eines Zahlenwertes als unzulässig [43]. Gehalte an Analyten, die zwischen der NG und der BG liegen, gelten daher als nachgewiesen, aber als nicht bestimmbar [43]. NG, EG und BG eines Analysenverfahrens hängen dabei u. a. von der Aufarbeitungs- und Detektionsmethode, den gewählten Analysenparametern und nicht zuletzt von den Matrixeigenschaften der zu analysierenden Probe ab.

In einer Reihe von Publikationen ist anstelle der NG (*engl. LOD*) bzw. der BG (*engl. LOQ*) der sog. „reporting level" (RL) für die jeweilige Substanz angegeben. Der RL stellt ebenfalls eine quantitative Grenze dar, ab der ein Analysenwert mit einer ausreichenden Sicherheit vom jeweiligen Labor als valide angesehen wird. Ungeachtet dessen, werden Werte unterhalb des RL oft trotzdem mit dem Zusatz „estimated" (abgeschätzt) in diesen Artikeln veröffentlicht. Die Definitionen von RL und BG unterscheiden sich deutlich und die Ermittlung des jeweiligen Wertes für den RL bleibt dabei oft unklar. Eine Vergleichbarkeit von RL und BG ist somit (wenn überhaupt) nur begrenzt gegeben, Werte für die qualitativen Grenzen des Analysenverfahrens vergleichbar der NG fehlen oft ganz.

Zur Ermittlung der NG, EG und BG werden in der DIN 32645 zwei unterschiedliche Verfahren genannt, die Leerwert- und die Kalibriergeradenmethode. Erstere kann laut Huber [43] nicht für chromatographische Methoden angewendet werden. Die NG, EG und BG lassen sich nach der Kalibriergeradenmethode wie folgt mathematisch berechnen [43, 53]:

Nachweisgrenze (NG): $x_{NG} = (s_{x,y}/a_1) \cdot t_{f,\alpha} \cdot \sqrt{\dfrac{1}{m} + \dfrac{1}{n} + \dfrac{\overline{x}^2}{Q_x}}$

Erfassungsgrenze (EG): $x_{EG} = 2 \cdot x_{NG}\ (\alpha = \beta)$

Bestimmungsgrenze (BG): $x_{BG} = k \cdot (s_{x,y}/a_1) \cdot t_{f,\alpha} \cdot \sqrt{\dfrac{1}{m} + \dfrac{1}{n} + \dfrac{(x_{BG} - \overline{x})^2}{Q_x}}$

Zur Lösung der quadratischen Gleichung für die BG wird im Wurzelglied vereinfacht für X_{BG} der Term $k \cdot x_{NG}$ eingesetzt, da die Abweichung vom genauen Wert nicht signifikant ist [43].

a_1 Ordinatenabschnitt der Kalibriergeraden

m Anzahl der Bestimmungen für die Analysenprobe
n Anzahl der Kalibriermessungen
Q_x Summe der Abweichungsquadrate von x bei der Kalibrierung
$s_{x,y}$ Reststandardabweichung der Kalibrationsmesswerte
$t_{f,\alpha}$ Tabellenwert der Quantile der t-Verteilung für f Freiheitsgrade und das Signifikanzniveau α
$\bar{x}$ arithmetisches Mittel der Gehalte aller Kalibrierproben
x_{NG} Nachweisgrenze
x_{EG} Erfassungsgrenze
x_{BG} Bestimmungsgrenze

Um die Vergleichbarkeit der Resultate zu gewährleisten, werden in der DIN 32645 verschiedene Standardparameter genannt, die sich wie folgt zusammensetzen [43]: Signifikanzniveau $\alpha=\beta=0{,}01$; $n=10$; $m=1$; $k=3$ (was einer maximalen relativen Ergebnisunsicherheit von 33% auf dem vorgegebenen Signifikanzniveau α entspricht). Bei der Rundung aller Konstanten ergibt sich somit ein Wert für die NG von $x_{NG} \approx 4 \cdot s_{y,x}/a_1$ [43], was in etwa auch dem Wert der per Definition von der IUPAC (International Union of Pure and Applied Chemistry) festgesetzten NG ($3s$) entspricht [42]. Für die BG ergibt sich der Wert $x_{BG} \approx 11 \cdot s_{y,x}/a_1$ [43].

Es sei nochmals darauf hingewiesen, dass sich Nachweisgrenzen von Standards teilweise deutlich von denen aufgearbeiteter Proben unterscheiden, was vor allem auf Matrixeinflüsse, aber auch auf die teilweise mit den Matrixgehalten korrelierenden Wiederfindungsraten der Analyten bei der Aufarbeitung zurückgeht.

7.2.2
Prozesskontrolle/Verwendung interner Standards

In der Routineanalytik ist es wichtig, eine gleich bleibende Qualität der Analysen auch für Proben mit unterschiedlichen Matrixgehalten, bei schwankenden Detektorempfindlichkeiten und variierenden Wiederfindungen zu gewährleisten. Mithilfe des Standardadditionsverfahrens kann solchen Einflüssen Rechnung getragen werden, indem neben der eigentlichen Probe zusätzlich dotierte Proben untersucht werden, die vor der Probenaufarbeitung mit unterschiedlichen Gehalten des zu bestimmenden Analyten versetzt werden. Der Gehalt des Analyten in der Probe kann dann z. B. graphisch extrapoliert werden. Dieses in der anorganischen Analytik gängige Verfahren ist prinzipiell auch für die organische Analytik anwendbar, wird aufgrund seines dort oft übermäßig hohen Zeitaufwands wenn möglich vermieden. In der Spurenanalytik organischer Verbindungen werden deshalb oft sog. interne Standards (ISTDs) verwendet. Diese werden den zu analysierenden Proben meist vor der Probenaufarbeitung zugesetzt. Unterschiedliche ISTDs können den Proben jedoch auch parallel an verschiedenen Stellen des Analysenverfahrens hinzugefügt werden, um einzelne Analysenschritte (Extraktion, Derivatisierung, Injektion etc.) unabhängig voneinander zu kontrollieren und

Schwachstellen des Analysenverfahrens aufzudecken. Letzteres macht vor allem bei der Entwicklung neuer Methoden Sinn. Zur Unterscheidung des Zeitpunkts der Dotierung des internen Standards wurde deshalb zusätzlich der aus dem englischen Sprachraum stammende Begriff des „Surrogate Standards" eingeführt, bei dem es sich um einen ISTD handelt, der den Proben immer vor der eigentlichen Analyse hinzugefügt wird. An den Surrogate Standard werden dabei verschiedene Ansprüche gestellt: (a) Er darf nicht in den Proben zu erwarten sein, (b) er muss unter den gegebenen Rahmenbedingungen des Analysenverfahrens quantitativ aus den Proben wiedergefunden werden und (c) er sollte den gesuchten Analyten strukturell weitestgehend ähnlich sein und sich in allen Schritten der Probenvorbereitung möglichst gleich wie diese verhalten. Insofern stellt in den meisten Fällen ein Strukturisomer oder, soweit kommerziell erhältlich, ein Isotopen-markiertes (z. B. deuteriertes oder ^{13}C-markiertes) Analogon eines Analyten den am besten geeigneten Surrogate Standard dar.

Eine weitere Form der internen Qualitätssicherung ist die Verwendung von zertifizierten Referenzmaterialien. Solche Materialien enthalten den Analyten in einer bekannten Konzentration einschließlich Variationsbreite, wobei diese durch geeignete Verfahren wie z. B. Validierungsstudien im Rahmen eines Ringversuches ermittelt wurde [94]. In der anorganischen Analytik sind solche Referenzmaterialien weit verbreitet und stehen für unterschiedliche Untersuchungsmatrizes zur Verfügung. Anders verhält es sich in der organischen Rückstands- bzw. Kontaminantenanalytik. Hierbei sind nur für wenige Analyten und auch nicht für alle Matrices zertifizierte Referenzmaterialien verfügbar.

Zuletzt sei auch noch darauf verwiesen, dass neben den internen auch externe QS-Maßnahmen in Form von Laborvergleichsuntersuchungen (*engl. proficiency tests*) zur Kontrolle der Richtigkeit und Vergleichbarkeit der verwendeten Analysenmethoden und der damit erhaltenen Ergebnisse [25] verwendet werden.

7.3
Nachweis anorganischer Kontaminanten

7.3.1
Schwermetalle

Eine wichtige Aufgabe in der analytischen Chemie ist die Erfassung von umweltbedingten Kontaminationen wie Schwermetallen in Lebensmitteln als auch im Wasser, im Boden und in der Luft, um die mögliche gesundheitliche Belastung des Menschen durch diese Quellen abschätzen zu können. Zur Elementanalytik bzw. zu dem Nachweis von Schwermetallen und auch Spurenelementen werden in der Praxis eine Vielzahl von verschiedenen Methoden angewandt, die auch umfassend in der Literatur beschrieben sind [18, 28, 70]. Zur rückstandsanalytischen Metallbestimmung werden routinemäßig Messmethoden eingesetzt wie die Atomabsorptionsspektrometrie (AAS) [107], die Atomemissionsspektrometrie (AES) [15, 98], die Atomfluoreszenzspektrometrie (AFS) [54] und, bei sehr speziellen Fragestellungen, auch die Neutronenaktivierungsanalyse, die eine besondere Probenbehandlung erfordert [27] sowie verschiedene elektrochemische Analysenmethoden [64], wie z. B. die Polarographie. Die Leistungsfähigkeit der einzelnen Verfahren ist sehr unterschiedlich, so dass abhängig von der Fragestellung z. B. von der Nachweisempfindlichkeit stets das geeignete Verfahren anzuwenden ist. In Tabelle 7.2 sind die Nachweisgrenzen der in der Lebensmittelanalytik oft eingesetzten atomspektrometrischen Verfahren für einige Elemente zusammengefasst.

Vor jeder Bestimmung der Metalle erfolgt die Probenvorbereitung, in deren Verlauf der Analyt aus der begleitenden Matrix herausgelöst bzw. die Matrix durch geeignete Verfahren entfernt wird. Zur besseren Erfassung sind die auch organisch gebundenen Metalle in anorganische Salze zu überführen, wobei z. T. auch deren Oxidationsstufe im jeweiligen Medium vereinheitlicht wird. Dies wird für die meisten der oben stehenden Verfahren durch physikalische oder chemische Aufschlüsse erreicht [14]. Der Einsatz von physikalischen Aufschlüssen ist primär auf die Schwermetallanalytik in nur mit geringen organischen Anteilen behafteten Lebensmittelmatrices wie z. B. Wasser bzw. Trinkwasser beschränkt. So werden Wasserproben unter Zugabe von Wasserstoffperoxid mittels so genannter UV-Aufschlussgeräte (Abb. 7.2) aufgearbeitet und können anschließend direkt vermessen werden.

Für die meisten übrigen Lebensmittel müssen chemische Aufschlüsse vor der Messung durchgeführt werden, um die organische Begleitmatrix zu entfernen. Dies wird durch Veraschungen bzw. Aufschlüsse vorgenommen, wobei sowohl Trocken- als auch Nassaufschlüsse eingesetzt werden. Der Trockenaufschluss ist ein einfaches, kostengünstiges und sicheres Aufschlussverfahren, wobei probenabhängig die so genannte Veraschungstemperatur und gegebenenfalls zusätzliche Zusatzreagenzien wie Rückhaltemittel, z. B. Magnesiumoxid, oder Oxidationshilfsmittel, z. B. Magnesiumnitrat, zu verwenden sind. Nachteil dieses Verfahrens ist oft der Verlust an leicht flüchtigen Schwermetallen wie Quecksilber oder Blei. Weiterhin nachteilig ist der mit der Vollständigkeit der Mineralisierung verbundene große Zeitaufwand. Trotz ihrer Einfachheit werden Trockenveraschungen heutzutage nur noch selten eingesetzt und zunehmend durch Nassveraschungen bzw. Aufschlussverfahren ersetzt. Bei allen Nass-Aufschlussverfahren erfolgt die Mineralisierung unter Einsatz von Salpetersäure, der teilweise andere oxidierende Säuren wie z. B. Schwefelsäure, Flusssäure oder oxidierende Reagenzien wie Wasserstoffperoxid zugesetzt werden. Bei den Aufschlusssystemen wird weiterhin unterschieden, ob diese offen, z. B. in Kjeldal-Kolben, bzw. geschlossen in so genannten Aufschlussbomben durchgeführt werden. Vorteil der offenen Systeme ist die Drucklosigkeit, d. h. es können in solchen Systemen auch zur Verpuffung neigende Säuren wie die Perchlorsäure eingesetzt werden. Nachteilig sind die oft langwierigen mit den Trockenveraschungen vergleichbaren Aufschlusszeiten und die Gefahr des Analytverlustes bei leicht flüchtigen Metallen wie z. B. Quecksilber. Aus diesen Gründen werden zur Bestimmung von Schwermetallen in Lebensmitteln zumeist geschlossene

Tab. 7.2 Nachweisgrenzen (in µg/L) einiger ausgewählter Elemente bei Anwendung atomspektrometrischer Verfahren (FL-AAS: Flammen-AAS; GF-AAS: Elektrothermal-AAS; Hyd. AAS: Hydridtechnik-AAS; FL-AES: Flammenphotometrie; ICP-MS: Induktivplasma-Massenspektrometrie; Induktivplasma, AFS: Atomfluoreszenzspektrometrie. Die fett gekennzeichneten Zahlen geben für das jeweilige Element die niedrigste Nachweisgrenze an). Reproduziert aus Callman [18].

Element	AAS			AES			AFS
	FL-AAS	GF-AAS	Hyd-AAS	FL-AES	ICP-OES	ICP-MS	
Ag	1	**0,01**	–	–	–	–	–
Al	30	**0,02**	–	10	0,05	0,2	0,5
As	20	0,6	**0,02**	50000	20	0,05	–
Au	6	**0,2**	–	–	–	–	–
Ba	10	**0,08**	–	1	0,5	–	–
Be	2	**0,06**	–	–	–	–	–
Bi	20	0,2	0,02	40000	20	**0,005**	–
Ca	1	0,1	–	0,1	**0,03**	–	–
Cd	0,5	**0,006**	–	2000	0,2	0,05	–
Co	6	**0,04**	–	50	0,5	–	–
Cr	2	0,02	–	5	0,5	**0,005**	–
Cu	1	0,04	–	10	1	0,01	**0,002**
Fe	5	0,04	–	50	0,5	–	**0,003**
Hg	200	–	**0,001** a)	–	0,2	0,02	–
K	1	**0,004**	–	0,1	1,5	–	–
Li	0,5	0,4	–	**0,03**	–	–	–
Mg	0,1	**0,008**	–	5	0,01	0,5	–
Mn	1	**0,02**	–	5	0,07	–	–
Mo	30	**0,04**	–	100	0,07	–	–
Na	0,2	0,02	–	**0,01**	0,3	–	–
Ni	4	0,04	–	30	0,5	**0,005**	–
Pb	10	0,1	–	200	2	0,05	**0,00003**
Pt	40	**0,4**	–	–	–	–	–
Sb	30	0,2	**0,1**	–	–	–	–
Se	100	2	**0,02**	0,1	5,9	–	–
Si	50	**0,2**	–	–	–	–	–
Sn	20	**0,2**	0,5	300	30	–	3
Te	20	0,2	**0,02**	–			–
Ti	50	1	–	200	2	**0,01**	1
Tl	10	0,2	–	200	2	**0,01**	5
V	40	**0,4**	–	10	5	–	3
Zn	1	**0,002**	–	50000	0,13	0,2	–

a) Hg-NWG für Kaltdampf-Hydridtechnik.

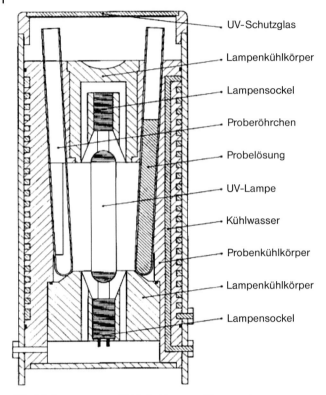

Abb. 7.2 Apparatur zum UV-Aufschluss von Wasserproben (reproduziert mit Genehmigung aus Matter [63]).

Aufschlusssysteme eingesetzt, wie die in Abbildung 7.3 wiedergegebenen Bombenaufschlusssysteme in Form einer Hochdruckaufschlussapparatur.

Das dargestellte System wird, wie viele andere auch, durch einfache elektrische Beheizung konvektiv erwärmt. Die hierfür nötigen Aufwärm- und Abkühlungszeiten verlängern die Aufschlusszeit. Heutzutage werden vermehrt direkt heizende Systeme eingesetzt, bei denen der Aufschluss mithilfe der Mikrowellenstrahlung erfolgt und so die Bearbeitungsdauer verkürzt wird.

Für mikrowellenunterstützte Systeme (Abb. 7.4) sind in der Literatur und bei den standardisierten Verfahren nach CEN und ISO eine Vielzahl von Aufschlüssen beschrieben, wie z. B. für Cadmium- und Bleinachweise in Fisch, Fleisch, Gemüse, Honig, Mehlen und Milchpulver [70]. Bedingt durch die geschlossenen einzelnen Aufschlussbehälter ist der Einsatz dieser Systeme auch für den Nachweis von Quecksilber in unterschiedlichen Lebensmittelmatrices gebräuchlich. Als Messverfahren haben sich in der Lebensmittelanalytik vor allem die Atomabsorptionsspektrometrie (AAS) und die Atomemissionsspektrometrie (AES) durchgesetzt. Bei der AAS wird das Licht einer elementspezifischen Lampe bzw. eine Bande einer definierten Wellenlänge durch eine Atomi-

7.3 Nachweis anorganischer Kontaminanten

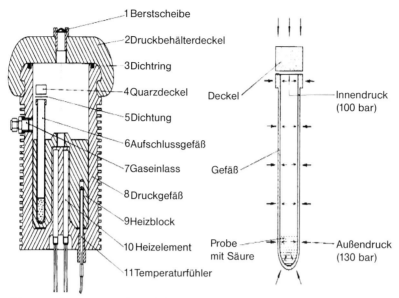

Abb. 7.3 Aufbau eines Bombenaufschlusssystems (links) und die Druckverhältnisse im System (rechts), reproduziert mit Genehmigung aus Matter [63].

Abb. 7.4 Mikrowellengestütztes, geschlossenes Aufschlusssystem (mit freundlicher Genehmigung der Firma MWS).

sierungseinheit gestrahlt und dann anschließend die Schwächung (d. h. die Absorption) des eingestrahlten Lichtes durch die Atome, die sich selbst im Grundzustand befinden, gemessen. Als Atomisierungseinheiten dienen in der AAS Langeschlitzbrenner (Flammen-AAS), elektrothermal beheizte Graphitrohre (Graphitrohr-AAS oder GF-AAS, *engl. graphit furnace*) oder Gasküvetten (beheizt z. B. bei der Arsenbestimmung, unbeheizt bei Quecksilber), in die die separat gebildeten Metallhydride geleitet werden. In Abbildung 7.5 sind ein Flammen-AAS und dessen Aufbau wiedergegeben.

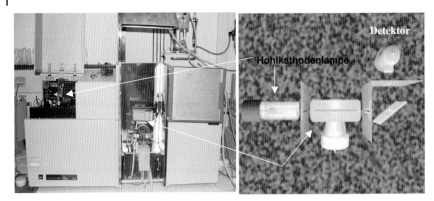

Abb. 7.5 Flammen-AAS-System (mit freundlicher Genehmigung der Firma Perkin Elmer).

Für Schwermetalle wie Blei, Cadmium, Quecksilber und Arsen sind international anerkannte, genormte CEN- bzw. ISO-Methoden [56, 101, 102] auf Basis der Atomabsorptionsspektrometrie verfügbar. AAS-Verfahren haben den Vorteil, dass sie sehr empfindlich und spezifisch sind. Der Nachteil der AAS ist, dass meist nur eine geringe Anzahl von Elementen parallel bei einer so genannten „Multielementdetektion" bestimmt werden kann.

Eine andere Entwicklung ist im Bereich der Wasseranalytik zu beobachten. Hier sind in den letzten Jahren vermehrt die ICP-OES- bzw. ICP-MS-Systeme zum Einsatz gekommen, die als Multielementbestimmungsmethoden die Erfassung von mehreren Elementen parallel zulassen und damit die herkömmliche Einzelelementbestimmung mittels AAS ersetzen. Bei der ICP-OES (Atomemissionsspektrometrie mit Plasmaanregung) werden die Atome, nach erfolgreicher Verdampfung, nicht im Grundzustand belassen wie bei der AAS, sondern in angeregte Zustände versetzt. Das emittierte Licht definierter Wellenlänge der wieder in den Grundzustand übergehenden Atome wird mittels Photomultiplier detektiert.

Bei der ICP-MS (Abb. 7.6) wird der Analyt aus der verdampften Probe im Plasma ionisiert und nach Trennung mittels Quadrupol- oder Sektorfeldmassenspektrometer nachgewiesen. Auf die Funktionsweise der Detektion mittels Massenspektrometrie (MS) wird im Rahmen der Analytik organischer Verbindungen noch näher eingegangen (s. auch Abschnitt 7.4.1). Aufgrund der Detektion sind ICP-MS-Geräte meist empfindlicher als ICP-OES-Systeme. Obgleich beide Systeme eine reale Multielementbestimmung ermöglichen, ist der Einsatz der Geräte in der Lebensmittelanalytik derzeit noch gering. Dies gründet sich zum einen darauf, dass ICP-OES- und besonders ICP-MS-Geräte gegenüber der AAS teurer in der Anschaffung und durch den hohen Verbrauch von Argon als Plasmagas auch im Betrieb sehr kostenintensiv sind. Zum anderen sind ICP-Geräte besonders empfindlich für Reaktionen im Plasma, einerseits durch Matrixeffekte, andererseits durch so genannte Clusterbildung, wodurch Messungen verfälscht bzw. unmöglich gemacht werden können. Tabelle 7.3 zeigt die Interfe-

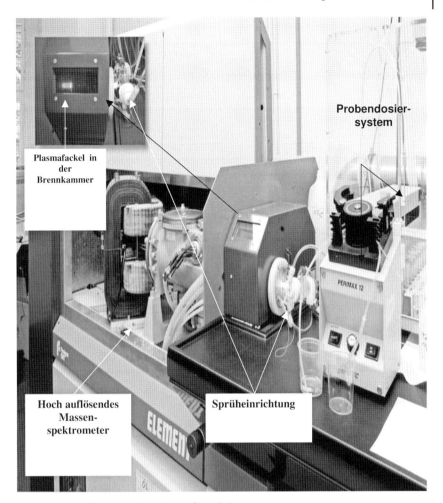

Abb. 7.6 Hochauflösendes ICP-MS (mit freundlicher Genehmigung der Firma Thermoquest-Finnigan).

renzen für bestimmte Ionen in der ICP-MS. Hierbei ist erkennbar, dass z.B. die Massenspur des Arsens (Masse: m/z 75) durch das Argonchlorid (ArCl-Masse: m/z 75) gestört wird, welches in der Plasmaflamme durch das in der Lebensmittelprobe enthaltene Chlorid und mit dem Plasmagas entsteht. Beim Eisennachweis können bei sämtlichen Eisenisotopen unter Umständen Interferenzen beobachtet werden (m/z 54 $[^{40}Ar^{14}N]^+$ u.a.; m/z 56 $[^{40}Ar^{16}O]^+$). Diese oder ähnliche Effekte erschweren auch den Einsatz der so genannten Isotopenverdünnungsanalyse in der IPC-MS.

Gemäß den bisherigen wissenschaftlichen Erkenntnissen stellen die Schwermetalle Cd, Pb, Hg und As die Hauptbelastung des Menschen dar [22]. Zur Abschätzung der Belastungssituation werden nach der EU-Richtlinie 98/53 diese

Tab. 7.3 Störungen der Isotopenmassen von Eisen und Arsen durch Cluster der Matrix mit dem Plasmagas (entnommen aus [18]).

Detektionsmasse/ detektiertes Isotop	Häufigkeit [%]	Hauptinterferenzen
^{54}Fe	5,82	^{54}Cr$^+$; $[^{40}$Ar^{14}N$]^+$; $[^{38}$Ar^{16}O$]^+$; $[^{37}$Cl^{16}O^{1}H$]^+$; $[^{40}$Ca^{14}N$]^+$; $[^{40}$Ar^{13}C^{1}H$]^+$
^{56}Fe	91,66	$[^{40}$Ar^{16}O$]^+$; $[^{40}$Ca^{16}O$]^+$; $[^{39}$K^{16}O^{1}H$]^+$
^{57}Fe	2,19	$[^{40}$Ar^{16}O^{1}H$]^+$; ^{40}Ca^{16}O^{1}H$]^+$;
^{58}Fe	0,33	^{58}Ni$^+$; $[^{23}$Na^{35}Cl$]^+$; $[^{40}$Ar^{16}O^{1}H$_2]^+$; $[^{40}$Ca^{16}O^{1}H$_2]^+$
^{75}As	100,0	$[^{40}$Ar^{35}Cl$]^+$; $[^{14}$N^{16}O^{35}Cl$]^+$; $[^{38}$Ar^{37}Cl$]^+$

Schwermetalle nach vollständiger Mineralisierung quantitativ bestimmt. Neuere Forschungsergebnisse der letzten Jahre zeigen aber, dass es zum Teil aus toxikologischen Bewertungsgründen wichtig ist, bei Cadmium und Arsen, aber besonders bei Quecksilber, nach anorganischen und organisch-gebundenen Anteilen zu differenzieren. Zu diesem Zweck werden seit einigen Jahren Kopplungen (offline- und online-Verfahren) der elementspezifischen Analysensysteme (insbesondere die atomspektrometrischen Verfahren AAS, AES) mit chromatographischen Verfahren eingesetzt.

Ein Beispiel hierfür ist die Bestimmung der unterschiedlichen Organo-Quecksilberverbindungen. Diese Verbindungen kommen gegenüber dem anorganischen Quecksilber sehr oft in Meeresfischen vor (ca. 5% anorganisch-gebundenes Quecksilber, ca. 95% organisches Quecksilber z. B. als Methylquecksilber). Da Organo-Quecksilberverbindungen gegenüber dem anorganischen Quecksilberanteil als besonders toxisch einzustufen sind, ist eine differenzierte Erfassung bei Meeresfischen dringend erforderlich. Hierfür werden die organischen Quecksilberverbindungen extrahiert und nach gaschromatographischer Trennung separat nachgewiesen bzw. quantifiziert. Da Organo-Quecksilberverbindungen leicht durch die Temperaturen im Injektor zersetzt werden, ist nach Extraktion der Verbindungen vor der Injektion in den Gaschromatographen eine Derivatisierung erforderlich. Als Detektionssysteme für die Derivate werden sowohl Kapillargaschromatographie (GC) mit MS-Detektion (s. auch Abschnitt 7.4.1) als auch Kopplungen mit Kaltdampf-AAS/AFS und spezielle Detektorsysteme in Form des mikrowellenunterstützten Atomemissionsdetektors (kurz MIP-AED) verwendet. Im Falle des MIP-AED wurde in verschiedenen Studien die Einsetzbarkeit für die Bestimmung der verschiedenen Organo-Quecksilberverbindungen in Weichtieren und Meeresfischen, aber auch in Getreide, Getreideprodukten, Früchten und Gemüse belegt [70].

7.4
Nachweis organischer Rückstände und Kontaminanten

Die moderne instrumentelle Analytik organischer Rückstände und Kontaminanten in Lebensmittel- und Umweltproben beruht auf dem Einsatz hoch empfindlicher und selektiver Detektionsmethoden, wobei sich in den letzten Jahren die Detektion mittels Massenspektrometrie (MS) immer stärker als das universelle Standardverfahren etabliert hat. Dieser Methode ist aufgrund ihrer Bedeutung der folgende Abschnitt gewidmet, der sowohl die Grundlagen dieses Analysenverfahrens als auch dessen Vorzüge erläutern soll.

7.4.1
Anwendung und Bedeutung der Massenspektrometrie in der Rückstandsanalytik

In den letzten beiden Jahrzehnten hat die Detektion von Analyten mithilfe der MS für die Rückstandsanalytik stetig an Bedeutung gewonnen. Anfänglich wurde die MS vor allem zur Absicherung von Analysenergebnissen verwendet, die mit anderen herkömmlichen, aber weniger selektiven, dafür kostengünstigeren Techniken ermittelt wurden. Durch sinkende Gerätepreise, verbesserte Empfindlichkeiten und nicht zuletzt durch die gestiegenen Anforderungen an die Rückstandsanalytik ist die MS immer mehr zu einem universell einsetzbaren, hoch empfindlichen und zuverlässigen Detektionsverfahren geworden, das für die moderne Routineanalytik unverzichtbar geworden ist.

Neben der kernmagnetischen Resonanzspektroskopie (NMR), der Röntgenstrukturanalyse (XRD) und der Infrarotspektroskopie (IR) ist die Massenspektrometrie das instrumentelle Verfahren zur chemischen Strukturaufklärung. Im Gegensatz zu diesen Techniken ist sie jedoch in der Lage, die zum eindeutigen Nachweis von Rückständen und Kontaminanten nötigen Strukturinformationen auch noch im Ultraspurenbereich mit Substanzmengen bis in den Femto- oder Attogrammbereich zu liefern [44]. In der Kopplung mit der GC (vgl. auch Abschnitt 7.4.6) oder der HPLC (vgl. auch Abschnitt 7.4.5) ist die analytische Auftrennung von Stoffgemischen und die sichere Detektion einzelner Verbindungen in Lebensmittel- und Umweltproben bis in den ng/kg- oder sogar bis in den pg/L-Bereich möglich. Einige Beispiele für die Leistungsfähigkeit der Analytik mittels GC bzw. HPLC und massenspektrometrischer Detektion (GC-MS bzw. HPLC-MS oder HPLC-MS/MS) werden in nachfolgenden Abschnitten vorgestellt.

Wichtige Begriffe und Abkürzungen in der Massenspektrometrie sind in Tabelle 7.4 aufgeführt.

7.4.1.1 Funktionsweise des massenspektrometrischen Nachweises

Nachdem die Analyten mithilfe der GC bzw. der HPLC aufgetrennt wurden, erreichen sie das Massenspektrometer, in dem aus der Probensubstanz mithilfe verschiedener Interfaces/Ionenquellen zunächst gasförmige Ionen erzeugt wer-

Tab. 7.4 Wichtige Begriffe und Abkürzungen in der Massenspektrometrie.

amu	atom mass unit(s); 1 amu entspricht $^1/_{12}$ der Masse des ^{12}C-Atoms
Auflösungsvermögen	kleinste Massendifferenz, bei der die Auflösung zweier Ionensignale >90% ist
Basepeak	Ion/Ionenpeak mit der höchsten Intensität im Massenspektrum
CI	chemische Ionisation
EI	Elektronenstoßionisation: *engl. electron (impact) ionization*
Fragmentionen	Folgeionen, die aus dem Zerfall anderer Ionen größerer Masse (nicht immer größerer *m/z*!) hervorgehen, z. B. beim Zerfall eines radikalischen Molekülkations
Full Scan	Abtastung eines gewählten Massenbereiches innerhalb einer definierten Zeitperiode
Isotopencluster	Ionenpeaks mit unterschiedlichen *m/z*-Werten, die vom gleichen Molekül- oder Fragmention abstammen, aber durch verschiedene Isotopenzusammensetzungen hervorgerufen wurden (z. B. ^{12}C und ^{13}C)
MID	Multiple Ion Detection, Detektion der Summe aller im SIM aufgenommenen Ionen
NCI	Nachweis negativer Ionen bei der chemischen Ionisation
PCI	Nachweis positiver Ionen bei der chemischen Ionisation
PFTBA	Perfluortributylamin: Kalibriersubstanz für das Massenspektrometer
RIC	Rekonstruierte Ionenchromatogramme: Extraktion einzelner Ionenströme/-chromatogramme aus einem im Full Scan Modus aufgenommenen TIC-Chromatogramm
SIM (SID/MID)	Selected Ion Monitoring: Abtastung ausgewählter Ionen innerhalb einer definierten Zeitperiode („dwell time")
SRM (MRM)	Selected Reaction Monitoring (= SIM/SIM), Abtastung ausgewählter Produkt-/Fragmentionen (*engl. „product ions", auch „daughter ions"*) eines Vorläuferions (*engl. „precursor ion", auch „parent ion"*) bei der Messung mittels MS/MS
Totalionenstrom/TIC	Total Ion Chromatogram (TIC); Summe aller einzelnen Ionenströme; wird meist im Zusammenhang mit dem Full Scan Modus benutzt

den, die anschließend beschleunigt und zu einem Ionenstrahl gebündelt werden. In einem elektrischen und/oder magnetischen Feld werden die Ionen entsprechend ihres Masse-zu-Ladungsverhältnisses (*m/z*) abgelenkt und mit einem Detektor registriert. Als Detektor wird zumeist ein Sekundärelektronenvervielfacher (SEV) verwendet, an dessen photonenempfindlicher Schicht beim Auftreffen der Ionen ein Entladungsstrom ausgelöst und an ein Datenverarbeitungssystem weitergeleitet wird. Bei dem so erhaltenen Massenspektrum ist die Häufigkeit jedes einzelnen Ions als Ordinate gegen den entsprechenden *m/z*-Wert als Abszisse aufgetragen.

7.4.1.2 Kapillargaschromatographie-Massenspektrometrie (GC-MS)

Bei der Analytik mittels GC-MS ist die Bildung mehrfach geladener Ionen im Verhältnis zu den einfach geladenen Ionen selten, weshalb die Ladungszahl normalerweise eins ist und der Wert von m/z in den meisten Fällen die Masse des Ions ergibt [110]. Im Fall der Kapillar-GC ist die direkte Kopplung mit dem Massenspektrometer möglich. Hierbei werden zumeist Quadrupolmassenspektrometer eingesetzt, die im Vergleich zu den Sektorfeldinstrumenten einfacher aufgebaut und somit kostengünstiger, leichter zu bedienen und zu warten sind. Anders als bei den hoch auflösenden Sektorfeldinstrumenten ist mit Quadrupolgeräten i. d. R. nur eine Trennung nach nominellen Massen (ganzen Massenzahlen, Einheitsmassenauflösung) möglich, was diese Technik für die Strukturaufklärung nur bedingt einsetzbar macht, da die Elementzusammensetzungen der einzelnen Ionen aus der detektierten Massenzahl nicht direkt hervorgehen. Mithilfe von Isotopenpeaks und durch die Interpretation der Massenspektren ist es jedoch oft möglich, sowohl eine Elementarzusammensetzung als auch die Struktur unbekannter Verbindungen abzuleiten.

7.4.1.3 Elektronenstoßionisation (EI)

Die Ionisierung der Verbindungen erfolgt in der Ionenquelle bei einem Vakuum von etwa 10^{-6} mbar, welches von einer Turbomolekular- oder einer Öldiffusionspumpe erzeugt wird. Bei der EI werden die gasförmigen Substanzen in der Ionenquelle mit aus einer Glühkathode emittierten Elektronen beschossen, die mittels einer Potenzialdifferenz von etwa 70 V zu einer Anode hin beschleunigt werden. Die Elektronen, die eine Energie von 70 eV besitzen, ionisieren nicht nur die Probenmoleküle unter Erzeugung so genannter Molekülionen (hierfür sind nur etwa 7–10 eV notwendig), sie führen auch zu einer ausgiebigen Fragmentierung der Molekülionen [16, 45], da die Ionisierung der organischen Verbindungen beim Herausschlagen eines Elektrons aus den Orbitalen der Probenmoleküle ein ungepaartes Elektron hinterlässt, aus dem ein instabiles Radikalkation hervorgeht. Der Elektroneneinfang, der zu einem Radikalanion führt, ist unter den in der EI verwendeten Bedingungen (zu hohe Translationsenergie der Elektronen) sehr viel unwahrscheinlicher und praktisch bedeutungslos. Die Molekülionen können durch den Verlust eines Radikals oder durch den Verlust eines Fragments, in dem alle Elektronen gepaart sind, weiter zerfallen und führen so zu einem für die jeweilige Substanz charakteristischen Fragmentierungsmuster, das zur Charakterisierung oder Identifizierung der betreffenden Verbindung verwendet werden kann [65]. Die standardmäßig verwendete Ionisierungsenergie von 70 eV ermöglicht sowohl hohe Ionenausbeuten als auch die gute Reproduzierbarkeit der Massenspektren, da die Ionenausbeutekurve für organische Moleküle zwischen 50 und 100 eV ein Maximum durchläuft, aber in diesem Bereich auch so flach ist, dass Schwankungen der Ionisierungsenergie auf die Ausbeute der Ionen nur einen geringen Einfluss haben [66].

Ein Nachteil der EI ist das häufige Fehlen oder die geringe Intensität der Molekülionen in den Massenspektren. Molekülionen bzw. Quasimolekülionen können allerdings mithilfe der negativen oder positiven chemischen Ionisation (NCI/PCI) erhalten werden, bei der die Probenmoleküle nicht durch direkten Elektronenbeschuss, sondern Ionenmolekül-Reaktionen mit einem im Überschuss zugesetzten Reaktandgas (CI-Plasma) „sanft" ionisiert werden [31, 66]. Was die Rückstandsanalytik mittels GC-MS betrifft, so hat die chemische Ionisation nur eine geringe Bedeutung, da aufgrund der fehlenden oder nur geringen Fragmentierung oft die für den eindeutigen Nachweis der Verbindungen nötigen Bestätigungsionen in den Massenspektren fehlen. Für die Kopplung der MS mit der HPLC hat die chemische Ionisation jedoch inzwischen eine herausragende Bedeutung erlangt, da die dafür verwendeten modernen Interfaces nur die chemische Ionisation der Verbindungen zulassen. Letzteres bedeutet für die Kopplung mit der HPLC, dass eine eindeutige Identifizierung der Verbindungen oft nur dann möglich ist, wenn die mittels HPLC-MS erzeugten Quasimolekülionen nochmals fragmentiert und in einem weiteren Massenspektrometer detektiert werden. Man spricht in diesem Fall von der sog. Tandemmassenspektrometrie (MS/MS), für die heutzutage vor allem die später noch beschriebenen Triple-Quadrupol-Massenspektrometer oder Iontrap-Massenspektrometer bzw. Kopplungen aus Quadrupol und Flugzeitmassenspektrometer (QTOF) verwendet werden.

7.4.1.4 Isotopen-Peaks

Eine Reihe von Atomen weist einen natürlichen Gehalt an Isotopen auf. Kohlenstoff besteht beispielsweise zu 98,9% aus ^{12}C- und zu 1,1% aus ^{13}C-Isotopen. Im Massenspektrum organischer Verbindungen werden die einfach geladenen kohlenstoffhaltigen Ionen somit von einem korrespondierenden Ion begleitet, dessen Signal als Satellitenpeak bezeichnet wird und um eine Masseneinheit erhöht ist. Kohlenstoff wird deshalb auch als A+1-Element bezeichnet [66]. Die Intensität des Kohlenstoffisotopenpeaks errechnet sich aus der Anzahl der im Ion enthaltenen Kohlenstoffatome n multipliziert mit 1,1% der Intensität des ^{12}C-Peaks. Die Kohlenstoff-Satellitenpeaks fallen vor allem bei großen Ionen sehr kohlenstoffhaltiger Moleküle wie den intensiven Molekülionen vielkerniger polycyclischer aromatischer Kohlenwasserstoffe ins Gewicht, wie beispielsweise beim Benzo(a)pyren: $C_{20}H_{12}^{+\bullet}$ → Satellitenpeak: 22% des ^{12}C-Peaks.

In der Rückstandsanalytik werden auch häufig halogenierte organische Verbindungen (Pestizide, PCB, Phenole etc.) untersucht. Von den Halogenen sind Fluor und Iod isotopenrein, während Chlor aus ^{35}Cl und ^{37}Cl im Verhältnis von etwa 3:1 und Brom aus ^{79}Br und ^{81}Br im Verhältnis von ca. 1:1 besteht. Molekül- und Fragmentionen, die Chlor- und Bromatome in verschiedener Anzahl und/oder Zusammensetzung enthalten, zeigen die in Abbildung 7.7 dargestellten Intensitätsverhältnisse und bilden sog. Clusterionen. Alle Ionenpeaks sind hierbei durch zwei Masseneinheiten getrennt, weshalb man bei Chlor und

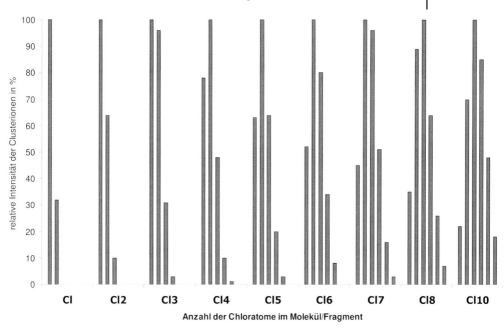

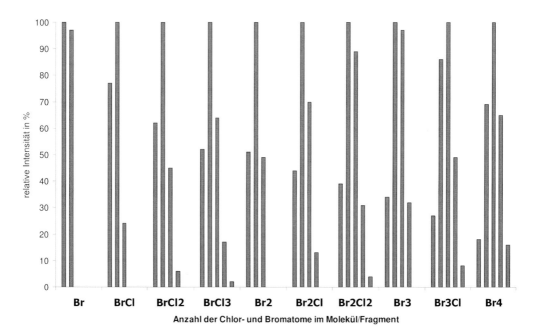

Abb. 7.7 Intensitätsverteilung verschiedener chlor- und bromhaltiger Clusterionen.

Brom auch von sog. A+2-Elementen spricht. Aus den charakteristischen Chlor- bzw. Bromclusterionen wird zumeist die intensivste Masse zur Quantifizierung verwendet. Zudem wird zur Absicherung des Ergebnisses das zweitintensivste Clusterion und oft noch ein weiteres Ion mitdetektiert. Grundsätzlich gilt eine Verbindung als nachgewiesen, wenn die Retentionszeit und das Chlor-Isotopenverhältnis von Standard und Probe übereinstimmen. Zur sicheren Identifizierung einer Verbindung ist wichtig, dass die zur Absicherung verwendeten Ionen nicht gleicher Spezies sind, was im Fall der Isotopenclusterionen gegeben ist. Im Gegensatz zu den Fragmentionen treten die Isotopenionen auch unter leicht veränderten Ionisierungsbedingungen innerhalb eines Clusters immer in den gleichen, durch ihr natürliches Vorkommen vorgegebenen und unveränderlichen Intensitätsverhältnissen auf.

7.4.1.5 Full Scan Modus

Mithilfe der Massenspektrometrie kann jede mit der GC oder der HPLC chromatographierbare Substanz detektiert (universelle Einsetzbarkeit) und gleichzeitig eine für jede Substanz charakteristische Strukturinformation (hohe Selektivität) erhalten werden. Im „Full Scan Modus" wird während des Chromatographielaufes ein vom Anwender festgelegter Massenbereich zyklisch (meist etwa ein Zyklus pro Sekunde) vermessen. Der Massenbereich, der z. B. bei der GC zur Erfassung der wichtigsten Ionen von organischen Verbindungen nötig ist, liegt im Bereich von m/z 35–600. Die Ionenströme der einzelnen Massen werden mithilfe der EDV aufsummiert und als Totalionenchromatogramm (TIC) dargestellt, aus dem dann bei einer bestimmten Retentionszeit die jeweiligen Massenspektren oder über einen bestimmten Zeitbereich die „rekonstruierten Ionenchromatogramme" (RICs) für die einzelnen Ionen extrahiert werden können.

EI-Massenspektrenbibliotheken und -interpretation
Die aus der Elektronenstoßionisation resultierenden charakteristischen EI-Massenspektren können in Massenspektrenbibliotheken abgelegt werden, gegen die dann computergestützt in nachfolgenden MS-Analysen gesucht werden kann. Es gibt inzwischen eine Reihe von kommerziell erhältlichen Spektrenbibliotheken, die teilweise mehr als 275 000 EI-Massenspektren von Umweltkontaminanten, Pestiziden, aber auch vielen anderen organischen Verbindungen enthalten (z. B. die Wiley-Massenspektrenbibliothek). Spezielle Massenspektrenbibliotheken wie die HP Pesticide Library [92] (enthält etwa 700 EI-Massenspektren von Pestiziden und verschiedenen Derivaten von Pestiziden) oder die Bibliothek von *Pfleger und Maurer* sind ebenfalls erhältlich. Wichtig für die Vergleichbarkeit der Massenspektren mit den in den Spektrenbibliotheken abgelegten Massenspektren ist die regelmäßige Kalibrierung des Massenspektrometers. Mithilfe einer Kalibriersubstanz (für die GC-MS meist Perfluortributylamin (PFTBA)) werden hierbei neben der Linearität des Analysators, z. B. Quadrupols, unter anderem die Potenziale an den Fokussierlinsen des Massenspektrometers und die Multi-

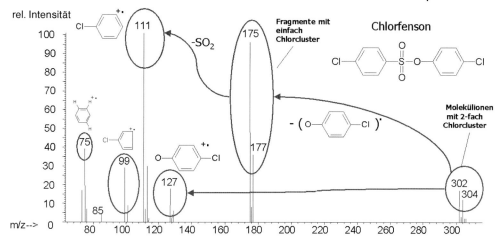

Abb. 7.8 Massenspektrum des akariziden Wirkstoffs Chlorfenson (EI, 70 eV).

plierspannung des Sekundärelektronenvervielfachers optimiert. Um das Massenspektrometer in dem in der Rückstandsanalytik relevanten Massenbereich zu optimieren (*engl. tuning*) verwendet das Massenspektrometer meist die Massen mit m/z 69, 209 und 502 aus dem Spektrum des PFTBA.

Die Identität von Substanzen kann durch die Interpretation der EI-Massenspektren jedoch auch direkt, ohne Zuhilfenahme von Massenspektrenbibliotheken, anhand ihres Fragmentierungsmusters ähnlich eines Fingerabdrucks (*engl. fingerprint*) ermittelt werden. Das Potenzial der Detektion mittels MS soll am Beispiel des in Abbildung 7.8 gezeigten EI-Massenspektrums verdeutlicht werden. Allein durch die Interpretation dieses Massenspektrums war dessen vollständige Aufklärung und die Zuordnung dieses Spektrums zu der Verbindung mit der chemischen Bezeichnung (4-Chlorphenyl)-4-chlorbenzolsulfonat (MW = 303,2 g/mol) möglich. Die als Akarizid verwendete Verbindung ist auch besser unter ihrem Wirkstoffnamen Chlorfenson bekannt. Regeln und detaillierte Hinweise zur Interpretation von Massenspektren finden sich u.a. bei McLafferty und Turecek [66].

Die Analyten haben vor der Bestimmung mittels GC-MS oft bereits eine intensive Probenbehandlung inklusive Aufkonzentrierungs- und Aufreinigungsschritten hinter sich, die zu Verunreinigungen der Probeneluate aus Schlifffetten und Ähnlichem führen können [36, 93]. Störionen können zusätzlich jedoch auch aus der GC-Analyse (z.B. von der stationären Phase) resultieren. In Tabelle 7.5 sind beispielhaft Massenpeaks von Störionen aufgeführt, die auf weit verbreiteten Verunreinigungen bzw. Säulenmaterialien beruhen können.

Tab. 7.5 Mögliche Störionen bei massenspektrometrischen Bestimmungen mittels GC-MS (verändert nach [36]).

Mögliche Störionen (m/z)	Potentielle Ursache der Störungen
135, 197, 209, 259, 333, 345, 408, 465, 527	stationäre Phase der GC-Säule (OV-17, OV-11)
75, 91, 135, 156, 169, 183, 253, 352, 389, 449, 458, 502, 511, 520	stationäre Phase der GC-Säule (OV-225)
39, 45, 51, 65, 91, 92	Lösungsmittel (Toluol)
149, 167, 279	Weichmacher (Phthalate)
129, 185, 259, 329	Weichmacher (Tri-*n*-butylacetylcitrat)
99, 155, 211	Weichmacher (Tributylphosphat)
73, 133, 147, 207, 221, 281, 355, 429, 503	Silicon-Fett, stationäre Phase der GC-Säule (SE-30, SE-54, OV-101, OV-1, SF-96)
89	$[(CH_3O)Si(CH_3)_2]^+$ von Festphasenmaterialien auf Kieselgelbasis
29, 43, 57,…; 41, 55, 69,…; 53, 67, 81,…	Kohlenwasserstoffe

7.4.1.6 Selected Ion Monitoring

Mithilfe des „Selected Ion Monitoring" (SIM) können innerhalb eines Messzyklus wenige vom Anwender individuell ausgewählte Ionen gemessen werden. Im Gegensatz zum Full Scan Modus, bei dem innerhalb eines etwa eine Sekunde langen Messzyklus die Ionen des gesamten voreingestellten Massenbereichs (z. B. m/z 50–550) detektiert werden, steht im SIM, abgesehen von den Umschaltzeiten zwischen den individuellen Scans (insgesamt < 100 ms), fast die gesamte Scanzeit für die wenigen ausgewählten Ionen zur Verfügung. Die Verlängerung der individuellen Scanzeiten (*„dwell times"*) der Ionen (*typische Werte: 100 bis 300 ms je Ion*) führt im Vergleich zum Full Scan Modus (*ca. 2 ms je Ion*) zu deutlich verbesserten Signal/Rausch-Verhältnissen, was wiederum eine erhebliche Empfindlichkeitssteigerung um einen Faktor von bis zu 100 zur Folge hat. Nachteil des SIM gegenüber dem Full Scan Modus ist jedoch der mit der Auswahl definierter Ionen verbundene Informationsverlust und damit verbunden die Gefahr, ebenfalls chromatographierbare Rückstände anderer, Nicht-Zielverbindungen (*engl. non-target compounds*) auszublenden. Die Detektion mittels SIM ist jedoch bei der gezielten Spurenanalyse von Schadstoffen (*engl. target analysis*), bei der die Erzielung minimaler Nachweisgrenzen im Vordergrund steht, dem Full Scan Modus deutlich überlegen. Die Transparenz der resultierenden Probenchromatogramme ist zudem vor allem im Routinebetrieb von Vorteil, wenn nur die An- oder Abwesenheit bzw. die Menge der gesuchten Verbindungen und nicht vollständige Massenspektren interessieren [93]. Grundsätzlich ist für den sicheren Nachweis einer Verbindung im SIM die Übereinstimmung der Retentionszeiten sowie der relativen Peakverhältnisse von mindestens zwei, besser drei Ionen von Standard und Probe nötig. Die Empfindlichkeit einer Analyse mittels SIM hängt dabei maßgeblich von der Auswahl charakteristischer Ionen aus den Massenspektren der jeweiligen Analyten ab.

Die resultierenden Ionenspuren sollten im relevanten Retentionszeitbereich auch in matrixreichen Proben nicht von Matrixbestandteilen oder anderen Störionen, wie den in Tabelle 7.5 aufgeführten, gestört sein. Für die Auswahl von Ionen ist es i. d. R. günstig, solche mit hoher Masse zu wählen, da diese substanzcharakteristischer sind und meist weniger Störungen und die besten Signal/Rausch-Verhältnisse aufweisen. Bei einigen Substanzklassen können durch gezielte Derivatisierung der Analyten die Massen der Molekül- und Fragmentionen der Verbindungen in höhere Massenbereiche verschoben werden, in denen eine ungestörte Detektion auch noch in niedrigen Konzentrationsbereichen möglich ist. Sind die Retentionszeiten der Analyten bekannt, so können mittels Selected Ion Monitoring mit Zeitfensterprogrammierung mehr als 30 Verbindungen in einem Chromatographielauf erfasst und sehr empfindlich nachgewiesen werden [93]. Die Ionenströme aller Analyten werden anschließend zu einem so genannten Multiple Ion Detection-(MID-)Chromatogramm aufsummiert, aus dem die charakteristischen Ionenspuren extrahiert und die Substanzen eindeutig identifiziert werden können.

7.4.1.7 Grundlagen der LC-MS bzw. der LC-MS/MS

Trotz der vielen zuvor beschriebenen Vorteile unterliegt die GC-MS einigen Limitierungen, die vor allem darin bestehen, dass nur gaschromatographierbare Verbindungen der Detektion mittel MS zugänglich sind. Sollten die zu untersuchenden Verbindungen aufgrund ihres hohen Molekülgewichts, ihrer hohen Polarität oder ihrer thermischen Instabilität auch nach vorheriger Derivatisierung nicht GC-gängig sein, so ist deren Analyse mittels GC-MS nicht möglich. Deshalb wurde seit vielen Jahren versucht, die HPLC mit der MS zu koppeln. Dabei besteht das größte Problem in der Entfernung des überschüssigen Lösungsmittels, das vor bzw. bei der Erzeugung der Ionen in der Gasphase stark expandiert. Von den über die Jahre entwickelten Interfacetypen wird in der Rückstandsanalytik organischer Verbindungen hauptsächlich nur noch das Electro-Spray-Interface (kurz ESI) bzw. seine Modifikation, das Atmospheric-Pressure-Chemical-Ionization-Interface (APCI), eingesetzt. Beide Interfaceformen zeichnen sich durch eine sehr schonende Ionisierung aus, wodurch in den Massenspektren im positiven Modus meist nur Adduktionen mit Protonen bzw. einfach geladenen Kationen beobachtet werden. Eine Fragmentierung ist meist nicht zu beobachten, außer es wird durch extreme Spannungspotenziale eine Quellenfragmentierung angestrebt. Abbildung 7.9 zeigt den schematischen Aufbau eines solchen Interfaces.

Das Eluat wird aus der Kapillare mithilfe von Stickstoff unter Atmosphärendruck in eine Kammer versprüht. Durch einen beheizten Stickstoffgegenstrom (Stickstoffvorhang, *engl. nitrogen curtain*) werden die Eluattropfen getrocknet, wobei sich aus dem Eluat die zugemischten Ionen (Protonen oder andere einfach geladene Kationen im positiven Modus) auf der Oberfläche des Analytenmoleküls anlagern. Durch die starke Ladungsdichte auf den Tropfen und der

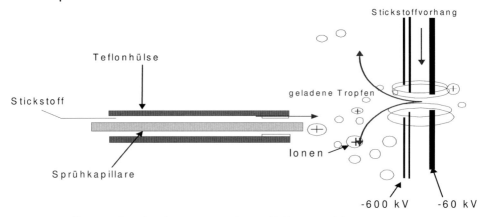

Abb. 7.9 Aufbau des Electrospray-Interfaces (Abbildung in Anlehnung an Nissen [72]).

anliegenden Hochspannung kommt es zu der sog. Coulomb-Explosion, bei der Clusterionen vom Analyten und den vorhandenen Ionen entstehen, die als „Quasimolekülionen" detektiert werden können. Hinter der Eintrittsöffnung befindet sich ein schwaches Vakuum, in dem ungeladene Gasmoleküle entfernt werden, während der Ionenstrahl durch Skimmer und Bündelungsquadrupole fokussiert wird. Wird eine Quellenfragmentierung angestrebt, kann das Potenzial zwischen Quelleneingang und Skimmer soweit erhöht werden, dass nicht nur die geladenen Cluster des Analyten mit den Eluentenbestandteilen wie z. B. den Ionisierungszusätzen (im einfachsten Fall Wasser) zerstört werden, sondern dass bei den Analyten auch eine spontane Fragmentierung eintritt. Die entstehenden Ionen werden weiter durch angelegte Potenzialdifferenzen in Richtung der Linsensysteme des Massenspektrometers beschleunigt, wobei das Hochvakuum bis zum Analysator hin schrittweise aufgebaut wird. Als Analysatoren werden meistens ein bzw. zwei Quadrupolsegmente oder eine Ionenfalle eingesetzt. Mit dieser Geräteanordnung können sowohl positive wie auch negative Ionen erzeugt und auch erfasst werden.

Um die Selektivität und Spezifität noch weiter für die Analytik der Verbindungen zu erhöhen, wird neben der LC-MS mit Quellenfragmentierung oder Aufnahme der massenspektrometrischen Daten im SIM-Modus vermehrt die MS/MS mit der Flüssigkeitschromatographie gekoppelt. Hierbei erfolgt in einem zweiten Quadrupolsegment eine kollisionsinduzierte Fragmentierung (CID: *collisionally induced decay*) mithilfe eines Reaktantgases (z. B. Stickstoff oder Argon).

Die so entstehenden Ionen können anschließend mit einem dritten Quadrupol selektiert werden. Mit dieser Messanordnung kann in verschiedenen Modi gearbeitet werden:
- Vorläufer-Ionenscan
- Produkt-Ionenscan
- Neutralmolekülverlustscan
- Einzel-Ionenreaktionsproduktdetektion (kurz SRM: *single reaction monitoring*)

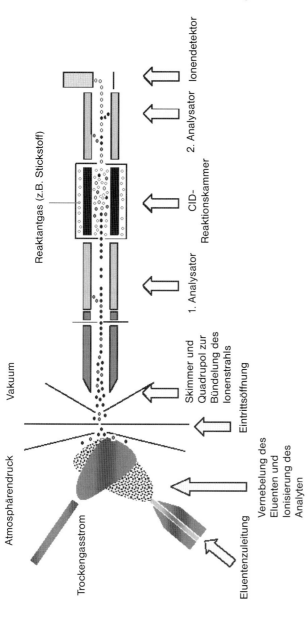

Abb. 7.10 Schematischer Aufbau des Tandemmassenspektrometers API 2000 mit Turboionsprayquelle (in Anlehnung an Applied Biosystem [87]).

In Abbildung 7.10 sind der Aufbau und die Funktionsweise eines ESI-Triplequad-Massenspektrometers schematisch dargestellt.

Auch bei der Kopplung von ESI mit Ionenfallen können „Quasi-Tandem"-Aufzeichnungen durchgeführt werden, bei denen ein selektiertes Ion stufenweise bzw. mehrfach innerhalb der Falle durch Einstrahlung zusätzlicher Energie fragmentiert wird, wodurch auch MS^n-Analysen möglich sind. Literatur zum Thema ESI-Spray und den Techniken von LC-MS und LC-MS/MS sind bei Hoffman et al. [41] und Niessen [72] zu finden.

7.4.2
Nachweis von Pestizidrückständen in Lebensmittel- und Umweltproben

Der Nachweis von Pestiziden in Lebensmittel- oder Umweltproben ist für die Rückstandsanalytik von besonderer Bedeutung. Die routinemäßige Überprüfung der z. T. sehr niedrigen Grenzwerte bzw. Höchstmengen für eine Vielzahl chemisch stark unterschiedlicher Wirkstoffe bzw. Wirkstoffmetabolite stellt hohe Anforderungen an die Leistungsfähigkeit der instrumentellen Analytik. Insbesondere die EU-weite Festsetzung eines einheitlichen (Vorsorge-)Grenzwertes von 100 ng/L für Trinkwasser [82, 103], die auf eine durch alle EU-Mitgliedsstaaten umzusetzende EU-Richtlinie aus dem Jahr 1980 [23] zurückgeht, gilt als eine Art Initialzündung für die verstärkte Entwicklung von hoch empfindlichen Analysenmethoden zur Überprüfung dieses Grenzwerts, von der jedoch auch die Analytik anderer in diesem Kapitel erwähnter organischer Rückstände bzw. Kontaminanten durchgreifend profitierte.

Für ein möglichst umfassendes und dennoch kostengünstiges Screening bzw. Monitoring von Pestizidrückständen wird die Verwendung sog. Multimethoden angestrebt, bei denen eine möglichst große Zahl von Analyten sofern möglich mit einer Methode erfasst wird [24, 36, 91]. Eine solche Multimethode stellt die chemisch-analytische Untersuchungsmethode DFG S19 dar, die sich in Deutschland zum Standardverfahren entwickelt hat und die in die Methodensammlung nach § 64 des Lebensmittel- und Futtermittelgesetzbuches unter der Nummer L 00.00-34 aufgenommen wurde. Diese Untersuchungsmethode erlaubt den Nachweis von mehr als 350 Pestiziden in pflanzlichen Lebensmitteln. Bei dem Analysenverfahren mit der DFG-Methode S19 wird die zu untersuchende Lebensmittelprobe zunächst homogenisiert, mit einem geeigneten internen Standard versetzt und mit Aceton extrahiert (ggf. wird der Probe dest. Wasser zur Einstellung eines definierten Wassergehalts hinzugesetzt). Die Verbindungen werden anschließend unter Zusatz von Natriumchlorid in eine organische Phase überführt. Für die Flüssigverteilung kann sowohl Dichlormethan (klassische S19-Methode [89, 90]) als auch ein Extraktionsgemisch aus Ethylacetat und Cyclohexan (modifizierte Methode [88, 91]) verwendet werden. Nach dem Abdekantieren und Einrotieren der organischen Phase, wird diese einer Aufreinigung mittels Gelpermeationschromatographie (zur Abtrennung natürlicher Pflanzenbestandteile wie Chlorophylle und Fette) und einer Kieselgelauftrennung in Fraktionen unterschiedlicher Polarität unterzogen. Die erhaltenen Extrakte werden nach dem Einrotieren und nach Aufnahme in einem definierten Volumen (0,1–1 mL) eines für die GC geeigneten Lösungsmittels (z. B. Toluol) einer gaschromatographischen Analyse mittels GC mit konventionellen Detektoren wie dem ECD (Elektoneneinfangdetektor), dem PND (Stickstoff-Phosphor-Detektor) und dem FPD (flammenphotometrischer Detektor) zugeführt. Die Absicherung positiver Befunde erfolgt anschließend mittels GC-MS, die Eluate können für das Screening jedoch auch direkt mittels GC-MS vermessen werden.

Das nachfolgende Beispiel soll die Vorgehensweise bei der Absicherung von mittels konventionellen Detektoren (ECD/PND) erhaltenen Ergebnissen zeigen. Die Analyse mittels GC-ECD/PND eines nach Aufarbeitung importierter Birnenproben erhaltenen Extraktes ergab den Verdacht auf das Vorhandensein der Fungizide Procymidon (chem. Bez.: N-(3,5-Dichlorphenyl)-1,2-dimethyl-1,2-cyclopropandicarboximid) und Dichlofluanid (chem. Bez.: N-(Dichlorfluormethyl)-thio]-N',N'-dimethyl-N-phenylsulfamid), die anhand ihrer mit den der Standardsubstanzen identischen Retentionszeiten nachgewiesen wurden. Wie in den Abbildungen 7.11 und 7.12 gezeigt, werden für die Absicherung der Ergebnisse mittels GC-MS im SIM zunächst die für den eindeutigen und empfindlichen Nachweis geeigneten, charakteristischen und möglichst intensiven Ionen aus den in der Massenspektrenbibliothek für beide Verbindungen abgelegten EI-Massenspektren ausgewählt. Diese werden dann im SIM in bestimmten Zeitfenstern mit einer individuell definierten Scanzeit (dwell time: ca. 100 bis 300 ms/Scanzyklus) vermessen (s. Abb. 7.13).

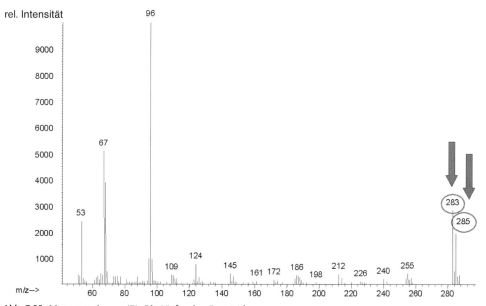

Abb. 7.11 Massenspektrum (EI, 70 eV) für das Fungizid Procymidon und Auswahl geeigneter Ionen für die Analyse mittels SIM.

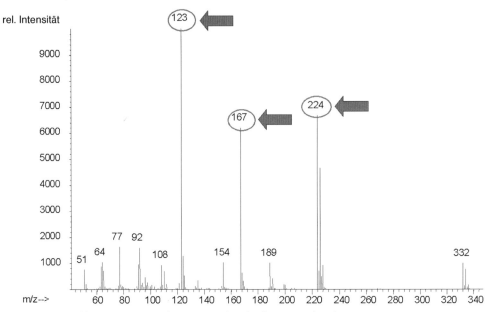

Abb. 7.12 Massenspektrum (EI, 70 eV) für das Fungizid Dichlofluanid und Auswahl geeigneter Ionen für die Analyse mittels SIM.

Abbildung 7.13 zeigt den eindeutig positiven Nachweis der Fungizide Procymidon (MW = 284,1 g/mol) und Dichlofluanid (MW = 333,2 g/mol). Für die zuvor ausgewählten Ionen wurden in beiden Fällen Signalpeaks bei den erwarteten Retentionszeiten gemessen. Der eindeutige Nachweis wird zusätzlich über die Intensitätsverhältnisse, welche die jeweiligen Peaks in den Ionenspuren zueinander aufweisen, gesichert. Diese müssen, sofern sie nicht durch coeluierende Verbindungen gestört sind, mit denen aus den o. g. EI-Massenspektren übereinstimmen. Mithilfe der in der selben Sequenz vermessenen Kalibrierstandards wurden Rückstände von 0,3 mg/kg Procymidon bzw. 0,5 mg/kg Dichlofluanid auf den importierten Birnenproben gefunden. Beide Werte unterschreiten die derzeit für die BR Deutschland gültigen Höchstmengen von 1 bzw. 5 mg/kg, was die Leistungsfähigkeit der Analytik mittels GC-MS für das Monitoring von Pestizidrückständen in Lebensmittelproben unterstreicht.

Wie bereits erwähnt, ist die Bestimmung der Pestizide im Rahmen eines Monitorings oder Screenings auch direkt mittels GC-MS möglich. Diese kann automatisiert für alle gaschromatographierbaren Verbindungen im Full Scan Modus erfolgen [91] oder aber für eine begrenzte und zuvor definierte Anzahl von Verbindungen im empfindlichen zeitprogrammierten SIM. Letzteres macht immer dann Sinn, wenn Verbindungen in komplexen Matrices noch in Spurenkonzentrationen nachgewiesen werden sollen. So ist beispielsweise die Bestimmung von mehr als 30 sauren Herbiziden in Wasserproben in Konzentrationen

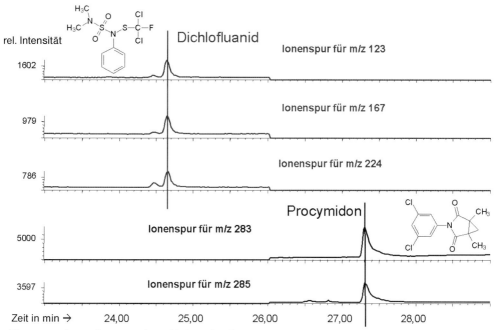

Abb. 7.13 Nachweis der Fungizide Dichlofluanid und Procymidon in Birnenproben mittels GC-MS im SIM anhand ihrer charakteristischen Molekül- bzw. Fragmentionen.

von bis zu 1 ng/L möglich [33, 34], also weit unterhalb des in der EU gültigen Grenzwerts für Pestizide von 100 ng/L in Trinkwasser [82]. Abbildung 7.14 zeigt beispielhaft den positiven Spurennachweis (gemessene Konzentration: 0,5 ng/L) des Herbizids Dichlorprop in einer kommunalen Abwasserprobe. Trotz der sehr komplexen Probenmatrix wurden auch hier für alle ausgewählten Ionen Signale in den jeweiligen Ionenspuren mit den erwarteten Intensitätsverhältnissen gemessen.

Trotz der hohen Leistungsfähigkeit der GC-MS stößt auch diese bei der Bestimmung von Pestizidrückständen an ihre physikalischen Grenzen. So ist eine Reihe von Pestiziden mit dieser Technik nicht oder nur sehr aufwändig (z. B. nach gezielter Derivatisierung) zu erfassen. In den letzten Jahren hat sich deshalb die HPLC-MS/MS-Technik, mit der auch sehr polare Verbindungen und potenzielle Metaboliten meist ohne vorherige Derivatisierung analysierbar sind, immer mehr für die Analyse solcher Verbindungen etabliert. So beschreiben Klein und Alder [52] die Bestimmung von mehr als 100 Pestiziden bzw. von deren Metaboliten in pflanzlichen Lebensmitteln unter Verwendung der HPLC-ESI-MS/MS.

Mit der von Jansson et al. [49] beschriebenen Multimethode ist die Bestimmung von insgesamt 57 Pestizidrückständen in Frucht- und Gemüseproben mittels HPLC-ESI-MS/MS möglich. Die Analyten wurden dabei anhand der

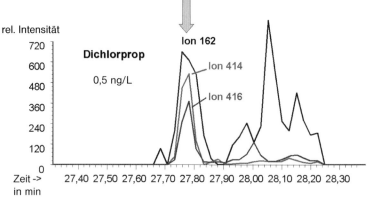

Abb. 7.14 Nachweis von Dichlorprop als Pentafluorbenzylester in dem Extrakt einer kommunalen Abwasserprobe. Identifizierung und Quantifizierung (0,5 ng/L) mittels GC-MS im SIM über die charakteristischen Ionenspuren mit m/z 414, 416 und 162. Mit Genehmigung aus Heberer et al. [33].

charakteristischen Massenübergänge vom Vorläufer- zum Produktion (SRM: *selected reaction monitoring*) zweifelsfrei in den Proben identifiziert und quantifiziert. Abbildung 7.15 zeigt das Beispiel einer Orangenprobe, die mit je 0,01 mg/kg der jeweiligen Verbindung dotiert und mittels HPLC-MS/MS vermessen wurde.

Bei der Quantifizierung von Rückständen mit der massenspektrometrischen Detektion stellen Matrixeffekte ein spezielles Problem dar. Diese Matrixeffekte unterscheiden sich teilweise deutlich von denen auch aus der klassischen Analytik mittels HPLC bzw. GC mit konventionellen Detektoren (FID, ECD, PND etc.) bekannten Matrixeffekten [29], die z.T. (z.B. die Überlagerung von Analytenpeaks durch Matrixbestandteile) durch den Einsatz der Detektion mittels MS vermieden werden können. Sie treten insbesondere bei der Analyse von Proben auf, die umfangreiche und/oder komplexe Matrices aufweisen und können sowohl zu einer Erhöhung als auch zu einer Unterdrückung des Analytensignals führen. Verantwortlich hierfür sind matrixinduzierte Unterschiede bei der Ionisierung der Analytenmoleküle in den Ionenquellen und damit verbunden Unterschiede in den Intensitäten der entstehenden Molekül- bzw. Fragmentionen. Da sich die Zusammensetzung der die Analyten begleitenden Probenmatrix mit der Zeit ändert, sind die resultierenden Matrixeffekte ebenfalls zeitabhängig und können anders als Analytverluste bei der Probenvorbereitung oder der Probeninjektion nicht über einen einzigen universell nutzbaren internen Standard kompensiert werden. Zwar sind solche Matrixeffekte bei der Ionisierung auch bei der Analyse mittels GC-MS möglich, dennoch sind sie speziell für die Analytik mittels HPLC-MS oft von großer Bedeutung (Beispiel in Abb. 7.16).

Matrixeffekte lassen sich u.a. mithilfe coeluierender markierter Standards (deuteriert oder ^{13}C-markiert) bzw. durch Verwendung des Standardadditions-

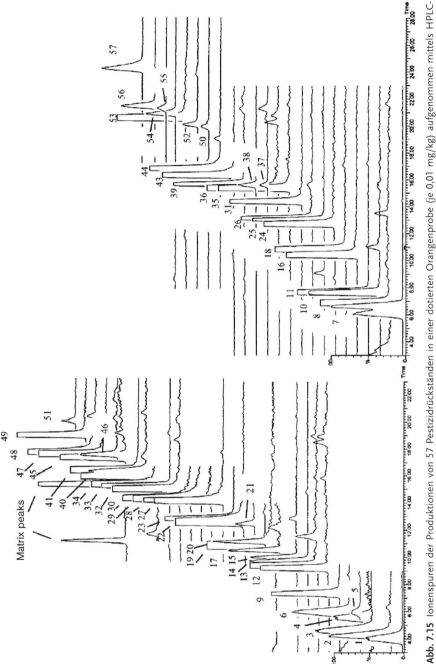

Abb. 7.15 Ionenspuren der Produktionen von 57 Pestizidrückständen in einer dotierten Orangenprobe (je 0,01 mg/kg) aufgenommen mittels HPLC-ESI-MS/MS im SRM. Reproduziert mit Genehmigung aus Jansson et al. [49].

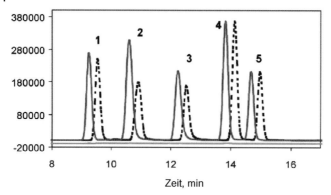

Abb. 7.16 Beispiel für die durch Matrixeffekte verursachte selektive Unterdrückung von Analytensignalen innerhalb eines Chromatographielaufs bei der Bestimmung von Ethiofencarb-sulfoxid (1), Carbendazim (2), Thiabendazol (3), Propoxur (4) und Carbaryl (5) in einer Erdbeerprobe (je 0,05 mg/kg) mittels HPLC-ESI(+)-MS/MS im SRM. MID-Chromatogramme für die Standards (durchgehende Linie), den Blindwert (Basislinie) und die Probe (gestrichelte Linie). Nur bei Peak 2 und 3 wurde eine signifikante Signalunterdrückung beobachtet. Reproduziert mit Genehmigung aus Jansson et al. [49].

verfahrens kompensieren [3, 29, 113]. Beide Techniken haben jedoch ihre Grenzen, die im Fall der markierten Substanzen vor allem in der Verfügbarkeit und in den oft hohen Beschaffungskosten für diese Verbindungen begründet sind. Das Verfahren der Standardaddition ist für die Routineanalytik zeit- und somit auch zu kostenintensiv. Als neues alternatives Verfahren wurde die ECHO-Technik beschrieben [3, 29, 113], bei der die Standardsubstanzen der zu analysierenden Verbindungen leicht zeitversetzt zur Probe von der Säule eluieren, wodurch bei der Quantifizierung etwaige Matrixeffekte kompensiert werden sollen. In dem von Alder et al. [3] beschriebenen Analysenverfahren wird die zeitversetzte Elution der Standardverbindungen dadurch erreicht, dass die Probe und eine alle Analyten enthaltende Standardmischung simultan vor bzw. hinter einer der zur Auftrennung verwendeten HPLC-Säule vorgeschalteten Vorsäule injiziert werden (Abb. 7.17).

Abbildung 7.18 zeigt für drei ausgewählte Verbindungen das Beispiel einer Zitronenprobe, die mit insgesamt 58 Pestiziden in Gehalten von je 0,1 mg/kg dotiert und mittels HPLC-ESI-MS/MS in der ECHO-Technik vermessen wurde. Insgesamt wurde die Anwendbarkeit der ECHO-Technik an 22 Pestiziden bei der Vermessung mittels HPLC-APCI-MS/MS sowie an 58 Pestiziden bei der Vermessung mittels HPLC-ESI-MS/MS für verschiedene Probenmatrices getestet [3]. Dabei wurden Matrixeffekte in beiden Ionisierungsmodi vor allem für Zitronenproben beobachtet, die im Fall der APCI zu einer Signalverstärkung, bei der ESI jedoch zur Unterdrückung der Signale führten. In beiden Fällen konnten diese Matrixeffekte mithilfe der ECHO-Technik erfolgreich kompensiert werden [3].

12.4 Nachweis organischer Rückstände und Kontaminanten | 239

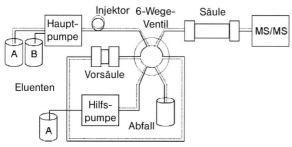

Abb. 7.17 Schema zum Aufbau der für die ECHO-Technik verwendeten HPLC-MS/MS-Apparatur. Reproduziert mit Genehmigung aus Alder et al. [3].

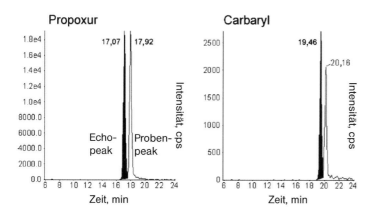

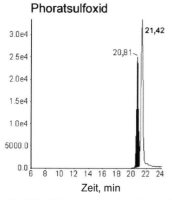

Abb. 7.18 Substanzpeaks der mittels HPLC-ESI-MS/MS im MRM-Modus in einer dotierten Zitronenprobe bestimmten Pestizide Propoxur, Carbaryl und Phoratsulfoxid (je 0,1 mg/kg). Die hellen Substanzpeaks stammen aus der dotierten Probe, die schwarz-markierten Peaks aus der simultan injizierten Standardmischung. Reproduziert mit Genehmigung aus Alder et al. [3].

7.4.3
Nachweis von Arzneimittelrückständen in Lebensmittel- und Umweltproben

Während die Analytik von Arzneimittelrückständen in Lebensmitteln tierischer Herkunft zu den klassischen Aufgaben der Lebensmittelchemie zählt, ist die Untersuchung des Vorkommens und Verhaltens von Arzneimittelrückständen in der Umwelt erst in den letzten Jahren in den Blickpunkt des wissenschaftlichen und des öffentlichen Interesses getreten [20, 32]. Die oft komplexen Probenmatrices stellen jedoch in beiden Fällen besonders hohe Anforderungen an die instrumentelle Analytik. In zwei kürzlich erschienenen Übersichtsartikeln geben Baliz und Hewitt [5] bzw. Stolker und Brinkman [95] einen umfassenden Überblick über die Analytik von für Lebensmittel tierischer Herkunft relevanter Veterinärpharmaka (Antibiotika, Antiparasitika, Tranquilizer, Wachstumsförderer u. a.). Stolker und Brinkman [95] kommen zu dem Schluss, dass die Analytik mittels HPLC-MS/MS unter Verwendung eines Triplequadrupol- oder eines Iontrap-MS für den überwiegenden Teil der zu analysierenden Verbindungen die zu bevorzugende Analysentechnik zum Nachweis von Veterinärpharmaka in tierischen Proben darstellt. Abbildung 7.19 zeigt das Beispiel einer mit der als Antiparasitikum verwendeten Benzimidazolverbindung Mebendazol und seiner Hauptmetaboliten dotierten Schafmuskelfleischprobe, die mittels HPLC-ESI(+)-MS/MS vermessen wurde [21].

Für den Spurennachweis von Arzneimittelrückständen in Umweltproben wurde in den letzten Jahren ebenfalls eine Reihe von Analysenmethoden entwickelt, die fast ausschließlich auf der Detektion mittels MS basieren [96]. Das Substanzspektrum der zu untersuchenden Verbindungen ist hierbei noch größer als bei der Analytik der Veterinärpharmaka in Lebensmittelproben, da die in der Umwelt auftretenden Arzneimittelrückstände sowohl aus dem Einsatz in der Veterinärmedizin jedoch auch und in noch größerem Umfang aus der Humanmedizin herrühren. Primärer Eintragspfad in die Umwelt ist dabei der Eintrag von persistenten Arzneimittelrückständen über kommunale Kläranlagen in die angrenzenden Vorfluter [20]. Für die Bestimmung der Arzneimittelrückstände werden entsprechend der individuellen physiko-chemischen Eigenschaften der Analyten sowohl die GC-MS [35, 57, 73, 80, 86, 96] als auch die HPLC-MS bzw. die HPLC-MS/MS [2, 17, 37–39, 58, 67, 68, 75, 96, 97, 114, 115] eingesetzt. Die Analysentechniken müssen aufgrund der niedrigen zu erwartenden umweltrelevanten Konzentrationen (von < 1 ng/L bis ca. 10 µg/L) sehr empfindlich und aufgrund der oft komplexen Matrices (z. B. Abwasser oder Klärschlamm) auch besonders selektiv sein, um die Verbindungen zweifelsfrei nachzuweisen.

Wirkstoffe aus den Klassen der Analgetika, Antiepileptika, β-Blocker, Lipidsenker u. a. können meist nach vorheriger Derivatisierung empfindlich und zuverlässig mittels GC-MS nachgewiesen werden. Neben den geringeren Anschaffungskosten bietet die Analyse mittels GC-MS oft auch die zuverlässigeren quantitativen Ergebnisse, da Matrixeffekte hier weniger ausgeprägt sind. Reddersen und Heberer [80] beschreiben zwei Multimethoden, mit denen 19 Arz-

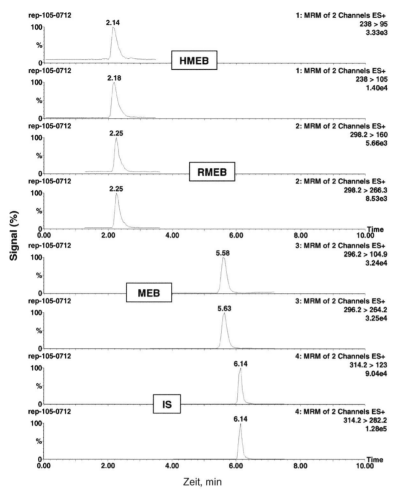

Abb. 7.19 SRM-Chromatogramme einer mit Mebendazol (MEB) und seinen hydrolisierten bzw. reduzierten Metaboliten (HMEB/Aminomebendazol bzw. RMEB/Hydroxymebendazol) (je 10 µg/kg) und dem internem Standard Flubendazol (50 µg/kg) dotierten, aufgearbeiteten Schafmuskelfleischprobe aufgenommen mittels HPLC-ESI(+)-MS/MS. Reproduziert mit freundlicher Genehmigung aus De Ruyck et al. [21].

neimittelrückstände aus unterschiedlichen Wirkstoffklassen bis in den unteren ng/L-Bereich auch in stark matrixhaltigen Wasserproben mittels GC-MS im SIM-Modus sicher und reproduzierbar bestimmt werden können. Die zu analysierenden Proben werden dafür zunächst meist mittels Festphasenextraktion angereichert, bevor sie dann einer Derivatisierung und der Vermessung mittels GC-MS zugeführt werden. Dabei kann es in Einzelfällen jedoch auch bereits bei der Probenvorbereitung zu matrixinduzierten Veränderungen der Analyten kommen. So wurde berichtet [79], dass abhängig von der jeweiligen Matrix, bei

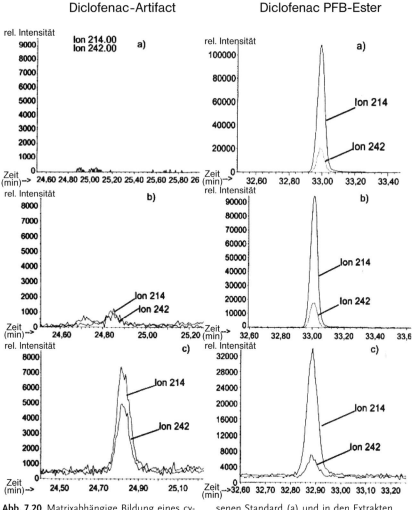

Abb. 7.20 Matrixabhängige Bildung eines cyclisierten Artefakts bei der Analyse von Diclofenac-Rückständen. Chromatogramme der Ionen 214 und 242 des Artefakts (links) und des pentafluorbenzylierten Wirkstoffs (rechts) im mittels GC-MS im SIM vermessenen Standard (a) und in den Extrakten einer mit 200 ng Diclofenac je Liter dotierten destillierten Wasserprobe (b) bzw. einer matrixhaltigen Oberflächenwasserprobe (c). Reproduziert mit freundlicher Genehmigung aus Reddersen und Heberer [79].

der für die Festphasenextraktion an Umkehrphasenmaterialien nötigen Ansäuerung der Wasserproben auf einen pH-Wert < 2 aus dem Antiphlogistikum Diclofenac durch Wasserabspaltung und nachfolgende Zyklisierung ein Artefakt entsteht, das bei der Bestimmung dieses mengenmäßig wichtigen Analyten zu berücksichtigen ist (Abb. 7.20).

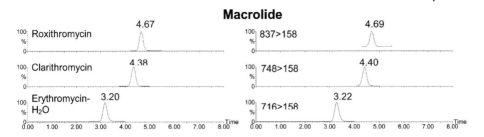
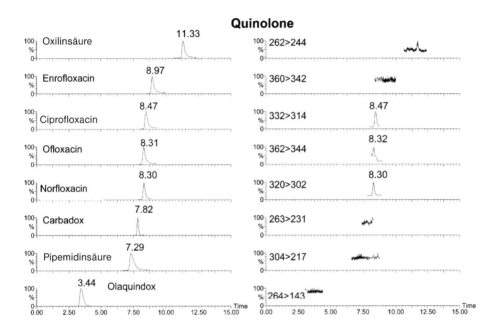
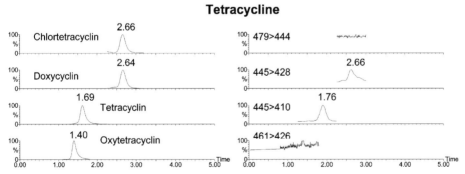

Abb. 7.21 Nachweis verschiedener Antibiotikarückstände mittels HPLC-MS/MS. SRM-Chromatogramme von Standards (links) und Abwasserproben verschiedener Makrolide, Quinolone und Tetracycline. Reproduziert mit freundlicher Genehmigung aus Miao et al. [67].

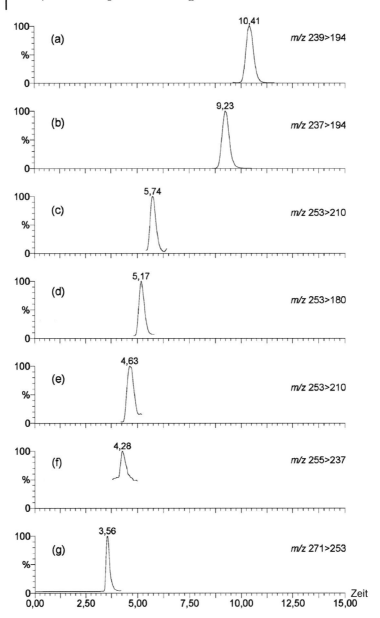

Abb. 7.22 SRM-Chromatogramme für den internen Standard Dihydrocarbamazepin (a) sowie für Carbamazepin (b) und seine hydroxylierten bzw. epoxilierten Metabolite (c–g) in einer mittels HPLC-MS/MS vermessenen kommunalen Abwasserprobe. Reproduziert mit freundlicher Genehmigung aus Miao und Metcalfe [68].

7.4 Nachweis organischer Rückstände und Kontaminanten

Andere Verbindungen wie Antibiotika, die als Diagnostika eingesetzten iodierten Röntgenkontrastmittel oder besonders polare Arzneimittelmetabolite, die entweder nach ihrer Resorption im Zielorganismus entstehen oder aber in den Kläranlagen, der Umwelt oder der Trinkwasseraufbereitung gebildet werden können, sind nicht oder nur vereinzelt mittels GC-MS nachweisbar, lassen sich jedoch sehr empfindlich mittels HPLC-MS/MS nachweisen [2, 17, 37–39, 58, 67, 68, 75, 97, 114, 115]. Beispiele hierfür sind in den Abbildungen 7.21 und 7.22 dargestellt.

In Abwasser-, Oberflächen-, Grund- und Trinkwasserproben wurden Rückstände von als Analgetika verwendeten Phenazonderivaten und ihren Metaboliten nachgewiesen, die z.T. erst in der Umwelt oder bei der Trinkwasseraufbereitung entstehen [81, 97, 115]. Der Nachweis der Verbindungen gelang sowohl mittels GC-MS [81, 115] als auch mittels HPLC-APCI(+)-MS/MS [114]. Letztere erwies sich bei vergleichbarem Substanzspektrum was den Zeitaufwand betrifft der Analytik mittels GC-MS, bei der sowohl eine *in-situ*-Derivatisierung zur Extraktion der Analyten als auch eine Umderivatisierung für die gaschromatographische Bestimmung erforderlich sind, als überlegen. Wie in Abbildung 7.23 gezeigt, ist der Nachweis der Phenazonderivate und ihrer Metaboliten bis in den unteren ng/L-Bereich möglich.

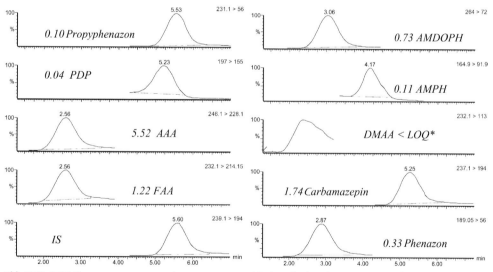

Abb. 7.23 SRM-Chromatogramme von im Kläranlagenzulauf mittels HPLC-APCI(+)-MS/MS gemessenen Phenazonderivaten und -metaboliten und für das Antiepileptikum Carbamazepin. Konzentrationsangaben in µg/L. PDP: 4-(2-Methylethyl)-1,5-dimethyl-1,2-dehydro-3-pyrazolon, AAA: Acetoaminoantipyrin, FAA: Formylaminoantipyrin, AMDOPH: 1-Acetyl-1-methyl-2-dimethyl-oxamoyl-2-phenylhydrazid, AMPH: 1-Acetyl-1-methyl-2-phenylhydrazid, IS: interner Standard. *Der Wirkstoff DMAA (Dimethylaminophenazon) wurde nicht in den Proben gefunden, der scheinbare Peak resultiert aus der Erhöhung der Grundlinie durch deren Normierung auf 100%. Reproduziert mit freundlicher Genehmigung aus Zühlke et al. [114].

Die als Kontrazeptiva eingesetzten steroiden Verbindungen Ethinylestradiol, Mestranol oder das auch natürlich gebildete Estron lassen sich sowohl mittels GC-MS als auch mittels HPLC-MS oder -MS/MS nachweisen. Nähere Details zur Analytik dieser Verbindungen finden sich in Abschnitt 7.4.4.

7.4.4
Nachweis endokriner Disruptoren

Die Analyse von Verbindungen mit hormonellen bzw. hormonähnlichen Wirkungen hat in den vergangenen Jahrzehnten immer mehr an Bedeutung gewonnen. Diese Verbindungen, die auch als „endokrin wirksame Verbindungen" oder als „endokrine Disruptoren" bezeichnet werden, kommen oft nur in Spurenkonzentrationen in der Umwelt oder in Lebensmitteln vor, können jedoch aufgrund ihrer oft hohen Wirkpotenz umwelt- und/oder humantoxikologisch von Bedeutung sein. Die Weltgesundheitsorganisation (WHO) definiert eine Substanz, die als endokriner Disruptor bezeichnet wird wie folgt: „An endocrine disruptor is an exogenous substance or mixture that alters function(s) of the endocrine system and consequently causes adverse health effects in an intact organism, or its progeny, or (sub)populations" [112]. Die Definition für einen potentiellen endokrinen Disruptor lautet entsprechend wie folgt: „A potential endocrine disruptor is an exogenous substance or mixture that possesses properties that might be expected to lead to endocrine disruption in an intact organism, or its progeny, or (sub)populations" [112]. Endokrine Disruptoren stellen somit keine eigenständige Verbindungsklasse dar (Abb. 7.24), sondern definieren sich allein über ihre Wirkung auf das endokrine System lebender Organismen. Tabelle 7.6 gibt einen Überblick über chemische Substanzen, die als

Abb. 7.24 Verbindungen mit endokrinen Eigenschaften sind nicht einzelnen Verbindungsklassen zuzuordnen, da sie allein über ihre Wirkung am/im lebenden Organismus definiert sind.

Tab. 7.6 Beispiele chemischer Substanzen verschiedener Verbindungsklassen, für die endokrine Wirkungen in der Umwelt bzw. in Labortests beschrieben wurden und die als endokrine Disruptoren bzw. als potentielle endokrine Disruptoren gelten.

Verbindungsklasse	Substanzen mit endokrinen Eigenschaften
Pestizide (Biozide und Pflanzenschutzmittel)	Alachlor, Aldrin, Atrazin, p,p'-DDE, o,p'-DDT, p,p'-Methoxychlor, Chlordan, Dieldrin, Endosulfan, ETU, HCH, HCB, Kepon, Linuron, Mirex, Nitrofen, Phosmet, Toxaphenkongenere, Vinclozolin …
Bedarfsgegenstände	BHA, Bisphenol A, Butylparaben, Moschusverbindungen, Phthalate, (Nonylphenol) …
Arzneimittel	Ethinylestradiol (EE2), DES, 17β-Estradiol (E2), Testosteron, Aminoglutethimid, Mestranol, Flutamid, Cyproteronacetat, Tamoxifen, Prasteron, Mesterolon …
Industriechemikalien	Bisphenol A, Nonylphenol, Phthalate, TBT, Triphenylmethankongenere …
natürlich vorkommende Verbindungen	17β-Estradiol (E2), Estron (E1), Estriol (E3), Indol-3-carbinol, Indol-[3,2-b]-carbazol, Mykotoxine (Zearalenon, Zearalenol), Phytoestrogene (β-Sitosterol, Daidzein, Genistein …), Testosteron …
Kontaminanten	Zearalenon, Zearalenol, PCB-, PCT-, PAK-, PCDF-, PCDD-Kongenere

endokrine Disruptoren bzw. als potentielle endokrine Disruptoren beschrieben wurden.

Die endokrine Wirksamkeit ist stark strukturabhängig, so dass unterschiedliche Strukturisomere des selben Wirkstoffs oder verschiedene Kongenere eines Wirkstoffgemisches sich, was ihre endokrinen Eigenschaften betrifft, signifikant voneinander unterscheiden können. So wurde o,p'-DDT bereits Ende der 1960er bzw. Anfang der 1970er Jahre als estrogen wirksame Verbindung beschrieben [13, 71, 106], wohingegen das Hauptisomer p,p'-DDT keine oder nur eine sehr geringe estrogene Aktivität besitzt. Kelce et al. [50] identifizierten wiederum das p,p'-DDE, ein Hauptmetabolit des DDT-Abbaus, das sich ins Fettgewebe einlagert, als einen potenten Inhibitor der Androgenbindung. o,p'-DDT und p,p'-DDE verfügen nur über eine sehr geringe Wirkpotenz bzw. eine geringe Ligandenbindungsaffinität [11, 12, 104, 105]. Was die individuellen endokrin wirksamen Verbindungen betrifft, so ist der Bereich der für die Umwelt bzw. den Menschen relevanten Konzentrationen sehr unterschiedlich. Routledge et al. [83] bzw. Purdom et al. [78] berichten beispielsweise, dass die Exposition von Fischen mit 1–10 ng/L 17β-Estradiol (E2) bzw. mit 0,1 ng/L 17α-Ethinylestradiol (EE2) in In-vitro-Studien bereits eine Verweiblichung wild lebender männlicher Fische in vielen Spezies hervorrufen kann. Letzteres hat für die Analytik die Konsequenz, dass einige besonders wirkpotente Stoffe wie das E2 oder das EE2 bereits im Ultraspurenbereich zweifelsfrei nachweisbar sein müssen und das in z. T. sehr komplexen Matrices wie z. B. in Kläranlagenabläufen.

Das in Abbildung 7.25 gezeigte Beispiel zeigt die Ionenchromatogramme einer mittels Festphasenextraktion aufgearbeiteten und mittels HPLC-ESI-MS/MS im SRM-Modus vermessenen Mischprobe eines kommunalen Kläranlagenablaufes. Neben den zugesetzten Surrogate Standards (E2-D_2 und E1-D_4) konnten auch Estron (E1), E2 und EE2 eindeutig anhand der Ionenspuren ihrer bei der MS/MS entstehenden Produktionen nachgewiesen und quantifiziert werden.

In einer in Berlin durchgeführten, umfangreichen Studie von kommunalen Abwässern lagen die für EE2, E2 und E1 in den Zu- bzw. Abläufen gemessenen Konzentrationen im Mittel bei 0,8, 11,8 und 188 ng/L bzw. bei 1,7, 0,8 und 12,6 ng/L [116]. Mit einer ähnlichen Analytik ermittelten Baronti et al. [7] eine Durchschnittskonzentration von 0,45 ng/L für EE2 in Proben von Klärwerksabläufen in Italien.

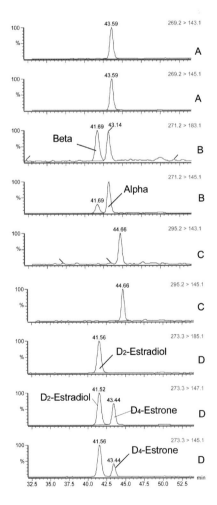

Abb. 7.25 Chromatogramme der Ionenspuren von E1 (A), E2 (B), EE2 (C) und der Surrogate Standards (E2-D_2 bzw. E1-D_4) aufgenommen mittels LC-MS/MS im Selected Reaction Monitoring (SRM). Reproduziert mit freundlicher Genehmigung aus Zühlke et al. [116].

Aufgrund ihrer chemischen Struktur und der damit verbundenen physikochemischen Eigenschaften adsorbieren estrogene Steroide leicht an aquatischen Sedimenten, weshalb deren Übergang vom Oberflächenwasser ins Uferfiltrat/Grundwasser auch unter influenten Bedingungen eher unwahrscheinlich erscheint und in umfangreichen Studien auch nicht beobachtet wurde [117]. Andere kürzlich publizierte positive Nachweise von EE2 in Grund- und Trinkwasserproben in Deutschland [1, 55] erscheinen nach heutigen Erkenntnissen zweifelhaft, zumal die erwähnten Resultate lediglich mittels GC-NCI-MS bzw. mittels HPLC-MS und nicht mittels MS/MS ermittelt bzw. abgesichert wurden.

7.4.5
Mykotoxine

In der wissenschaftlichen Literatur sind über 450 Mykotoxine beschrieben. Von diesen sind aber derzeitig nur die Folgenden von Bedeutung:
- Aflatoxine
- Ochratoxine, insbesondere Ochratoxin A
- Trichothecene, insbesondere Deoxynivalenol und T-2
- Fumonisine
- Zearalenone
- Mutterkornalkaloide
- Patulin

Die wichtigste Einflussgröße in der Mykotoxinanalytik ist, wie bei allen rückstandsanalytischen Fragestellungen, die Probenahme. So muss die Probenahme für die Untersuchung stets dem Mykotoxin angepasst durchgeführt werden, da einige Mykotoxine wie Aflatoxine als Stoffwechselprodukte primärer Lagerpilze eher zur so genannten Nesterbildung im Lebensmittel neigen, während andere wie die Fusarientoxine als Produkte von Feldpilzen eher homogen in einem Lebensmittel verteilt sind. Zur Problematik der Probenahme bei Mykotoxinen sei auf die einschlägige Literatur verwiesen [19, 109].

Bei der Bestimmung von Mykotoxinen kommen sowohl chromatographische Verfahren (DC, HPLC, GC) mit unterschiedlichen Detektionen, spektroskopische (UV-Vis-Spektroskopie, Fluoreszenzspektroskopie) als auch biochemische Methoden und Kombinationen dieser Techniken zum Einsatz. Eine umfangreiche Literatur zu diesem Thema ist seit Jahren verfügbar [9, 60, 100, 111]. In Tabelle 7.7 sind die üblichen Verfahren mit ihren Vor- und Nachteilen zusammengefasst. Zum schnellen Nachweis auf dem Feld oder in der Lebensmittelanlieferung werden qualitative und halbquantitative Testverfahren oder Screeningverfahren eingesetzt, wobei die Analyten zumeist nach Extraktion mittels immunochemischer Verfahren als Schnelltests oder ELISA analysiert werden [62, 69, 109].

Bei vielen dieser Tests (Dippsticks, Komperatorentest, Immunocards) ist das erhaltene Ergebnis qualitativ bzw. nur zur großzügigen Einordnung der untersuchten Probe in belastete und unbelastete Chargen möglich. Weiterhin können mit einigen Tests auch halbquantitative Aussagen über die ungefähre Belas-

Tab. 7.7 Zusammenfassung der in der Mykotoxinanalytik gebräuchlichen Bestimmungsmethoden.

Methode	Vorteile	Nachteile
Dünnschichtchromatographie (DC)	einfach, preiswert, schnell, viele Mykotoxine können detektiert werden, Parallelbestimmung mehrerer Proben	– Bestätigung der Banden muss mittels anderer Verfahren erfolgen – zu unempfindlich bei einigen Mykotoxinen – in einigen Fällen zu geringe Trennung (daher 2D-Technik) – geringe Wiederholbarkeit
Hochleistungsdünnschichtchromatographie (HPTLC)	quantitativ mittels Densidometrie, Parallelbestimmung mehrerer Proben	– zu unempfindlich bei einigen Mykotoxinen
Hochleistungsflüssigchromatographie (HPLC)	sensitive und selektive Methode, einfach zu automatisieren	die detektierten Mykotoxine müssen eine UV-VIS-Absorption, Fluoreszenz aufweisen oder Pre- oder postcolumn derivatisiert werden
HPLC-MS oder HPLC-MS/MS	ermöglicht die höchste Selektivität, Multi-Mykotoxin-Detektion, sehr empfindlich	sehr teuer in der Anschaffung, der Betrieb bedarf eines Spezialisten
Gaschromatographie (GC) und GC-MS	ermöglicht eine hohe Selektivität, GC-MS ist auch sehr empfindlich	die Mykotoxine müssen eine gewisse Verdampfbarkeit aufweisen oder zuvor geeignet derivatisiert werden einfache GC-Systeme mit herkömmlichen Detektoren sind meist zu unempfindlich sehr teuer in der Anschaffung, der Betrieb bedarf eines Spezialisten
Kapillarzonenelektrophorese (CE)	geringe Probenvolumina nötig, alternative Trenntechnik, schnelle Methode	sehr instabile und unreproduzierbare Trennungen, schwer validierbar
Enzymimmunotest (ELISA)	sensitive und selektive Methode, einfach zu automatisieren	Matrixbestandteile können das Ergebnis verfälschen. empfindlich gegenüber zu hohen Konzentrationen organischer Lösungsmittel, Kreuzreaktivität der Antikörper

tungssituation wiedergegeben werden. Quantitative Ergebnisse können nach derzeitigem Kenntnisstand nur mit so genannten ELISA-Systemen (*Enzyme Linked Immunosorbent Assay*) erzielt werden. Diese Systeme sind schnell und kostengünstig wie am Beispiel von Deoxynivalenol von Schneider et al. [84] dargestellt wird. In einigen Untersuchungen wurde auch festgestellt, dass einige ELISA – trotz der z.T. durch monoklonale Antikörper bedingten hohen Selektivität und Spezifität – zu Überfunden bei Lebensmitteln führen können. Ein Beispiel für einen routinemäßig eingesetzten ELISA für Fumonisine in Lebensmitteln ist in Abbildung 7.26 wiedergegeben.

Als Standard- bzw. Bestätigungsverfahren werden bei den Mykotoxinen vielfach HPLC und GC mit herkömmlichen Detektoren eingesetzt, wobei in der HPLC UV-Vis-Absorption und Fluoreszenzdetektion mit und ohne Derivatisierung (sowohl pre- als auch postcolumn-Derivatisierung) zum Einsatz kommen. Bei der GC von Mykotoxinen werden meist aufwändige Derivatisierungen durchgeführt, um die Verbindungen hinreichend flüchtig für die Trennung zu machen. Weiterhin können durch die Derivatisierung Gruppen eingeführt werden, die eine Detektion, z.B. mittels ECD (Elektroneneinfangdetektor), erst ermöglichen. Allen diesen Verfahren sind Aufkonzentrierung bzw. Aufreinigungsverfahren vorgeschaltet, wobei sich in den letzten Jahren die Verwendung von so genannten Immunoaffinitätssäulen (kurz IAC: *immuno affinity columns*) besonders bewährt hat. Auf diesen Säulen beruhende IAC-HPLC-Verfahren

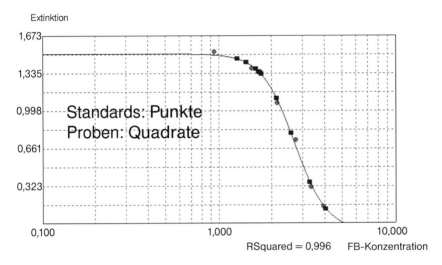

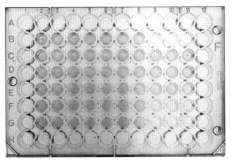

Abb. 7.26 Entwickelte ELISA-Platte für Fumonisine (rechts) mit resultierender Kalibrierfunktion (linke Graphik), reproduziert aus Klaffke [51].

konnten soweit validiert werden, dass sie als Normverfahren der CEN und ISO aufgenommen werden konnten.

Als Alternative oder auch als Referenzverfahren werden seit wenigen Jahren in der Mykotoxinanalytik die HPLC-MS und vermehrt auch die HPLC-MS/MS eingesetzt. Aufgrund der hohen Selektivität und Spezifität ist für die meisten HPLC-MS- und HPLC-MS/MS-Verfahren nur eine geringe Aufreinigung notwendig, so dass in manchen Fällen die vom Lebensmittel mit geeigneten Lösungsmitteln gewonnenen Extrakte direkt ohne vorheriges Cleanup verwendet werden können. In Tabelle 7.8 ist ein Vergleich der gebräuchlichen Standardverfahren, Normverfahren und HPLC-MS bzw. HPLC-MS/MS dargestellt.

Inwieweit die Ergebnisse von ELISA-Verfahren und HPLC-Standardverfahren mit denen von HPLC-MS/MS übereinstimmen, konnte in der Literatur am Beispiel der Fumonisine belegt werden [51]. Die Kreuzkorrelationen zeigen, wie in Abbildung 7.27 dargestellt, dass der ELISA im Vergleich zur HPLC-MS/MS zu etwas erhöhten Werten neigt, während die Korrelation zwischen HPLC und HPLC-MS/MS sehr stark gegeben ist.

Ein gutes Beispiel für die Absicherung von potentiell falsch positiven Proben mittels HPLC-MS/MS wurde von Majerus et al. [61] veröffentlicht. So wurde in einer Lakritzprobe (Abb. 7.28) mittels IAC-HPLC-FLD ein positiver Befund für Ochratoxin A ermittelt. Bei der Untersuchung derselben Probe mittels HPLC-MS/MS konnte belegt werden, dass kein Ochratoxin A nachweisbar war (HPLC-MS/MS-Chromatogramm, Abb. 7.28).

Ausgehend von den Bemühungen, sehr viele Mykotoxine mittels HPLC-MS/MS zu erfassen, werden vermehrt auch wieder Bestrebungen aufgenommen,

Tab. 7.8 Vergleich der gebräuchlichen chemisch-analytischen Standardverfahren, Normverfahren und HPLC-MS bzw. HPLC-MS/MS in der Mykotoxinanalytik.

Mykotoxingruppe	Mykotoxine	Standardverfahren	CEN/ISO	HPLC-MS oder HPLC-MS/MS
Alternarien	Alternariol	SPE – HPLC-UV	–	(–)ES/MS
	AAL Toxins	SPE – HPLC-FLD	–	(+)ES-MS/MS
	Tenuazonsäure	SPE – HPLC-UV	–	(–)ES/MS
Aflatoxine	G_1, G_2, B_1, B_2	IAC-HPLC-FLD	IAC-HPLC-FLD	(+)ES-MS
	M_1, M_2	IAC-HPLC-FLD	–	–
Ochratoxine	OTA, OTB	IAC-HPLC-FLD	SPE oder IAC-HPLC-FLD	(+)ES-MS/MS
Fumonisine	B_1, B_2, B_3, (B_4)	IAC-HPLC-FLD	IAC-HPLC-FLD	(+)ES-MS/MS
Patulin	PAT	LLE-HPLC-UV	LLE-HPLC-UV	(–)ES-MS/MS
Citrinin		SPE-HPLC-FLD	–	(–)ES/MS
Trichothecene	DON	IAC-HPLC-UV	in Vorbereitung	(–,+)ES-MS/MS
	DON, NIV	SPE-HPLC-FLD	–	(–,+)ES-MS/MS
	A,B	IAC, SPE-GC/ECD oder GC/MS	–	(–,+)ES-MS/MS
Zearalenon	ZEA, ZAN ...	IAC-HPLC-FLD	in Vorbereitung	(–,+)ES–MS/MS

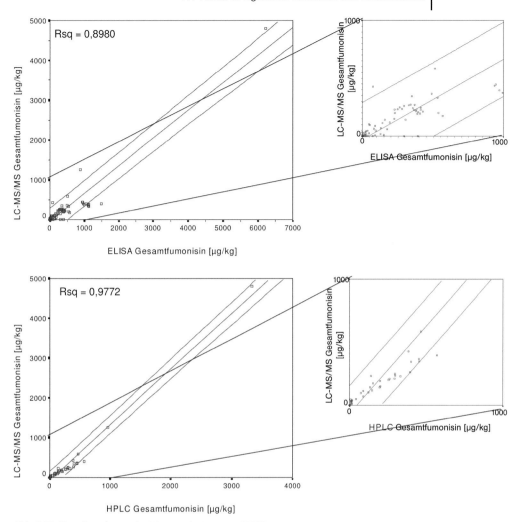

Abb. 7.27 Kreuzkorrelation der Messergebnisse von ELISA bzw. HPLC mit denen der HPLC-MS/MS. Reproduziert aus Klaffke [51].

vergleichbar der Pestizidanalytik so genannte Multi-Mykotoxin-Analysenmethoden zu entwickeln. Erste Veröffentlichungen zu dem Thema zeigen [10, 76], dass hierbei das Problem nicht bei der Trennung und Detektion der verschiedenen Mykotoxine liegt, sondern in der sowohl reproduzierbaren als auch hinreichenden Extraktion/Aufreinigung mittels eines einfach handhabbaren Systems aus verschiedenen Lebensmittelmatrices. Denkbare und zum Teil auch experimentell belegte Möglichkeiten der Aufreinigung sind die Verwendung unspezifischer Aufreinigungssysteme, die nur die begleitende Lebensmittelmatrix bin-

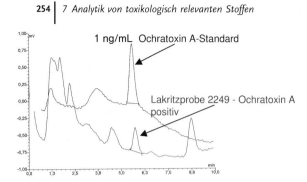

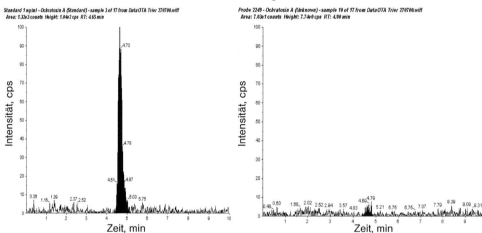

Abb. 7.28 Verifizierung eines falsch positiven Ergebnisses in einer Lakritzprobe mittels LC-MS/MS (obere Abbildung IAC-HPLC-FLD-Overlaychromatogramm, untere Abbildungen MRM-Spur des Standards (links) und der Lakritzprobe (rechts), reproduziert aus Majerus et al. [61].

den, oder der Einsatz von Multi-Mykotoxin-IACs, die verschiedene Mykotoxine simultan aus einer Lebensmittelmatrix isolieren können.

7.4.6
Phycotoxine

Unter dem Begriff der Phycotoxine werden alle Algen-, Muschel- und Fischgifte zusammengefasst. Diese heterogene Gruppe setzt sich somit aus den unterschiedlichsten Klassen an Verbindungen zusammen, so dass bisher keine Universalmethoden für diese Gruppe zur Verfügung stehen. Zur besseren Kategorisierung werden die Verbindungen nach ihrer Wirkung bzw. ihrer Struktur in weitere Untergruppen unterteilt. Somit ergeben sich die in Tabelle 7.9 dargestellten Gruppen.

Für Erfassung der DSP, PSP und ASP werden heutzutage vielfach so genannte Mouse-Bioassays eingesetzt, wobei Algenextrakte bzw. Extrakte der zu untersuchenden Muschelprobe direkt der Maus injiziert bzw. oral appliziert werden. Es werden dann über einen bestimmten Zeitraum die Reaktionen der Versuchstiere beobachtet und deren Reaktionen protokolliert. So wird z. B. bei PSP die Sterblichkeitsrate der Tiere aufgezeichnet und daraus z. B. die Muschelbelastung berechnet. Es ist klar nachvollziehbar, dass diese Testsysteme bedingt durch ihre geringe Spezifität sehr störanfällig sind, denn es werden die Gruppen z. B. PSP in Summe erfasst und können nicht von begleitenden anderen Gruppen wie ASP oder DSP differenziert werden. Weiterhin sind diese Testsysteme durch ihre geringe Empfindlichkeit z. T. nicht ausreichend, um rechtliche Regelungen in vollem Umfang abzudecken. Hinzu kommt, dass diese Bioassays einen aus heutiger Sicht unnötigen Tierversuch darstellen, da alternative biochemische als auch chemische Methoden zur Verfügung stehen. So werden zur Analyse der in der Tabelle aufgeführten Gruppen neben ELISA-Verfahren vor allem HPLC-Systeme mit UV-Detektion oder Fluoreszenzdetektion eingesetzt [46, 59]. Alle nationalen bzw. internationalen Referenzverfahren beruhen auf dem Prinzip der HPLC. Die HPLC – high performance liquid chromatography – ist ein Verfahren der Säulen-Flüssigkeits-Chromatographie. Sie stellt ein Trennverfahren dar, bei dem die Probenflüssigkeit mittels einer flüssigen Phase (Eluent) unter hohem Druck über die stationäre Phase (Trennsäule) transportiert wird. Je nach Art der Wechselwirkung zwischen stationärer Phase, mobiler Phase und Probe unterscheidet man in der Flüssigkeitschromatographie folgende Trennmechanismen: Adsorptions-, Verteilungs-, Ionenaustausch-, Ausschluss- und Affinitätschromatographie.

Tab. 7.9 Gruppen der Phycotoxine.

Gruppe	Wichtigster Vertreter/ Gruppen	Vorkommen
Paralytic Shellfish Poisons (PSP)	Saxitoxin, Gonyautoxine	Meeresmuscheln, Seeschnecken
Diarrheic Shellfish Poisons (DSP)	Okadasäure, Pectonotoxine, Yessotoxine	Meeresmuscheln, Seeschnecken
Neurotoxic Shellfish Poisons (NSP)	Brevetoxine	Meeresmuscheln, Seeschnecken
Amnesic Shellfish Poisons (ASP)	Domoinsäure	Meeresmuscheln, Seeschnecken
Ciguatera	Ciguatoxine Maitotoxine	Korallenrifffische wie Barakuda
Tetrodotoxin	Tetrodotoxin	Kugelfisch
Cyanobakterientoxine	Microcystine	Süßwasser

Bei der HPLC finden hauptsächlich die Verfahren der Adsorptions- und Verteilungschromatographie Anwendung, bei der die unterschiedliche Löslichkeit der zu trennenden Substanzen in den beiden Phasen ausgenutzt wird. In der Normalphasen-Verteilungs-Chromatographie ist die stationäre Phase polarer als die mobile Phase, in der Reversed-Phase-(RP-Umkehrphase-)Chromatographie ist die mobile Phase polarer als die stationäre Phase. Die stationäre Phase kann an ein Trägermaterial chemisch gebunden werden oder das Trägermaterial wird einfach mit der stationären Phase belegt. Ein HPLC-Gerät (Abb. 7.29) besteht aus vier Hauptteilen: Pumpe, Einspritzsystem, Trennsäule und Detektor mit Auswertsystem. Bei der Probenaufgabe wird die Probe zunächst drucklos in eine Probenschleife injiziert, die sich in einem 6-Wege-Ventil befindet. Durch Umschalten wird der Elutionsmittelstrom dann durch die Probenschleife geführt, wodurch die Probe in die Säule gelangt. Die analytische Trennsäule, meist aus Edelstahl, sollte thermostatisierbar sein. Zur Detektion werden UV/VIS-, Fluoreszenzspektrometer, Brechungsindex (RI), elektrochemische (amperometrische) und Leitfähigkeits-Detektoren mit Durchflusszellen verwendet [85].

Aufgrund ihrer chemisch-physikalischen Eigenschaften lassen sich Algentoxine wie Okadasäure nicht direkt detektieren. Sie müssen vor der eigentlichen Trennung (pre-column) oder nach der Trennung (post-column) vor der Detektion mittels geeigneter Derivatisierungsreagenzien in detektierbare Verbindungen (UV- oder fluoreszenzaktiv) umgesetzt werden. Hierfür stehen eine Vielzahl von unterschiedlichen Reagenzien zur Verfügung [99]. Eine mögliche Derivatisierung für DSP-Toxine ist die Umsetzung zu fluoreszierenden Verbindungen mit-

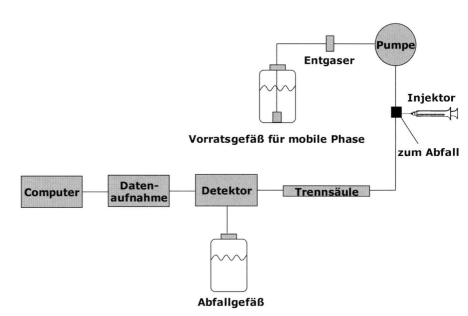

Abb. 7.29 Allgemeiner Aufbau einer HPLC-Anlage.

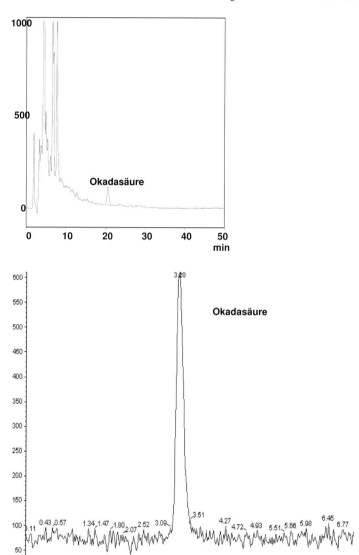

Abb. 7.30 Chromatogramme von Okadasäure in Muscheln (oben: ADAM-Derivat, unten: LC-MS/MS-Chromatogramm; Probenkonzentration 400 µg/kg Okadasäure bezogen auf Hepatopankreas [74]).

Tab. 7.10 Vergleich unterschiedlicher Kalibrierverfahren in der DSP-Analytik mittels LC-MS, reproduziert aus Ardrey [4].

Kalibrierungsmethode	Gehalt ± Standardabweichung im Hepatopancreas[a]			
	PTX 6	OA	YTX	DTX 1
theoretischer Gehalt	200	200	200	200
externe Kalibrierung	170 ± 8	134 ± 14	135 ± 8	138 ± 6
Standardadditionsmethode	197 ± 9	213 ± 20	215 ± 12	214 ± 10

[a] Standardabweichungen bei sechs Proben.

tels ADAM-Reagenz. Die dabei entstehenden Ester sind sehr instabil, so dass die Analyse sehr zügig erfolgen muss.

Um solch instabile bzw. auch sehr zeitintensive Derivatisierungen zu umgehen, werden bei der Analytik der Algentoxine vermehrt LC-MS- und LC-MS/MS-Verfahren eingesetzt [46]. Ein Vergleich der Chromatogramme einer Muschelprobe, aufgenommen als ADAM-Derivat mittels RP-HPLC-Fluoreszenzdetektion und Analyse des nur aufgereinigten Extraktes, ist in Abbildung 7.30 wiedergegeben.

Ein besonderes Problem bei der chemischen Analytik vieler Phytotoxine stellt die Abtrennung der Matrix dar. So konnte vielfach beobachtet werden, dass durch coextrahierte Matrixbestandteile die Analysenergebnisse verfälscht wurden. Aus diesem Grund hat sich, da geeignete isotopenmarkierte interne Standardsubstanzen bis heute fehlen, der Einsatz von Standardadditionsverfahren für diesen Analysenbereich, wie auch in der Schwermetallanalytik, sehr bewährt. Ein Beispiel für die unterschiedlichen Ergebnisse bei externer und Standardadditions-Kalibrierung ist in Tabelle 7.10 für das Beispiel der einzelnen DSP-Toxine (Okadasäure (OA), Yessotoxin (YTX), Dinophysitoxin (DTX1) und Pectonotoxin (PTX6)) wiedergegeben [47].

Es ist an dem Beispiel gut erkennbar, dass bei externer Kalibrierung Unterbefunde festgestellt wurden, die wahrscheinlich durch Matrixsuppression bei der LC-MS hervorgerufen wurden. Durch den Gebrauch des Standardadditionsverfahrens konnten die wahren Gehalte sehr viel besser bestimmt werden.

7.4.7
Herstellungsbedingte Toxine

Als herstellungsbedingte Toxine (*engl. food-borne toxicants*) werden alle Substanzen und Verbindungen bezeichnet, bei denen im Tierversuch eine toxische Wirkung nachgewiesen werden konnte und die aus Lebensmittelinhaltsstoffen während der Herstellung oder der Vor- und Zubereitung eines Lebensmittels entstehen. Zu dieser Gruppe zählen die in Tabelle 7.11 aufgeführten Verbindungen bzw. Verbindungsgruppen. Weiterhin sind die durch diese Verbindungen potentiell belasteten Lebensmittelgruppen mit aufgeführt.

Tab. 7.11 Herstellungsbedingte Toxine und die potentiell belasteten Lebensmittelgruppen.

Herstellungsbedingte Toxine	Mögliche belastete Lebensmittelgruppe
Acrylamid	kohlenhydratreiche/Asparagin-haltige LM, z. B. Kartoffelprodukte, Backwaren, Kaffee, Kakao
Chlorpropanole (3-MCPD)	Hydrolyseprodukte (z. B. Suppenwürze, Sojasoße), Käse, Räucherwaren, Backwaren
heterocyclische, aromatische Amine	gebratene Fleischprodukte
Premelanoidine (Furan)	kohlenhydratreiche Lebensmittel, z. B. Gemüsesäfte, Sojaprodukte, Gemüsekonserven, Kaffee, gebratenes Fleisch, Räucherfisch
Polyaromatische Kohlenwasserstoffe	gegrillte/geräucherte stark fetthaltige Fleischwaren, Räucherfisch
Nitrosamine	nitrat-/nitrithaltige Lebensmittel, z. B. Fleisch und Fleischprodukte, Eier, Gemüse (Sojabohnen, Mais), Käse, Fischprodukte
Lysinalanine	Milch- und Eierprodukte, Eiweißhydrolysate
Trans-Fettsäuren	bestrahlte Lebensmittel (Mikrowellenerhitzung),
Acrolein	frittierte Produkte (z. B. Pommes Frites)
Ethylcarbamat	fermentierte oder durch alkoholische Gärung hergestellte Lebensmittel z. B. Wein, Destillate, Spirituosen

Für alle diese Verbindungen werden vor allem chromatographische Verfahren eingesetzt. Unter dem Begriff Chromatographie werden physikalische Trennverfahren verstanden, bei denen die unterschiedlich fortschreitende Verteilung der Komponenten eines Gemisches in zwei nicht mischbare Phasen, eine ruhende (stationäre) und eine sich bewegende (mobile) Phase, ausgenutzt wird. Die Einteilung der chromatographischen Methoden erfolgt nach verschiedenen Gesichtspunkten. So kann nach den physikalisch-chemischen Vorgängen, die für die Trennwirkung bestimmend sind, in zwei Hauptgruppen unterteilt werden:

- *Adsorptionschromatographie*, bei der durch die Adsorption eine Verteilung an der Oberfläche eines Feststoffes als stationäre Phase resultiert
- *Verteilungschromatographie*, bei der durch Lösevorgänge eine Verteilung in beide, nicht miteinander mischbare Phasen resultiert.

Eine weitere Kategorisierung ist anhand der Aggregatzustände der verschiedenen Phasen möglich. So kann der Aggregatzustand der stationären Phase fest oder flüssig, der mobilen Phase flüssig oder gasförmig sein. Demzufolge ergeben sich vier verschiedene Chromatographiearten, die in Tabelle 7.12 aufgeführt sind [18, 85].

Die für diese Verbindungen eingesetzten Verfahren sind sehr verschieden, beruhen aber meist auf der chromatographischen Trennung mittels HPLC oder GC und einer spezifischen Detektion mittels Selektivdetektoren (im Falle der Nitrosamine mittels Thermo-Energie-Detektor) oder der Massenspektrometrie. In Tabelle 7.13 sind die derzeit eingesetzten Analysenverfahren für herstellungsbedingte Toxine zusammengefasst.

Tab. 7.12 Übersicht der verschiedenen Chromatographiearten.

Mobile Phase	Stationäre Phase	Trennwirkung	Chromatographie art
flüssig	fest	Adsorption	DC
flüssig	flüssig	Verteilung	HPLC
gasförmig	fest	Adsorption	GSC (selten)
flüssig	flüssig	Verteilung	HPLC
gasförmig	fest	Adsorption	GSC (selten)
gasförmig	flüssig	Verteilung	GLC

Tab. 7.13 Analysenverfahren für herstellungsbedingte Toxine.

Herstellungsbedingtes Toxin	Methode	Nachweisgrenze	Literatur
Acrylamid	HPLC-MS/MS	30 µg/kg	[108]
	GC-MS	10 µg/kg	
	GC-MS/MS	5 µg/kg	[40]
Chlorpropanol (3-MCPD)	HFBI-Derivatisierung/ GC-MS	10 µg/kg	[30]
heterocyclische aromatische Amine (MeIQ)	HPLC-MS, HPLC-MS/MS	5 pg/25 µL Injektion	[6]
Furan	Headspace-GC-MS	1 µg/kg	[8]
Nitrosamine	GC-TEA		[77]

Eine beim Grillen oder Räuchern oft entstehende Gruppe von herstellungsbedingten Toxinen sind die polyaromatischen Kohlenwasserstoffe (PAK). Sie können aber auch als Rückstände von unvollständigen Verbrennungen in der Umwelt in das Lebensmittel gelangen. In beiden Fällen werden die PAK, allen voran die Markersubstanz Benz[a]pyren (B[a]P), in Lebensmitteln nach geeigneter Aufreinigung mittels RP-HPLC und Fluoreszensdetektion bestimmt. In Abbildung 7.31 sind die Trennung eines Standardgemisches und ein Chromatogramm von einer Fischprobe dargestellt.

Die Problematik der herstellungsbedingten Toxine ist, wie am Beispiel der polyaromatischen Kohlenwasserstoffe zu sehen, seit Jahren in der Wissenschaft bekannt, wurde aber nie unter der Gesamtheit der herstellungsbedingten Toxine zusammengefasst. Diese Zusammenführung ist erst seit der Acrylamidproblematik erfolgt.

Der erste Bericht über das Vorkommen von Acrylamid in Lebensmitteln wurde von schwedischen Behörden ausgelöst. Auf Grundlage dieser Meldungen wurden verschiedene Erfassungssysteme für die Bestimmung von Acrylamid in Lebensmitteln entwickelt [108]. Eine Problematik war die selektive Detektion der Verbindung. So wurden anfänglich vermehrt HPLC-MS/MS-Systeme etabliert, wobei es hier aufgrund der geringen Ionenmasse des Acrylamids (72 m/z

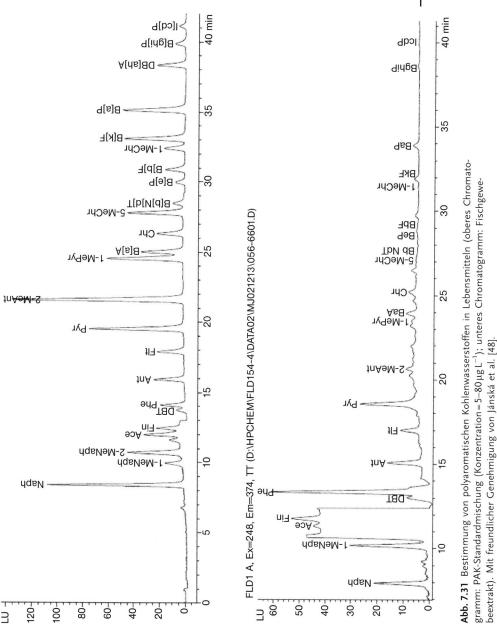

Abb. 7.31 Bestimmung von polyaromatischen Kohlenwasserstoffen in Lebensmitteln (oberes Chromatogramm: PAK-Standardmischung (Konzentration = 5–80 µg L^{-1}); unteres Chromatogramm: Fischgewebeextrakt). Mit freundlicher Genehmigung von Jánská et al. [48].

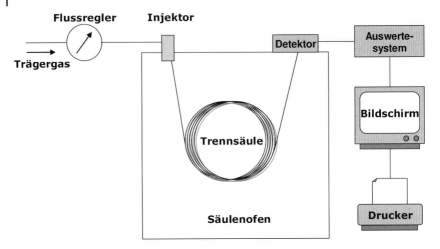

Abb. 7.32 Aufbau eines Gaschromatographen.

für M+H$^+$) früh zu Beobachtungen von Störungen kam. Auch GC-Systeme mit herkömmlichen Detektoren wurden getestet.

Bei der GC (Abb. 7.32) strömt ein hoch reines Gas in den Injektor, anschließend durch die Trennsäule und verlässt das System durch den Detektor. Die Probe wird mit einer Spritze in den mit 150–300 °C temperierten Injektor injiziert, wobei die einzelnen Komponenten verdampfen und von dem strömenden Trägergas in die sich im Ofen befindliche analytische Säule gespült werden. Die Komponenten treten mit der stationären Phase in Wechselwirkung und werden dabei unterschiedlich retardiert. Die Fließgeschwindigkeit der einzelnen Probenbestandteile durch die Säule ist abhängig vom Säulentyp, der chemischen Natur der Probenkomponenten, der Fließgeschwindigkeit des Trägergases und der Ofentemperatur. Sobald eine Komponente die Säule verlässt, wird diese im Detektor erfasst und nach Konversion in ein elektrisches Signal zur Aufnahmeeinheit weitergeleitet. Die Intensität der Signale, aufgetragen gegen die Zeit, erscheint als eine Serie von Peaks in einem Chromatogramm [85].

Zur Detektion werden neben Flammenionisationsdetektoren (FID), Elektroneneinfangdetektoren (ECD) und elementspezifischen Detektoren wie dem Stickstoff-Phosphor-Detektor auch massenselektive Detektoren (GC-MS oder GC-MSD) (s. hierzu Abschnitt 7.4.1.2) eingesetzt. Bei den Letztgenannten werden die in einer Quelle ionisierter Moleküle durch elektrische Quadrupole, Ionenfallen, Flugrohre und magnetische Sektorfelder getrennt und anschließend erfasst. Mit den GC-MS-Systemen ist es auch möglich, das Acrylamid zu erfassen, wobei hierbei durch eine selektivere Detektion mittels negativer chemischer Ionisation (NCI) die Störanfälligkeit des Systems vermindert wird. In Abbildung 7.33 ist die Selektivitätssteigerung beim Acrylamid durch Verwendung unterschiedlicher Ionisierungen in der GC-MS dargestellt. Wie erkennbar ist, steigt die Selektivität bis zur negativen chemischen Ionisation, während die In-

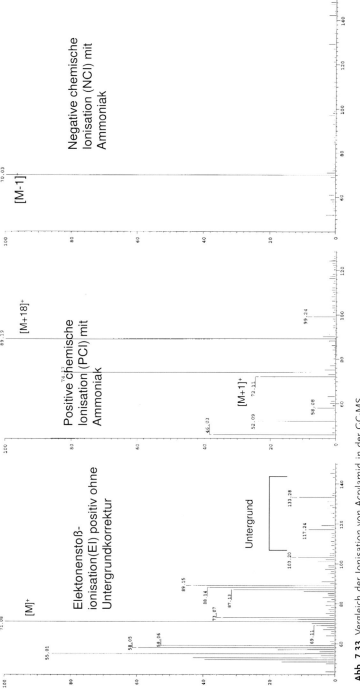

Abb. 7.33 Vergleich der Ionisation von Acrylamid in der GC-MS.

7 Analytik von toxikologisch relevanten Stoffen

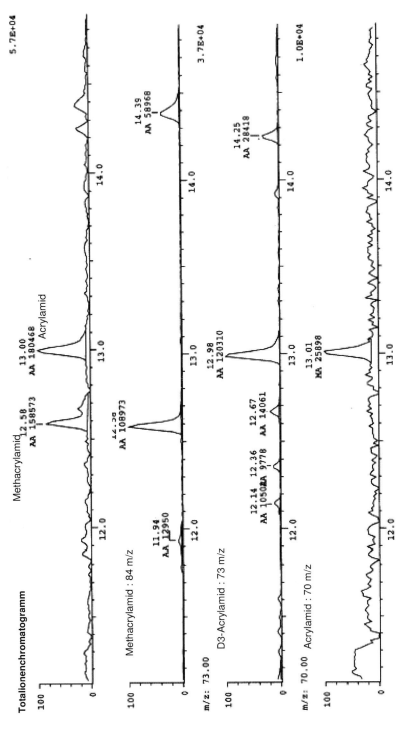

Abb. 7.34 Chromatogramm der jeweiligen Ionenspuren einer Knäckebrotprobe.

formationsgehalt abnimmt. Aus diesen Ergebnissen abgeleitet wurde eine GC-MS-Methode erstellt. Die Messergebnisse einer realen Knäckebrotprobe, die mittels GC-NCI-MS vermessen wurde, sind in Abbildung 7.34 wiedergegeben.

7.5 Literatur

1 Adler P, Steger-Hartmann T, Kalbfus W (2001) Distribution of natural and synthetic estrogenic steroid hormones in water samples from Southern and Middle Germany. *Acta Hydrochimica et Hydrobiologica* **29** (4): 227–241.

2 Ahrer W, Scherwenk E, Buchberger W (2001) Determination of drug residues in water by the combination of liquid chromatography or capillary electrophoresis with electrospray mass spectrometry. *J. Chromatogr. A* **910** (1): 69–78.

3 Alder L, Luderitz S, Lindtner K, Stan HJ (2004) The ECHO technique – the more effective way of data evaluation in liquid chromatography-tandem mass spectrometry analysis. *J. Chromatogr. A* **1058** (1/2): 67–79.

4 Ardrey B (2003) Liquid chromatography – mass spectrometry. Kapitel 5.6.4, The method of standard addition to overcome matrix effects, Chichester; Wiley 218–222.

5 Balizs G, Hewitt A (2003) Determination of veterinary drug residues by liquid chromatography and tandem mass spectrometry. *Analytica Chimica Acta*, **492** (1/2): 105–131.

6 Barceló-Barrachina E, Moyano E, Puignou L, Galceran MT (2004) Evaluation of reversed-phase columns for the analysis of heterocyclic aromatic amines by liquid chromatography–electrospray mass spectrometry, *J. Chromatography B* **802**: 45–59.

7 Baronti C, Curini R, D'Ascenzo G, Di Corcia A, Gentili A, Samperi R (2000) Monitoring natural and synthetic estrogens at activated sludge sewage treatment plants and in a receiving river water. *Environmental Science & Technology* **34** (24): 5059–5066.

8 Becalski A, Seaman St (2005) Furan Precursors in Food: A model study and development of a simple headspace method for determination of Furan, *J. AOAC Intern.* **88** (1): 102–106.

9 Betina V (1993) Chromatography of Mycotoxins – Techniques and Applications, Amsterdam, Elsevier.

10 Biselli S, Wegner H, Hummert C (2005) A multicomponent method for Fusarium toxins in cereal based food and feed samples using HPLC-MS/MS. *Mycotoxin Research* **1**: 18–22.

11 Bitman J, Cecil HC (1970) Estrogenic activity of DDT analogs and polychlorinated biphenyls. *J. Agric. Food Chem.* **18** (6): 1108–1112.

12 Bitman J, Cecil HC, Harris SJ, Feil VJ (1978) Estrogenic activity of o,p'-DDT metabolites and related compounds. *J. Agric. Food Chem.* **26**: 149–151.

13 Bitman J, Cecil HC, Harris SJ, Fries GF (1968) Estrogenic activity of o,p'-DDT in the mammalian uterus and avian oviduct. *Science* **162**: 371–372.

14 Bock R (2001) Handbuch der analytisch-chemischen Aufschlussmethoden, Wiley-VCH, Weinheim.

15 Broekaert, JAC (2005) Analytical Atomic Spectrometry with Flames and Plasmas, Wiley-VCH, Weinheim.

16 Budzikiewicz H (1992) Massenspektrometrie. Eine Einführung. 3. Auflage. VCH, Weinheim.

17 Cahill JD, Furlong ET, Burkhardt MR, Kolpin D, Anderson LG (2004) Determination of pharmaceutical compounds in surface- and ground-water samples by solid-phase extraction and high-performance liquid chromatography-electrospray ionization mass spectrometry. *J. Chromatogr. A* **1041** (1/2): 171–180.

18 Cammann K (Hrsg) (2001) Instrumentelle Analytische Chemie – Verfahren, Anwendungen und Qualitätssicherung

1. Auflage. Spektrum Akademischer Verlag GmbH, Heidelberg, Berlin.
19 Coker R (1998) Design of Sampling Plans for Determination of Mycotoxins in Foods and Feeds, in K Sinha, D Bhatnagar (Hrsg) Mycotoxins in Agriculture and Food Safety, Marcel Dekker, New York.
20 Daughton CG, Ternes TA (1999) Pharmaceuticals and personal care products in the environment: Agents of subtle change? *Environmental Health Perspectives* **107**: 907–938.
21 De Ruyck H, Daeseleire E, De Ridder H, Van Renterghem R (2003) Liquid chromatographic-electrospray tandem mass spectrometric method for the determination of mebendazole and its hydrolysed and reduced metabolites in sheep muscle. *Analytica Chimica Acta* **483**: 111–123.
22 Directorate-General Health and Consumer Protection (2004) Assessment of the dietary exposure to arsenic, cadmium, lead and mercury of the population of the EU Member States Reports on tasks for scientific cooperation, Report of experts participating in Task 3.2.11; URL: http://europa.eu.int/comm/food/food/chemicalsafety/contaminants/scoop_3-2-11_heavy_metals_report_en.pdf (Stand Juli 2005).
23 EG-Richtlinie 80/778/EWG über die Qualität von Wasser für den menschlichen Gebrauch vom 15. Juli 1980, Amtsblatt EG Nr. L 229/11.
24 Fillion J, Hindle R, Lacroix M, Selwyn J (1995) Multiresidue determination of pesticides in fruit and vegetables by gas chromatography mass-selective detection and liquid chromatography with fluorescence detection. *J. AOAC Int.* **78** (5): 1252–1266.
25 Funk W, Dammann V, Donnevert G (2005) Qualitätssicherung in der Analytischen Chemie: Anwendungen in der Umwelt-, Lebensmittel- und Werkstoffanalytik, Biotechnologie und Medizintechnik. 2. Aufl. VCH, Weinheim.
26 Funk W, Dammann V, Vonderheid C, Oehlmann G (1985) Statistische Methoden in der Wasseranalytik. Begriffe, Strategien, Anwendungen. VCH, Weinheim.
27 Günzler H (Hrsg) (1996) Elementanalytik – Highlights aus dem Analytiker Taschenbuch, Springer, Berlin.
28 Günzler H, Williams A (Hrsg) 2001 Handbook of analytical Techniques, Wiley-VCH, Weinheim.
29 Hajslova J, Zrostlikova J (2003) Matrix effects in (ultra)trace analysis of pesticide residues in food and biotic matrices. *J. Chromatogr. A* **1000** (1/2): 181–197.
30 Hamlet CG, Sadd PA, Crews C (2002) Occurrence of 3-chloro-propane-1,2-diol (3-MCPD) and related compounds in foods: a review, *Food Additives and Contaminants*, **19**: 619–631.
31 Harrison AG (1983) Chemical Ionization Mass Spectrometry. CRC Press Inc., Boca Raton.
32 Heberer T (2002) Occurrence, fate, and removal of pharmaceutical residues in the aquatic environment: a review of recent research data. *Toxicol. Lett.* **131** (1/2): 5–17.
33 Heberer T, Butz S, Stan HJ (1994) Detection of 30 acidic herbicides and related-compounds as their pentafluorobenzylic derivatives using gas-chromatography mass-spectrometry. *J. AOAC Int.* **77** (6): 1587–1604.
34 Heberer T, Butz S, Stan HJ (1995) Analysis of phenoxycarboxylic acids and other acidic compounds in tap, ground, surface and sewage water at the low ng/L level. *Int. J. Environmen. Analyt. Chem.* **58** (1–4): 43–53.
35 Heberer T, Schmidt-Baumler K, Stan HJ (1998) Occurrence and distribution of organic contaminants in the aquatic system in Berlin. Part 1: Drug residues and other polar contaminants in Berlin surface and groundwater. *Acta Hydrochimica et Hydrobiologica* **26** (5): 272–278.
36 Heberer TH (1995) Identifizierung und Quantifizierung von Pestizidrückständen und Umweltkontaminanten in Grund- und Oberflächenwässern mittels Kapillargaschromatographie – Massenspektrometrie. TU Berlin, Diss., W&T, Berlin, 333 S.
37 Hernando MD, Petrovic M, Fernandez-Alba AR, Barcelo D (2004) Analysis by liquid chromatography-electro spray ionization tandem mass spectrometry and acute toxicity evaluation for beta-blockers

and lipid-regulating agents in wastewater samples. *J. Chromatogr. A* **1046** (1/2): 133–140.

38 Hilton MJ, Thomas KV (2003) Determination of selected human pharmaceutical compounds in effluent and surface water samples by high-performance liquid chromatography-electrospray tandem mass spectrometry. *J. Chromatogr. A* **1015** (1/2): 129–141.

39 Hirsch R, Ternes TA, Haberer K, Mehlich A, Ballwanz F, Kratz KL (1998) Determination of antibiotics in different water compartments via liquid chromatography electrospray tandem mass spectrometry. *J. Chromatogr. A* **815** (2): 213–223.

40 Hoenicke K, Gatermann R, Harder W, Hartig L (2004) Analysis of acrylamide in different foodstuffs using liquid chromatography–tandem mass spectrometry and gas chromatography–tandem mass spectrometry, *Analytica Chimica Acta* **520**: 207–215.

41 Hoffmann E, Stroobant V, Charette J (2001) Mass Spectrometry: Principles and Applications, 2. Aufl., John Wiley and Sons, Chichester.

42 Holland PT (1989) IUPAC Reports on Pesticides. Mass Spectrometric Determination of Pesticide Residues. International Union of Pure and Applied Chemistry. Applied Chemistry Division Commission on Agrochemicals. *Pure & Appl. Chem.* Vol. **61**.

43 Huber W (1994) Nachweis-, Erfassungs- und Bestimmungsgrenze. In: Günzler H, Borsdorf R, Danzer K, Fresenius W, Huber W, Lüderwald I, Tölg G, Wisser H (Hrsg) Analytiker Taschenbuch. Band 12. Springer, Berlin.

44 Hübschmann H-J (1994) Das Massenspektrometer als Detektor in der Kapillar-GC. Möglichkeiten der Elektronenstoß- (EI) und der chemischen Ionisierung (CI) bei der Kopplung mit der Kapillar-Gaschromatographie. Kapitel 4. In: Mattar L (Hrsg) Lebensmittel- und Umweltanalytik mit der Kapillar-GC. Tips, Tricks und Beispiele für die Praxis. VCH, Weinheim; 117–172.

45 Hübschmann H-J (2001) Handbuch der GC/MS. Wiley-VCH, Weinheim.

46 Hui YH, Kitts D, Stanfield P (2001) Foodborne Disease Handbook – Volume 4: Seafood and environmental toxins, Marcel Dekker, New York.

47 Ito S, Tsukada K (2002) Matrix effect and correction by standard addition in quantitative liquid chromatographic-mass spectrometric analysis of diarrhetic shellfish poisoning toxins, *J. Chromatography A* **943**: 39–46.

48 Jánská M, Tomaniová M, Hajšlová J, Kocourek V (2004) Appraisal of „classic" and „novel" extraction procedure efficiencies for the isolation of polycyclic aromatic hydrocarbons and their derivatives from biotic matrices, *Analytica Chimica Acta* **520**: 93–103.

49 Jansson C, Pihlstrom T, Osterdahl BG, Markides KE (2004) A new multi-residue method for analysis of pesticide residues in fruit and vegetables using liquid chromatography with tandem mass spectrometric detection. *J. Chromatogr. A* **1023** (1): 93–104.

50 Kelce WR, Stone CR, Laws SC, Gray LE, Kemppainen JA, Wilson EM (1995) Persistent DDT metabolite p,p'-DDE is a potent androgen receptor antagonist. *Nature* **375**, 581–585.

51 Klaffke H (2002) Bestimmung von Fumonisinen in Lebensmitteln, Heft 05, BgVV.

52 Klein J, Alder L (2003) Applicability of gradient liquid chromatography with tandem mass spectrometry to the simultaneous screening for about 100 pesticides in crops. *J. AOAC Int.* **86** (5): 1015–1037.

53 Kolb M, Bahr A, Hippich S, Schulz W (1993) Ermittlung der Nachweis-, Erfassungs- und Bestimmungsgrenze nach DIN 32645 mit Hilfe eines Programms. *Acta hydrochim. hydrobiol.* **21** (6): 308–311.

54 Krivan J (1985) Neutronenaktivierungsanalyse, in W. Fresenius et al. „Analytiker Taschenbuch" Band 5, Springer, Berlin, 35–68.

55 Kuch HM, Ballschmiter K (2001) Determination of endocrine-disrupting phenolic compounds and estrogens in surface and drinking water by HRGC-(NCI)-MS in the picogram per liter range. *Environ-*

mental Science & Technology **35** (15): 3201–3206.

56 Lebensmittel – Bestimmung von Elementspuren – Bestimmung von Gesamtarsen und Selen mit Atomabsorptionsspektrometrie-Hydridtechnik (HGAAS) nach Druckaufschluss; Deutsche Fassung EN 14627:2005, Beith, Berlin, 2005.

57 Lin WC, Chen HC, Ding WH (2005) Determination of pharmaceutical residues in waters by solid-phase extraction and large-volume on-line derivatization with gas chromatography-mass spectrometry. *J. Chromatogr. A* **1065** (2): 279–285.

58 Löffler D, Ternes TA (2003) Determination of acidic pharmaceuticals, antibiotics and ivermectin in river sediment using liquid chromatography-tandem mass spectrometry. *J. Chromatogr. A* **1021** (1/2): 133–144.

59 Lukas B (1999) Vorkommen und Analytik von Algentoxinen, in Günzler H (Hrsg) Analytiker-Taschenbuch, Band 20, Springer, Berlin, 215–247.

60 Magan N, Olson M (Hrsg) (2004) Mycotoxins in Food – Detection and Control, CRC Press, Boca Raton.

61 Majerus P, Max H, Klaffke H, Palavinskas R (2000) Ochratoxin A in Süßholz, Lakritze und daraus hergestellten Produkten. *Deutsche Lebensmittelrundschau* **96**: 451–454.

62 Märtlbauer E (2004) Immunochemische Methoden. In Baltes W (Hrsg) Schnellmethoden zur Beurteilung von Lebensmitteln und ihren Rohstoffen. 3. Auflage. Behrs, Hamburg; 289–304.

63 Matter L (Hrsg) (1997) Elementspurenanalytik in biologischen Matrices. Spektrum Akademischer Verlag, Heidelberg.

64 Matter L (1994) Lebensmittel- und Umweltanalytik anorganischer Spurenbestandteile, Wiley-VCH, Weinheim.

65 McLafferty FW, Turecek F (1993) Interpretation of Mass Spectra. University Science Books, Mill Valley (CA).

66 McLafferty FW, Turecek F (1995) Interpretation von Massenspektren, 4. Ed., Spektrum Akademischer Verlag GmbH, Heidelberg.

67 Miao X-S, Bishay F, Chen M, Metcalfe CD (2004) Occurrence of Antimicrobials in the Final Effluents of Wastewater Treatment Plants in Canada. *Environ. Sci. Technol.* **38**(13): 3533–3541.

68 Miao X-S, Metcalfe CD (2003) Determination of Carbamazepine and Its Metabolites in Aqueous Samples Using Liquid Chromatography-Electrospray Tandem Mass Spectrometry. *Anal. Chem.* **75**(15): 3731–3738.

69 Miraglia M, Debegnach F, Brera C (2004) Mycotoxins: Detection and Control, in D Watson (Hrsg) Pestizide, veterinary and other residues in food, CRC Press, Boca Raton.

70 Monoro R, Vélrez D (2004) Detecting Metal Contamination, in D. Watson (Hrsg), Pestizide, veterinary and other residues in food, CRC Press, Boca Raton.

71 Nelson, J (1974) Effects of dichlorodiphenyltrichloroethane (DDT) analogs and polychlorinated biphenyl (PCB) mixtures on 17beta-(3H)estradiol binding to rat uterine receptor, *Biochem. Pharmacol.* **23**: 447–451.

72 Niessen W (1999) Liquid-chromatography-mass spectromety, Marcel Dekker, New York.

73 Öllers S, Singer HP, Fassler P, Muller SR (2001) Simultaneous quantification of neutral and acidic pharmaceuticals and pesticides at the low-ng/l level in surface and waste water. *J. Chromatogr. A* **911** (2): 225–234.

74 Persönliche Mitteilung vom NRL für Marine Biotoxine des Bundesinstitut für Risikobewertung, 2005.

75 Petrovic M, Hernando MD, Diaz-Cruz MS, Barcelo D (2005) Liquid chromatography-tandem mass spectrometry for the analysis of pharmaceutical residues in environmental samples: a review. *J. Chromatogr. A* **1067** (1/2): 1–14.

76 Pierard J-Y, Depasse Ch, Delafortie A, Motte J-C (2004) Multi-mycotoxin determination methodology, in Barug D, van Egmond H, Lopez-Garcia R, van Osenbruggen, Visconti A; Meeting the mycotoxin menace, Den Haag, Wageningen Academic Publishers, 255–268.

77 Preussmann R (Hrsg) (1983) DFG. Das Nitrosamin-Problem. VCH, Weinheim.

78 Purdom CE, Hardiman PA, Bye VJ, Eno NC, Tyler CR, Sumpter JP (1994) Estrogenic effects of effluents from sewage treatment works. *Chem. Ecol.* **8**: 275–285.

79 Reddersen K, Heberer T (2003) Formation of an artifact of diclofenac during acidic extraction of environmental water samples. *J. Chromatogr. A* **1011** (1/2): 221–226.

80 Reddersen K, Heberer T (2003) Multicompound methods for the detection of pharmaceutical residues in various waters applying solid phase extraction (SPE) and gas chromatography with mass spectrometric (GC-MS) detection. *Journal of Separation Science* **26** (15–16): 1443–1450.

81 Reddersen K, Heberer T, Dunnbier U (2002) Identification and significance of phenazone drugs and their metabolites in ground- and drinking water. *Chemosphere* **49** (6): 539–544.

82 Richtlinie 98/83/EG des Rates vom 3. November (1998) über die Qualität von Wasser für den menschlichen Gebrauch. Amtsblatt der Europäischen Gemeinschaften L330/32–L330/55 vom 5.12.98.

83 Routledge EJ, Sheahan D, Desbrow C, Brighty GC, Waldock M, Sumpter JP (1998) Identification of estrogenic chemicals in STW effluent. 2. In vivo responses in trout and roach. *Environmental Science & Technology* **32** (11): 1559–1565.

84 Schneider E, Curtui V, Seidler C, Dietrich R, Usleber E, Märtlbauer E (2004) Rapid methods for deoxynivalenol and other trichothecenes. *Toxicology Lett.* **153**: 13–121.

85 Skoog DA, Leary JA (1996) Instrumentelle Analytik, 1. Auflage, Springer.

86 Soliman MA, Pedersen JA, Suffet IH 2004 Rapid gas chromatography-mass spectrometry screening method for human pharmaceuticals, hormones, antioxidants and plasticizers in water. *J. Chromatogr. A* **1029** (1/2): 223–237.

87 Sommer H (Hrsg) (2001) Leipziger LC-MS Treffen vom 18.05.2001; Applied Biosystems (MDS Sciex); Weiterstadt.

88 Specht W, Pelz S, Gilsbach W 1995 Gaschromatographic determination of pesticide-residues after cleanup by gel-permeation chromatography and mini-silica gel-column chromatography. *Fresenius J. Analyt. Chem.* **353** (2): 183–190.

89 Specht W, Tillkes M (1980) Gas-chromatographic determination of pesticide-residues after cleanup by gel-permeation chromatography and mini-silica gel-column chromatography. 3. Communication – cleanup of foods and feeds of vegetable and animal origin for multiresidue analysis of fat-soluble and watersoluble pesticides. *Fresenius Zeitschr. Analyt. Chem.* **301** (4): 300–307.

90 Specht W, Tillkes M (1985) Gas-chromatographic determination of pesticide-residues after cleanup by gel-permeation chromatography and mini-silica-gel-column chromatography. 5. Cleanup of foods and feeds of vegetable and animal origin for multiresidue analysis of fat-soluble and water-soluble pesticides. *Fresenius Zeitschr. Analyt. Chem.* **322** (5): 443–455.

91 Stan HJ (2000) Pesticide residue analysis in foodstuffs applying capillary gas chromatography with mass spectrometric detection – State-of-the-art use of modified DFG-multimethod S19 and automated data evaluation. *J. Chromatogr. A* **892** (1/2): 347–377.

92 Stan H-J et al. (1995) HP Pesticide Library, Hewlett Packard Company/Agilent Technologies, Palo Alto, USA.

93 Stan H-J, Heberer TH (1995) Identification and Confirmatory Analysis based on Capillary GC-Mass Spectrometry. In: Stan H-J (Hrsg) Analysis of Pesticides in Ground and Surface Water I – Progress in Basic Multiple Residue Methods. Springer, Berlin, 141–184.

94 Stoeppler M, Wolf W, Jenks P (Hrsg) (2001) Reference materials for chemical analysis, Wiley-VCH, Weinheim.

95 Stolker AAM, Brinkman UATh (2005) Analytical strategies for residue analysis of veterinary drugs and growth-promoting agents in food-producing animals – a review, *J. Chromatogr. A* **1067** (1/2): 15–53.

96 Ternes TA (2001) Analytical methods for the determination of pharmaceuticals in aqueous environmental samples. *TRAC – Trends in Analytical Chemistry* **20** (8): 419–434.

97 Ternes TA, Bonerz M, Herrmann N, Löffler D, Keller E, Lacida BB, Alder AC (2005) Determination of pharmaceuticals, iodinated contrast media and musk fragrances in sludge by LC/tandem MS and GC/MS. *J. Chromatogr. A* **1067** (1/2): 213–223.

98 Thomson M, Walsh J (1993) Handbook of Inductive Couples Plasma Spectrometry, Blackie, London.

99 Toyóoka T (1999) Modern derivatization methods for separation sciences. Wiley & Sons, Chichester.

100 Trucksess M, Pohland A (Hrsg) (2001) Mycotoxin Protocols, Humana Press, Totowa.

101 Untersuchung von Lebensmitteln – Bestimmung von Elementspuren – Bestimmung von Blei, Cadmium, Chrom und Molybdän mit Graphitofen-Atomabsorptionsspektrometrie (GFAAS) nach Druckaufschluss; Deutsche Fassung EN 14083:2003, Beuth, Berlin, 2003.

102 Untersuchung von Lebensmitteln – Bestimmung von Elementspuren – Bestimmung von Quecksilber mit Atomabsorptionsspektrometrie (AAS) – Kaltdampftechnik nach Druckaufschluss; Deutsche Fassung EN 13806:2002, Beuth, Berlin, 2002.

103 Verordnung zur Novellierung der Trinkwasserverordnung vom 21. Mai 2001. Bundesgesetzblatt, 2001, Teil I, Nr. 24, ausgegeben zu Bonn am 28. Mai 2001, 959–980.

104 Waller CL, Juma BW, Gray LE, Kelce, WR (1996) Three-dimensional quantitative structure-activity relationships for androgen receptor ligands. *Toxicology and Applied Pharmacology* **137** (2): 219–227.

105 Waller CL, Oprea TI, Chae K, Park HK, Korach KS, Laws SC, Wiese TE, Kelce WR, Gray LE (1996) Ligand-based identification of environmental estrogens. *Chemical Research in Toxicology* **9**: 1240–1248.

106 Welch RM, Levin W, Conney AH (1969) Estrogenic action of DDT and its analogs. *Toxicol. Appl. Pharmacol.* **14**: 358–367.

107 Welz B, Sperling M (1997) Atomabsorptionsspektrometrie, Wiley-VCH, Weinheim.

108 Wenzl T, Beatriz de la Calle M, Anklam E (2003) Analytical methods for the determination of acrylamide in food products: a review. *Food Additives and Contaminants* **10**: 885–902.

109 Whitaker T, Slate A, Johansson A (2005) Sampling Feeds for mycotoxin Analysis, in D. Diaz, The Mycotoxin Blue Book, Nottingham, Nottingham University Press.

110 Williams DH, Flemming I (1991) Strukturaufklärung in der organischen Chemie. Kapitel 4. Massenspektren. 6. Auflage. Georg Thieme, Stuttgart, 191–255.

111 Wilson D, Sydenham E, Lombaert G, Trucksess M, Abramson D, Bennett G (1998) Mycotoxin Analytical Techniques, in K. Sinha, D. Bhatnagar (Hrsg) Mycotoxins in Agriculture and Food Safety, Marcel Dekker, New York.

112 World Health Organization (2002) Global Assessment of the State of the Science of Endocrine Disruptors. International Programme on Chemical Safety (IPCS). Hrsg.: Damstra T, Barlow S, Bergman A, Kavlock R, Van Der Kraak G, Genf, 2002, 180 S.

113 Zrostlikova J, Hajslova J, Poustka J, Begany P (2002) Alternative calibration approaches to compensate the effect of co-extracted matrix components in liquid chromatography-electrospray ionisation tandem mass spectrometry analysis of pesticide residues in plant materials. *J. Chromatogr. A* **973** (1/2): 13–26.

114 Zuehlke S, Dünnbier U, Heberer T (2004) Determination of polar drug residues in sewage and surface water applying liquid chromatography-tandem mass spectrometry. *Anal. Chem.* **76** (22): 6548–6554.

115 Zühlke S, Dünnbier U, Heberer T (2004) Detection and identification of phenazone-type drugs and their microbial metabolites in ground and drinking water applying solid-phase extraction and gas chromatography with mass spectrometric detection. *J. Chromatogr. A* **1050** (2): 201–209.

116 Zühlke S, Dünnbier U, Heberer T (2005) Determination of estrogenic steroids in surface water and wastewater by liquid chromatography-electrospray tandem mass spectrometry. *Journal of Separation Science* **28** (1): 52–58.

117 Zühlke S, Dünnbier U, Heberer T, Fritz B (2004) Analysis of endocrine disrupting steroids: Investigation of their release into the environment and their behavior during bank filtration. *Ground Water Monitoring and Remediation* **24** (2): 78–85.

8
Mikrobielle Kontamination

Martin Wagner

8.1
Mikroben und Biosphäre

Mikroben gelten als die ältesten Lebewesen der Erde und sie machen >99% der Biomasse aus. Die Diversität der mikrobiellen Welt ist unzureichend erfasst. Es wird geschätzt, dass abhängig von der Ökosphäre nur etwa 0,01 bis max. 15% der darin lebenden Mikroorganismenspezies kulturell angezüchtet werden können, womit eine vollständige Beschreibung der mikrobiellen Diversität eines Ökosystems mit traditionellen Methoden undurchführbar erscheint („the Great Plate Count Anomaly" [3]).

Die aus der Sicht der Lebensmittelsicherheit relevante Frage nach dem Entstehen eines mikrobiellen Bedrohungspotenzials für den Menschen durch Lebensmittelkontamination ist von überragender Aktualität, wenn man die 145 231 in Europa und Norwegen im Jahre 2002 gemeldeten Salmonellosefälle beim Menschen bedenkt [4]. Sowohl pathogene wie auch nicht pathogene Mikroorganismen können zur natürlichen mikrobiellen Flora eines Lebensmittels zählen, da ein Lebensmittel, aus mikrobieller Sicht, als ein Ökosystem wie viele andere angesehen werden kann.

Jüngste Forschungsergebnisse haben gezeigt, dass sich genetische Pathogenitätsmerkmale schon an endosymbiotisch lebenden Umweltchlamydien nachweisen lassen und dass schon vor etwa 700 Millionen Jahren der gemeinsame Vorfahr der pathogenen und symbiotisch lebenden Chlamydien viele Virulenzfaktoren heutiger gramnegativer Mikroorganismen besaß [13].

8.2
Die Kontamination von Lebensmitteln

Die mikrobielle Kontamination von Lebensmitteln ist entweder aufgrund von möglichen Gesundheitsstörungen oder von Verderbsvorgängen unerwünscht und der Begriff somit negativ konnotiert. Gesetzliche Regulative sind in ihrer

Lebensmittelsicherheit und Lebensmittelüberwachung. Erste Auflage.
Herausgegeben von H. Dunkelberg, T. Gebel und A. Hartwig
© 2012 Wiley-VCH Verlag GmbH & Co. KGaA. Published 2012 by Wiley-VCH Verlag GmbH & Co. KGaA.

Entwicklung gegenüber wissenschaftlichen Erkenntnissen häufig verzögert [19]. Neben den unerwünschten Kontaminationsfolgen gibt es aber auch vom Menschen gesteuerte „Keimeintragsprozesse", die erst die Prozessierung eines Rohsubstrates zu einem von einem spezifischen Genusswert charakterisierten Lebensmittel kennzeichnen. Während diese Vorgänge seit alters her ungerichtet eingesetzt wurden, hier könnte man als Beispiel die Natursäuerung von Rohmilch anführen, wurden diese Prozesse durch biotechnologische Entwicklungen in den letzten Jahrzehnten, z. B. durch den Einsatz von Starterkulturen, standardisiert. Die Verwendung von Starterkulturen liefert aber nicht nur einen Beitrag zur Veredelung eines Rohstoffes, sondern spielt auch eine immanent wichtige Rolle bei der Sicherstellung unbedenklicher und verkehrsfähiger Lebensmittel.

8.3
Ökonomische Bedeutung der mikrobiellen Kontamination von Lebensmitteln

Die Auswirkungen von Lebensmittelinfektionen und -intoxikationen auf die Volkswirtschaften sind statistisch schwierig zu erfassen. Daten aus dem amerikanischen Food Net belegen, dass mit 0,72 Episoden akuter Gastroenteritis in den USA pro Person und Jahr zu rechnen ist und dass etwa 20% der Betroffenen medizinischer Unterstützung bedürfen [14].

Neben der verstärkten Verantwortlichkeit des Produzenten für die Herstellung sicherer Lebensmittel, wie im General Feed and Food Law indiziert, werden in jüngster Zeit vermehrt Präventionsprogramme auf Konsumentenebene durchgeführt. Statistische Kosten/Nutzenanalysen zur Durchführung von Präventivprogrammen auf Haushaltsebene ergeben, dass etwa 80 000 lebensmittelbezogene Infektionen in den USA zu verhindern wären, was einen, im Verhältnis zum Aufwand solcher Kampagnen, positiven Effekt auf die Gesundheitskosten des Landes hätte [8].

Neben den Überlegungen zur Lebensmittelsicherheit sind die Probleme des mikrobiellen Lebensmittelverderbs, vor allem in Ländern, die unter erschwerten klimatischen Bedingungen produzieren, besorgniserregend. Schätzungen der Food and Agriculture Organization sprechen von 36 Ländern, die ihren Nahrungsmittelbedarf nicht decken können und weiteren elf Ländern, die am Rande von Nahrungsmittelengpässen stehen. Diese Mangelsituationen führen dazu, dass 850 Millionen Menschen weltweit chronisch unternährt sind, mit nur geringen Verbesserungen der weltweiten Verhältnisse in der letzten Dekade [6]. Neben den von Menschen verursachten Gründen wie Krieg und Vertreibung sind die Pflanzenwachstumsbehinderung durch Wassermangel oder Hitzeperioden und mikrobieller Lebensmittelverderb durch Bevorratungs- und Transportprobleme Auslöser von Mangelsituationen [5]. Mit der Entwicklung von differenzierten Lebensmittelproduktionssystemen, die in der Regel weg von regionalen, auf Selbstversorgung basierenden Bewirtschaftungssystemen, hin zu überregional agierenden Produktionsnetzwerken führen, kann mit einer Verschärfung der Situation gerechnet werden.

8.4
Kontaminationswege

Als Kontaminationswege bezeichnet man die Eintragsmöglichkeiten, entlang derer Lebensmittel von Keimen besiedelt werden könnten. Ausgehend von einem Ökosystem, in dem der Keim natürlicherweise vorkommt, bei gramnegativen Keimen häufig der Darm von warm- und kaltblütigen Tieren und bei grampositiven Keimen häufig die Umwelt, wird er an verwundbaren Stellen der Lebensmittelproduktionskette eingebracht. Dies findet häufig im Bereich der Gewinnung der Rohstoffe (im so genannten Harvest-Bereich wie der Schlachtung, Milchgewinnung) oder im Bereich der Lebensmittelbe- und -verarbeitung (im so genannten Post-Harvest-Bereich) statt.

Grundsätzlich sind gesunde Tier- und Pflanzenbestände eine unumstößliche Voraussetzung dafür, einen hohen Grad an mikrobieller Lebensmittelsicherheit zu erzielen. Viele pathogene Mikroorganismen sind an die Tierbestände adaptiert, ohne bei Nutztieren Erkrankungen hervorzubringen. Werden solche Tierbestände einer Gewinnung der Rohprodukte zugeführt, kommt es bei mangelhafter Hygiene zwangsweise zu einem Keimübertrag vom besiedelten Tier auf den zur Lebensmittelproduktion bestimmten Schlachtkörper oder auf die vom Tier produzierte Milch.

Weitere zusätzliche Gefahrenmomente bezüglich des Eintrags und der Verschleppung von Lebensmittelinfektionen und -kontaminationen liegen einerseits in den erweiterten Ansprüchen von Konsumenten, kaum oder wenig prozessierte Lebensmittel offeriert zu bekommen, aber auch in den veränderten Kauf- und Konsumgewohnheiten, die Importlebensmittel aus allen Teilen der Welt einschließen. Vor allem die Lebensmittelproduktion in tropischen Ländern ist aus Sicht hygienischer Anforderungen anspruchsvoll und lange Transportwege können das Risiko, ein kontaminiertes Produkt anzuliefern, potenzieren.

Es gibt aber auch lebensmittelunabhängige Faktoren, die zu einer höheren Kontaminations- und Infektionswahrscheinlichkeit führen. Dazu gehören die sich ändernde globale Klimalage, bei der Modellrechnungen davon ausgehen, dass die Erderwärmung nachteilige Effekte auf die Entstehung von wasser- und nahrungsmittelassoziierten Infektionskrankheiten haben wird [16], und die Veränderungen in der Alterspyramide. Lebensmittelinfektionen und -intoxikationen können häufig bei Personen auftreten, die eine geschwächte Immunabwehr besitzen. Daher steigt durch die Erhöhung der Lebenserwartung die Anzahl jener, die als potenziell empfänglich für Lebensmittelinfektionen anzusehen sind, und Daten zur Entwicklung der Bevölkerungsdynamik in den industrialisierten Ländern gehen davon aus, dass etwa 20–25% der Gesamtbevölkerung in diesen Staaten als immunkomprimiert angesehen werden müssen [10].

Für viele lebensmittelassoziierte pathogene Keime sind die Eintragswege in die Lebensmittelkette dann bestimmbar, wenn es sich um Ausbrüche handelt, bei denen mehrere Menschen erkranken. Treten Lebensmittelinfektionen oder -intoxikationen sporadisch auf, bleibt der Eintragsweg meist unbekannt, da eine gemeinsame Quelle nicht eruierbar ist oder das kontaminierte Lebensmittel schon verzehrt oder entsorgt wurde. Eine verminderte Infektketten-Aufklärungswahrscheinlichkeit gilt auch für Lebensmittelinfektionen, die von einer langen Inkubationszeit geprägt sind. So konnten in den USA drei Ausbrüche von Humanlisteriose, die den Gesundheitsbehörden entgangen waren, erst durch konsequentes Genotypisieren aller verfügbaren Humanisolate belegt werden [18].

In vielen Ländern fehlt es aber an Kapazitäten auf Seiten des Risikomanagements, Einsatzteams zur Infektkettenabklärung zur Verfügung stellen zu können. So ist es etwa in Österreich nur in wenigen lebensmittelhygienisch relevanten Fällen geglückt, EHEC-Infektionen, ausgelöst durch den Konsum von kontaminierter Rohmilch, und Campylobacteriose, verursacht durch den Konsum von kontaminiertem Geflügelfleisch, ätiologisch abzuklären [1, 2].

8.5
Beherrschung der Kontaminationszusammenhänge durch menschliche Intervention

Der Begriff der Kontaminationsvermeidung insinuiert, dass es kontaminationslose oder weitgehend dekontaminierte Lebensmittel, unter real-technischen Voraussetzungen und mit unprozessierten Lebensmitteln vergleichbaren Nährwerteigenschaften, geben könnte. Technologische Eingriffe verschieben aber nur die Balance zwischen den Keimspezies einer mikrobiellen Kommunität auf oder in einem Lebensmittel, indem sie die Überlebens- und Vermehrungschancen empfänglicher Keime reduzieren und direkt oder indirekt die Überlebens- und Vermehrungschancen nicht empfänglicher Keimspezies vermehren. Keime reagieren physiologisch auf technologische Stimuli mit mikrobiellen Adaptionsereignissen oder sie vermehren sich ohne Nährstoffkonkurrenz einer vergesellschafteten Spezies effizienter, um im Endprodukt verderbs- oder sicherheitsrelevant zu werden. Auch beeinflussen technologische Prozesse der Reinigung und Desinfektion von Produktionsumfeldern die Zusammensetzung der mikrobiellen Kommunitäten auf lebensmitteltechnologisch relevanten Oberflächen. Untersuchungen in der fischverarbeitenden Industrie konnten zeigen, dass die Zusammensetzung der mikrobiellen Kommunitäten in Biofilmen auf lebensmittelberührten Oberflächen denen der Zusammensetzung auf der Fischoberfläche entsprach und dass die Desinfektion der Anlagen sowohl die Zusammensetzung der Kommunitäten auf den lebensmittelberührten Oberflächen und auf dem Lebensmittel Fisch in eine vergleichbare Richtung verschob [7].

Aus diesen Überlegungen lässt sich ableiten, dass es ein unrealistisches Ziel ist, durch lebensmittel-technologische Prozesse alle mikrobiellen Gefahren ausschalten zu wollen. Dieser Umstand wird auch dadurch begründet, dass die keimreduzierenden Eingriffe, ausgenommen küchentechnische Eingriffe, eher am Anfang der gesamten Lebensmittelproduktions-, -vermarktungs- und -zubereitungskette stehen. Das bedeutet, dass es mannigfache Möglichkeiten gibt, während oder nach der Produktion Lebensmittel zu (re)kontaminieren und somit für den menschlichen Verbrauch ungeeignet zu machen. Qualitätssicherungskonzepte wie das produktionsorientierte Hazard Analysis and Critical Control Points (HACCP)-Konzept setzen ihre Überwachungspunkte unabhängig von der Überlegung, sie dort zu platzieren, wo die weiteren Lebensmittelmanipulationsstufen möglichst wenige sind [9]. Könnten daher die mikrobiellen Interaktionen so beeinflusst werden, dass ein stabiles mikrobielles Ökosystem entsteht, welches den Eintrag oder das Vorkommen von pathogenen Mikroorganismen in einer gefahrenmindernden Weise kontrolliert, wäre eine klare Verbesserung der Lebensmittelsicherheit möglich.

Es ist noch anzumerken, dass viele Gefahrenquellen nicht aufgrund von mangelnden Kenntnissen über die Kontaminationszusammenhänge entstehen, sondern durch das Missachten von an sich implementierten Hygienemaßnahmen. Ein Survey unter Lebensmittelversorgungsdienstleistern in den USA ergab, dass 60% der Arbeiternehmer manchmal auf den Handschutz verzichteten, auch wenn sie mit der Zubereitung von verzehrsfertigen Produkten beschäftigt waren. Von den befragten Personen gaben 53% an, dass sie keine objektive Temperaturkontrolle bei der Herstellung erhitzter Speisen durchführen, und 5% gingen auch zur Arbeit, obwohl sie krank waren und an Erbrechen oder Durchfall litten [12]. Diese Daten und unsere Erfahrungen weisen eindeutig darauf hin, dass es in der Lebensmittelproduktion und -zubereitung eben häufig außerplanmäßige Belastungen sind, durch die bewährte Hygienemaßnahmen vernachlässigt, und somit Möglichkeiten für den Eintrag, das Wachstum und die Verschleppung unerwünschter Keime eröffnet werden.

8.6
Der Nachweis von Kontaminanten: ein viel zu wenig beachtetes Problem

Alles Wissen über Kontaminationsformen und Kontaminationswege, wie auch über die Wirksamkeit präventiver Maßnahmen, basiert auf den Methoden, mit denen Kontaminanten nachweisbar werden. Der kulturelle Nachweis von mikrobiellen Kontaminanten ist in die Arbeitsschritte Probenaufbereitung, Anreicherung des Zielkeims, Isolierung des Zielkeims und Zielkeimbestätigung gegliedert. Grundlage für jede repräsentative mikrobielle Untersuchung ist ein wissenschaftlich und statistisch fundiertes Probenentnahmekonzept, sowohl was die Auswahl des Probenmaterials und des Beprobungspunktes, die Häufigkeit der Beprobung, das Probenvolumen und die Beprobungstechnik betrifft.

Jedes kulturelle Untersuchungsprotokoll versucht, das Vermehrungspotenzial der Zielorganismen durch Steuerung der Vermehrungsbedingungen zu nutzen. Obwohl sich in der Theorie diese Bedingungen gut beschreiben lassen, sind *in praxi* viele Probleme ungelöst. Bezüglich der Probenaufbereitung gehören dazu die inhomogene Verteilung von Kontaminanten in und auf einem Lebensmittel und das Problem, Keime aus verschiedensten Lebensmittelmatrices so darzustellen, dass sie aus einem meist vorgeschädigten Zustand in eine Vermehrungsphase überzuführen sind. Das Phänomen des viable but not culturable (VBNC)-Stadiums von pathogenen und anderen Mikroorganismen ist weitgehend ungeklärt und führt, wie der Name schon sagt, dazu, dass vermehrungsfähige Bakterienzellen sich mittels Kulturmedien nicht darstellen lassen. Schlüsselfunktionen des kulturellen Nachweises nehmen daher die Anreicherungsmedien ein, deren jeweilige chemische Komposition gleichzeitig selektiv gegen Begleitkeime und produktiv für den Untersuchungskeim sein sollte. Für viele pathogene Mikroorganismen gilt, dass auch apathogene Lebensmittelkommensalen ähnliche Nährstoff- und Bebrütungserfordernisse aufweisen, so dass sie in ihrem Wachstum nur schwer unterdrückt werden können. Für manche Bakterien wie die Listerien sind auch artspezifische Wachstumseffekte während des Anreicherungsschrittes beschrieben, die zu einem Überwachsen einer pathogenen Spezies mit einer apathogenen Spezies des selben Genus führen können [11]. Werden dann im Anschluss an die Anreicherung keine Keimart differenzierenden Spezialmedien zur Isolierung verwendet, bleiben die wenigen Kolonien der pathogenen Spezies in der Menge der Kolonien der apathogenen Spezies unentdeckt. Das Problem der Isolierung der Zielkeime aus den Anreicherungen wurde mit der Entwicklung von chromogenen Medien in den letzten Jahren aber eindeutig verbessert.

Der meist zweiphasige Anreicherungsschritt bedeutet einen erhöhten Untersuchungszeitaufwand von 72–96 Stunden und die nachfolgenden Bestätigungstests erfordern in der Regel weitere 1–3 Tage, so dass etwa 6–7 Tage bis zum Vorliegen eines abgesicherten positiven Ergebnisses veranschlagt werden müssen. Unter den gegebenen Produktionsbedingungen muss man erwarten, dass sich langwierige kulturelle Methoden zur Chargenfreigabe von leicht verderblichen Lebensmitteln wenig eignen. Werden die Kontrollen im Handel getätigt, dann führt eine 4–7-tägige Untersuchungszeit zu einer methodenbedingten „Überwachungslücke", in der möglicherweise kontaminierte Produkte verkauft und natürlich auch konsumiert werden. Neue Methodenentwicklungen, die on- oder at-line an den Lebensmittelproduktionslinien oder im Handel angewandt werden können, werden daher intensiv beforscht. Dazu zählen Methoden, die entweder auf impedimetrischen, immunologischen oder molekularbiologischen Prinzipien aufbauen [15, 17]. Während die Eignung solcher Methoden für Screeningzwecke schon seit mehreren Jahren beschrieben ist, ist die Standardisierung durch normative Gremien auf nationaler oder internationaler Ebene ein aktuelles Thema. Auch für die Schnellmethoden gilt, dass die Proben in der Regel einer Aufarbeitung (sample pre-test treatment) und die Zielkeime einer Anreicherung bedürfen. Das bedeutet, dass nur der Isolierungs- und der Bestätigungsschritt durch einen Schnellnachweis ersetzt werden. Somit ist der Einsatz von anreicherungsabhängigen Schnellmethoden on- oder at-line nicht gewährleistet. Die zukünftige methodische Forschung im Bereich der Lebensmittelmikrobiologie wird sich daher mit der Kombination von Kurzzeitanreicherungen (< 6 h) und nachfolgendem Schnellnachweis, bzw. mit der Anwendung der Schnellnachweise direkt am Lebensmittel befassen.

8.7
Literatur

1 Allerberger F, Al-Jazrawi N, Kreidl P, Dierich MP, Feierl G, Hein I, Wagner M (2003) Barbecued chicken causing a multi-state outbreak of *Campylobacter jejuni* enteritis. *Infection*, **31**, 19–23.
2 Allerberger F, Friedrich AW, Grif K, Dierich MP, Dornbusch HJ, Mache CJ, Nachbaur E, Freilinger M, Rieck P, Wagner M, Capriolo A, Karch H (2003) Hemolytic uremic syndrome associated with enterohemorrhagic *Escherichia coli* O26:H-infection and consumption of unpasteurized cow's milk. *Int. J. Infect. Dis.* **7**, 42–45.
3 Amann RI, Ludwig W, Schleifer KH (1995) Phylogenetic identification and in situ detection of individual microbial cells without cultivation. *Microbiol. Rev.* **59(1)**, 143–169.
4 Anonymus (2004) Trends and sources of zoonotic agents in animals, feedingstuffs, food and man in the European Union and Norway in 2002. SANCO 29/(2004, Part 1, 135.
5 Anonymus (2004) The state of food insecurity in the world (SOFI 2004). http://www.fao.org/documents/show_cdr.asp?url_file=/docrep/007/y5650e/y5650e00.htm
6 Anonymus (2005) http://www.fao.org/newsroom/en/news/2005/90082/index.html
7 Bagge-Ravn D, Ng Y, Hjelm M, Christiansen JN, Johansen C, Gram L (2003) The microbial ecology of processing equipment in different fish industries-analysis of the microflora during processing and following cleaning and disinfection. *Int. J. Food Microbiol.* **87(3)**, 239–250.
8 Duff SB, Scott EA, Mafilios MS, Todd EC, Krilov LR, Geddes AM, Ackerman SJ (2003) Cost-effectiveness of a targeted disinfection program in household kitchens to prevent foodborne illnesses in the United States, Canada, and the United Kingdom. *J. Food Prot.* **66(11)**, 2103–2115.
9 Fellner Ch, Riedl R (2004) HACCP nach dem FAO/WHO-Codex-Alimentarius. VJ Verlag Österreich, 160.
10 Gerba CP, Rose JB, Haas CN (1996) Sensitive populations: who is at the greatest risk? *Int. J. Food Microbiol.* **30**, 113–123.
11 Gnanou Besse N, Audinet N, Kerouanton A, Colin P, Kalmokoff M (2005) Evolution of *Listeria* populations in food samples undergoing enrichment culturing. *Int. J. Food Microbiol.* (Epub ahead of print, www.sciencedirect.com).
12 Green L, Selman C, Banerjee A, Marcus R, Medus C, Angulo FJ, Radke V, Buchanan S, EHS-Net Working Group (2005) Food service workers' self-reported food preparation practices: an EHS-Net study. *Int. J. Hyg. Environ. Health* **208**, 27–35.
13 Horn M, Collingro A, Schmitz-Esser S, Beier CL, Purkhold U, Fartmann B, Brandt P, Nyakatura GJ, Droege M, Frishman D, Rattei T, Mewes HW, Wagner M (2004) Illuminating the evolutionary history of chlamydiae. *Science*, **304(5671)**, 728–730.
14 Imhoff B, Morse D, Shiferaw B, Hawkins M, Vugia D, Lance-Parker S, Hadler J, Medus C, Kennedy M, Moore MR, Van Gilder T, for the Emerging Infections Program FoodNet Working Group (2004) Burden of self-reported acute diarrheal illness in FoodNet surveillance areas, 1998–1999. *Clin. Inf. Dis.* **38**, 219–226.
15 Malorny B, Tassios P, Rådström P, Cook N, Wagner M, Hoorfar J (2003) Standardization of diagnostic PCR for the detection of foodborne pathogens. *Int. J. Food Microbiol.* **83(1)**, 39–48.
16 Rose JB, Epstein PR, Lipp EK, Sherman BH, Bernard SM, Patz JA (2001) Climate variability and change in the United States: potential impacts on water- and foodborne diseases caused by microbiologic agents. *Environ. Health Perspect.* **109** Suppl 2, 211–221.
17 Wagner M, Bubert A (1999) Detection of *Listeria monocytogenes* by commercial enzyme immunoassays. *In*: Batt CA, Patel

PD (Hrsg.) Encyclopedia in Food Microbiology, 1207–1214.

18 Wiedmann M (2002) Molecular subtyping methods for *Listeria monocytogenes*. *J. AOAC Int.* **85(2)**, 524–531.

19 Woteki CE, Kineman BD (2003) Challenges and approaches to reducing foodborne illness. *Ann. Rev. Nutr.* **23**, 315–344.

9
Nachweismethoden für bestrahlte Lebensmittel

Henry Delincée und Irene Straub

9.1
Einleitung

Die Behandlung von Lebensmitteln mit ionisierenden Strahlen – energiereiche Strahlung aus Gamma-Quellen (^{60}Co oder ^{137}Cs), Röntgenanlagen oder Elektronenbeschleunigern – hat ihre praktische Hauptanwendung in der Abtötung von unerwünschten Mikroorganismen, Parasiten oder Insekten. Die Bestrahlung verbessert die hygienische Qualität der Lebensmittel: Sie verhindert Krankheiten, die sonst durch den Verzehr von mit Parasiten (Trichinen, Toxoplasmen, etc.) oder pathogenen Mikroorganismen (Salmonellen, Campylobacter, Shigellen, Listerien, EHEC-Bakterien, etc.) kontaminierten Nahrungsmitteln verursacht werden könnten. Die ionisierende Bestrahlung ermöglicht für bestimmte Lebensmittel eine Verbesserung der Haltbarkeit und kann außerdem die Ausbreitung von Pflanzenschädlingen verhindern und damit zur Erfüllung von Pflanzenquarantäne-Vorschriften (z. B. in den USA) beitragen. Über den Einsatz der Lebensmittelbestrahlung gibt es umfangreiche Literatur, aus der hier nur einige Übersichtsarbeiten zitiert werden können [28, 65, 77, 110, 111]. In diesem Kapitel ist auch dargelegt, dass nach Ansicht der Weltgesundheitsbehörde WHO bestrahlte Lebensmittel gesundheitlich unbedenklich sind, keine wesentlichen Nährwertverluste aufweisen und die Lebensmittelbestrahlung ein Verfahren ist, um die Lebensmittelsicherheit zu verbessern. Fehlende Sachkenntnis hat bis dato in vielen Ländern zu einer mangelnden Akzeptanz des Verfahrens geführt und eine größere Verbreitung der Technologie verhindert. Dagegen wird die Zukunft für die Lebensmittelbestrahlung in den USA [83] positiv gesehen.

Über die Mengen an Lebensmitteln, die weltweit mit ionisierenden Strahlen behandelt werden, gibt es widersprüchliche Angaben, auch weil Informationen aus einigen Ländern, wie China und Russland, spärlich sind. Nach dem International Council on Food Irradiation (Stand 2004) [62] wurden in den letzten Jahren etwa 300 000 t/a bestrahlt, davon etwa je 100 000 t/a in den USA und China, während die übrigen 100 000 t/a sich größtenteils auf Länder wie Japan, Südafrika, Niederlande, Belgien und Frankreich verteilten.

Lebensmittelsicherheit und Lebensmittelüberwachung. Erste Auflage.
Herausgegeben von H. Dunkelberg, T. Gebel und A. Hartwig
© 2012 Wiley-VCH Verlag GmbH & Co. KGaA. Published 2012 by Wiley-VCH Verlag GmbH & Co. KGaA.

In der EU wurde mittlerweile für mehr Transparenz [48] gesorgt: In der EG-Rahmenrichtlinie zur Lebensmittelbestrahlung [39] ist festgeschrieben, dass die EU-Mitgliedstaaten jährlich über Art und Menge der Lebensmittel, die mit ionisierenden Strahlen behandelt wurden, berichten. In den Jahren 2001 und 2002 betrug die Gesamtmenge an bestrahlten Lebensmitteln in der EU etwa 20 000 t/a [44, 46]. Im Vergleich zum Gesamtumsatz an Lebensmitteln in der EU ist diese Menge äußerst gering; die Bedeutung der Lebensmittelbestrahlung sollte daher nicht überbewertet werden. Andererseits gewährleistet die Bestrahlung für eine Reihe von Risikoprodukten eine erhöhte Lebensmittelsicherheit und liegt deshalb im Interesse des Schutzes der öffentlichen Gesundheit. Die EG-Rahmenrichtlinie [39] schreibt vor, dass alle Lebensmittel, die als solche bestrahlt sind, oder die bestrahlte Bestandteile enthalten, mit einem Hinweis versehen sein müssen, dass sie „bestrahlt" sind bzw. „mit ionisierenden Strahlen behandelt" wurden. Ferner müssen die EU-Mitgliedstaaten jährlich die Ergebnisse der Kontrollen von Lebensmitteln, die sich im Handel befinden, mitteilen. Dabei sind die Methoden, die zum Nachweis der Bestrahlung eingesetzt wurden, anzugeben. Die Mitgliedstaaten stellen sicher, dass diese Methoden genormt oder validiert sind.

In der EG-Durchführungsrichtlinie [40] ist geregelt, dass in allen Mitgliedsländern die Bestrahlung von getrockneten aromatischen Kräutern und Gewürzen zulässig ist. Zurzeit dürfen die Mitgliedsländer im Rahmen einer Übergangsregelung außer den getrockneten aromatischen Kräutern und Gewürzen auch noch einige weitere Lebensmittel bestrahlen [45]. Diese bestrahlten Produkte dürfen jedoch nicht in Deutschland in Verkehr gebracht werden, denn nach der Lebensmittelbestrahlungsverordnung (LMBestrV) vom 14. Dezember 2000 [68], mit der die o.g. Europäischen Richtlinien in deutsches Recht umgesetzt wurden, ist nur die Behandlung von getrockneten aromatischen Kräutern und Gewürzen zulässig. Allerdings dürfen nach § 47a des Lebensmittel- und Bedarfsgegenständegesetzes (LMBG) auch andere bestrahlte Lebensmittel aus den Mitgliedsländern importiert werden. Voraussetzung hierfür ist jedoch, dass die Bestrahlung des Produktes in dem Mitgliedsland zulässig ist und eine entsprechende Allgemeinverfügung, die vom Bundesamt für Verbraucherschutz und Lebensmittelsicherheit (BVL) ausgesprochen wird, vorliegt. Auch diese Produkte müssen einen entsprechenden Hinweis tragen, dass sie mit ionisierenden Strahlen behandelt wurden.

Die Bestrahlung von Lebensmitteln darf nur in hierfür zugelassenen Anlagen erfolgen und unterliegt ausführlichen Aufzeichnungspflichten. Aus Drittländern dürfen bestrahlte, getrocknete aromatische Kräuter und Gewürze sowie Lebensmittel, die solche Zutaten enthalten, nur nach Deutschland importiert und in Verkehr gebracht werden, wenn die Bestrahlung in einer von der EU zugelassenen Bestrahlungsanlage durchgeführt worden ist. Mit Stand vom 03.09. 2004 [49] sind in der EU insgesamt 23 Anlagen (5 in Deutschland) zugelassen. In Drittländern sind mit Stand vom 13.10.2004 [47] 5 Anlagen (Südafrika 3, Schweiz 1, Türkei 1) zugelassen.

Um zu prüfen, ob bestrahlte Lebensmittel mit dem Hinweis „bestrahlt" oder „mit ionisierenden Strahlen behandelt" versehen sind und auch, um zu kontrollieren, ob Bestrahlungsverbote eingehalten werden, besteht Bedarf an Nachweismethoden, mit denen festgestellt werden kann, ob ein Lebensmittel – oder eine Zutat im Lebensmittel – bestrahlt wurde. Gemäß der EG-Rahmenrichtlinie müssen, wie bereits oben erwähnt, die angewandten Nachweismethoden genormt oder validiert sein. In einer Erklärung zur Rahmenrichtlinie ist vermerkt, dass Kommission und Mitgliedsstaaten die Weiterentwicklung normierter oder validierter Analyseverfahren zum Nachweis der Bestrahlung von Lebensmitteln fördern, mit der Zielsetzung, dass derartige Verfahren für alle Erzeugnisse vorhanden sind.

Heute sind also durch die EU-Gesetzgebung [39, 48] validierte Nachweisverfahren anzuwenden. Es bestand jedoch schon Jahre vorher der Wunsch, strahlenbehandelte Lebensmittel als solche zu identifizieren.

9.2
Entwicklung von Nachweismethoden

Ein bestrahltes Lebensmittel sieht nicht anders aus als ein unbestrahltes, es schmeckt auch nicht anders. Wie kann man also feststellen, ob es überhaupt behandelt worden ist? Diese Frage wurde im Zuge der Erforschung der Lebensmittelbestrahlung recht bald gestellt. Die damalige „Bundesforschungsanstalt für Lebensmittelfrischhaltung" (danach „für Ernährung" und heute „für Ernährung und Lebensmittel") in Karlsruhe, wurde – lt. Kabinettsbeschluss 1957 – als die „zentrale Forschungsstätte für Fragen der Anwendung der Kernenergie auf dem Gebiet der Ernährung" benannt. Deshalb wurde hier denn auch der Frage des Nachweises nachgegangen [17]. Im Jahre 1965 erschien die erste Übersichtsarbeit über die Erkennbarkeit einer erfolgten Bestrahlung bei Lebensmitteln [105]. In dieser Arbeit wurde auf das Fehlen zuverlässiger Erkennungsmerkmale hingewiesen. Ebenso schlussfolgerte Diehl 1973 [27], dass keine der vielen Methoden, die u.a. in von der EG Kommission geförderten Forschungsprojekten [2, 3] entwickelt wurden, einem Untersuchungsamt als Routinemethode empfohlen werden könne. Vermutlich würde keine dieser Methoden im Falle einer gerichtlichen Auseinandersetzung bestehen können.

Erst 1986, nachdem bereits in vielen Ländern Zulassungen für die Bestrahlung von bestimmten Lebensmitteln erteilt worden waren, wurde die Frage des Nachweises bei der Tagung einer internationalen Arbeitsgruppe der WHO in Neuherberg erneut thematisiert [24, 109].

Bei der „International Conference on the Acceptance, Control of, and Trade in Irradiated Food" in Genf 1988 [4] wurde argumentiert, dass „das Vorhandensein zuverlässiger Nachweismethoden dazu beitragen kann, das Vertrauen des Verbrauchers in eine korrekte Anwendung der Lebensmittelbestrahlung und ihre zuverlässige Überwachung durch die Behörden zu stärken". Bei dieser Konferenz wurden die Regierungen aufgefordert, die Entwicklung von Nachweismethoden zu fördern.

Als Folge davon wurden internationale Programme zur Entwicklung von Nachweismethoden initiiert, sowohl auf europäischer Ebene (BCR) als auch weltweit (IAEA). Im Jahre 1991 erschien als Startpunkt des ADMIT-Programms eine umfangreiche Literaturübersicht der bis dahin vorgeschlagenen Methoden [16]. Zudem wurde über die Ansprüche an eine Nachweismethode diskutiert (Tab. 9.1).

In der Praxis sind alle diese Anforderungen schwierig zu erfüllen. Im Wesentlichen sollte die Messgröße während der gesamten Haltbarkeitsdauer des Lebensmittels deutlich messbar sein, ohne dass eine identische unbestrahlte Vergleichsprobe erforderlich ist. Zusätzlich wäre von Vorteil, wenn der Nachweis einfach und schnell ist, nur geringe Kosten verursacht, bei vielen Lebensmitteln eingesetzt und genormt werden könnte.

Tab. 9.1 Anforderungen an analytische Nachweismethoden für bestrahlte Lebensmittel.

Diskriminierung	Bestrahltes Lebensmittel: messbare Veränderungen; unbestrahltes Lebensmittel: messbare Veränderungen nicht vorhanden, bzw. eindeutig charakterisiert und ausreichend verschieden von strahleninduzierten Veränderungen
Spezifität	Ähnliche Veränderungen nicht durch andere Lebensmittelverarbeitungsverfahren, Lagerung, Zucht- oder Sortenauswahl, geänderte Wachstumsbedingungen u. Ä.
Reichweite	Parameter messbar über den ganzen relevanten Dosisbereich des bestrahlten Lebensmittels
Stabilität	Messgröße stabil während der gesamten Haltbarkeitsdauer des Lebensmittels
Zuverlässigkeit	Reproduzierbarkeit, Präzision, Validierung mit Hilfe statistischer Methoden
Geringe Störanfälligkeit	Messgröße unempfindlich oder genau vorhersehbar bei unterschiedlichen Bedingungen, z. B. Veränderung der Bestrahlungsparameter (Dosisleistung, Temperatur, Gasatmosphäre, Feuchtigkeit, usw.), Störung durch andere Lebensmittelbestandteile, Störung durch zusätzliche Verfahrensschritte
Fälschungssicherheit	Verfälschungen schwer möglich. Deshalb vorteilhaft, wenn die Messgröße innere Lebensmitteleigenschaften widerspiegelt, z. B. Veränderungen an Proteinen, Fetten, Nucleinsäuren usw., statt an äußeren Merkmalen wie Verpackung, Sand- oder Staubkontamination usw.
Unabhängigkeit	Keine identische, unbestrahlte Vergleichsprobe erforderlich
Praktische Anwendbarkeit	Einfach, auch apparativ; geringe Kosten; schnelle Durchführung; geringe Probengröße; leicht standardisierbar; wenn möglich, zerstörungsfrei
Gerichtsfähigkeit	
Dosisabhängigkeit	Messung der aufgebrachten Strahlendosis

Bis heute gibt es noch keine universelle Methode für alle Lebensmittel, um eine erfolgte Strahlenbehandlung nachzuweisen. Je nach Art des Produktes muss eine bzw. müssen mehrere Methoden eingesetzt werden. Die Kernfrage des Nachweises ist qualitativ: Ist das Lebensmittel bestrahlt oder unbestrahlt? Die Bestimmung der Strahlendosis ist daher zweitrangig. Dies ergibt sich allein durch die „selbst-limitierende" Eigenschaft des Bestrahlungsverfahrens: Die Dosis muss einerseits hoch genug sein, um den gewünschten Effekt, z. B. Abtötung von Salmonellen, zu erzielen. Andererseits darf die Dosis nicht so hoch sein, dass die sensorischen Eigenschaften des Lebensmittels beeinträchtigt werden. Eine Begrenzung der Dosis nach oben ergibt sich auch schon rein wirtschaftlich, da die Anwendung höherer Strahlendosen teurer ist. Deshalb wird in den meisten Fällen die angewandte Strahlendosis in einem relativ eng begrenzten Bereich liegen und braucht nicht nachträglich im Lebensmittel bestimmt zu werden.

Die nachträgliche quantitative Bestimmung der Strahlendosis direkt im Lebensmittel wird jedoch von einigen Fachleuten befürwortet, um z. B. eine mögliche Überschreitung der erlaubten Maximaldosis feststellen zu können. Eine solche quantitative Dosisbestimmung wird u. a. durch die häufig unbekannte Vorgeschichte des Lebensmittels erschwert: Die genauen Bestrahlungsbedingungen (z. B. Temperatur, Dosisleistung) sowie Lagerdauer und -bedingungen des Lebensmittels nach der Bestrahlung sind meist unbekannt. Ein geeignetes Verfahren ist daher hier zunächst die qualitative Analyse: bestrahlt oder unbestrahlt. Wenn bestrahlt, kann anhand der Begleitpapiere die Bestrahlungsanlage ausfindig gemacht werden. Vor Ort kann die aufgebrachte Strahlendosis über die vorgeschriebenen Aufzeichnungen der Dosismessungen kontrolliert werden.

Aufgrund dieser Überlegungen wurde vermehrt nach qualitativen Nachweisverfahren geforscht. Dabei führten die internationalen Bemühungen von BCR und IAEA Anfang der 1990er Jahre schließlich zum Erfolg. In den entsprechenden Abschlussberichten [74, 85] ist eine Fülle von verschiedenen Methoden beschrieben, mit deren Hilfe eine Strahlenbehandlung nachgewiesen werden kann. Inzwischen sind zahlreiche Arbeiten auf diesem Gebiet erschienen. In diesem Abschnitt können nicht alle Einzelarbeiten zitiert werden, stattdessen wird auf eine Reihe von Übersichtsartikeln verwiesen [18–21, 51, 53, 72, 84, 87, 88, 93, 96]. Auch die europäischen Normen zum Nachweis bestrahlter Lebensmittel [29–38] bieten einen guten Überblick über die vorhandene Literatur. Weitere Hinweise können in der Karlsruher Bibliographie über Lebensmittelbestrahlung [6] gefunden werden. Dort sind über 16 000 Arbeiten über bestrahlte Lebensmittel dokumentiert, davon über 1400 zu ihrer Identifizierung.

9.3
Stand der Nachweisverfahren

Die Nachweisverfahren gehen auf verschiedene Veränderungen in bestrahlten Lebensmitteln zurück und können grob in physikalische, chemische und biologische Methoden unterteilt werden.

9.3.1
Physikalische Nachweisverfahren

Die physikalischen Nachweisverfahren nutzen u.a. die ursächlichen Veränderungen der Materie durch die Strahleneinwirkung, wie die Bildung von freien Radikalen und angeregten Elektronen-Ladungszuständen, und sind in Tabelle 9.2 zusammengefasst.

9.3.2
Chemische Nachweisverfahren

Große Vorteile der ionisierenden Bestrahlung von Lebensmitteln sind die vergleichsweise sehr geringen chemischen Veränderungen in den Inhaltsstoffen, während unerwünschte Organismen (mikrobielle Krankheitserreger, Insekten, Parasiten) effektiv inaktiviert werden. Zudem sind die strahleninduzierten chemischen Veränderungen denen, die bei anderen Lebensmittel verarbeitenden Prozessen auftreten, sehr ähnlich, was, zumindest teilweise, die fehlende Nachweisbarkeit einer erfolgten Bestrahlung bis etwa in die 1990er Jahre erklärt. Erst die jahrelange Erforschung von strahlenchemischen Veränderungen der Lebensmittelinhaltsstoffe [28, 41, 42, 97] und eine bessere Leistungsfähigkeit der analytischen Geräte mit besseren Nachweis- bzw. Bestimmungsgrenzen haben in den letzten 20 Jahren zum Erfolg geführt. In Tabelle 9.3 sind die wichtigsten chemischen Nachweisverfahren aufgelistet.

9.3.3
Biologische Nachweisverfahren

Die ionisierende Strahlung ist auf lebende Organismen besonders wirksam. Deshalb könnte man glauben, dass Nachweisverfahren einfach zu entwickeln wären. Tatsächlich war es schwierig, Veränderungen festzustellen, die jedoch nur bei der Bestrahlung stattfinden und damit einen spezifischen biologischen Nachweis ermöglichen. Die wichtigsten biologischen Methoden sind in Tabelle 9.4 zusammengefasst.

Tab. 9.2 Physikalische Nachweisverfahren einer Strahlenbehandlung von Lebensmitteln.

Verfahren	Messgröße	Anwendungsbereich
Messung von freien Radikalen		
Elektronen-Spin-Resonanz-Spektroskopie (ESR)	Radikale in Knochen (Hydroxylapatit-Radikale)	Knochen- bzw. grätenhaltige Lebensmittel (Fleisch, Geflügel, Separatorenfleisch, Froschschenkel, Fisch)
ESR	Celluloseradikale	Cellulosehaltige Lebensmittel (Nüsse mit Schalen, Gewürze wie Paprika, Pfeffer u. a., Obst mit Kernen, Steinen, Nüsschen wie an Erdbeeren, Zellwände von Fruchtfleisch und Fruchtschalen, Trockenpilze, Trockengemüse, Samenschalen von Hülsenfrüchten, Getreide mit Spelzen)
ESR	Zuckerradikale	Lebensmittel mit kristallinem Zucker (Trockenobst)
ESR	Radikale von bioanorganischen Stoffen (Panzer und Muschelschalen, Eierschalen)	Krebs- und Weichtiere, Schnecken, Eier
Chemilumineszenz (CL)	Emittiertes Licht durch Radikalreaktionen bei Suspendierung des Lebensmittels im Lösungsmittel	Kräuter und Gewürze, Mehl, Gefrierfleisch, Krustentiere, Knochen von Fleisch, Geflügel
Messung von angeregten Zuständen		
Thermolumineszenz (TL)	Emittiertes Licht beim Übergang von angeregten Ladungsträgern in den Grundzustand in anorganischen Stoffen (anhaftende Mineralpartikel, Sand, Staub) oder bioanorganische Stoffe (Muschelschalen, Schalen und Panzer von Krebs- und Weichtieren)	Lebensmittel, von denen Mineralpartikel isoliert werden können (Kräuter und Gewürze, frisches Obst und Gemüse, Trockenobst und -gemüse, Kartoffeln, Getreide, Krebs- und Weichtiere) bzw. bioanorganische Stoffe (Krebs- und Weichtiere)
Photostimulierte Lumineszenz (PSL)	Emittiertes Licht, angeregte Ladungsträger in Mineralien oder bioanorganischen Stoffen geben die durch Bestrahlung gespeicherte Energie bei Stimulation durch Infrarotlicht ab	Lebensmittel, von denen Mineralpartikel bzw. bioanorganische Stoffe isoliert werden können (Kräuter und Gewürze, frisches Obst und Gemüse, Trockenobst und -gemüse, Kartoffeln, Getreide, Krebs- und Weichtiere)

Tab. 9.2 (Fortsetzung)

Verfahren	Messgröße	Anwendungsbereich
Messung von physikalischen Größen		
Elektrische Impedanz	Impedanzveränderung durch Änderungen der Zellwände, Messung bei verschiedenen Frequenzen	Kartoffeln
Viskosimetrie	Viskositätsabnahme durch Fragmentierung polymerer Substanzen (Stärke, Cellulose, Pektin)	Kräuter und Gewürze Stärke, Gele
Nahe-Infrarot-Spektroskopie (NIR)	Spektrale Veränderungen	Gewürze
Thermische Analyse (DSC)	Gefrierpunkterniedrigung	Fisch, Garnelen, Eiklar

Tab. 9.3 Chemische Nachweisverfahren einer Strahlenbehandlung von Lebensmitteln.

Inhaltsstoff	Verfahren	Messgröße	Anwendungsbereich
Proteine	Gaschromatographie/Massenspektrometrie (GC-MS), Hochdruck-Flüssigkeitschromatographie (HPLC)	veränderte Aminosäuren, wie o-Tyrosin	Proteinhaltige Lebensmittel wie Fleisch, Geflügel, Fisch, Garnelen, Froschschenkel, Eiklar
	HPLC	veränderte Aminosäuren, wie Tryptophanderivate	Geflügel, Garnelen, Eiklar
	Gel-Elektrophorese mit Immunnachweis	Proteinfragmente	Eiklar, Geflügel, Garnelen
	Kapillar-Elektrophorese	Proteinfragmente	Eiklar
	Fluorimetrie	Proteinbruchstücke, wie Formaldehyd	Geflügel
	GC, Gassensoren	Proteinbruchstücke wie H_2S, NH_3, H_2, CO	Geflügel, Fleisch, Garnelen, Gewürze
	Gelfiltration	Proteinvernetzungen (Aggregate)	Fleisch
	Elektrospray-Ionisation-MS	Aggregate	Eiklar
Lipide	Gaschromatographische GC bzw. gekoppelte Verfahren mit Flüssigkeitschromatographie (LC) oder Massenspektrometrie GC-MS, LC-GC-(MS), LC-LC-GC-(MS)	langkettige Kohlenwasserstoffe	fetthaltige Lebensmittel, wie Fleisch, Geflügel, Fisch, Garnelen, Froschschenkel, Trockenei, Camembert, Obst (Kerne bzw. Samen (Mango, Papaya)) oder Fruchtfleisch (Avocado), Nüsse, Gemüse (Bohnen), Gewürze
	GC-MS, LC-GC-MS, bzw. Dünnschicht-Chromatographie (TLC) kombiniert mit HPLC oder GC-MS	2-Alkylcyclobutanone	Fleisch, Geflügel, Fisch, Garnelen, Flüssigvollei, Käse (Camembert, Brie, Schafskäse), Obst (Kerne bzw. Samen (Mango, Papaya)) oder Fruchtfleisch (Avocado), Reis, Nüsse
	Immunoassay	2-Alkylcyclobutanone	Geflügel, Garnelen
	Kolorimetrie	Lipidhydroperoxide	Fleisch, Geflügel, Trockenei
	GC, TLC-GC	oxidierte Cholesterinderivate	Fleisch, Geflügel, Trockenei

Tab. 9.3 (Fortsetzung)

Inhaltsstoff	Verfahren	Messgröße	Anwendungsbereich
Kohlenhydrate	Colorimetrie	Stärkegehalt	Gewürze
	Polarimetrie	optische Isomere	
Nucleinsäuren	Alkalische Elution	DNA-Fragmente	Krustentiere
	Pulsfeld-Gel-Elektrophorese	DNA-Fragmente	Geflügel
	Durchfluss-Cytometrie	DNA-Fragmente	Zwiebeln
	Agarose-Gel-Elektrophorese	mitochondriale DNA (mt DNA)	Fleisch, Geflügel, Fisch, Garnelen
	Einzelzell-Mikrogel-Elektrophorese (Kometentest)	DNA-Fragmente	Fleisch, Geflügel, Fisch, Obst, getrocknete Früchte, Samen, Gewürze, Knoblauch
	Immunoassay	veränderte DNA-Basen (Dihydrothymidin)	Garnelen
Andere Inhaltsstoffe	GC	Aromaprofile	Gewürze
	HPLC	phenolische Substanzen	Obst und Gemüse, Gewürze
	Polarimetrie	Ethanolderivate	Branntwein

Tab. 9.4 Biologische Nachweisverfahren einer Strahlenbehandlung von Lebensmitteln.

Verfahren	Messgröße	Anwendungsbereich
Histologische/morphologische Veränderungen		
Gewebekultur, Mikroskopie	Hemmung der Zellteilung	Kartoffeln, Zwiebeln, Knoblauch
Mikroskopie	Hemmung der Wundperidermbildung	Kartoffeln
Mikroskopie	Abnormale Keimbildung	Kartoffeln
Mikroskopie, Chromosomenanalyse	Chromosomen-Aberrationen	Getreide, Kartoffeln, Zwiebeln, Erdbeeren
Elektronen-Mikroskopie	Strukturveränderungen	Obst, Garnelen
Wurzelbildung	Hemmung der Wurzelbildung	Zwiebeln
Keimungstest (Halb-Embryo-Test)	Hemmung der Wurzel- und Sprossenbildung	Obstkerne, Getreide
Sporentest	Hemmung der Sporenbildung	Champignons
Hyphentest	Hemmung der Hyphenbildung	Champignons
Veränderungen in der Mikroflora		
Keimzahlbestimmung	Hemmung von Bakterienwachstum	Fisch, Fleisch
Bestimmung der Mikroorganismen-Spezies	Ausbildung von Strahlenresistenz	Geflügel, Fisch, Garnelen
Bestimmung der Mikroorganismen-Spezies	Veränderung des mikrobiellen Profils	Erdbeeren, Fisch, Garnelen
Messung des flüchtigen Basenstickstoffs (TVBN) und der flüchtigen Säuren (TVA)	Hemmung von Bakterienwachstum	Fisch, Fleisch
Turbidimetrie	Hemmung von Bakterienwachstum	Fisch, Fleisch, Geflügel, Champignons, Gewürze
Epifluoreszenz-Filtertechnik kombiniert mit der Keimzahlbestimmung der aeroben mesophilen Mikroorganismen (DEFT/APC)	Vergleich der Zahl der keimfähigen Mikroorganismen mit der Gesamtzahl an sowohl toten als lebendigen Mikroorganismen	Kräuter und Gewürze
Limulus-Amöbenzellen-Lysat-Test kombiniert mit der Keimzahlbestimmung der gramnegativen Bakterien (LAL/GNB)	Vergleich der Zahl der keimfähigen gramnegativen Bakterien mit der Gesamtmenge an Endotoxin (sowohl tote als lebendige gramnegative Bakterien)	Geflügel
Veränderungen an Insekten		
Mikroskopie	Verkleinerung des supra-ösophagealen Ganglions	Obst, Getreide
Polyphenoloxidase-Test	Hemmung von Enzymen	Obst, Getreide

9.4
Validierung und Normung von Nachweisverfahren

Im Rahmen der internationalen Zusammenarbeit von BCR und IAEA wurden Ringversuche zur Validierung besonders aussichtsreicher Nachweisverfahren durchgeführt. In den Jahren 1985–2000 wurden insgesamt 36 Ringversuche, sowohl auf nationaler als auch internationaler Ebene durchgeführt [20]. Insbesondere auf europäischer Ebene gelang es, verschiedene analytische Verfahren zu normen. Durch die Hilfe des Europäischen Komitees für Normung (CEN) – und dessen Sekretariat für diese Arbeit bei DIN in Berlin – liegen heute zehn genormte Nachweisverfahren vor, mit denen bei den meisten Lebensmitteln eine Strahlenbehandlung detektiert werden kann [29–38] (Tab. 9.5).

Diese Methoden sind inzwischen vom Codex Alimentarius als generelle Codex-Methoden anerkannt worden – mit Ausnahme der zuletzt erschienenen Norm DIN EN 14569:2005-01, die noch nicht eingereicht wurde. Im neuen revidierten „Codex General Standard for Irradiated Foods", Codex Stan 106-1983, rev. 1-2003 [9], wird im Abschnitt 6 „Post irradiation verification" speziell auf diese analytischen Nachweisverfahren hingewiesen.

9.5
Prinzip und Grenzen der genormten Nachweisverfahren

9.5.1
Physikalische Methoden

9.5.1.1 Elektronen-Spin-Resonanz (ESR)-Spektroskopie

Bei der ESR-Spektroskopie werden paramagnetische Verbindungen (Moleküle oder Ionen mit einem oder mehreren ungepaarten Elektronen) nachgewiesen. Zu diesen zählen u.a. die durch Bestrahlung gebildeten freien Radikale in Lebensmitteln. Diese freien Radikale sind zumeist stabil in harten und trockenen Bestandteilen oder Bereichen der Lebensmittel. Im ESR-Spektrometer wird die meistens getrocknete Probe in einem starken Magnetfeld einer Mikrowelle mit sehr hoher Frequenz (z.B. 9,5 GHz) ausgesetzt. Ungepaarte Elektronen verhalten sich in dem starken externen Magnetfeld wie Magneten. Dabei können sie sich parallel oder antiparallel zum Magnetfeld ausrichten. Es entstehen die Elektronenspins $m_s = +½$ und $m_s = -½$ mit unterschiedlichen Energieniveaus. Wenn nun die Magnetfeldstärke kontinuierlich verändert wird, kommt es bei einer bestimmten Feldstärke zur Resonanz – die Spinrichtung kann sich verändern von $m_s = +½$ zu $m_s = -½$ oder umgekehrt. Die Absorption der eingestrahlten Mikrowellenenergie entspricht dabei der Differenz der unterschiedlichen Energieniveaus. Die absorbierte Energie wird im ESR-Spektrum meistens als erste Ableitung des Absorptionssignals in Abhängigkeit von der angewandten Magnetfeldstärke dargestellt. Der Wert der Magnetfeldstärke und der Mikrowellenfrequenz hängt von der experimentellen Anordnung (Probenvolumen und Probenhalterung) ab, während ihr Verhältnis, der so genannte g-Wert,

Tab. 9.5 Europäisch genormte Nachweismethoden für bestrahlte Lebensmittel [29–38].

Norm Nr.:	Jahr – Monat	Verfahren	Anwendungsbereich	Validiert an
DIN EN	1784 : 2003–11	gaschromatographische Untersuchung auf Kohlenwasserstoffe	fetthaltige Lebensmittel	Hähnchen-, Schweine- und Rindfleisch, Camembert Avocado, Papaya und Mango
DIN EN	1785 : 2003–11	gaschromatographisch/massenspektrometrische Untersuchung auf 2-Alkylcyclobutanone	fetthaltige Lebensmittel	Hühner- und Schweinefleisch flüssiges Vollei Lachs Camembert
DIN EN	1786 : 1997–03	ESR-Spektroskopie von Knochen bzw. Gräten	knochen- bzw. grätenhaltige Lebensmittel	Rinder- und Hähnchenknochen Forellengräten
DIN EN	1787 : 2000–07	ESR-Spektroskopie von kristalliner Cellulose	cellulosehaltige Lebensmittel	Pistazienschalen Paprikapulver frische Erdbeeren
DIN EN	1788 : 2002–01	Thermolumineszenz von Silicatmineralien	Lebensmittel, von denen Silicatmineralien isoliert werden können	Kräuter und Gewürze bzw. Gewürzmischungen Krebs- und Weichtiere einschl. Garnelen Frisch- und Trockenobst und Gemüse Kartoffeln
DIN EN	13708 : 2002–01	ESR-Spektroskopie von kristallinem Zucker	Lebensmittel, die kristallinen Zucker enthalten	getrocknete Feigen getrocknete Mangos getrocknete Papayas Rosinen

Tab. 9.5 (Fortsetzung)

Norm Nr.: Jahr – Monat	Verfahren	Anwendungsbereich	Validiert an
DIN EN 13783 : 2002–04	mikrobiologisches Screeningverfahren mit Epifluoreszenz-Filtertechnik/aerober mesophiler Keimzahl (DEFT/APC)	Kräuter und Gewürze	Kräuter und Gewürze
DIN EN 13784 : 2002–04	DNA-Kometentest (Einzelzell-Mikro-Gelelektrophorese) Screeningverfahren	Lebensmittel, die DNA enthalten	Knochenmark von Hähnchen Hähnchen- und Schweinefleisch getrocknete Früchte Samen und Gewürze
DIN EN 13751 : 2002–12	photostimulierte Lumineszenz von Mineralpartikeln, wie Silicaten (Sand oder Staub) oder bioanorganischen Stoffen (Kalk, Hydroxylapatit)	Lebensmittel, die Mineralpartikel oder bioanorganische Stoffe enthalten	Kräuter, Gewürze und Gewürzmischungen Krebs- und Weichtiere
DIN EN 14569 : 2005–01	mikrobiologisches Screeningverfahren mit Bestimmung der Endotoxinkonzentration mittels Limulus-Amöbenzellen-Lysat-Test und Zahl der keimfähigen gramnegativen Bakterien (LAL/GNB)	Geflügelfleisch	Hähnchenfleisch

$g_{Signal} = 71{,}448 \times \nu_{ESR}/B$
ν_{ESR} = Mikrowellenfrequenz in GHz
B = magnetische Flussdichte des Magnetfelds in Millitesla [mT]

eine charakteristische Größe des paramagnetischen Zentrums und seiner Umgebung ist. Für die Identifizierung bestrahlter Proben kann es hilfreich sein, die g-Werte der ESR-Signale zu bestimmen.

Beim ESR-Nachweis von bestrahlten knochen- bzw. grätenhaltigen Lebensmitteln (DIN EN 1786) [29] wird Knochenmaterial gut getrocknet und entweder in kleinen Stückchen oder pulverisiert in eine ESR-Küvette eingewogen. Probenvorbereitung, Einstellung der Geräteparameter und Durchführung der Messung sind in der Norm genau beschrieben. Typische ESR-Spektren für Hähnchenknochen sind in Abbildung 9.1 dargestellt.

Bestrahlte Proben erkennt man an einem typischen asymmetrischen Signal mit den g-Werten g_1 und g_2, welches auf CO_2^--Radikale zurückgeführt wird, die durch Bestrahlung in der Hydroxylapatitmatrix des Knochens, bzw. der Gräten, gebildet werden. Ein symmetrisches Signal niedrigerer Intensität mit dem g-Wert g_{sym} kann gelegentlich in den ESR-Spektren beobachtet werden. Es wird durch organische Bestandteile hervorgerufen und ist auch in unbestrahlten Proben zu finden. Es wurde deutlich beobachtet, wenn die Knochen noch Mark enthielten. Bei Strahlendosen größer als 1,5 kGy ist das symmetrische Signal meistens vernachlässigbar. Symmetrisches und asymmetrisches Signal treten bei den folgenden g-Werten auf:

g_{sym} = 2,005 ± 0,001 (kein Beweis für eine erfolgte Bestrahlung)
g_1 = 2,002 ± 0,001 (bestrahlt)
g_2 = 1,998 ± 0,001 (bestrahlt)

Der Nachweis der Bestrahlung durch ESR-Messungen an Knochen ist eine sehr zuverlässige Methode, da die Dosis-Nachweisgrenze erheblich kleiner ist als die in der Praxis eingesetzte Strahlendosis. Bei stärkerer Mineralisierung der Knochen (große und/oder ältere Tiere) ist das ESR-Signal nach Bestrahlung noch höher. Umgekehrt nimmt das Signal bei wenig mineralisierten Proben, wie z. B. bei Gräten, deutlich ab. Auch nach 12-monatiger Lagerung kann dieses spezifische ESR-Signal noch gut beobachtet werden. In Knochen wird das Signal durch Erhitzen kaum beeinflusst, so dass selbst bei einem bestrahlten und anschließend gekochten oder gegrillten Hähnchen noch ein Nachweis über ESR geführt werden kann.

Nebenbei sei erwähnt, dass die ESR-Messung von Knochenmaterial nicht erst zum Nachweis von bestrahlten Lebensmitteln eingesetzt wird, sondern bereits früher – sowohl bei der Datierung von archäologischem Material als auch zur Dosimetrie bei kerntechnischen Unfällen – ihre Anwendung fand [63, 90, 91].

Die ESR-Spektroskopie kann auch auf andere bioanorganische Stoffe wie Panzer von Krebstieren, Schalen von Weichtieren oder Eierschalen angewendet werden. Die Versuche hierzu waren im Prinzip erfolgreich, da in den meisten Fällen deutliche Unterschiede zwischen bestrahlten und unbestrahlten Produkten

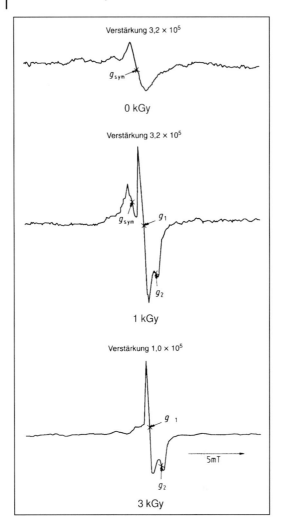

Abb. 9.1 Typische ESR-Spektren von Hähnchenschenkel-Knochen [29] (Magnetfeld 350 mT ± 10 mT).

auftraten. Bemerkenswert war jedoch, dass je nach Herkunft der Garnelen (*Pandalus montagui*) die ESR-Signale nach Bestrahlung unterschiedlich waren [99]. Ein deutscher Ringversuch mit bestrahlten Nordseekrabben (*Crangon crangon*) und Kaisergranat (*Nephrops norvegicus*), bei dem nur wenige Proben falsch identifiziert wurden, führte zu einer Aufnahme der ESR-Spektroskopie zum Nachweis einer Strahlenbehandlung von Krebstieren in der Amtlichen Sammlung von Untersuchungsverfahren nach § 35 LMBG (L 12.01-1) [1]. Dagegen wurden bei einem britischen Ringversuch [100] zwar gute Ergebnisse für bestrahlten Kaisergranat und grüne Tigergarnelen (*Penaeus (Penaeus) semisulcatus*) erhalten, jedoch enttäuschende Resultate für Montagui-Garnelen (*Pandalus montagui*). Bei letzterer Spezies konnten nur 54% der Proben richtig identifiziert werden. Aufgrund dieser Ergebnisse wurde die Ausarbeitung eines europäischen Standards für den ESR-spektroskopischen Nachweis von bestrahlten Krebstieren zurückgestellt, bis weitere grundlegende Kenntnisse über die ESR-Spektren und ihre Abhängigkeit von Faktoren wie Sorte, Herkunft, Lagerung, usw. vorliegen.

Die zweite genormte Anwendung der ESR-Spektroskopie ist der Nachweis von Celluloseradikalen in bestrahlten pflanzlichen Lebensmitteln (DIN EN 1787) [30]. Probenstückchen werden aus Schalen, Samen, Kernen und Steinen gewonnen; von Erdbeeren werden die Nüsschen (Achänen) isoliert, gröbere Gewürze zerkleinert oder pulverisiert, bei Bedarf schonend getrocknet und in ESR-Küvetten eingewogen.

Wichtig ist bei der Messung des Cellulosesignals, dass die Mikrowellenleistung nicht zu hoch ist (empfohlen werden 0,4 bis 0,8 mW), da sonst eine Sättigung eintritt und das Signal nicht mehr zu beobachten ist [26, 52]. Typische ESR-Spektren sind in Abbildung 9.2 wiedergegeben.

Ein zentrales Signal ist in allen ESR-Spektren, auch bei unbestrahlten Proben, sichtbar. Im Fall bestrahlter Proben ist die Intensität dieses Signals im Vergleich zu unbestrahlten Proben gewöhnlich sehr viel größer. Zusätzlich erscheint ein Linienpaar („Satellitenpeaks") links und rechts des zentralen Signals. Dieses Linienpaar wird auf Celluloseradikale zurückgeführt, die durch Bestrahlung gebildet werden. Der Abstand der beiden Linien voneinander beträgt etwa 6,0 mT (Millitesla).

Das Auftreten des Linienpaares ist eindeutiger Nachweis für eine Strahlenbehandlung, jedoch ist die Abwesenheit dieses Signals kein Beweis, dass die Probe unbestrahlt ist. Nachweisgrenzen und Stabilität dieses Signals werden nämlich durch den Gehalt an kristalliner Cellulose und durch die Feuchtigkeit der Probe beeinflusst. So kann in Paprikapulver kurz nach der Strahlenbehandlung das Celluloseradikal gut beobachtet werden, doch nach einigen Monaten – insbesondere in Abhängigkeit von der Feuchtigkeit der Probe – verschwinden. Auch bei noch genussfähigen bestrahlten Erdbeeren kann – wiederum abhängig von den Lagerungsbedingungen – das Celluloseradikal nicht mehr detektierbar sein. Um falsch negative Ergebnisse zu vermeiden, sollten cellulosehaltige Proben, die kein typisches Linienpaar aufweisen, mit einem anderen standardisierten Verfahren zum spezifischen Nachweis einer Bestrahlung geprüft werden.

Die dritte genormte Anwendung der ESR-Spektroskopie ist der Nachweis der Radikale von kristallinen Zuckern in bestrahlten getrockneten Früchten (DIN EN 13708) [33]. Hierzu werden zuckerhaltige Probestückchen aus den Früchten entnommen, evtl. schonend getrocknet, und in die ESR-Küvette eingewogen.

Wenn man Trockenfrüchte bestrahlt, die kristallinen Zucker enthalten, treten bei der ESR-Messung typische komplexe Multikomponenten-Spektren auf. Diese werden auf strahlenspezifische Zuckerradikale zurückgeführt. Da das gesamte ESR-Spektrum von der Zusammensetzung der Radikale der Mono- und Disaccharide und deren Kristallisationsgrad abhängt, treten – je nach Art der Früchte – unterschiedliche Spektren auf. Bei unbestrahlten Proben werden keine ESR-Signale oder nur ein breites Einzelsignal (Singulett) beobachtet.

298 | *9 Nachweismethoden für bestrahlte Lebensmittel*

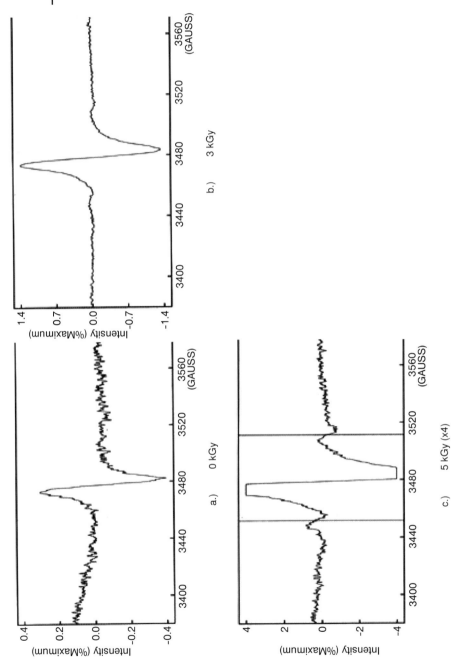

Abb. 9.2 Typische ESR-Spektren von türkischem Paprikapulver [5].

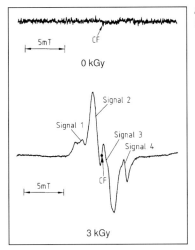

Abb. 9.3 Typische ESR-Spektren von getrockneten Feigen [33].

Ein typisches ESR-Spektrum einer bestrahlten Trockenfrucht ist in Abbildung 9.3 wiedergegeben.

Die Gesamtspektrenbreite variiert von ~ 7–9 mT und das Spektrum zeigt mehrere Signale. Wenn ein solches ESR-Spektrum auftritt, ist dies ein Beweis für eine Strahlenbehandlung. Dieser Nachweis wird durch Lagerung der Probe über mehrere Monate hinweg kaum beeinflusst. Wenn kein spezifisches Spektrum beobachtet werden kann, ist dies wiederum kein Beweis dafür, dass die Probe nicht bestrahlt wurde. Wenn nämlich in der Probe die Mono- und Disaccharide nicht in kristalliner, sondern in amorpher Form vorliegen, können auch nach einer Bestrahlung keine typischen ESR-Signale beobachtet werden. Ebenso wird der Nachweis durch die Aufnahme von Wasser beeinflusst, da dann der kristalline Zucker aufgelöst wird. Wenn also kein typisches ESR-Signal beobachtet werden kann, sollte die Probe mit einem anderen genormten Verfahren zum spezifischen Nachweis einer Bestrahlung getestet werden – ähnlich wie bei cellulosehaltigen Proben.

Auch durch andere Prozesse können im Lebensmittel freie Radikale gebildet werden, z. B. durch Erhitzen, Gefriertrocknen, Mahlen, Ultraschall oder bei Autoxidation der Fette. Die hier beschriebenen Knochen-, Cellulose- und Zuckerradikale sind jedoch weitgehend strahlenspezifisch. Ein großer Vorteil der ESR-Messungen ist, dass diese sehr einfach, schnell durchzuführen (~ 30 Minuten) und zudem auch noch zerstörungsfrei sind (Wiederholungsmessungen sind möglich). Die Detektion der strahlenspezifischen Signale ist ein eindeutiger Nachweis einer erfolgten Bestrahlung. Nachteilig sind der mögliche schnelle Abbau der ESR-Signale durch Feuchtigkeit oder Lagerung und die hohen Anschaffungskosten für das ESR-Spektrometer.

9.5.1.2 Thermolumineszenz

Bei der Thermolumineszenz(TL)-Messung (DIN EN 1788) [31] werden zunächst Silicatmineralien, die Lebensmitteln anhaften (Sand oder Staub), von den Lebensmitteln isoliert. Dies geschieht z. B. durch einfaches Herauswaschen der Mineralienpartikel mit Wasser (evtl. mit Hilfe eines Ultraschallbades). Organische Bestandteile, die die anschließende Messung stören, werden durch eine Trennung im Dichtegradienten (unter Verwendung von Natriumpolywolframat-Lösung mit einer Dichte von 2 g/mL) entfernt. Durch Säurebehandlung werden die den Silicatmineralien (Quarz, Feldspat u. a.) anhaftenden Carbonate gelöst. Die Mineralienkörnchen werden auf spezielle Edelstahlplättchen oder -schälchen aufgebracht und in einem TL-Messgerät kontrolliert aufgeheizt. Das dabei emittierte Licht wird mit einem geeigneten Photomultiplier gemessen.

Durch eine Behandlung mit ionisierenden Strahlen wird in den anorganischen Strukturen der Silicatmineralien Energie gespeichert, indem Ladungsträger im angeregten Zustand eingefangen werden (Gitterdefekte). Durch Zufuhr von Energie – hier durch kontrolliertes Aufheizen – werden die angeregten Ladungsträger stimuliert, in den Grundzustand zurückzukehren. Dabei wird Licht emittiert, das in Abhängigkeit von der Temperatur als Glühkurve 1 aufgezeichnet wird. Da verschiedene Mineralienarten und/oder Mengen nach Bestrahlung sehr unterschiedliche TL-Intensitäten zeigen, ist eine Normalisierung der TL-Intensität erforderlich. Dazu werden dieselben Mineralien auf dem Plättchen nach der ersten TL-Messung mit einer definierten Dosis bestrahlt und einer zweiten TL-Messung unterzogen (Glühkurve 2). Zur Beurteilung, ob die Probe bzw. Probenbestandteile bestrahlt worden sind, werden das TL-Verhältnis (Quotient aus den Integralen der Glühkurven 1 und 2 über einen definierten Temperaturbereich) und die Form der Glühkurven herangezogen. Im empfohlenen Temperaturbereich (meistens im Bereich von 150–250 °C) ist das TL-Verhältnis bei bestrahlten Proben üblicherweise größer als 0,1 und bei unbestrahlten Proben kleiner als 0,1. Zusätzlich zeigt die Glühkurve 1 einer bestrahlten Probe im Allgemeinen ein Maximum zwischen 150–250 °C. Bei unbehandelten Proben, die nur der natürlichen Umweltradioaktivität ausgesetzt waren, findet man TL-Signale hauptsächlich im Temperaturbereich über 300 °C. Typische Glühkurven sind in Abbildung 9.4 wiedergegeben.

Um die unterschiedlichen Formen der Glühkurve 1 von unbestrahlten und bestrahlten Proben nochmals hervorzuheben, wird auf Abbildung 9.5 verwiesen.

In den Abbildungen 9.4 und 9.5 weist die Form der Glühkurve 1 bereits sehr deutlich auf Bestrahlung hin. Im speziellen Fall, z. B. bei Gewürzmischungen, die nur eine bestrahlte Komponente enthalten, bzw. unbestrahlten Lebensmitteln, die mit bestrahlten Zutaten gewürzt sind, kann das TL-Verhältnis deutlich kleiner sein als 0,1. Die Form und Lage der Glühkurve 1, mit einem Peak zwischen 150 °C und 250 °C, zeigt jedoch eindeutig dass bestrahlte Komponenten vorhanden sind.

Die Vorteile der TL-Messung sind die hohe Empfindlichkeit der strahlenspezifischen TL-Signale und deren Stabilität über mehrere Jahre hinweg. Zudem

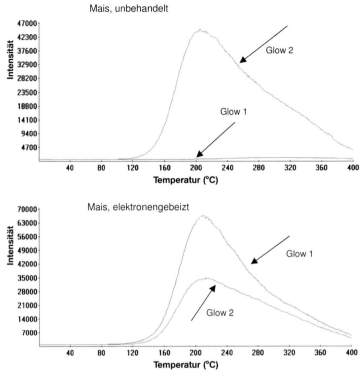

Abb. 9.4 Typische Thermolumineszenz-Glühkurven von Mais, unbehandelt und bestrahlt mit niederenergetischen Elektronen (12 kGy, 125 keV) [14].

kann das TL-Verfahren zum Nachweis einer Strahlenbehandlung prinzipiell auf jedes Lebensmittel angewandt werden, von dem Silicatmineralien isoliert werden können. Bei der Verarbeitung von pflanzlichen Produkten, wie Kräutern und Gewürzen, Obst und Gemüse, Getreide, Knollen und Zwiebeln findet sich Sand bzw. Staub. Sand vom Meeresboden findet sich auch bei Meeresfrüchten und Garnelen. Die einzige Bedingung ist, dass ausreichende Mengen an Silicatmineralien von den Lebensmitteln isoliert werden können. Meist genügen ∼ 0,1–5 mg Mineralien. Nachteil der TL-Messung ist der manchmal hohe zeitliche Aufwand, um geringe Mengen von Mineralien zu isolieren. Die Messung ist zudem zeitaufwändig durch die Bestimmung von zwei Glühkurven (Gesamtanalysenzeit ∼ 72 Stunden). Soweit nicht die Möglichkeit besteht, die Bestrahlung der isolierten Mineralien im eigenen Labor durchzuführen, muss dieser Teil der Analyse extern vergeben werden, was die Analysenzeit entsprechend verlängert. Außerdem verursacht die Gerätebeschaffung erhebliche Kosten.

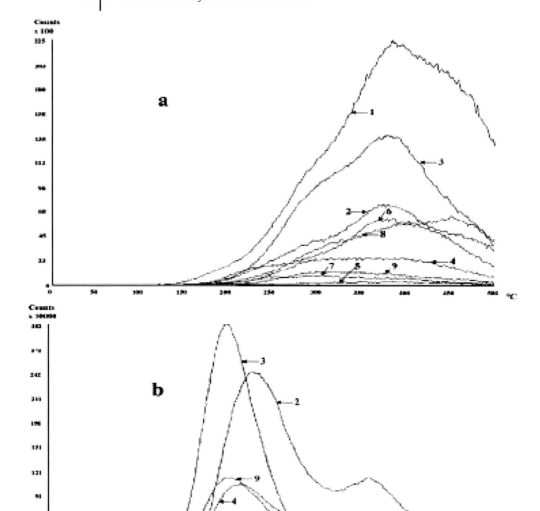

Abb. 9.5 Typische TL-Glühkurven (Glühkurve 1) von unbestrahlten (a) und bestrahlten (b) polnischen Trockenpilzen [70]. (Bitte beachten, dass die Ordinaten unterschiedlich skaliert sind, bei den bestrahlten Pilzen um eine 100fache TL-Intensität). 1 = Champignon, 2 = Steinpilz, 3 = Pfifferling, 4 = Spitzmorchel, 5 = Butterpilz, 6 = Maronenröhrling, 7 = Shiitake, 8 = Judasohr, 9 = Totentrompete.

9.5.1.3 Photostimulierte Lumineszenz (PSL)

Eine preisgünstige Alternative zur TL-Messung ist die Messung der photostimulierten Lumineszenz (DIN EN 13751) [34]. Bei diesem Verfahren müssen aus den Lebensmitteln keine Silicatmineralien isoliert werden. Das Produkt, bzw. Teile davon, die Mineralienpartikel oder bioanorganische Stoffe enthalten, werden direkt in Petrischalen gefüllt und in die Messkammer des PSL-Gerätes gegeben. Die Bestrahlung verursacht eine Speicherung von Energie in den Gitterstrukturen und – anstelle von Aufheizen, wie bei der Thermolumineszenz – wird bei der photostimulierten Lumineszenz die Probe durch eine intensive Lichtquelle angeregt. Dadurch erfolgt ein Übergang der Ladungsträger zu Niveaus mit niedriger Energie, wobei gleichzeitig Licht emittiert wird. Dieses Licht hat zum Teil eine höhere Energie als das eingestrahlte Licht der Anregungslichtquelle und wird durch ein geeignetes Photonenzählsystem gemessen. PSL-Messungen zerstören die Probe nicht. Auch können die Proben wiederholt gemessen werden, wobei allerdings die PSL-Signale schwächer werden.

Die PSL-Messung ergibt eine PSL-Intensität (Photonen/Zeiteinheit); diese wird mit zwei Schwellenwerten verglichen: einem unteren Schwellenwert T_1 und einem oberen Schwellenwert T_2. Signale unterhalb des unteren Schwellenwertes deuten darauf hin, dass die Proben nicht bestrahlt sind. Signale über dem oberen Schwellenwert indizieren eine Bestrahlung. PSL-Intensitäten zwischen den beiden Schwellenwerten erfordern weitere Untersuchungen. Die Schwellenwerte werden durch eine große Anzahl von Messungen an unbestrahlten und bestrahlten Proben etabliert. Bei Ringversuchen hat sich gezeigt, dass – abhängig von der Beschaffenheit der verschiedenen Lebensmittelgruppen – unterschiedliche Schwellenwerteinstellungen eine bessere Klassifizierung ermöglichen können.

Die Anwendung von Schwellenwerten ermöglicht ein schnelles Screening und als solches wird das PSL-Verfahren meistens eingesetzt. „Verdächtige" Proben werden anschließend mit einem anderen genormten Nachweisverfahren, wie z. B. TL, überprüft.

Alternativ kann auch die „kalibrierte PSL" eingesetzt werden, um einem Verdacht bei der Screening-PSL nachzugehen. Hierzu wird die Probe nach der ersten PSL-Messung mit einer definierten Dosis bestrahlt und anschließend erneut gemessen. Bestrahlte Proben zeigen nur einen geringen Anstieg der PSL-Intensität nach dieser Kalibrierungsbestrahlung, während bei unbestrahlten Proben üblicherweise ein starker Anstieg des PSL-Signals zu beobachten ist.

Vorteile der Screening-PSL-Messung sind die schnelle und einfache Durchführung, die niedrigen Gerätekosten und die große Anwendungsbreite auf viele Lebensmittel. Nachteile sind, dass nur numerische Zahlenwerte miteinander verglichen werden und dadurch häufiger falsch negative und falsch positive Ergebnisse auftreten, so dass die Ergebnisse mit einem zweiten Verfahren überprüft werden müssen. Die Stabilität der PSL-Signale ist zudem wesentlich geringer als die der TL-Signale. Das Ergebnis wird durch die zufällige Präsenz von Mineralienpartikeln oder bioanorganischen Stoffen an der Oberfläche der gemessenen Probe stark beeinflusst und unterliegt daher erheblichen Schwankungen.

Tab. 9.6 Messung der photostimulierten Lumineszenz (PSL) von einigen türkischen Gewürzen und Tees, bestrahlt mit 10 MeV-Elektronen (Impulse/60 s, Mittelwert aus Doppelbestimmungen ± Standardabweichung) [5].

Lebensmittel	Strahlendosis				
	0 kGy	1 kGy	3 kGy	5 kGy	10 kGy
Paprika	573 ± 131 (−)[a]	1214×10³ ± 430×10³ (+)[c]	2943×10³ ± 785×10³ (+)[c]	3497×10³ ± 2276×10³ (+)[c]	3426×10³ ± 596×10³ (+)[c]
Chili	291 ± 47 (−)[a]	16205×10³ ± 717×10³ (+)[c]	11532×10³ ± 2829×10³ (+)[c]	5840×10³ ± 224×10³ (+)[c]	9860×10³ ± 7109×10³ (+)[c]
Pfeffer (schwarz)	412 ± 238 (−)[a]	609 ± 269 (−)[a]	689 ± 66 (−)[a]	732 ± 134 (±)[b]	845 ± 202 (±)[b]
Tee (schwarz)	297 ± 38 (−)[a]	1207 ± 168 (±)[b]	1414 ± 32 (±)[b]	1737 ± 182 (±)[b]	2450 ± 777 (±)[b]
Tee (aromatisiert)	340 ± 24 (−)[a]	641 ± 76 (−)[a]	1035 ± 177 (±)[b]	2298 ± 283 (±)[b]	1117 ± 326 (±)[b]

a) weniger als 700 Impulse/60 s (< unterer Schwellenwert T_1).
b) intermediär, zwischen 700–5000 Impulse/60 s.
c) mehr als 5000 Impulse/60 s (> oberer Schwellenwert T_2).

Tabelle 9.6 zeigt als Beispiel die PSL-Ergebnisse von einigen türkischen Lebensmitteln.

Bestrahltes Paprika- und Chilipulver zeigten deutlich positive PSL-Signale. Hingegen wiesen der bestrahlte schwarze Pfeffer sowie die beiden Teeproben, selbst bei Anwendung einer Dosis von 10 kGy, nur PSL-Intensitäten im Zwischenbereich oder unterhalb des unteren Schwellenwertes auf. Dies weist auf eine zu geringe PSL-Empfindlichkeit hin, die sich u. a. durch einen geringen Gehalt an Mineralien erklären lässt. In einem Ringversuch mit 40 verschiedenen Kräutern, Gewürzen und Würzzubereitungen konnten immerhin 93 % der bestrahlten Proben korrekt identifiziert werden [92].

9.5.2
Chemische Methoden

9.5.2.1 Kohlenwasserstoffe

Geringe chemische Veränderungen in bestrahlten Lebensmitteln werden bei der gaschromatographischen Untersuchung auf Kohlenwasserstoffe genutzt (DIN EN 1784) [36]. Bei der Bestrahlung von fetthaltigen Lebensmitteln finden in den Fettsäuregruppen von Triglyceriden vorzugsweise Spaltungen in α- und β-Stellung zur Carbonylgruppe statt (Abb. 9.6).

Dadurch entstehen die jeweiligen Kohlenwasserstoffe (KW), C_{n-1} KW und $C_{n-2:1}$ KW, die ein bzw. zwei C-Atome weniger haben als die ursprüngliche Fettsäure. Dabei enthalten letztere KW zusätzlich eine Doppelbindung in Position 1. Um diese Haupt-Radiolyseprodukte vorhersagen zu können, muss die Fettsäurezusammensetzung der Probe bekannt sein (s. Tab. 9.7 als Beispiel).

Für den Nachweis von Kohlenwasserstoffen wird zunächst das Fett aus der Probe gewonnen, z. B. durch Soxhlet-Extraktion. Durch Adsorptionschromatographie an Florisil® wird aus diesem Fett die Kohlenwasserstoff-Fraktion isoliert und anschließend gaschromatographisch aufgetrennt. Die Kohlenwasserstoffe werden mit einem Flammenionisationsdetektor (FID) oder einem Massenspektrometer (MS) detektiert.

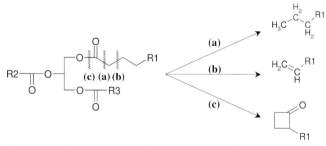

Abb. 9.6 Strahleninduzierte Spaltungen in Triglyceriden (nach E. Marchioni, ULP, Strasbourg). a) C_{n-1} Kohlenwasserstoffe, b) $C_{n-2:1}$ Kohlenwasserstoffe, c) 2-Alkylcyclobutanone.

Tab. 9.7 Hauptfettsäuren in Hähnchen-, Schweine- und Rindfleisch und deren strahleninduzierte C_{n-1} und $C_{n-2:1}$ Kohlenwasserstoffe [36].

Fettsäure	Ungefährer Gehalt (%) pro Gesamtfett			Strahleninduzierte Kohlenwasserstoffe	
	Hähnchen	Schwein	Rind	C_{n-1}	$C_{n-2:1}$
Palmitinsäure (C 16:0)	21	25	23	15:0	1–14:1
Stearinsäure (C 18:0)	6	11	10	17:0	1–16:1
Ölsäure (C 18:1)	32	35	43	8–17:1	1,7–16:2
Linolsäure (C 18:2)	25	10	2	6,9–17:2	1,7,10–16:3

Gesättigte Kohlenwasserstoffe können auch natürlich in Lebensmitteln vorkommen oder sie gelangen als Kontaminanten in die Produkte. Deswegen liegt bei der Auswertung der gaschromatischen Untersuchung der Schwerpunkt auf der Identifizierung von Kohlenwasserstoffen der ungesättigten Hauptfettsäuren.

Im Gaschromatogramm müssen alle $C_{n-1}/C_{n-2:1}$ KW in den – auf Grundlage der Fettsäurezusammensetzung der Probe – zu erwartenden Mengen und Verhältnissen detektiert werden.

Ein typisches Gaschromatogramm von bestrahltem Hühnerfleisch ist in Abbildung 9.7 gezeigt.

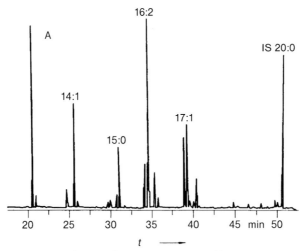

Abb. 9.7 Typisches Gaschromatogramm von Kohlenwasserstoffen in bestrahltem (6,8 kGy) Hühnerfleisch [36] (Detektion durch FID).

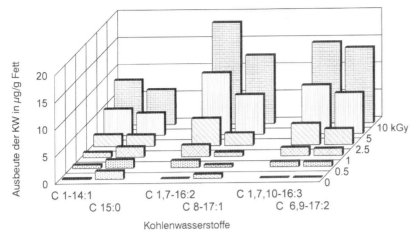

Abb. 9.8 Strahleninduzierte Bildung von Kohlenwasserstoffen in brasilianischen Carioca-Bohnen [108].

Die Bildung von strahleninduzierten Kohlenwasserstoffen in brasilianischen Bohnen in Abhängigkeit von der angewandten Strahlendosis ist in Abbildung 9.8 gezeigt.

Die Norm DIN EN 1784 wurde an einigen tierischen und pflanzlichen Lebensmitteln validiert (Tab. 9.5). Bei niedrigen Strahlendosen – wie sie in der Praxis bei Früchten zur Insektenbekämpfung angewandt werden – können die Konzentrationen der Kohlenwasserstoffe jedoch so niedrig sein, dass sie unterhalb der Nachweisgrenze liegen. Die Nachweisgrenzen werden durch die übliche Lagerungszeit nicht beeinflusst.

Die Vorteile dieser chemischen Methode sind die vergleichsweise niedrigen apparativen Kosten, vorausgesetzt das Labor verfügt über GC- bzw. GC-MS-Geräte, die auch für andere analytische Fragestellungen eingesetzt werden. Spezielle Geräte, wie bei den physikalischen Nachweisverfahren der Bestrahlung, sind nicht erforderlich.

9.5.2.2 2-Alkylcyclobutanone (2-ACBs)

Ein weiteres Verfahren, das auf Abbauprodukten von Lipiden beruht, ist die GC/MS-Untersuchung auf 2-ACBs (DIN EN 1785) [37]. Durch die Spaltung der Acyl-Sauerstoff-Bindung in Triglyceriden bei der Bestrahlung fetthaltiger Lebensmittel werden spezifische 2-Alkylcyclobutanone gebildet (Abb. 9.6). Diese Verbindungen haben die gleiche Anzahl an C-Atomen wie die Ausgangsfettsäure, bilden einen Ring aus vier C-Atomen mit einer Ketogruppe und in Ringposition 2 befindet sich die Alkylgruppe. Jede Fettsäure bildet „ihr eigenes" 2-ACB (Tab. 9.8).

Wenn die Fettsäurezusammensetzung bekannt ist, kann daher vorausgesagt werden, welche 2-ACBs entstehen. Interessant ist, dass es zurzeit keine Hinweise gibt, dass die 2-ACBs auch in unbestrahlten Lebensmitteln nachgewiesen

Tab. 9.8 Strahleninduzierte Bildung von 2-Alkylcyclobutanonen aus Fettsäuren bzw. Triglyceriden.

Fettsäure		2-Alkylcyclobutanon
C 10:0	Caprinsäure	2-Hexyl-Cyclobutanon
C 12:0	Laurinsäure	2-Octyl-Cyclobutanon
C 14:0	Myristinsäure	2-Decyl-Cyclobutanon
C 16:0	Palmitinsäure	2-Dodecyl-Cyclobutanon
C 18:0	Stearinsäure	2-Tetradecyl-Cyclobutanon
C 18:1	Ölsäure	2-(Tetradec-5'-enyl)-Cyclobutanon
C 18:2	Linolsäure	2-(Tetradeca-5',8'-dienyl)-Cyclobutanon

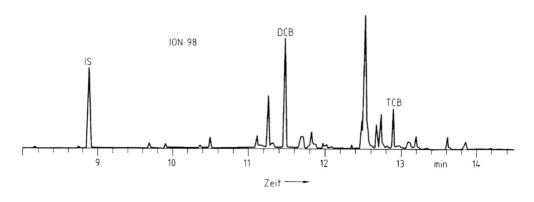

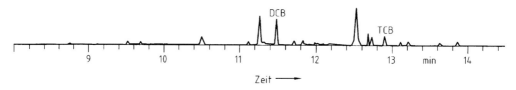

(IS = Innerer Standard, DCB = 2-Dodecylcyclobutanon, TCB = 2-Tetradecylcyclobutanon)

Abb. 9.9 Typisches Chromatogramm der Ionen m/z 98 und m/z 112 von 2-Alkylcyclobutanonen in bestrahltem (4 kGy) Hühnerfleisch [37].

werden können. Sie werden daher als „Unique Radiolytic Products", also als strahlenspezifisch betrachtet.

Ähnlich wie bei der Untersuchung auf Kohlenwasserstoffe wird zunächst das Fett aus dem Lebensmittel extrahiert. Danach wird durch Florisil®-Chromatographie die 2-ACB-Fraktion von den übrigen Fettbestandteilen abgetrennt. Die

2-ACBs werden gaschromatographisch aufgetrennt und mit einem Massenspektrometer detektiert.

Der große Vorteil dieses Verfahrens liegt darin, dass die Bildung der 2-ACBs strahlenspezifisch ist. So gilt die Probe bereits als bestrahlt, wenn ein einziges 2-ACB nachgewiesen werden kann. Ein typisches Chromatogramm für bestrahltes Hühnerfleisch zeigt sowohl das 2-Dodecylcyclobutanon aus Palmitinsäure als auch das 2-Tetradecylcyclobutanon aus Stearinsäure (Abb. 9.9).

Das Verfahren wurde für einige tierische Lebensmittel validiert (Tab. 9.5). Die Nachweisgrenze und Stabilität der 2-ACBs in diesen Erzeugnissen wurden durch Erhitzen oder Lagern nicht wesentlich beeinflusst. Die 2-ACB-Analytik war jedoch bei Mangos und Papayas nicht völlig zufriedenstellend [102], möglicherweise auch durch Störsubstanzen bei der Chromatographie und/oder eine geringere Stabilität (deutliche Abnahme der 2-ACBs im Verlauf der Lagerung bei Papayas) verursacht.

9.5.2.3
DNA-Kometentest

Der DNA-Kometentest zum Nachweis von bestrahlten Lebensmitteln (DIN EN 13784) [35] beruht auf Fragmentierung der DNA durch ionisierende Strahlen. Da auch verschiedene chemische oder physikalische Behandlungen eine DNA-Fragmentierung verursachen können, ist der DNA-Kometentest kein spezifischer Nachweis einer Bestrahlung. „Verdächtige" Proben sollten anschließend durch Einsatz eines anderen genormten, strahlenspezifischen Verfahrens überprüft werden.

Die Fragmentierung der DNA durch den Bruch von Einzel- oder Doppelsträngen kann durch Mikro-Gelelektrophorese an einzelnen Zellen oder Zellkernen untersucht werden. Dazu wird Gewebe aus Fleisch oder Pflanzen schonend zerkleinert und filtriert. Die Zellsuspension wird auf Mikroskop-Objektträgern in Agarose eingebettet. Danach werden die Zellen durch ein Detergens lysiert, um die Zellmembranen durchlässig zu machen. Nach Anlegen einer Spannung wird eine Elektrophorese durchgeführt. Dadurch werden die DNA-Fragmente gestreckt bzw. wandern aus den Zellen heraus. In Richtung „Anode" bildet sich ein Schweif, die geschädigten Zellen sehen aus wie Kometen. Die DNA wird auf dem Objektträger angefärbt und die Zellen können unter dem Mikroskop ausgewertet werden. Bestrahlte Zellen zeigen deutliche Kometenschweife, nicht bestrahlte Zellen sind rund oder haben nur einen schwach ausgeprägten Schweif (Abb. 9.10).

Der DNA-Kometentest wurde an einigen Lebensmitteln, sowohl tierischer als auch pflanzlicher Herkunft, validiert (Tab. 9.5). Der Vorteil des Verfahrens ist die relativ einfache und schnelle Durchführung; zudem handelt es sich um eine kostengünstige Methode, die prinzipiell auf alle DNA-haltigen Lebensmittel anwendbar ist. Nachteil ist, dass die Methode nur als Screeningverfahren eingesetzt werden kann. Zudem treten bei einigen pflanzlichen Lebensmitteln Probleme auf, da bereits bei nicht bestrahlten Zellen deutliche Kometenschweife zu be-

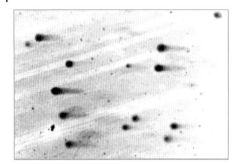

Abb. 9.10 Typische DNA-Kometen von gefrorenem Rindfleisch [66] (Silberanfärbung; Anode rechts; Objektiv 20×).

0 kGy

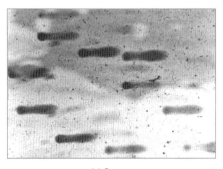

2 kGy

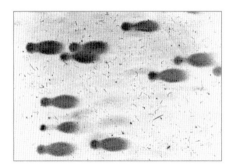

7 kGy

obachten sind [25]. Auch bei einigen Fischarten war der Kometentest nicht erfolgreich. Bei Lachs und Forellen konnte jedoch der Nachweis geführt werden [66]. Wenn Frischfleisch gelagert wird und damit autolytischer Abbau von DNA stattfindet, können die unbestrahlten Proben leicht mit bestrahlten Proben verwechselt werden [8, 66, 107]. Obwohl eine Autolyse der DNA auch bei gefrorenem Fleisch eine Rolle spielt, konnten z. B. bestrahlte rohe, gefrorene Frikadellen (Hamburger) noch nach neun Monaten Gefrierlagerung identifiziert werden [22].

9.5.3
Biologische Methoden

9.5.3.1 DEFT/APC-Verfahren

Bei dem als erstes genormten mikrobiologischen Verfahren handelt es sich um ein Screeningverfahren, bei dem die Epifluoreszenz-Filtertechnik (Direct Epifluorescent Filter Technique, DEFT) und die Bestimmung der aeroben mesophilen Keimzahl (Aerobic Plate Count, APC) kombiniert werden (DIN EN 13783) [32]. Bei der DEFT wird ein definiertes Probevolumen unter reduziertem Druck durch ein Membranfilter filtriert, um die Mikroorganismen auf dem Filter zu konzentrieren. Die Mikroorganismen werden mit einem Fluorochrom – Acrinidinorange – angefärbt und unter einem Epifluoreszenzmikroskop ausgezählt. Dieses ergibt die DEFT-Keimzahl. Die APC-Keimzahl wird parallel dazu aus einem zweiten Anteil der gleichen Untersuchungsprobe im Plattengussverfahren bestimmt.

Zur Auswertung wird nun die DEFT-Keimzahl mit der APC-Keimzahl verglichen. Die DEFT-Keimzahl ist ein Indiz für die Gesamtzahl der in der Probe vorhandenen Mikroorganismen, einschließlich der nicht lebensfähigen. Die APC-Keimzahl bestimmt nur die Anzahl lebensfähiger Mikroorganismen.

Das DEFT/APC-Verfahren wurde in Ringversuchen an bestrahlten Kräutern und Gewürzen getestet. Die Differenz Δ zwischen der DEFT- Keimzahl und der APC-Keimzahl in Gewürzen, die mit Strahlendosen zwischen 5 und 10 kGy behandelt wurden, betrug in der Regel drei bis vier bzw. mehr logarithmische Einheiten. Für die Auswertung wurde daher festgelegt, dass eine Differenz Δ größer oder gleich vier logarithmische Einheiten auf eine Strahlenbehandlung hindeuten kann.

$$\Delta = \log_{10} \text{DEFT}/g - \log_{10} \text{APC}/g \geq 4{,}0$$

Ähnliche Differenzen zwischen DEFT- und APC-Keimzahl können jedoch auch durch andere Lebensmittelbehandlungsverfahren (z. B. Hitze oder Begasung) bewirkt werden. Deshalb muss ein positiver Befund durch Anwendung eines genormten spezifischen Verfahrens zum Nachweis einer Strahlenbehandlung abgesichert werden. Die Anwendung des DEFT/APC-Verfahrens stößt an seine Grenze, wenn die Probe zu wenige Mikroorganismen enthält. Ein Vorteil des Verfahrens ist, dass die hygienische Beschaffenheit der Probe vor der Strahlenbehandlung miterfasst wird. Damit kann kontrolliert werden, ob gegen den Grundsatz verstoßen wurde, dass die Bestrahlung nicht als Ersatz für eine gute Hygiene- oder Herstellungspraxis eingesetzt werden darf.

9.5.3.2 LAL/GNB-Verfahren

Dieses zweite mikrobiologische Screening-Verfahren nutzt das gleiche Prinzip wie DEFT/APC – nämlich den Vergleich zwischen Gesamtzahl der toten und lebensfähigen Organismen und der Zahl der keimfähigen Organismen. Bezugsgrößen sind hier jedoch die gramnegativen Bakterien (GNB) (DIN EN 14569) [38]. Die Gesamtmenge an gramnegativen Bakterien – lebensfähig und tot – wird durch die Konzentration von bakteriellem Endotoxin auf der Oberfläche gramnegativer Bakterien, in Form von Lipopolysacchariden (LPS), erfasst. Diese Endotoxinkonzentration in der Probe wird mit dem einfachen *Limulus*-Amöbenzellen-Lysat (LAL)-Test bestimmt. Die Menge an lebensfähigen gramnegativen Bakterien in der Probe wird auf einem selektiven Agar-Medium erfasst. Die Differenz Δ zwischen den logarithmischen Einheiten der Endotoxin-Konzentration (EU) und die Zahl der koloniebildenden Einheiten (CFU) der gramnegativen Bakterien entscheidet, ob ein ungewöhnliches mikrobiologisches Profil vorliegt. Proben mit einer hohen Endotoxinkonzentration und einer geringen Menge an gramnegativen Bakterien weisen auf eine große Anzahl von toten Mikroorganismen hin. Wenn also

$$\Delta = \log_{10} \text{EU}/g - \log_{10} \text{CFU GNB}/g > 0,$$

ist dies ein Indiz für eine Strahlenbehandlung. Das Verfahren ist jedoch nicht spezifisch für Bestrahlung und „verdächtige" Proben sind zusätzlich durch Anwendung eines genormten, strahlenspezifischen Verfahrens zu überprüfen.

Ähnlich wie das DEFT/APC-Verfahren bietet das LAL/GNB-Verfahren den Vorteil, dass es Informationen über die mikrobiologische Qualität eines Produktes vor der Strahlenbehandlung liefert. Es stößt ebenfalls an seine Grenzen, wenn die Probe zu wenige Mikroorganismen enthält. Das LAL/GNB-Screeningverfahren wurde bis jetzt nur an Geflügelfleisch validiert.

9.6
Neuere Entwicklungen

Hinweise auf neuere Entwicklungen sind in Tabelle 9.9 zusammengefasst. Sie sollen hier nicht näher kommentiert werden, sondern es wird auf die entsprechenden Literaturstellen verwiesen.

Erwähnt werden soll noch, dass auch geringe Mengen von bestrahlten Bestandteilen in ansonsten unbestrahlten Lebensmitteln nachgewiesen werden können. Sogar 0,1% bestrahlter Pfeffer oder 0,5% bestrahltes Separatorenfleisch als Zutat in Geflügelfleisch-Frikadellen können noch bestimmt werden [71].

9.7
Überwachung

Nach der EG-Rahmenrichtlinie zur Lebensmittelbestrahlung [39] haben, wie unter Punkt 1 angeführt, die Mitgliedsländer der EU-Kommission jährlich über die Kontrollen in den Bestrahlungsanlagen zu berichten. Zusätzlich sind Ergebnisse der Untersuchung von Lebensmitteln, die sich im Handel befinden und

Tab. 9.9 Fortschritte bei der Entwicklung von Nachweismethoden für bestrahlte Lebensmittel.

Verfahren	Neuere Entwicklungen	Literatur
Physikalische Verfahren		
ESR-Celluloseradikale	Anwendung von Fruchtfleisch, z. B. bei Erdbeeren, Kiwis, Papayas, Tomaten und Kräutern	[15, 23]
	unterschiedliche Hitzeempfindlichkeit bzw. Mikrowellensättigung der Radikale in Kräutern und Gewürzen	[86, 112, 113]
	Einsatz von „spin-probes" bei Getreide	[103]
TL	Nutzung von Emissionsspektren	[11]
PSL	Nachweis einer Behandlung von Saatgut mit niederenergetischen Elektronen („elektronische Beizung")	[13]
Chemische Verfahren		
Proteine	Messung niedermolekularer Gase (Wasserstoff)	[58]
	immunchemischer Nachweis von verändertem Protein (Rindfleisch)	[69]
	Messung einer veränderten Konformation durch „surface plasmon resonance" (Ovalbumin)	[73]
Fett-Abbauprodukte	verbesserte Extraktion des Fettanteils durch z. B. Festphasenextraktion, superkritisches Kohlendioxid (SFE)	[50, 54, 56, 59, 60, 71, 101]
	gekoppelte chromatographische Verfahren LC-GC, LC-LC-GC, DC-HPLC	[75, 79, 89, 94]
	Argentations-Chromatographie mit größerer Selektivität und Empfindlichkeit	[57, 71, 81]
	Nachweis auch von ungesättigten 2-ACBs	[50, 61, 104]
	fluorometrischer Nachweis von 2-ACBs	[78, 80]
	immunchemischer Nachweis von 2-ACBs	[82]
DNA-Kometentest	alkalische vs. neutrale Protokolle	[76]
	empfindlichere Farbstoffe (SYBR, YOYO)	[21]
veränderte DNA-Basen	Immunoassay auf Dihydrothymidin in bestrahlten Garnelen	[106]
Phenolsäuren	HPLC, Erdbeeren	[7]
flüchtige Substanzen	„Elektronische Nase"	[55, 67]
Biologische Verfahren		
Wurzelbildung	Morphologie der Wurzelbildung in Zwiebeln (Anzahl und Länge der Wurzeln)	[95]
Keimungstest	Anwendung auf Knoblauch	[12]
Veränderungen an Insekten	DNA-Kometentest	[64]

bei denen ein Nachweis der Lebensmittelbestrahlung geführt wurde, an die Kommission weiterzugeben.

Im Rahmen der amtlichen Lebensmittelüberwachung werden in Deutschland in den staatlichen Untersuchungseinrichtungen der einzelnen Bundesländer, welche entsprechend apparativ ausgerüstet sind, Produkte getestet. Dabei kommen größtenteils die spezifischen, anerkannten, validierten, bereits unter Punkt 5 beschriebenen Untersuchungsmethoden zur Anwendung, die größtenteils auch in die Amtliche Sammlung von Untersuchungsverfahren nach § 35 des Lebensmittel- und Bedarfsgegenständegesetzes übernommen wurden (TL, ESR, KW, 2-ACBs, PSL als Screening).

Eine Übersicht über Anzahl und Art der Lebensmittel, die von den Untersuchungsämtern in Deutschland untersucht wurden, ist den vorliegenden jährlichen Berichten der EU-Kommission zu entnehmen [44, 46]. Für den Berichtszeitraum September 2000 bis Dezember 2001 wurden fast 5500 Lebensmittel überprüft; das waren annähernd 82% der gesamten, in der EU überprüften Proben. Im Jahr 2002 waren es beinahe 5000 (67%). In beiden Berichtszeiträumen führten lediglich 8 der 15 Mitgliedsländer Kontrollen im Handel durch.

Das Hauptaugenmerk lag dabei insbesondere auf solchen Produkten wie Kräutern und Gewürzen, Gewürzzubereitungen oder auch Gewürzsalzen. Daneben wurde auch der Untersuchung von frischen, zumeist exotischen, Früchten und Krusten- und Schalentieren ein großer Stellenwert zugemessen.

Bei den Lebensmitteln, die in der EU in beiden Berichtszeiträumen positiv getestet wurden, handelte es sich um Erzeugnisse wie Kräuter und Gewürze, Erzeugnisse, die unter Verwendung von Kräutern und Gewürzen hergestellt werden, sowie tiefgefrorene Froschschenkel, Garnelen, getrocknete Pilze und Nahrungsergänzungsmittel.

Die Ergebnisse der Untersuchungen korrespondieren sehr gut mit denen des Chemischen- und Veterinäruntersuchungsamtes Karlsruhe (CVUA Karlsruhe), welches seit mehr als 18 Jahren im Rahmen der Lebensmittelüberwachung für ganz Baden-Württemberg zentral Untersuchungen auf Bestrahlung durchführt.

In den Jahren 1988–2004 wurden insgesamt mehr als 7800 Erzeugnisse untersucht. Die Anzahl der Lebensmittel, bei denen eine Bestrahlung in den zurückliegenden 17 Jahren nachgewiesen werden konnte, liegt bei 76. Dies entspricht einem Prozentsatz von weniger als 1%. Nachweislich (teil-)bestrahlt waren Erzeugnisse wie getrocknete Kräuter und Gewürze, Würzmittel, Gewürzzubereitungen sowie Lebensmittel, die unter Verwendung von Kräutern und Gewürzen hergestellt werden (Käse mit Kräutern bzw. teeähnliche Erzeugnisse unter Verwendung von Gewürzen), Garnelen und getrocknete Fische, Froschschenkel und Nahrungsergänzungsmittel (Abb. 9.11).

Wurden getrocknete aromatische Kräuter und Gewürze nachweislich bestrahlt, so fehlte in allen Fällen der seit September 2000 vorgeschriebene Hinweis, dass es sich um (teil-)bestrahlte Ware handelt.

Als Fazit der Kontrollen im Handel lässt sich sowohl für Deutschland als auch für alle anderen Mitgliedstaaten, die entsprechende Tests durchgeführt haben, zusammenfassend feststellen, dass sich nur sehr wenige bestrahlte Lebens-

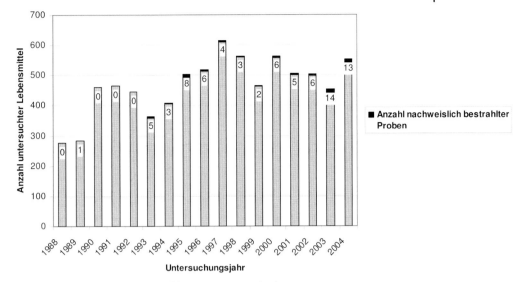

Abb. 9.11 Untersuchung auf Bestrahlung am CVUA Karlsruhe.

mittel auf dem Markt befinden und dass die rechtlichen Vorgaben zur Lebensmittelbestrahlung weitestgehend eingehalten werden.

Die Kontrollen der Bestrahlungsanlagen in Deutschland werden in Einzelregie durch die zuständigen Behörden in den einzelnen Bundesländern durchgeführt. Inzwischen wurde von der Kommission ein Leitfaden zur Kontrolle von Bestrahlungsanlagen erstellt [43]. Dieser soll gewährleisten, dass die Kontrollen der Anlagen in allen Ländern gleichartig durchgeführt werden und insbesondere auch die Anforderungen der revidierten Codex Standards „General Standard For Irradiated Foods" [9] und „Recommended International Code Of Practice For Radiation Processing Of Food" [10] eingehalten werden. Koordinierende Stelle auf Bundesebene für die Zulassung von Bestrahlungsanlagen in Deutschland ist das Bundesministerium für Verbraucherschutz, Ernährung und Landwirtschaft (BMVEL). Die jährlichen Berichte für Deutschland zu den Kontrollen von Lebensmitteln im Handel werden vom Bundesamt für Verbraucherschutz und Lebensmittelsicherheit (BVL) zusammengefasst.

9.8 Schlussfolgerung und Ausblick

In einer relativ kurzen Zeitspanne wurden Nachweisverfahren für bestrahlte Lebensmittel entwickelt. Vor 1985 gab es kaum Ansätze entsprechende Verfahren zu etablieren, aber heute stehen bereits zehn genormte Verfahren für die verschiedensten Produkte zur Verfügung. Viele dieser Verfahren werden in Handelslaboratorien zur Lebensmittelkontrolle, in der amtlichen Lebensmittelüberwachung u. a. Einrichtungen eingesetzt. Der Verbraucher kann sicher sein, dass die rechtlichen Vorgaben der Lebensmittelbestrahlung überwacht und somit Missbrauch verhindert werden kann. Probleme beim Nachweis können dort auftreten, wo bestrahlte Zutaten in sehr geringen Mengen zu unbestrahlten Lebensmitteln zugesetzt worden sind. In der EU-Gesetzgebung wurde jedoch keine prozentuale Mindestmenge festgesetzt, die bestimmt, wann bei einem aus bestrahlten und unbestrahlten Zutaten hergestellten Erzeugnis ein Hinweis auf die Bestrahlung erfolgen muss. Probleme bei dem Nachweis derartiger vermischter Erzeugnisse sind daher prinzipiell vorprogrammiert. Andererseits sollte der Nachweis geringster Mengen bestrahlter Zutaten nicht überstrapaziert werden, da nach heutigem Wissensstand die Lebensmittelbestrahlung nicht nur gesundheitlich unbedenklich ist, sondern im Gegenteil die Lebensmittelsicherheit verbessert. Ob es jedoch in nächster Zeit zu einer vermehrten Anwendung der Lebensmittelbestrahlung kommt – wie von der WHO befürwortet [111] – ist schwer vorherzusagen.

9.9
Literatur

1 Amtliche Sammlung von Untersuchungsverfahren nach § 35 LMBG (2004) Untersuchung von Lebensmitteln – Nachweis einer Strahlenbehandlung (ionisierende Strahlen) von Krebstieren durch Messung des ESR (Elektronen-Spin-Resonanz)-Spektrums, L 12.01-1, 1996-02, Loseblattausgabe (Hrsg) Bundesamt für Verbraucherschutz und Lebensmittel (BVL), Beuth Berlin.

2 Anon (1970) The identification of irradiated foodstuffs, in Proc. Int. Colloq. Luxembourg, Oct. 27, 1970 Commission of the European Communities Luxembourg.

3 Anon (1974) The identification of irradiated foodstuffs, in Proc. Int. Colloq. Karlsruhe, Oct. 24–25, 1973 Commission of the European Communities Luxembourg.

4 Anon (1989) International Document on Food Irradiation, in Acceptance, Control of and Trade in Irradiated Food, Conf. Proceedings, Geneva, 12–16 Dec. 1988, jointly organized by FAO, WHO, IAEA, ITC-UNCTAD/GATT, IAEA Vienna, 135–143.

5 Bayram G, Delincée H (2004) Identification of irradiated Turkish foodstuffs combining various physical detection methods, *Food Control* **15**: 81–91.

6 BFEL (2005) Bibliographie zur Bestrahlung von Lebensmitteln www.bfa-ernaehrung.de

7 Breitfellner F, Solar S, Sontag G (2003) Radiation induced chemical changes of phenolic compounds in strawberries, *Radiation Physics and Chemistry* **67**: 497–499.

8 Cerda H, Koppen G (1998) DNA degradation in chilled fresh chicken studied with the neutral comet assay, *Zeitschrift für Lebensmittel-Untersuchung und -Forschung A* **207**: 22–25.

9 Codex Alimentarius Commission (2003) Codex general standard for irradiated foods, Codex STAN 106-1983, Rev. 1-2003, www.codexalimentarius.net/web/standard_list.do?lang=en

10 Codex Alimentarius Commission (2003) Codex recommended international code of practice for the operation of radiation facilities used for the treatment of food, CAC/RCP 19-1979, Rev. 1-2003, www.codexalimentarius.net/web/standard_list.do?lang=en

11 Correcher V, Muniz JL, Gomez-Ros JM (1998) Dose Dependence and Fading Ef-

fect of the Thermoluminescence Signals in γ-Irradiated Paprika, *Journal of Science of Food and Agriculture* **76**: 149–155.

12 Cutrubinis M, Delincée H, Bayram G, Villavicencio ALCH (2004) Germination test for identification of irradiated garlic, *European Food Research and Technology* **219**: 178–183.

13 Cutrubinis M, Delincée H, Stahl M, Röder O, Schaller HJ (2005) Detection methods for cereal grains treated with low and high energy electrons, *Radiation Physics and Chemistry* **72**: 639–644.

14 Cutrubinis M, Delincée H, Stahl M, Röder O, Schaller HJ (2005) Erste Ergebnisse zum Nachweis einer Elektronenbehandlung von Mais zur Beizung bzw. Entkeimung und Entwesung, *Gesunde Pflanzen* **57**: 129–136.

15 De Jesus EFO, Rossi AM, Lopes RT (1999) An ESR study on identification of gamma-irradiated kiwi, papaya and tomato using fruit pulp, *International Journal of Food Science and Technology* **34**: 173–178.

16 Delincée H (1991) Analytical detection methods for irradiated foods – A review of the current literature, IAEA Vienna, IAEA-TECDOC-587.

17 Delincée H (1991) Versuche zur Identifizierung bestrahlter Lebensmittel – Forschung an der Bundesforschungsanstalt für Ernährung, in: Lebensmittelbestrahlung. 1. Gesamtdeutsche Tagung, Leipzig, 24–26 Juni 1991, SozEp-Heft 7/1991, Institut für Sozialmedizin und Epidemiologie des Bundesgesundheitsamtes Berlin, 59–88.

18 Delincée H (1993) Internationale Zusammenarbeit zum Nachweis bestrahlter Lebensmittel, *Zeitschrift für Lebensmittel-Untersuchung und -Forschung* **197**: 217–226.

19 Delincée H (1998) Detection of food treated with ionizing radiation, *Trends in Food Science and Technology* **9**: 73–82.

20 Delincée H (1999) Nachweis bestrahlter Lebensmittel: Perspektiven, in Knörr M, Ehlermann DAE, Delincée H (Hrsg) Lebensmittelbestrahlung 5. Deutsche Tagung, Karlsruhe 11–12 Nov. 1998, Bundesforschungsanstalt für Ernährung Karlsruhe, BFE-R–99-01, 176–192.

21 Delincée H (2002) Analytical methods to identify irradiated food – a review, *Radiation Physics and Chemistry* **63**: 455–458.

22 Delincée H (2002) Rapid detection of irradiated frozen hamburgers, *Radiation Physics and Chemistry* **63**: 443–446.

23 Delincée H, Soika C (2002) Improvement of the ESR detection of irradiated food containing cellulose employing a simple extraction method, *Radiation Physics and Chemistry* **63**: 437–441.

24 Delincée H, Ehlermann DAE, Bögl W (1988) The feasibility of an identification of radiation processed food – an overview, in Bögl KW, Regulla DF, Suess MJ (Hrsg) Health Impact, Identification, and Dosimetry of Irradiated Foods, Report of a WHO Working Group, Neuherberg 17–21 Nov. 1986, Bericht des Instituts für Strahlenhygiene des Bundesgesundheitsamtes Neuherberg, ISH-Hefte 125, 58–127.

25 Delincée H, Khan AA, Cerda H (2003) Some limitations of the Comet Assay to detect the treatment of seeds with ionizing radiation, *European Food Research and Technology* **216**: 343–346.

26 Desrosiers M, Bensen D, Yaczko D (1995) Commentary on 'Optimization of experimental paramaters for the EPR detection of the cellulosic radical in irradiated foodstuffs', *International Journal of Food Science and Technology* **30**: 675–680.

27 Diehl JF (1973) Möglichkeiten der analytischen Erfassung einer Bestrahlung von Lebensmitteln, *Zeitschrift für Ernährungswissenschaft* Suppl. **16**: 111–125.

28 Diehl JF (1995) Safety of irradiated foods (2. Ausg.), Marcel Dekker, New York.

29 DIN EN 1786 1997 Lebensmittel – Nachweis von bestrahlten knochen- bzw. grätenhaltigen Lebensmitteln. Verfahren mittels ESR-Spektroskopie, Beuth Verlag Berlin.

30 DIN EN 1787 (2000) Lebensmittel – ESR-spektroskopischer Nachweis von bestrahlten cellulosehaltigen Lebensmitteln, Beuth, Berlin.

31 DIN EN 1788 (2001) Lebensmittel – Thermolumineszenzverfahren zum Nachweis von bestrahlten Lebensmitteln, von denen Silikatmineralien isoliert werden können, Beuth, Berlin.

32 DIN EN 13783 (2001) Lebensmittel – Nachweis der Bestrahlung von Lebensmitteln mit Epifluoreszenz-Filtertechnik/ aerober mesophiler Keimzahl (DEFT/ APC) Screeningverfahren, Beuth, Berlin.

33 DIN EN 13708 (2002) Lebensmittel – ESR-spektroskopischer Nachweis von bestrahlten Lebensmitteln, die kristallinen Zucker enthalten, Beuth, Berlin.

34 DIN EN 13751 (2002) Lebensmittel – Nachweis von bestrahlten Lebensmitteln mit Photostimulierter Lumineszenz, Beuth, Berlin.

35 DIN EN 13784 (2002) Lebensmittel – DNA-Kometentest zum Nachweis von bestrahlten Lebensmitteln – Screeningverfahren, Beuth, Berlin.

36 DIN EN 1784 (2003) Lebensmittel – Nachweis von bestrahlten fetthaltigen Lebensmitteln – Gaschromatographische Untersuchung auf Kohlenwasserstoffe, Beuth, Berlin.

37 DIN EN 1785 (2003) Lebensmittel – Nachweis von bestrahlten fetthaltigen Lebensmitteln – Gaschromatographisch/ massenspektrometrische Untersuchung auf 2-Alkylcyclobutanone, Beuth, Berlin.

38 DIN EN 14569 (2005) Lebensmittel – Mikrobiologisches LAL/GNB-Screeningverfahren zum Nachweis von bestrahlten Lebensmitteln, Beuth, Berlin.

39 EG (1999) Richtlinie 1999/2/EG des Europäischen Parlaments und des Rates vom 22. Februar 1999 zur Angleichung der Rechtsvorschriften der Mitgliedsstaaten über mit ionisierenden Strahlen behandelte Lebensmittel und Lebensmittelbestandteile, Amtsblatt der Europäischen Gemeinschaften L66: 16–23 (13.3.1999).

40 EG (1999) Richtlinie 1999/3/EG des Europäischen Parlaments und des Rates vom 22. Februar 1999 über die Festlegung einer Gemeinschaftsliste von mit ionisierenden Strahlen behandelten Lebensmitteln und Lebensmittelbestandteilen, Amtsblatt der Europäischen Gemeinschaften L66: 24–25 (13.3.1999).

41 Elias P, Cohen AJ (Hrsg) (1977) Radiation Chemistry of Major Food Components, Elsevier, Amsterdam.

42 Elias PS, Cohen AJ (Hrsg) 1983 Recent Advances in Food Irradiation, Elsevier, Amsterdam.

43 EU Kommission (2002) Leitfaden für die zuständigen Behörden zur Überprüfung von Bestrahlungsanlagen nach Richtlinie 1999/2/EG, SANCO/10537/2002.

44 EU Kommission (2002) Bericht der Kommission über die Bestrahlung von Lebensmitteln im Zeitraum von September 2000 bis Dezember 2001, Amtsblatt der Europäischen Gemeinschaften C 255: 2–12 (23. 10. 2002).

45 EU Kommission (2003) Verzeichnis der in Mitgliedsstaaten zur Behandlung mit ionisierenden Strahlen zugelassenen Lebensmittel und Lebensmittelzutaten, Amtsblatt der Europäischen Union C 56: 5 (11.3.2003).

46 EU Kommission (2004) Bericht der Kommission über die Bestrahlung von Lebensmitteln für das Jahr 2002, KOM (2004) 69 endgültig.

47 EU Kommission (2004) Entscheidung der Kommission vom 7. Oktober 2004 zur Änderung der Entscheidung 2002/840/EG zur Festlegung der Liste der in Drittländern für die Bestrahlung von Lebensmitteln zugelassenen Anlagen, Amtsblatt der Europäischen Union L 314: 14–15 (13.10.2004).

48 EU Kommission (2004) Lebensmittelbestrahlung http://europa.eu.int/comm/ food/food/biosafety/irradiation/index_de.htm

49 EU Kommission (2004) Verzeichnis der zugelassenen Anlagen zur Behandlung von Lebensmitteln und Lebensmittelbestandteilen mit ionisierenden Strahlung in den Mitgliedsstaaten, SANCO /1332/2000 – rev 14 (3. Sept. 2004).

50 Gadgil P, Hachmeister KA, Smith JS, Kropf DH (2002) 2-Alkylcyclobutanones as irradiation dose indicators in irradiated ground beef patties, Journal of Agricultural and Food Chemistry 50: 5746–5750.

51 Giamarchi P, Pouliquen I, Fakirian A, Lesgards G, Raffi J, Benzaria S, Buscarlet LA (1996) Méthodes d'analyses permettant l'identification des aliments ionisés, Annales des falsifications et de l'expertise chimique et toxicologique 89: 25–52.

52 Goodman BA, Deighton N, Glidewell SM (1994) Optimization of experimental parameters for the EPR detection of the

'cellulosic' radical in irradiated foodstuffs, *International Journal of Food Science and Technology* **29**: 23–28.

53 Haire DL, Chen G, Jansen EG, Fraser L, Lynch JA (1997) Identification of irradiated foodstuffs: a review of the recent literature, *Food Research International* **30** (3/4): 249–264.

54 Hampson JW, Jones KC, Foglia TA, Kohout KM (1996) Supercritical fluid extraction of meat lipids: an alternative approach to the identification of irradiated meats, *Journal of the American Oil Chemists' Society* **73**: 717–721.

55 Han K-Y, Kim J-H, Noh B-S (2001) Identification of the volatile compounds of irradiated meat by using Electronic Nose, *Food Science and Biotechnology* **10**: 668–672.

56 Hartmann M, Ammon J, Berg H (1996) Nachweis einer Strahlenbehandlung in weiterverarbeiteten Lebensmitteln anhand der Analytik strahleninduzierter Kohlenwasserstoffe. Teil 2: Ausarbeitung einer Festphasenextraktion (SPE)-Methode zur Analytik strahleninduzierter Kohlenwasserstoffe, *Deutsche Lebensmittel-Rundschau* **92**: 137–141.

57 Hartmann M, Ammon J, Berg H (1997) Determination of Radiation Induced Hydrocarbons in Processed Food and Complex Lipid Matrices. A New Solid Phase Extraction (SPE) Method for Detection of Irradiated Components in Food, *Zeitschrift für Lebensmittel-Untersuchung und -Forschung* A **204**: 231–236.

58 Hitchcock CHS (2000) Determination of hydrogen as a marker in irradiated frozen food. *Journal of the Science of Food and Agriculture* **80**: 131–136.

59 Horvatovich P, Miesch M, Hasselmann C, Marchioni E (2000) Supercritical fluid extraction of hydrocarbons and 2-alkylcyclobutanones for the detection of irradiated foodstuffs, *Journal of Chromatography* A **897**: 259–268.

60 Horvatovich P, Miesch M, Hasselmann C, Marchioni E (2002) Supercritical fluid extraction for the detection of 2-dodecylcyclobutanone in low dose irradiated plant foods, *Journal of Chromatography* A **968**: 251–255.

61 Horvatovich P, Miesch M, Hasselmann C, Delincée H, Marchioni E (2005) Determination of mono-unsaturated alkyl side-chain 2-alkylcyclobutanones in irradiated foods, *Journal of Agricultural Food and Chemistry* 53:5836–5841.

62 ICFI (2004) International Council on Food Irradiation www.icfi.org/foodtrade.php

63 Ikeya M (1993) New Applications of Electron Spin Resonance: Dating, Dosimetry and Microscopy, World Scientific Singapore.

64 Imamura T, Todoriki S, Sota N, Nakakita H, Ikenaga H, Hayashi T (2004) Effect of "soft-electron" (low-energy electron) treatment on three stored-product insect pests, *Journal of Stored Products Research* **40**: 169–177.

65 Josephson ES, Peterson MS (Hrsg) 1983 Preservation of Food by Ionizing Radiation, CRC Press, Boca Raton, USA, Vol. I–III.

66 Khan AA, Khan HM, Delincée H (2003) "DNA Comet Assay" – A Validity Assessment for the Identification of Radiation Treatment of Meats and Seafood, *European Food Research and Technology* **216**: 88–92.

67 Kim J-H, Noh B-S (1999) Detection of irradiation treatment for red peppers by an Electronic Nose using conducting polymer sensors, *Food Science and Biotechnology* **8**: 207–209.

68 Lebensmittelbestrahlungsverordnung (2000) Verordnung über die Behandlung von Lebensmitteln mit Elektronen-, Gamma- und Röntgenstrahlen (Lebensmittelbestrahlungsverordnung – LMBestrV) vom 14.2.2000, Bundesgesetzblatt Teil I 55: 1730–1733 (20.12.2000) ergänzt durch Artikel 312, siebente ZuständigkeitsanpassungsVO vom 29.10.2001, Bundesgesetzblatt (2001) Teil I 55:2853 (6.11.2001).

69 Lee J-W, Yook H-S, Lee H-J, Kim J-O, Byun M-W (2001) Immunological assay to detect irradiated beef, *Journal of Food Science and Nutrition* **6**: 91–95.

70 Malec-Czechowska K, Strzelczak G, Dancewicz AM, Stachowicz W, Delincée H (2003) Detection of irradiation treatment

in dried mushrooms by photostimulated luminescence, EPR spectroscopy and thermoluminescence measurements, *European Food Research and Technology* **216**: 157–165.

71 Marchioni E, Horvatovich P, Ndiaye B, Miesch M, Hasselmann C (2002) Detection of low amount of irradiated ingredients in non-irradiated precooked meals, *Radiation Physics and Chemistry* **63**: 447–450.

72 Marx F (1998) Nachweis der Behandlung von Lebensmitteln mit ionisierenden Strahlen, in Kienitz H (Hrsg) Analytiker-Taschenbuch, Springer, Berlin, 19: 137–161.

73 Masuda T, Yasumoto K, Kitabatake N (2000) Monitoring the irradiation-induced conformational changes of ovalbumin by using antibodies and surface plasmon resonance, *Bioscience, biotechnology and biochemistry* **64**: 710–716.

74 McMurray CH, Stewart EM, Gray R, Pearce J (Hrsg) (1996) Detection Methods for Irradiated Foods – Current Status, Royal Society of Chemistry, Cambridge UK.

75 Meier W, Artho A, Nägeli P (1996) Detection of Irradiation of Fat-containing Foods by On-line LC-GC-MS of Alkylcyclobutanones, *Mitteilungen aus dem Gebiete der Lebensmitteluntersuchung und Hygiene* **87**: 118–122.

76 Miyahara M, Saito A, Ito H, Toyoda M (2002) Identification of low level gamma-irradiation of meats by high sensitivity comet assay, *Radiation Physics and Chemistry* **63**: 451–454.

77 Molins RA (Hrsg) (2001) Food Irradiation: Principles and Applications, Wiley & Sons, New York.

78 Mörsel J-T (1998) Chromatography of food irradiation markers, in: Hamilton RJ (Hrsg) Lipid Analysis in Oils and Fats, Blackie Academic & Professional, London, 250–264.

79 Mörsel J-T, Huth M, Seifert K (1995) Lebensmittelbestrahlung. Nachweis durch gekoppelte DC-HPLC, *Labor Praxis* **3**: 24–26.

80 Ndiaye B (1998) Les 2-Alkylcyclobutanones, molecules indicatrices d'un traitement ionisant des aliments, Ph.D. Thesis, University Louis Pasteur, Strasbourg.

81 Ndiaye B, Horvatovich P, Miesch M, Hasselmann C, Marchioni E (1999) 2-Alkylcyclobutanones as markers for irradiated foodstuffs: III. Improvement of the field of application on the EN 1785 method by using silver ion chromatography, *Journal of Chromatography* A **858**: 109–115.

82 Nolan M, Elliot CT, Pearce J, Stewart E M (1998) Development of an ELISA for the detection of irradiated liquid whole egg, *Food Science and Technology Today* **12**: 106–108.

83 Olson DG (2004) Food irradiation future still bright, *Food Technology* **58(7)**: 112.

84 Raffi JJ, Kent M (1996) Methods of Identification of Irradiated Foodstuffs, in: Nollet ML (Hrsg), Handbook of food analysis. Bd. 2: Residues and other food component analysis, Dekker, New York, 1889–1906.

85 Raffi J, Delincée H, Marchioni, E Hasselmann C, Sjöberg A-M, Leonardi M, Kent M, Bögl KW, Schreiber G, Stevenson H, Meier W (1994) Concerted action of the Community Bureau of Reference on methods of identification of irradiated foods. Final report. Commission of the European Communities Luxembourg, EUR-15261.

86 Raffi J, Yordanov ND, Chabane S, Douifi L, Gancheva V, Ivanova S (2000) Identification of irradiation treatment of aromatic herbs, spices and fruits by electron paramagnetic resonance and thermoluminescence, *Spectrochimica Acta Part A* **56**: 409–416.

87 Rahman R, Haque AKMM, Sumar S (1995) Chemical and biological methods for the identification of irradiated foodstuffs, *Nutrition and Food Science* **1**: 4–11.

88 Rahman R, Haque AKMM, Sumar S (1995) Physical methods for the identification of irradiated foodstuffs, *Nutrition and Food Science* **2**: 36–41.

89 Rahman R, Matabudal D, Haque AK, Sumar S (1996) A rapid method (SFE-TLC) for the identification of irradiated chicken, *Food Research International* **29**: 301.

90 Regulla D (2000) From dating to biophysics – 20 years of progress in applied ESR spectroscopy, *Applied Radiation and Isotopes* **52**: 1023–1030.
91 Rossi AM, Wafcheck CC, de Jesus EF, Pelegrini F (2000) Electron spin resonance dosimetry of teeth of Goiânia radiation accident victims, *Applied Radiation and Isotopes* **52**: 1297–1303.
92 Sanderson DCW, Carmichael LA, Fisk S (1998) Establishing luminescence methods to detect irradiated foods, *Food Science and Technology Today* **12**: 97–102.
93 Schreiber GA, Helle N, Bögl KW (1993) Detection of irradiated food – methods and routine applications, *International Journal of Radiation Biology* **63**: 105–130.
94 Schulzki G, Spiegelberg A, Bögl KW, Schreiber GA (1997) Detection of Radiation-Induced Hydrocarbons in Irradiated Fish and Prawns by Means on On-Line Coupled Liquid Chromatography – Gas Chromatography, *Journal of Agricultural and Food Chemistry* **45**: 3921–3927.
95 Selvan E, Thomas P (1999) A simple method to detect gamma irradiated onions and shallots by root morphology, *Radiation Physics and Chemistry* **55**: 423–427.
96 Stevenson MH, Stewart EM (1995) Identification of irradiated food: the current status, *Radiation Physics and Chemistry* **46**: 653–658.
97 Stewart EM (2001) Food Irradiation Chemistry, in Molins RA (Hrsg) Food Irradiation: Principles and Applications, John Wiley & Sons, New York, 37–76.
98 Stewart EM (2001) Detection Methods for Irradiated Foods, in Molins RA (Hrsg) Food Irradiation: Principles and Applications, John Wiley & Sons, New York, 347–386.
99 Stewart EM, Gray R (1996) A study on the effect of irradiation dose and storage on the ESR signal in the cuticle of pink shrimp (*Pandalus montagui*) from different geographical regions, *Applied Radiation and Isotopes* **47**: 1629–1632.
100 Stewart EM, Kilpatrick DJ (1997) An International Collaborative Blind Trial on Electron Spin Resonance (ESR) Identification of Irradiated Crustacea, *Journal of the Science of Food and Agriculture* **74**: 473–484.
101 Stewart EM, McRoberts WC, Hamilton JTG, Graham WD (2001) Isolation of lipid and 2-alkylcyclobutanones from irradiated foods by supercritical fluid extraction, *Journal of AOAC International* **84**: 973–986.
102 Stewart EM, Moore S, Graham WD, McRoberts WC, Hamilton JTG (2000) 2-Alkylcyclobutanones as markers for the detection of irradiated mango, papaya, Camembert cheese and salmon meat, *Journal of the Science of Food and Agriculture* **80**: 121–130.
103 Sünnetçioglu MM, Dadayli D, Çelik S, Köksel H (1999) Use of EPR spin probe technique for detection of irradiated wheat, *Applied Radiation and Isotopes* **50**: 557–560.
104 Tanabe H, Goto M, Miyahara M (2001) Detection of irradiated chicken by 2-alkylcyclobutanone analysis, *Food Irradiation (Japan)* **36**: 26–32.
105 Tuchscheerer Th, Kuprianoff J (1965) Die Erkennbarkeit einer erfolgten Bestrahlung bei Lebensmitteln, *Fette-Seifen-Anstrichmittel* **67**: 120–124.
106 Tyreman AL, Bonwick GA, Smith CJ, Coleman RC, Beaumont PC, Williams JHH (2004) Detection of irradiated food by immunoassay – development and optimization of an ELISA for dihydrothymidine in irradiated prawns, *International Journal of Food Science and Technology* **39**: 533–540.
107 Villavicencio ALCH, Araújo MM, Marin-Huachaca NS, Mancini Filho J, Delincée H (2004) Identification of irradiated refrigerated poultry with the DNA comet assay, *Radiation Physics and Chemistry* **71**: 187–189.
108 Villavicencio ALCH, Mancini-Filho J, Hartmann M, Ammon J, Delincée H (1997) Formation of Hydrocarbons in Irradiated Brazilian Beans: Gas Chromatographic Analysis To Detect Radiation Processing, *Journal of Agricultural Food and Chemistry* **45**: 4215–4220.
109 WHO (1988) Health Impact, Identification, and Dosimetry of Irradiated Foods, in: Bögl KW, Regulla DF, Suess MJ (Hrsg) Report of a WHO Working

Group, ISH-Hefte 125, Bericht des Instituts für Strahlenhygiene des Bundesgesundheitsamtes Neuherberg.
110 WHO (1994) Safety and nutritional adequacy of irradiated food, WHO Geneva.
111 WHO (1999) High-dose irradiation: wholesomeness of food irradiated with doses above 10 kGy, Report of a Joint FAO/IAEA/WHO Study Group, WHO Geneva, Technical Report Series No. 890.
112 Yordanov ND, Gancheva V (2000) A new approach for extension of the identification period of irradiated cellulose-containing foodstuffs by ESR spectroscopy, *Applied Radiation and Isotopes* **52**: 195–198.
113 Yordanov ND, Aleksieva K, Mansour I (2005) Improvement of the EPR detection of irradiated dry plants using microwave saturation and thermal treatment, *Radiation Physics and Chemistry* **73**: 55–60.

10
Basishygiene und Eigenkontrolle, Qualitätsmanagement

Roger Stephan und Claudio Zweifel

10.1
Einleitung

Lebensmittel sind das meist verbrauchte und benötigte Konsumgut des Menschen. Dabei ist die gesundheitliche Unbedenklichkeit der Lebensmittel fraglos die selbstverständlichste Erwartung. Meldungen, dass die menschliche Gesundheit durch ein bestimmtes Lebensmittel bedroht ist oder dass ein bestimmtes Produkt Erkrankungen hervorgerufen hat, stellen eine Firma schlagartig ins Rampenlicht der Öffentlichkeit. Solchen Ereignissen vorzubeugen liegt im Interesse aller: Industrie, Handel, Gewerbe und Lebensmittelüberwachung.

Dennoch sind Infektionen und Intoxikationen durch Lebensmittel weltweit noch immer auf dem Vormarsch. Experten schätzen, dass in den USA jährlich 76 Millionen Erkrankungen, 325 000 Krankenhausaufenthalte und 5000 Todesfälle durch den Verzehr von kontaminierten Lebensmitteln bedingt sind [8]. Daten einer aktuellen schwedischen Arbeit zeigen auf, dass ausgehend von einer Inzidenz von 38 Erkrankungen/1000 Einwohner und Jahr mit jährlichen volkswirtschaftlichen Kosten in der Größenordnung von 123 Millionen US Dollar zu rechnen ist [5].

Erkrankungen mikrobieller Ätiologie stehen dabei mit Abstand an erster Stelle. Gemäß FoodNet, dem aktiven Surveillance Netzwerk des Centre of Disease Control and Prevention in Atlanta (USA, http://www.cdc.gov/), stehen Campylobacter (Inzidenz beim Menschen 12/100 000), Salmonellen (Inzidenz beim Menschen 7/100 000), Shigatoxin bildende *Escherichia coli* (STEC) (Inzidenz beim Menschen 1/100 000) an der Spitze. Während in vielen Industrieländern salmonellenbedingte humane Darminfektionen noch überwiegen, übertreffen in der Mehrheit der EU-Staaten und den USA Campylobacteriosen inzwischen die anderen Ursachen akuter bakterieller humaner Gastroenteritiden [2]. Ebenfalls wurde eine weltweite Zunahme der durch *Escherichia coli* O157 und non-O157 STEC hervorgerufenen Infektionen verzeichnet.

Da bei Campylobacter, Salmonellen und STEC vor allem Tiere, und im speziellen Nutztiere, das Reservoir für diese Erreger darstellen, sind es in erster Linie

Lebensmittelsicherheit und Lebensmittelüberwachung. Erste Auflage.
Herausgegeben von H. Dunkelberg, T. Gebel und A. Hartwig
© 2012 Wiley-VCH Verlag GmbH & Co. KGaA. Published 2012 by Wiley-VCH Verlag GmbH & Co. KGaA.

auch vom Tier stammende Lebensmittel, die hauptsächlich in Verbindung mit humanen Erkrankungen gefunden werden. Anders sieht die Situation bei *Staphylococcus aureus*, Noroviren, Listerien oder *Enterobacter sakazakii* aus. Hier stellt insbesondere der in der Verarbeitung tätige Mensch (*Staphylococcus aureus*, Noroviren) oder das Produktionsumfeld (Listerien, *Enterobacter sakazakii*) die Hauptkontaminationsquelle dar. Dabei ist insbesondere die Rekontamination prozessierter, das heißt z. B. hitzebehandelter Lebensmittel das Hauptproblem. Zudem verschärft der Trend zu immer mehr Convenienceprodukten diese Problematik.

10.2
Eingliederung eines Hygienekonzeptes in ein Qualitätsmanagement-System eines Lebensmittelbetriebes

Ein umfassendes Qualitätsmanagement-Konzept eines Lebensmittel verarbeitenden Betriebes, das nach unterschiedlichsten Standards (ISO 9000, BRC Standard usw.) etabliert werden kann, beinhaltet neben qualitätssteuernden Elementen auch Elemente und Maßnahmen im Bereich der Lebensmittelhygiene beziehungsweise Lebensmittelsicherheit. Ein Hygienekonzept eines Betriebes lässt sich modellhaft mit dem Aufbau eines Gebäudes vergleichen (Abb. 10.1): Das Fundament bilden die räumlichen und technischen Voraussetzungen. Die tragenden Säulen stellen grundlegende Hygienemaßnahmen (Basishygiene) wie Reinigung und Desinfektion, Personalhygiene, Trennung von reinen und unreinen Bereichen, Aufzeichnung von Raumtemperaturen und Luftfeuchtigkeiten usw. dar. Das Dach bilden prozessspezifische Maßnahmen. Das HACCP-System (hazard analysis and critical control point) stellt dabei ein Konzept zur Vermeidung spezifischer Gesundheitsgefahren (hazards) für den Menschen dar und basiert auf sieben Prinzipien [4]. Zunächst werden im Rahmen einer Gefahrenanalyse (hazard analysis, Prinzip 1) spezifische biologische, chemische oder physikalische Gefahren für die Gesundheit des Konsumenten ermittelt (hazard identification) und bewertet (risk assessment); anschließend werden produkt- und produktionsspezifische präventive Maßnahmen festgelegt und durchgeführt, mit denen sich die ermittelten Gefahren bereits während der Herstellung des Lebensmittels verhüten, ausschalten oder zumindest auf ein akzeptables Maß vermindern lassen (risk management). Das präventive Management umfasst die Festlegung von Stufen, an denen es möglich ist, die spezifische Gefahr durch ein Lebensmittel unter Kontrolle zu bringen (controlling, Prinzip 2), die Festlegung von Grenzwerten (critical limits, Prinzip 3), die Festlegung eines Systems zur kontinuierlichen, zuverlässigen Überwachung (monitoring, Prinzip 4), die Festlegung von Korrekturmaßnahmen (corrective actions, Prinzip 5), die Festlegung von Verifizierungsverfahren, um die Erfüllung des HACCP-Plans nachzuweisen (verification, Prinzip 6) und die Einführung einer rückverfolgbaren Dokumentation (Prinzip 7).

Im Vergleich zur früheren Fokussierung auf die Endproduktekontrolle (mit Nachteilen wie der Stichprobenproblematik, der Beschränkung der Aussage auf

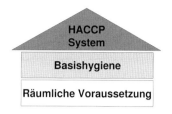

Abb. 10.1 Modell der Struktur eines Betriebshygienekonzeptes am Beispiel des „Zürcher Hygienehauses".

das untersuchte Produkt und die untersuchten spezifischen Parameter), stellt das HACCP-System ein präventives prozessorientiertes System dar, wobei Endproduktekontrollen im Rahmen der Verifikation ihre Bedeutung behalten. Das HACCP-Konzept ersetzt aber nicht die Basishygiene, sondern baut auf einem wirksamen Grundhygienekonzept eines Lebensmittelbetriebes auf [10]. Es hat sich in der Vergangenheit gezeigt, dass vor allem Kleinbetriebe sehr große Schwierigkeiten mit der Umsetzung dieses Systems haben. Insbesondere bilden die „hazard analysis" und die Notwendigkeit von kontinuierlichen Aufzeichnungen (monitoring) die Hauptprobleme. Zudem findet man bei vielen Betriebskonzepten eine Vermischung von Basishygiene und HACCP. Was man früher im Rahmen der Grund-/Basishygienemaßnahmen durchgeführt hat, wird zum HACCP.

Die Bedeutung der Basishygiene soll an einem konkreten Beispiel (Rinderschlachtprozess) im Folgenden herausgearbeitet werden.

10.3
Bedeutung der Basishygiene am Beispiel des Rinderschlachtprozesses

10.3.1
Gefahrenermittlung und -bewertung

Im Gegensatz zu den klassischen Zoonoseerregern, die auch bei Tieren zu pathologisch-anatomischen Veränderungen führen (z. B. käsige, granulomatöse Lymphadenitis bei Tuberkulose, einer Infektion mit *Mycobacterium bovis* oder *Mycobacterium tuberculosis*; Backsteinblattern beim Hautrotlauf des Schweins durch eine Infektion mit *Erysipelothrix rhusiopathiae*), haben heute jene „foodborne pathogens" Bedeutung erlangt, die zu keinen klinischen Auffälligkeiten am Schlachttier oder pathologisch-anatomisch feststellbaren Veränderungen am Schlachttierkörper oder den Organen führen (latente Zoonosen) und daher im Rahmen der traditionellen Fleischkontrolle, die auf Adspektion, Palpation und Inzision basiert, nicht erkannt werden.

Erreger latenter Zoonosen kommen zum Teil in hoher Prävalenz bei Schlachttieren und infolge fäkaler Kontamination während des Schlachtprozesses auch auf Schlachttierkörpern vor. Große und kleine Wiederkäuer gelten z. B. weltweit als wichtigstes Reservoir für STEC (http://www.lugo.usc.es/ecoli/). Es muss somit am Schlachthof bei Rindern von einem relativ hohen STEC-Kontaminationsdruck ausgegangen werden.

Das Spektrum klinischer Erscheinungen bei STEC-Infektionen des Menschen ist sehr breit. STEC verursachen in erster Linie Diarrhö, die einen milden wässrigen bis schweren hämorrhagischen Verlauf nehmen kann [11]. Ursächlich dafür scheint eine Verstärkung des IP3-(Inositoltriphosphat-)vermittelten Ca^{2+}-Transportes zu sein, welcher die Darmfunktion über verschiedene Wege beeinflusst und zur Diarrhö führt [3]. Die Erkrankung beginnt nach einer Inkubationszeit von 3–4 Tagen mit kolikartigen Bauchkrämpfen und 1–2 Tage andauernder wässriger Diarrhö. Darauf kann blutige Diarrhö folgen. Etwa 5–10% der infizierten Kinder (<10 Jahren) und älteren Menschen entwickeln das Hämolytisch-Urämische-Syndrom (HUS), das sich ca. 3–12 Tage nach Beginn der Diarrhö manifestiert. Ursächlich dafür scheint die extraintestinale Wirkung der Shigatoxine zu sein, die cytotoxisch auf Endothelzellen wirken [7]. Das HUS ist durch eine schnelle intravasale Hämolyse mit typischer Fragmentierung der Erythrozyten, Thrombocytopenie und Nephropathie inklusive Hämaturie und Porphyrurie charakterisiert. Etwa 10–30% der HUS-Fälle enden in einer Niereninsuffizienz, welche bei Kindern trotz Dialysemaßnahmen zum Tode führen kann [6]. Die vermutete minimale Infektionsdosis für STEC liegt im Bereich von 1–100 Kolonie bildenden Einheiten (KBE) [9] und somit viel tiefer als beispielsweise jene von Salmonellen. Dies bedeutet, dass für eine STEC-Infektion des Menschen keine Vermehrung der Erreger stattfinden muss.

Das Ausmaß der Keimkontamination von Schlachttierkörpern hängt sowohl von der Schlachttechnologie als auch vom Hygieneverhalten des Personals ab. Trotz zahlreicher technologischer Veränderungen an den Rinderschlachtlinien zur Verringerung des Kontaminationsdruckes während des Schlachtprozesses bleiben kritische Phasen bestehen. So stellen die manuelle Vorenthäutung und die mechanische Enthäutung, aber auch das Ausweiden des Tierkörpers jene Stationen im Schlachtprozess dar, die zu einer entscheidenden Kontamination der Oberfläche von Schlachttierkörpern führen können. Beim Vorliegen hygienischer Schwachstellen kann es daher zu einer Kontamination mit saprophytären Verderbniskeimen und/oder pathogenen Mikroorganismen kommen, die beim Verzehr von rohen oder unzureichend erhitzten Fleischerzeugnissen zu Erkrankungen führen können. Ebenso erfolgt mit dem Fleisch eine Verschleppung der Keime in die Verarbeitungsbetriebe und in die Haushalte der Konsumenten, wo sie durch Kreuzkontaminationen auf oder in andere Lebensmittel gelangen können. Hygienemaßnahmen dienen daher sowohl dem Gesundheitsschutz als auch der Qualitätserhaltung.

10.3.2
Risikomanagement

Ziel des Risikomanagements ist es nun, eine oder mehrere Stufen im Rahmen des Schlachtprozesses zu identifizieren, an denen es möglich ist, die Gefahr „Shigatoxin bildende *Escherichia coli*" unter Kontrolle zu bringen. Die Voraussetzungen für die Festlegung eines CCP (critical control point) sind jedoch nur dann erfüllt, wenn zuverlässige Maßnahmen oder Verfahren zur Beherrschung der Gefahr (controlling) sowie zuverlässige Verfahren oder Techniken zur kontinuierlichen Überwachung der Technologieschritte (monitoring) gegeben sind (Codex Alimentarius).

Im Rahmen der Rinderschlachtung lässt sich jedoch keine Prozessstufe finden, die diese Anforderungen erfüllt. Dies bedeutet, dass es im betrachteten Prozess betreffend der definierten Gefahr „Shigatoxin bildende *Escherichia coli*" keine CCP's gibt. Daher können im Schlacht- und Zerlegeprozess nur die HACCP-Prinzipien beachtet werden.

Im Rahmen eines Lebensmittelsicherheits-Konzeptes kommt somit bei der Gewinnung von Fleisch der strikten Einhaltung der Schlachthygiene als Maßnahme zur Verhinderung einer fäkalen Kontamination der Oberfläche von Schlachttierkörpern eine ganz besondere Bedeutung zu. Umso wichtiger wird eine möglichst gute Überwachung der grundsätzlichen Schlachthygiene und damit im Sinne des Zürcher-Hygienehauses die Stufe der grundlegenden Hygienemaßnahmen (Basishygiene).

10.4
Eigenkontrollen im Rahmen des neuen Europäischen Lebensmittelrechtes

Das neue Europäische Lebensmittelrecht hat die Zuständigkeiten und Verantwortlichkeiten klar und eindeutig festgelegt. Nach Art. 17 der Verordnung EG Nr. 178/2002 haben die Lebensmittel- und Futtermittelunternehmer auf allen Produktions-, Verarbeitungs- und Vertriebsstufen dafür zu sorgen, dass die Anforderungen des Lebensmittelrechtes eingehalten werden. Die beiden Verordnungen EG Nr. 852/2004 (alle Lebensmittel) und EG Nr. 853/2004 (Lebensmittel tierischer Herkunft: Fleisch, Eier, Milch) legen dabei das Aufgabenfeld der Lebensmittelunternehmer klar dar. In Analogie dazu werden in den Verordnungen EG Nr. 882/2004 und EG Nr. 854/2004 die Aufgabenfelder der Überwachung definiert.

In Art. 5 der Verordnung EG Nr. 853/2004 werden die Lebensmittelunternehmen direkt in die Verantwortung genommen: Lebensmittelunternehmer dürfen Erzeugnisse nur in Verkehr bringen, wenn die geltenden Vorschriften eingehalten werden. Auch für die Hygieneanforderungen gilt, dass die Lebensmittelunternehmer sicherstellen müssen, dass diese eingehalten werden. Damit ist auch die Verpflichtung zu Eigenkontrollen im Bereich der Hygieneüberwachung gegeben.

Für das Beispiel des Rinderschlachtprozesses ist dabei eine systematische Überwachung der Schlachthygiene auf allen Prozessstufen, aber insbesondere an Stellen, an denen von einem erhöhten Kontaminationsdruck auszugehen ist, gefordert. Diese Kontrollen schließen Einrichtungen, Arbeitsgeräte und Maschinen aller Produktionsstufen ein und sind durch mikrobiologische Analysen zu ergänzen. Die Entscheidung 2001/471/EG der EU-Kommission vom 8. Juni 2001 verpflichtete die Betreiber von Schlacht- und Zerlegebetrieben zu einer auf den HACCP-Grundsätzen basierenden regelmäßigen Überwachung der allgemeinen Hygienebedingungen durch betriebseigene Kontrollen. Vergleichbare Forderungen nach einem auf den HACCP-Prinzipien basierenden System werden auch vom Food Safety and Inspection Service (FSIS) des United States Departement of Agriculture (USDA) gestellt und haben für Ausfuhrbetriebe nach den USA Gültigkeit [1].

In der praktischen Umsetzung bedeutet dies für Schlachtbetriebe folgendes Vorgehen: Zunächst ist eine umfassende Schwachstellenanalyse im Prozessablauf durchzuführen. Basierend auf dieser muss sodann eine Risikoabschätzung und Risikobeurteilung erfolgen und es sind geeignete Maßnahmen, wie beispielsweise eine Mitarbeiterschulung oder bauliche Veränderungen, festzulegen und zu realisieren. Abschließend ist die Durchführung der Maßnahmen zu dokumentieren. Daher hat jeder Lebensmittel verarbeitende Betrieb ein eigenes System zur Überwachung seiner Produktionsprozesse zu erstellen und umzusetzen. Die amtlichen Vollzugsinstanzen nehmen dann überwiegend nur noch eine „Kontrolle der Kontrolle" vor. Die Identifizierung, Überwachung und Korrektur von Stufen im Schlachtprozess, die zur Schlachttierkörper-Kontamination beitragen, ist in Europa zudem von besonderem Interesse, da Dekontaminations-Maßnahmen für Schlachttierkörper, wie sie in den USA (z. B. Bedampfen der Rinderschlachttierkörper am Ende des Schlachtprozesses) häufig angewandt werden, in der EU nicht empfohlen oder nicht zugelassen sind.

In Ergänzung zu den visuellen Schlachtprozess-Kontrollen („In-Prozess-Kontrollen") sind zur Überwachung der „Guten Herstellungspraxis" und der Einhaltung der grundlegenden Hygieneanforderungen (Basishygiene) regelmäßige mikrobiologische Verifikationskontrollen von Schlachttierkörpern und der Umgebung durchzuführen. Im Folgenden wird die Umsetzung von mikrobiologischen Eigenkontrollen beispielhaft dargestellt.

10.5
Umsetzung der Eigenkontrollen zur Verifikation der Basishygiene am Beispiel Schlachtbetrieb

10.5.1
Mikrobiologische Kontrolle von Schlachttierkörpern

Die Entscheidung 2001/471/EG legt erstmals in der EU die Probenentnahme (Verfahren, Häufigkeit, Anzahl Proben, Lokalisation und Größe der Entnahmestellen) bezüglich mikrobiologischer Verifikationskontrollen von Schlachttierkörpern fest und verlangt, die Proben jedes Tierkörpers zu poolen (vertikale Poolprobe) und auf die aerobe mesophile Gesamtkeimzahl als Hygieneindikator und auf *Enterobacteriaceae* als Indikator fäkaler Kontamination der Oberfläche von Schlachttierkörpern zu untersuchen. Zudem ist der Tagesdurchschnittswert der logarithmierten ($\log_{10}$) Ergebnisse zu berechnen, in Form von Prozesskontrolldiagrammen aufzuzeichnen und anhand von vorgegebenen Grenzlinien als „annehmbar", „kritisch" und „unannehmbar" zu beurteilen (Tab. 10.1). Ziel die-

Tab. 10.1 Grenzlinien zur Beurteilung tagesdurchschnittlicher $\log_{10}$-Werte von Rinder-, Schaf- und Schweineschlachttierkörpern gemäß der EU-Entscheidung 2001/471/EG für das Nass-Trockentupferverfahren [13].

	Annehmbar	Kritisch	Unannehmbar
Gesamtkeimzahl	< 3,00 cm^{-2}	3,00–4,00 cm^{-2}	> 4,00 cm^{-2}
Enterobacteriaceae	< 1,00 cm^{-2}	1,00–2,00 cm^{-2}	> 2,00 cm^{-2}

ser Untersuchungen ist es, Hinweise auf grundsätzliche Hygieneschwachpunkte bei der Fleischgewinnung innerhalb der einzelnen Betriebe zu finden.

Dabei ist zu berücksichtigen, dass eine mikrobiologische Verifikation der Schlachthygiene, die auf einer regelmäßigen Bestimmung der Gesamtkeimzahl und der *Enterobacteriaceae* von Schlachttierkörpern basiert, zumeist aussagekräftiger ist, als mit sehr großem Aufwand bestimmte Pathogene nachzuweisen. Allerdings werden durch Poolproben und Verlaufskurven von Durchschnittswerten die Ergebnisse eher nivelliert, die Auswirkungen von auf bestimmte Körperpartien lokalisierten Kontaminationen nicht berücksichtigt und daher erst gravierendere Mängel in der Schlachthygiene erkannt. Im Gegensatz dazu ist die Boxplotdarstellung besser geeignet, Streuungen, Extremwerte sowie Unterschiede zwischen den Betrieben zu analysieren (Abb. 10.2). Zudem eignet sich diese Darstellung auch für eine nach Entnahmestellen aufgetrennte Aufzeichnung von Ergebnissen und erlaubt in dieser Form, direkte Rückschlüsse auf Schwachstellen im Schlachtprozess zu ziehen [12].

Aufgrund von stark streuenden Untersuchungsmerkmalen sowie zur objektiven Beurteilung der Verifikationsparameter besteht in der mikrobiologischen Qualitätssicherung ein Bedarf an biometrisch fundierten Konzepten. Dabei bietet die auf betriebsspezifischen Daten und daraus berechneten Grenzlinien (Warn- und Eingriffsgrenzen) basierende Qualitätsregelkarten-Technik ein graphisch einprägsames, einfach umzusetzendes Konzept zur objektiven Beurteilung mikrobiologischer Ergebnisse von Schlachttierkörpern auf Betriebsebene. Ein Beispiel einer Mittelwert-Qualitätsregelkarte ist in Abbildung 10.3 dargestellt. Ergebnisse außerhalb der Eingriffsgrenzen weichen signifikant vom Prozessmittelwert ab. Beim Überschreiten der oberen Eingriffsgrenze ist daher eine Prozesskorrektur erforderlich (z. B. eine Neubeurteilung der Hygienemaßnahmen). Beim Überschreiten der oberen Warngrenze sollte der Prozess verstärkt überwacht und bei wiederholten Überschreitungen die Ursache abgeklärt werden. Die unteren Grenzlinien ermöglichen es, die Auswirkungen eingeleiteter Hygienemaßnahmen auf die Keimbelastung zu beurteilen.

Die Bewertung von Ergebnissen mikrobiologischer Verifikationskontrollen von Schlachttierkörpern sollte grundsätzlich auf der Basis betriebseigener, vergleichbarer Daten erfolgen. Die vorgegebenen, betriebsübergreifenden mikrobiologischen Beurteilungskriterien der Entscheidung 2001/471/EG resp. Verordnung 2005/2073/EG sollten nur als „Baseline" angesehen werden.

330 | 10 Basishygiene und Eigenkontrolle, Qualitätsmanagement

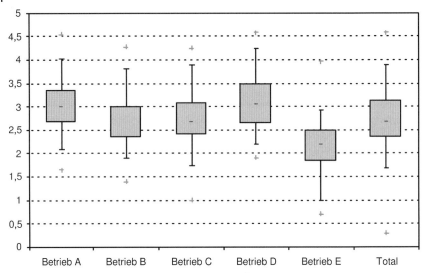

Abb. 10.2 Gesamtkeimzahl-Ergebnisse ($\log_{10}$ KBE cm^{-2}) von Rinderschlachttierkörpern verschiedener Schlachtbetriebe ($n=800$).

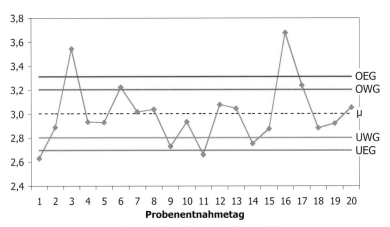

Abb. 10.3 Mittelwert-Qualitätsregelkarte der Gesamtkeimzahl-Ergebnisse (Tagesdurchschnitt der $\log_{10}$-Werte) von 200 Rinderschlachttierkörpern eines Betriebes (μ: Prozessmittelwert; OEG: obere Eingriffsgrenze; UEG: untere Eingriffsgrenze; OWG: obere Warngrenze; UWG: untere Warngrenze).

10.5.2
Mikrobiologische Kontrolle der Reinigung und Desinfektion

Die Entscheidung 2001/471/EG fordert von Schlacht- und Zerlegebetrieben zusätzlich eine mikrobiologische Kontrolle der Reinigung und Desinfektion von Einrichtungsgegenständen und Arbeitsgeräten. Dabei sind innerhalb eines Monats vor Arbeitsbeginn 60 Proben zu erheben. Die Proben müssen insbesondere von Oberflächen erhoben werden, deren ungenügende Reinigung und Des-

Tab. 10.2 Bewertungskriterien für Oberflächenkeimgehalte zur Kontrolle der Reinigung und Desinfektion gemäß der EU-Entscheidung 2001/471/EG.

	definierte Fläche		nicht definierte Fläche	
	annehmbar	nicht annehmbar	annehmbar	nicht annehmbar
Gesamtkeimzahl	0–10 cm^{-2}	>10 cm^{-2}	Kein Keimwachstum	Keimwachstum
Enterobacteriaceae	0–1 cm^{-2}	>1 cm^{-2}	Kein Keimwachstum	Keimwachstum

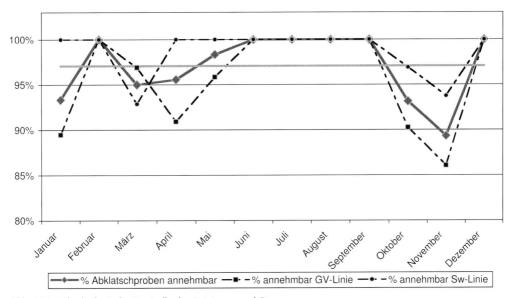

Abb. 10.4 Mikrobiologische Kontrolle der Reinigung und Desinfektion von Einrichtungsgegenständen und Arbeitsgeräten: monatlicher Anteil annehmbarer Abklatschproben gemäß 2001/471/EG (n=720; GV: Großviehschlachtlinie, Sw: Schweineschlachtlinie).

infektion einen nachteiligen Einfluss auf die Produktqualität hat; das heißt Flächen, die mit den Produkten direkt oder indirekt in Kontakt kommen. An Probenentnahmestellen, die für das Abklatschverfahren (definierte Fläche) nicht zugänglich sind, wie beispielsweise kleine, uneben gewölbte oder kantige Stellen, ist das Tupferverfahren (nicht definierte Fläche) anzuwenden. Zu ermitteln und dokumentieren ist die Gesamtkeimzahl bei Abklatschproben und der qualitative Keimnachweis bei Tupferproben. Dabei werden die Ergebnisse gemäß den Vorgaben der Entscheidung 2001/471/EG in die Kategorien „annehmbar" und „nicht annehmbar" eingeteilt (Tab. 10.2). Zusätzlich empfiehlt es sich den Anteil annehmbarer Ergebnisse einer Probenserie in Form einer Verlaufskurve darzustellen (Abb. 10.4).

Analog zum Vorgehen bei Schlachttierkörpern ist es entscheidend, dass im Fall unbefriedigender Ergebnisse eine Schwachstellenanalyse sowie eine Risikoabschätzung und -beurteilung durchgeführt, geeignete Maßnahmen ergriffen und diese dokumentiert werden.

10.6
Fazit

Das heute in der Lebensmittel gewinnenden und verarbeitenden Industrie breit eingeführte präventive Prozessmanagementsystem (HACCP-System) ersetzt nicht die Basishygiene, sondern baut auf einem wirksamen Grundhygienekonzept eines Lebensmittelbetriebes auf. Um qualitativ einwandfreie und sichere Lebensmittel zu produzieren, ist es notwendig, auf allen Stufen eines umfassenden betrieblichen Hygienekonzeptes die geeigneten und wirksamen Maßnahmen zu ergreifen und zu überwachen. Damit nimmt die Basishygiene, als statisch tragende Ebene im Modell des Züricher Hygienehauses, eine Schlüsselstellung im gesamten Hygienekonzept eines Betriebes ein. Die Überwachung auch dieses Bereiches liegt im Sinne der Eigenkontrolle heute eindeutig im Aufgabenfeld des Lebensmittelbetriebes. Die amtlichen Vollzugsinstanzen nehmen dann überwiegend nur noch eine „Kontrolle der Kontrolle" vor.

Neben geeigneten Strategien zur Durchführung solcher Eigenkontrollen ist es jedoch entscheidend, dass die resultierenden Daten systematisch ausgewertet und bei unbefriedigenden Ergebnissen aufgrund von Schwachstellenanalysen Maßnahmen ergriffen werden.

10.7 Literatur

1. Anonymous (1996) Pathogen reduction; hazard analysis and critical control point (HACCP) systems, Finale Rule. United States Department of Agriculture (USDA), Food Safety Inspection Service (FISIS), Washington, D.C.
2. Anonymous (2004) Trends and sources of zoonotic agents in animals, feeding stuffs, food and man in the European Union and Norway in 2002. Part 1. European Commission, Directorate D-Food safety: Production and distribution chain, SANCO/29/2004.
3. Baldwin TJ, W Ward, A Aitken, S Knutton, and PH Williams (1991) Elevation of intracellular free calcium level in Hep-2 cells infected with enteropathogenic *E. coli*. *Infect. Immun.* **59**: 1599–1604.
4. Codex Alimentarius Commission (1997) Hazard analysis and critical control point (HACCP) system and guidelines for its application. Annex to CAC/RCP 1-1969, Rev. 2, FAO, Rome.
5. Lindqvist R, Y Andersson, J Lindbäck, M Wegscheider, Y Eriksson, L Tideström, A Lagerqvist-Widh, KO Hedlung, S Löfdahl, L Svensson, and A Norinder (2001) A one-year study of foodborne illnesses in the municipality of Uppsala, Sweden. *Emerg. Infect. Dis.* **7**: 588–592.
6. Martin DL, KL MacDonald, KE White, JT Soler, and MT Osterholm (1990) The epidemiology and clinical aspects of the hemolytic uremic syndrome in Minnesota. *N. Engl. J. Med.* **323**: 441–447.
7. Obrig TG, PJ Del Vecchio, JE Brown, TP Moran, BM Rowland, TK Judge, and SW Rothman (1988) Direct cytotoxic action of Shiga toxin on human vascular endothelial cells. *Infect. Immun.* **56**: 2373–2378.
8. Olsen SJ, LC MacKinnon, JS Goulding, NH Bean, and L Slutsker (2000) Surveillance for foodborne-disease outbreaks – United States, 1993–1997. *MMWR CDC Surveill. Summ.* **49**: 1–62.
9. Paton AW, R Ratcliff, RM Doyle, J Seymour-Murray, D Davos, JA Lanser, and JC Paton (1996) Molecular microbiological investigation of an outbreak of hemolytic uremic syndrome caused by fermented sausage contaminated with Shiga-like toxin-producing *Escherichia coli*. *J. Clin. Microbiol.* **34**: 1622–1627.
10. Untermann F (1998) Mit HACCP den Menschen schützen. *QZ Qualität und Zuverlässigkeit* **43**: 188–192.
11. Williams LD, PS Hamilton, BW Wilson, and MD Estock (1997) An outbreak of *E. coli* O157:H7 – Involving long term shedding and person to person transmission in a child care centre. *J. Environ. Health* **59**: 9–14.
12. Zweifel C, and R Stephan (2003) Microbiological monitoring of sheep carcass contamination in three Swiss abattoirs. *J. Food Prot.* **66**: 946–952.
13. Zweifel C, D Baltzer, R Stephan (2005) Microbiological contamination of cattle and pig carcasses at five abattoirs determined by swab sampling in accordance with EU Decision 2001/471/EC. *Meat Science* **69**: 559–566.

Sachregister

a

Abklatschverfahren 332
acceptable daily intake (ADI-Wert) 76, 119
Acrylamid 151, 260
Aflatoxine 249
ALARA-Prinzip 87
Algentoxine 256
2-Alkylcyclobutatone
– strahleninduzierte Bildung 308
2-Alkylcyclobutatone (2-ACBs) 307 ff.
Allergene 134
Allergien 62
– Typ-I-Reaktionen 62
– Typ-IV-Reaktionen 62
allergische Wirkungen 9
Ames-Test 120
Anforderungen, hygienische 122
Anmeldeverfahren 111
Antibiotikaresistenz-Markergene 126
Anzeigeverfahren, diätetische Lebensmittel 169
Äquivalenzfaktoren 34 ff.
Aromastoffe 84
Asthma bronchiale 62
Aufreinigungsverfahren 209
Ausnahmegenehmigungen 168
Aussagekraft, toxikologische 18
Azopigment E 64

b

Bacillus thuringiensis 131
Beanstandungsquote 164
Bedarfsgegenstände 146
Benchmark-Wert 47
Benzo[a]pyren 154
Bestimmungsgrenze 211
Betain 119
Bifidobacterium 118
Blei, Nachweis 216
Bleimennige 152
Braten 1
BSE 144
Bt-Toxin 131
Bundesamt für Verbraucherschutz und Lebensmittelsicherheit (BVL) 112

c

Cadmium 201
– Nachweise 216
Calciumgehalt
– Fruchtarten 110
– Getreide und Getreideprodukte 107
Campylobacter 151, 323
β-Carotin 83
– bei Rauchern 83
Chemilumineszenz 287
Chloramphenicol 154
Choleratoxin 96
Clostridium perfringens 96
Codex Alimentarius 292
Codex Alimentarius Commission 97
Confounding factor 25, 27 f.
β-Conglycinin 135

d

Desinfektion 331
Di(2-ethylhexyl)adipat (DEHA) 147
Dibenzodioxine, polyhalogenierte 22, 86
Dibenzofurane (PCDF) 22
Dichlorfluanid 234 f.
Diethylenglykol 153
Disruptoren, Nachweis endokrine 246 ff.
DNA-Kometentest 309
Doppelportionstechnik 174
Dosis-Wirkungsbeziehungen 5
Dosis-Wirkungs-Kurve 5, 47
Duplikatmethode 174

e

E. coli, enterohämorrhagische   103
ECHO-Technik   238
Effekte, stochastische   6
EG-Gentechnik-Durchführungsgesetz   113
EHEC-Infektionen   276
Elektroneneinfangdetektoren   262
Elektronen-Spin-Resonanz-Spektroskopie (ESR)   287, 292, 295, 297
Elektronenstoßionisation (EI)   223 f.
Eliminations-Halbwertszeit   21, 23, 51
ELISA   134, 251
ELISA-Systeme   250
Endotoxine   95
Enzyme-Linked Immuno Sorbent Assay (ELISA)   134, 251
Enzyminduktionen   21
Epifluoreszenz-Filtertechnik   311
Erdbeeren, Pflanzenschutzmittelrückstände   156
Erfassungsgrenze   211
Ernährungssurveys   176
Ernährungsverhalten
– Erucasäure   128
Escherichia coli (*E. coli*)   41, 94
Escherichia coli (STEC)   323
Escherichia coli 0157   323
Ethinylöstradiol   246
2-Ethylhexansäure   153
Europäische Behörde für Lebensmittelsicherheit (EBLS, EFSA)   111, 144
Exotoxine   95
Exposition   20
– individuelle   23
Expositionsabschätzungen   193
Extrapolation   4, 41f., 46, 49

f

Fäkalindikator   94
Flammen-AAS   217
Flammenionisationsdetektoren (FID)   262
Folsäure   53
Fragebogenerhebung   178
Freie Radikale, Messung   287
Fremdstoffe   7
Frittieren   1
Fütterungsstudie   120

g

GC-Systeme   262
Gefährdungsminimierung, präventive   44ff.
Genehmigungsverfahren   110
– gentechnisch veränderte Organismen   169
Genetisch veränderte Pflanzen, Liste   136
Gentransfer, horizontaler   126
Gleichwertigkeit   130
Glycerin   153
Glykoalkaloide   128
Glykol   153
GMP-Indikatoren   95
Graphitrohr-AAS   217

h

Hazard Analysis and Critical Control Points (HACCP)   276, 324
Hepatitis-A-Virus   94
Herbizidtoleranz   130
Hochdruckbehandlung   121
Hochfrequenzerhitzung   121
Hochspannungsimpulsverfahren   121
Homöopathie   8
Hybridmais   133

i

ICP-MS   218
Immunsuppression   61
Infrarotspektroskopie (IR)   221
Inzidenz   18
I-Teq-Konzentration   22

j

Joint FAO/WHO Expert Committee on Food Additives (JECFA)   75

k

Kaltdampf-AAS/AFS   220
Kapillargaschromatographie (GC)   220
Kapillargaschromatographie-Massenspektrometrie (GC-MS)   223
Keime, pathogene   275
Kochen   1
Kohlenwasserstoffe, polyaromatische   260
Konservierung   2
Kontaminationen   2
– mikrobielle   273
Kontrolle, mikrobiologische   331
Kontrollgruppen   31
Kopplungsverfahren   198
Kosmetika   147 f.
Kosmetik-Kommission   148

l

Lactobacillus   118
Lactobacillus plantarum   117
Langzeitexposition   183

Sachregister | 337

Lebensmittel
- Definition 145
- funktionelle 110, 116
- Nachweismethoden für bestrahlte 293
- neuartige (Novel-Food-Stoffe) 169
Lebensmittel- und Bedarfsgegenstände-Gesetz (LMBG) 143
Lebensmittel- und Futtermittelgesetzbuch (LFGB) 144
Lebensmittelallergien 133
Lebensmittelbestrahlung 282
Lebensmittelinfektionen 274 f.
Lebensmittel-Monitoring 158
Lebensmittel-Monitoringproben 149
Lebensmittelsicherheit 281
Lebensmittelüberwachung, amtliche 149
Lebkuchenteig 154
Leuconostoc mesenteroides 117
Listeria monocytogenes 98, 100

m

Magenflüssigkeit, simulierte 135
Mangan 83
Mangelerscheinungen 82
Massenspektrenbibliotheken 226 ff.
Massenspektrometrie 221
Mestranol, Nachweis 246
Migrationsgrenzwerte (specific migration limit – SML) 88
Migrationswert 147
Mikroorganismen, probiotische 117
Milch, Dioxingehalte 157
Molybdänose 137
MRL-Werte 90
multiple Chemikaliensensitivität (MCS) 32
Mutterkörner 150
Mykotoxinanalytik 249 f.
Mykotoxine 249
Mykotoxingehalt 150
Mykotoxin-Höchstmengenverordnung (MhmV) 100

n

Nahrung, natürliche 1
Nahrungsergänzungsmittel 145
Nahrungszubereitung 1
Nitrofen 151
No Observed Adverse Effect Level (NOAEL) 7, 78, 119
Noroviren 94, 324
Novel-Food-Verordnung 109, 113

o

Ochratoxin A 252
- Biotransformation 207
Ochratoxine 252
Okadasäure 254, 256 f.
Organo-Quecksilberverbindungen 220
Oxygenasen, P450-abhängige mischfunktionelle 32

p

PCB-Kongenere 247
PCDF-Kongenere 247
Pestizide
- agricultural pesticides 11
- non-agriulturalpesticides 11
Pestizidrückstände 232 ff., 237
Pflanzen, genetisch veränderte, Liste 136
Phenazonderivate 245
photostimulierte Lumineszenz (PSL) 303 ff.
Phycotoxine 255
Phytosterine 117, 119
Polyethylenterphthalat (PET) 147
Polyexposition 38
Polymorphismen 16
Poolprobe, vertikale 328
population reference intake 82
Post Launch Monitorings (PLM) 122
Procymidon 234 f.
provisional tolerable weekly intake (PTWI-Wert) 86
- Blei 86
- Cadmium 86
- Methylquecksilber 86
Prozessmanagementsystem 332
Pumonisine 252

q

Qualitätsmanagement 210
Qualitätssicherung 210, 213
Quecksilber 201, 220
- Nachweise 216

r

Radio-Allergo-Sorbent-Test (RAST) 134
Referenzdosis, akute (acute reference dose – ArfD) 89
Referenzgruppe 14 ff., 24 f.
Referenzmaterialien 213
Reis, transgener 132
Repräsentativität, fehlende 181 ff.
Resonanzspektroskopie (NMR), kernmagnetische 221

338 | Sachregister

Richtwerte, DGHM   105
Risiko
– absolutes   14
– individuelles   32
– relatives   14, 16
– toxikologisches   10, 18
Risikoabschätzung, toxikologische   11 ff.
Risikomanagement   326
Rückstandskontrollplan, nationaler   160

s

safe upper levels   83
Salmonella   94, 98, 100, 151, 323
Säugling, Dioxinaufnahme   21
Säuglingsnahrung   94
Schadstoffbelastung, Modellierung   202 f.
Schnellwarnsystem, europäisches   167 f.
Schwellenbereich   48 ff.
Schwermetalle   213 ff.
Scientific Committee on Food (ISF)   75
Scientific Panels der European Food Safety Authority (EFSA)   75
Selected Ion Monitoring (SIM)   228
Semicarbazid   153
Shigellen   151
Sicherheitsbewertung   113 f., 122 ff.
Sicherheitsfaktor   47, 49, 78
Signifikanz, statistische   31
Sojabohnen, allergene   135
Spenderorganismus   125
Standard, interner   212 f.
Staphylococcus aureus   97, 324
Staphylokokken   151
Staphylokokken-Enterotoxin   96, 151
Stauchungsverfahren   186
Steroide   249
– Kontakt mit Lebensmitteln   87 f.
– Migration   87
Strahlung, energiereiche   281
Studiendesign   4
Substanzen, hormonartige Wirkung   53 ff.
Substanzkombinationen, Wirkung   33
Sudan I und IV   152
Süßholz   81

t

Tandemmassenspektrometrie (MS/MS)   224
TCDD
– Seveso   54
TCDD-Toxizitäts-Äquivalenz-Faktoren   36
Thermolumineszenz   287, 300 ff.

Third National Health and Nutrition Examination Survey (NHANES III)   177
2,3,7,8-Tetrachloridbenzo-*p*-dioxin (TCDD)   22, 35
tolerable daily intake (TDI-Werte)   86
– Fumonisine B1, B2, B3   86
– HAT-2 Toxin   86
– 3-MCPD   86
– Nivalenol   86
– T-2 Toxin   86
– Zearalenon   86
tolerable upper intake level (UL)   82
Totalionenstrom (TIC)   222
Toxikologie
– humanmedizinische   3
– Prinzipien   2
Toxizitäts-Äquivalenz-Faktoren (I-TE-Faktoren)   35
trans-Fettsäuren   152
Trinkwasserverordnung (TrinkwV)   94

u

Unit-risk-Vergleiche   57
Unsicherheitsfaktor   43, 49
Untersuchungsprogramme
– bundesweite   162
– EU   161

v

Variation
– interindividuelle   202
– intraindividuelle   202
Verbraucherschutz
– vorbeugender   40
– vorsorglicher   13
Verbrauchserhebungen   173
Verfahren
– deterministisches   188 ff.
– probalistisches   191
– semiprobalistisches   190
Verfügbarkeitserhebungen   173
Verzehrmengenverteilung   193 f.
Verzehrserhebungen, Methoden   173 ff.
Verzehrsmengenbestimmung   179
Veterinärtoxikologie   3
Veterinäruntersuchungsämter   149
Vitamin A   53

w

Warnwerte, DGHM   101
Wirkung
– allergische   61 f.
– antagonistische   33

– stochastische 59
– Substanzkombinationen 33
– überadditive 33
Worst-case-Annahmen 60

x
Xenobiotica 32

z
Zeralenol 247
Zeralenon 247